高等职业学校餐饮类专业教材

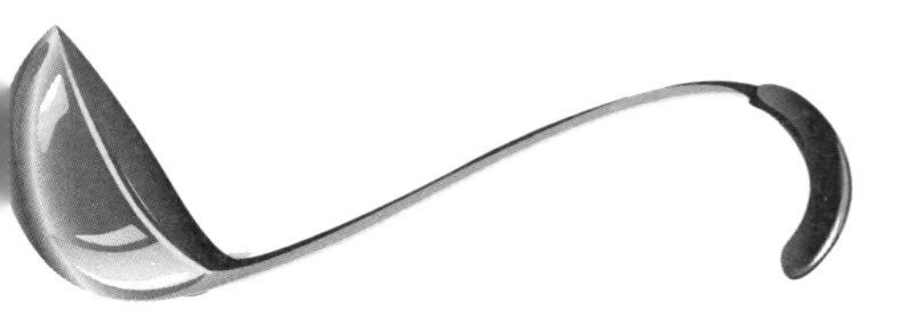

烹调工艺学

（第四版）

冯玉珠 **主编**

中国轻工业出版社

图书在版编目（CIP）数据

烹调工艺学 / 冯玉珠主编. —4版. —北京：
中国轻工业出版社，2024.8
高等职业学校餐旅管理与服务类专业核心课程
ISBN 978-7-5019-9787-9

Ⅰ. ①烹… Ⅱ. ①冯… Ⅲ. ①烹饪－方法－高等职业
教育－教材 Ⅳ. ①TS972.11

中国版本图书馆CIP数据核字（2014）第113061号

责任编辑：史祖福　　责任终审：唐是雯　　设计制作：锋尚设计
策划编辑：史祖福　　责任校对：燕　杰　　责任监印：张　可

出版发行：中国轻工业出版社（北京鲁谷东街5号，邮编：100040）
印　　刷：河北鑫兆源印刷有限公司
经　　销：各地新华书店
版　　次：2024 年 8 月第 4 版第 13 次印刷
开　　本：787×1092　1/16　印张：23
字　　数：515千字
书　　号：ISBN 978-7-5019-9787-9　定价：46.00元
邮购电话：010-85119873
发行电话：010-85119832　010-85119912
网　　址：http: //www.chlip.com.cn
Email：club@chlip.com.cn

241294J2C413ZBW

第四版前言

《烹调工艺学》是高等职业教育烹饪工艺与营养专业的主干课程的配套教材。该教材自中国轻工业出版社2001年1月出版以来，深受读者欢迎，目前已广泛应用于高校烹饪、餐饮、饭店、旅游专业教学以及餐饮企业员工培训。为了不断提高教材质量，锤炼精品，该教材于2005年1月修订再版，2009年6月第三版入选普通高等教育“十一五”国家级规划教材。2013年8月，该教材第四版获“十二五”职业教育国家规划教材选题立项，2014年3月通过全国职业教育教材审定委员会审定，被认定为“十二五”职业教育国家规划教材并正式出版。

教学改革改到深处是课程，改到痛处是教师，改到实处是教材。习近平总书记在党的二十大报告指出，办好人民满意的教育，必须“深化教育领域综合改革，加强教材建设和管理”。为了打造适应时代要求的高质量教材，锤炼精品，培育时代新人，必须做好教材的修订工作。

《烹调工艺学》第四版在第三版的基础上，做了如下修订和补充。

一是重新整合了教学内容体系（烹调工艺学结构模型图）。将原第一章作为“绪论”单列，分为五节；将原第二章变为第一章，第三章变为第二章，以此类推；将原第十一章“宴席菜肴的组配及烹调工艺”中的第一节“宴席的特点和命名”删除，第二节“宴席食品的基本格局”、第三节“宴席菜肴的组配”与第五章“单个菜肴的组配工艺”整合为现第四章“组配工艺”；将原第十一章中的第四节单列为第十章“宴席烹调工艺”；增加了第十一章“烹调工艺的标准化与现代化”；第十二章保留原来的“烹调工艺的改革创新”。

二是进一步优化了教材结构和学习工具。每章开头保留了原“教学目标”中的知识目标、能力目标和情感目标，保留了“教学内容”提要，增加了“案例导读”；在每章结尾，保留了“关键术语”、“问题与讨论”，增加了“实训项目”。但“实训项目”只是提纲挈领，其具体内容要与中国轻工业出版社出版的《烹调工艺实训教程》（第二版）配套使用。《烹调工艺实训教程》（第二版）也是经全国职业教育教材审定委员会审定通过的“十二五”职业教育国家规划教材，其主要特点是岗位模块、项目引领、任务驱动。

三是对一些具体内容进行了调整、增删和精炼。比如，增加了绪论中的“烹调工艺学的产生与发展”，第一章“烹调工艺预备”中的“中式烹调师的工作内容和工作特点”等；删除了原第十二章中“创造性思维与烹调工艺的改革创新”，原第十一章中的“宴席的概念和特点”等；重新绘制了“图1–3厨具设备的种类”“表1–2 烹饪原料的分类”“表3–4猪肉部位名称与特点”“表3–6牛肉部位名称与特点”等图表；将原第八章“热菜烹调方法”改为第七章“热菜烹调工艺”，将原来按主要传热介质划分的五节（以油为主要传热介质的烹调方法、以水为主要传热介质的烹调方法、以气为主要传热介质或辐射导热为主的烹调方法、以固态物质为主要传热介质的烹调方法、特殊烹调方法）调整为八节（炒爆工艺、炸煎工艺、熘烹工

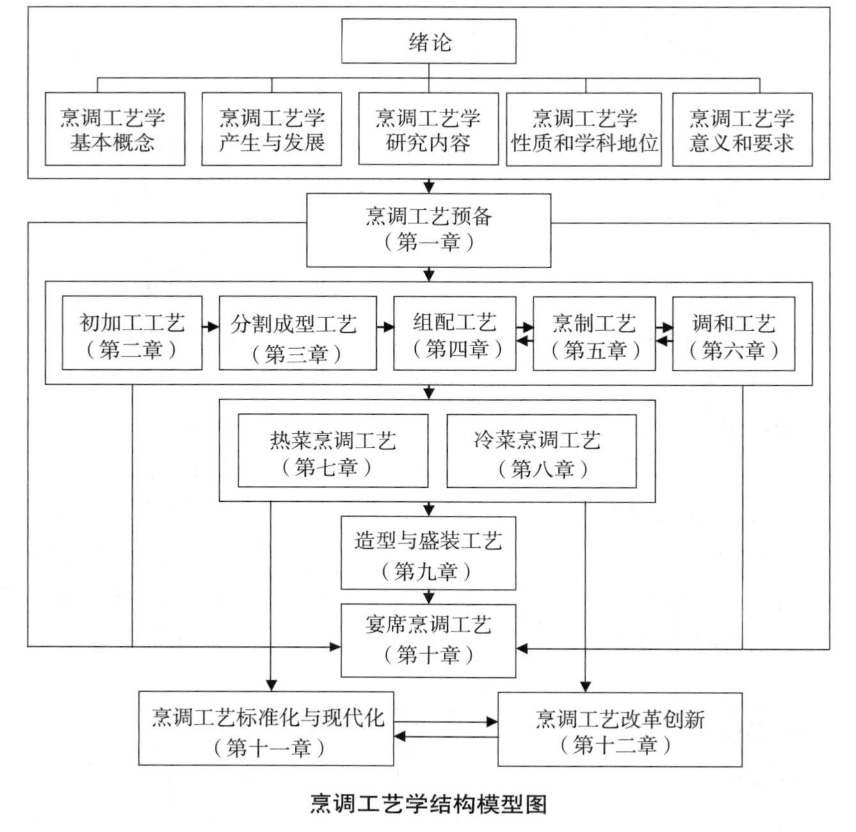

烹调工艺学结构模型图

艺、烧扒工艺、汆炖工艺、蒸烤熏工艺、蜜汁拔丝工艺和其他热菜烹调工艺），更有利于教学。

四是配套开发了包括电子教案、多媒体教学课件、题库、参考文献等在内的数字化教学资源。使用本教材的师生可登录http://wljx.hebtu.edu.cn/webapps/login查询、下载，或直接与主编联系，E-mail：fengxu9393@126.com。

参加本次修订的专家主要有河北师范大学旅游学院副院长、烹调高级技师冯玉珠教授，中国烹饪大师、石家庄海参皇餐饮管理有限公司张彦雄总经理，中国烹饪大师、北京海棠红餐饮管理有限公司行政总厨李学伟先生，烹调高级技师、无锡商业职业技术学院陈金标副教授和酒泉职业技术学院边振明副教授。此外，河北经贸大学李阳，河北师范大学刘鑫峰、尹汝龙、王莉、王会然、王卫民，河北太行国宾馆、中国烹饪大师宋二锁、长垣烹饪职业技术学院张涛等也参加了部分内容的修订。全书由冯玉珠统撰定稿。

本书在修订过程中，借鉴了国内烹调工艺学领域的最新研究成果，参考了许多专家、学者的论著和大量报刊、杂志、网络的相关资料，我们尽可能地在书中做出说明或者列在参考文献中。在此，谨向有关原作者致以诚挚的谢意。同时，本教材从编写到完成，得到了河北师范大学有关领导、老师和学生的支持和帮助，中国轻工业出版社史祖福编辑和他的同事们为本书的出版付出了辛勤的劳动，在此一并表示衷心的感谢！

由于我们团队水平有限，书中难免有疏漏之处，恳请各位老师、同学及其他读者予以批评指正。

冯玉珠

目录

CONTENTS

绪　论

教学目标

知识目标：

（1）理解烹调、烹调工艺和烹调工艺学的内涵
（2）了解烹调工艺学的产生与发展
（3）把握烹调工艺学的研究内容
（4）掌握烹调工艺学的性质和学科地位
（5）明确学习烹调工艺学的意义和要求

能力目标：

能够正确分析烹调工艺学的学科性质

情感目标：

（1）培养热爱本课程，继承、发展、创新祖国传统烹饪工艺的情感
（2）激发学习兴趣，引起学习动机，明确学习目的，进入学习情境

教学内容

（1）烹调工艺学的基本概念
（2）烹调工艺学的产生与发展
（3）烹调工艺学的研究内容
（4）烹调工艺学的性质和学科地位
（5）学习烹调工艺学的意义和要求

案例导读

烹调之术本于文明而生

孙中山在《建国方略》中指出："烹调之术本于文明而生，非深孕乎文明之种族，则辨味不精；辨味不精，则烹调之术不妙。中国烹调之妙，亦足表明文明进化之深也。"

文明，是人类改造世界的物质成果和精神成果总和，体现为人类社会发展的积极成果和进步状态。人类脱离蒙昧、野蛮状态而进入文明社会，在文明社会，一般来说，文化发展的程度越高，文明的程度也越高。

中国烹调是随着中国人对文明的不断追求而同时发展的。旧石器时代，中国人在发现、利用、保存自然火和人工钻木取火后，便结束了茹毛饮血的生食状态，开始了熟食并孕育了原始烹饪。新石器时代，为求得稳定的食物原料，人们开始了农耕、畜牧；为谋取或加工食物，开始了打制与磨制石器，制造陶器，并学会了制盐、酿酒。青铜器时代，以青铜器为代表的餐饮器具十分繁多，原始瓷器、玉石器、骨牙器、漆器、竹木器也制造得相当精美；烹饪方法也呈多样化，烧、烤、燔、炙和水烹、汽蒸已很完善，油熟法、物熟法开始普遍使用。秦汉和秦汉以后，随着封建社会文明的发展、食物新原料的开发和引进，已形成用料广博的局面；熟食能源发展到用煤加热，铁釜、铁镬、铁锅的使用，与火力足、火势旺的煤一起烹饪食物，形成了新的优势，一些快速成菜的油熟烹饪法，如爆、炸、炒、汆、煎、贴、烙应运而生，为烹饪工艺的进一步发展准备了良好的物质条件；烹调不断出现新工艺，同一类的烹饪法，又可用多种手段制成不同风味的菜肴点心，地方风味流派已形成稳定的格局，并显示出各自的地方特色。而"食在广州"、"味在四川"、"刀在扬州"之类表示地方饮食特色的语言也应运而生。这些都证明了孙中山的"烹调之术本于文明而生"之说，是十分中肯的。

为了说明中国烹调之妙、中国文明进化之深，孙中山说："夫中国食品之发明，如古所称之'八珍'，非日用寻常所需，固无论矣。即如日用寻常之品，如金针、本耳、豆腐、豆芽等品，实素食之良者，而欧美各国并不知其为食品者也。至于肉食，六畜之脏腑，中国人以为美味，而英美人往时不之食也，而近年亦以美味视之矣""西人之倡素食者，本于科学卫生之知识，以求延年益寿之功夫。然其素食之品无中国之美备，其调味之方无中国之精巧，故其热心素食家多有太过于菜蔬之食，而致滋养料之不足，反致伤生者。如此，则素食之风断难普遍全国也。中国素食者必食豆腐。夫豆腐者，实植物中之肉料也，此物有肉料之功，而无肉料之毒。故中国全国皆素食，已习惯为常，而不待学者之提倡矣。”

中国烹调之妙，孙中山还指出其科学性与艺术性。科学和艺术的关系与智慧和情感的内在关联相若。孙中山说：“夫科学者，系统之学也，条理之学也。凡真知特识，必从科学而来也。”（《建国方略》）中国人之食，“不特不为粗恶野蛮，且极合于科学卫生也”，“夫悦目之画，悦耳之音，皆为美术；而悦口之味，何独不然?是烹调者，亦美术之一道也”（“美术”是“艺术”的同义语，指含美的价值之活动，或其活动的产物）。

孙中山的这个观点，把中国烹调提高到科学和艺术的高度，从而认识中国文明进化的深度，是在中国烹饪理论史上占有重要地位的。

资料来源：任百尊．中国食经．上海：上海文化出版社，1999.

置身于中国烹苑，看到那千姿百态、万紫千红的美味佳肴，真使人眼花缭乱，感到样样新奇。那么，这许许多多风味不同、色形各异的佳肴，在制作方法等方面有没有一条带有普遍性和指导意义的共同道路可循呢？那些热爱中国烹饪事业的初学者，难道就只能一盘一盘、一样一样地去孜孜以求吗？

其实，想要大量了解和掌握中国菜肴的制作方法，提高自己的烹调技术水平，科学化、理论化、系统化地认识中国烹调技艺，有一条捷径可循，那就是用马克思主义哲学的方法，即唯物辩证法去探索烹调规律，掌握烹调规律，利用烹调规律①。作为一名大学生，必须要学好《烹调工艺学》这门课程。

第一节　烹调工艺学的基本概念

一、“烹调”一词的科学内涵

在相当长的一段时间内，人们把“烹调”中的“烹”理解为“加热”，把“调”解释为“调味”；实质上，“烹”的本义是“烧煮”。至近代，其意义才有了深刻的变化：一是由原来的“烧煮”之意，扩展为“通过热处理的方法，把生的食物原料变成熟的食物原料”，进而泛指食物原料用特定方式制作成熟的过程。张起钧先生在《烹调原理》一书中，把“烹”分为“正格的烹”（即用火来加热）和“变格的烹”（指一切非用火力方式制作食品的方式）。二是指一种烹调菜肴的具体方法，即“烹制法”——将加工切配后的原料用调料腌制入味，挂糊或拍干淀粉，用旺火热油炸（或煎、炒）制成熟再加入调味清汁

① 何荣显. 要探索中国烹调规律. 中国烹饪，1985,4：13~14.

的一种方法。关于“调”的意义，《现代汉语词典》解释为：“配合得均匀合适”、“使配合得均匀合适”。“调”不仅包括调味，还包括调香、调色、调质和调形等内容，是人们综合运用各种操作技能（其中也包括“烹”的技能）把菜肴制作得精美好吃的过程。

烹调是人们依据一定的目的，运用一定的物质技术设备和各种操作技能，将烹饪原料加工成菜肴的过程。从烹饪意义上讲，“烹”和“调”的内涵和作用是一致的。“烹调”作为一个专业术语和整体概念，不宜将“烹”和“调”分开来解释。

二、烹调工艺的特点

烹调工艺是人类在烹调劳动中积累并总结出来的操作技术经验，是烹调技术的积累、提炼和升华，是有计划、有目的、有程序地利用烹调工具和设备对烹饪原料进行初加工、切配、调味、加热与美化，使之成为能满足人们生理和心理需求的菜肴的工艺过程。烹调工艺包括两方面内容：一方面是“工”，即烹调技术；一方面是“艺”，即烹调艺术，两方面都与科学结合，形成科技与艺术的统一，成为完备意义上的工艺。

烹调工艺与食品工程既有区别，又有联系，有时还相互交叉。烹调工艺是食品工程得以产生和发展的基础，与食品工程相比，主要有以下特点。

（一）即时性生产

所谓即时性生产，通俗的说就是现制现食。成品一旦生产出来，其与消费间隔的时间很短。这一特点与食品工程相比较非常明显。

（二）手工操作为主

食品工程的机械化和自动化程度甚高，故其效率也比烹调工艺要高。但烹调工艺的手工操作特性又是其必然的特点，它与烹调工艺产品的多样化和操作的经验性相适应。随着烹调工艺的社会化和技术的进步，厨房中手工操作的比重将会逐步降低。

（三）工艺的灵活性

烹调工艺有很大的灵活性，受加工条件、原料品种等的影响和限制较小；而食品工程对加工条件、原料方面的要求较多、也较高。烹调工艺可以在设备齐全的大饭店厨房里进行，同样在设备简单的家庭小厨房里也能做出美味的肴馔，即使在偏僻的乡间村寨，也能偶尔品尝到人间致味。

（四）原料使用的广泛性

食品工程在原料使用方面缺乏烹调工艺所具有的广泛性，因为某一类型的食品工程产品，需要有一套专门的生产设备对特定的原料进行加工；烹调工艺则是一套器具就可以适应多种原料加工的需要。人们对日常饮食的多样性需求，首先是以原料品种的多样性为前提的，从这个意义上说，烹调工艺的主导地位是其他食物加工技术所难以取代的。

（五）产品多样性

烹调工艺与食品工程相比，无论从产品种类的社会总量还是从某个生产单位所生产的具体种类数额看，都具有明显的数量优势。烹调工艺产品种类和品种的多样性，给其自身的机械化和自动化带来了一定难度。一条食品工程生产流水线，一般只能生产一个种类或一个品种的产品；而一个厨房往往要能生产出几百个不同种类的产品，才能适应市场的需求。

（六）质量控制的模糊性

烹调工艺产品的质量控制，实质上是一种“模糊控制”，至少在现阶段不可能像食品工程那样，在生产过程中采用质控点的方式对整个过程实行量化的质量控制。烹调工艺产品的质量控制困难，主要在于原料的非标准性、加工过程和方法的多变性、产品标准的多样性以及现有加工条件的限制，甚至还与消费者的爱好有关。一个具体的菜肴，有的人认为品质上乘，有人也许会认为功夫不到家。就烹调工艺的实际行为而言，很难制定出被大家都认可的统一的质量标准。这种消费的多样选择性决定了烹调产品质量控制的模糊性。

三、烹调工艺学的定义

烹调工艺学是以传统风味菜肴的制作工艺为研究对象，总结和揭示中国风味菜肴制作工艺一般规律的学科。它以烹调工艺流程为主线，应用化学、物理学、生物学、微生物学、食品科学和营养学等基本知识，研究烹调工艺流程中（如选料、刀工、组配、烹制、调和、盛装等）的各种技法及其原理，探索烹调工艺的合理化、科学化和现代化，为人们提供卫生安全、营养丰富、品质优良、种类繁多、食用方便的菜肴。

烹调工艺学与烹饪工艺学不同，它仅仅指的是菜肴制作工艺学，不包括面点工艺学。其范围主要是中式烹调工艺学，基本任务是运用现代科学的观点与方法，对几千年中国烹饪的传统技艺和经验进行有效的总结，进一步提高中国烹调的灵巧性、准确性和科学性，建立科学的工艺体系。

第二节　烹调工艺学的产生与发展

一、烹调技术的产生

烹调技术的产生是以用火熟食为标志的，但人类开始用火熟食时，只能说进入了准烹调时代。完整意义上的烹调技术必须具备火、炊具、调味品和烹调原料4个条件。火是烹调之源，调味品是烹调之纲，陶器为烹调之始，原料为烹调之本。

（一）用火熟食的开始

人类最初的饮食方式，同一般动物并无多大区别，自然还不知烹调为何物。“太古之时，人吮露精，食草木实，穴居野处。山居则食鸟兽，衣其羽皮，饮血茹毛，近水则食鱼鳖螺蛤，未有火化，腥臊多伤肠胃，于是有圣人造作，钻木取火，教人熟食，始有燔炙，民人大悦，号曰燧人”（谯周《古史考》）。燧人氏钻木取火，是世界上人工取火最早的传说，那时我们的祖先已会用火燔炙食物。云南元谋、北京房山周口店等古代猿人遗址，几乎都有原始用火熟食的文化遗存。火的掌握和使用，是人类发展史上的一个里程碑。

（二）陶器的发明

“工欲善其事，必先利其器”。但人类在最初学会用火熟食时，并没有炊具，所掌握的只是把鱼和兽肉等直接放在火上烧烤。没有炊具的烹调只能说是原始的烹调。

考古发现，人类最早使用的炊具是陶器。陶器的发明是人类自发明人工火以后又完成的一项以火为能源的科学革命。陶器在很大程度上是为谷物烹调发明的，是原始农耕部落的创造。《古史考》说“黄帝作釜甑”。有了釜甑，“黄帝始蒸谷为饭，烹谷为粥”，“初教民作糜”。现代考古证明：距今1万年左右的时期，也就是新石器时期，已经有了简单的陶器。

陶器的出现，是我们祖先同自然界斗争取得胜利的又一新的里程碑，标志着人类历史从此进入了新石器时代。有了陶器，人类便可能煮熟食物，也便于收藏液体，这样，烹调技术的发展才有了新的可能。同时，人类饮食营养的物资有了储藏工具，减少了饥饿的侵袭，促进了定居生活，人类便可以更有作为。所以说，陶器出现，“火食之道始备”（《古史考》），人类生活面貌即为之一新。

（三）盐的产生

人们自从掌握了对火的运用，使食物由生变熟，便开始了最初的烹调。但是这种烹调，只能尝到食物的本味，不知用调味品，只能说烹而不调。没有调味品的烹调，是非常单调的烹调。

研究发现，我国最早的调味品是盐。长期生活在海边的原始人，偶然将吃不完的动物无意间放在海滩上。海水涨潮时，将这些动物浸泡在海水中。海水退潮时，原始人想到还有没吃完的动物，于是将这些动物从海滩边取来，用火烤熟食用。他们惊异地发现，这种经海水浸泡过的动物表面蘸上了一些白色的晶粒，而且比没有海水浸泡过的动物好吃。这种情况经过无数次重复显现，使原始人渐渐懂得这些白色小晶粒能够起到增加食物美味的作用，于是便有意识地收集这种晶粒——盐。这是对盐质的自然的、无意的发现。

陶器发明之后，我们的祖先才渐渐地发明烧煮海水以提取盐的方法。《世本》和《事物纪原》等书记载：“黄帝臣，夙沙氏煮海水为盐”，“古者夙沙初煮海盐”。盐的使用，在人类的生活进程中，是继用火之后的又一次重大突破。盐和胃酸结合，能加速分解肉类，促进吸收，对人类体质的进化，是一个积极因素。盐的化学构成为氯化钠，是人体氯和钠的主要来源。这两种元素，对维持细胞外液渗透压，维持体内酸碱平衡和保持神经、骨骼、肌肉的兴奋性，都是不可缺少的。盐又是调味的主角，居于五味之首，没有盐，什么山珍海味都要失色，肌体的吸收也大受限制。所以，盐的产生，对烹调技术的发展、对人类的进步有着极为重要的意义。

（四）烹饪原料的利用

烹饪原料形成于人类用火熟食的同时，此前人类处在生食阶段，当然也就没有烹饪原料。

关于烹饪原料的问题，我们在《烹饪原料学》中已经学过。中华民族的历史十分悠久，在不同朝代、不同时期，由于生产力和科学水平的不同，人们对烹饪原料的认识和利用也不尽相同，加之自然生态的变化和各朝各代体制、礼俗、饮食风尚等的差别，使烹饪原料的组成结构也在发生变化。但从总的趋势来讲，可供烹调的原料是随着历史的发展而不断增加的。

综上所述，人类学会了用火，这是熟食的开始；人类发现了盐，这是调味品的发端；人类发明了陶器，使烹调技术的发展有了新的可能；人类在长期的生活、生产过程中，认识了世间各种各样可供烹调的原料，使烹调有了丰富的物质基础。火、盐、陶器、烹饪原料的综合运用，标志着完整意义上烹调的开始。

二、烹调技术体系的初步形成

中国烹调技术体系大约形成于周代。《韩非子·难二》中有一则晋平公与叔向、师旷讨论齐桓公成霸的原因时，师旷就以烹饪之道作比喻。这则故事在刘向《新序·杂事》篇说得更为详尽，原文是："师旷侍曰：臣请譬之以五味，管仲善断割之，隰朋善煎熬之，宾胥无善齐和之，羹以熟矣，奉而进之……"。很清楚，断割（刀工）、煎熬（火候）、齐和（调味）三者便是中国烹调技术的三大要素。

在先秦的文献中，有关断割的故事，可以说是屡见不鲜，《庄子·养生主》中"庖丁解牛"、《管子·君臣》中厨师解牛等故事都是生动的记述，后来就衍变成中国厨行中的刀工技术。而煎熬实乃泛指食物的一切加热技术，早在《诗经》《楚辞》等古文学名著中多次出现，魏晋以后，从道教炼丹术中移来了"火候"的概念，成了中国烹调技术体系中最重要的技术要素。至于齐和一词，大概在汉代就衍化成调味的概念了。这里要特别提一提"和"或"中和"，这是中国传统哲学的要旨，也是中华民族民族性格的特征。《礼记·礼运》中关于"致中和"的定义是最典型的一例。《晏子春秋·外篇》中有一则齐景公和晏婴关于"和"与"同"的讨论，引用了烹调技术说明和而不同的道理，晏婴说："和如羹焉，水火醯醢盐梅，以烹鱼肉，燀之以薪，宰夫和之，齐之以味，济其不及，以泄其过。君子食之，以平其心"。因此"五味调和"历来都是中国厨师乃至家庭主妇追求的极致状态。可以说，在青铜时代，以刀工、火候、调味三者为基本技术要素的中国烹调技术体系已经初步形成。

三、烹调技术体系的完善

秦汉以后，随着铁制工具的广泛采用，刀工日益精细，烹制方法和调味品逐渐增多，中国烹调技术体系日臻完善。特别是魏晋南北朝时期，以浅层油脂为导热介质的炒法发明以后，中国烹调技术体系完全成熟，《齐民要术》就是这个体系成熟的里程碑式的文献记录。到了隋唐五代时期，食品雕刻和冷盘技术起到锦上添花的作用，五代尼姑梵正的"辋川小样"是中国花色冷盘的先河。自此以后，中国烹调技术体系再也没有取得质的突破。清代乾隆年间，袁枚的《随园食单》对中国烹调技术体系做了历史性的总结，一切都已经定型。一直沿至清末民初，虽然曾有《烹饪法》之类的书籍出版，但均未能在技术上有所创新。

四、烹调工艺学的形成及研究现状

中国烹调技术不仅在制作工艺上属于世界之冠，而且在烹调理论研究上也是开世界各国之先河，这从历代的各种史籍、笔记、小说和一些烹饪专著中都可以看到烹调理论研究的记载和描述。《吕氏春秋·本味篇》《随园食单》等著作，既有科学性探讨，又有实用性价值，是我国烹饪史的一部分重要理论著作。但是，由于历史的局限和科学技术的落后，古代烹饪著作中，还有很多烹调原理和制作方法没有条件做进一步的探讨和科学说明。特别是古代从事烹饪工作的厨师地位低下，没有文化，尽管他们积累了丰富的实践经验，创造了丰富多彩的烹饪技艺，为人类文明做出了巨大的贡献，但因缺乏系统、全面的整理，不能把烹调技术实践经验升华为工艺理论，致使我国烹调工艺学的发展受到很大限制。

中国人开始认真对传统烹调技术进行深刻反思，应当说是在资产阶级民主思想发生以后，尤其是近代西风东渐和民族先驱“睁眼看世界”以后。确切些说，基本上是20世纪以来的事情。

给传统烹调技术以科学认识，并明确指出其为“文化”的，当首推伟大的中国革命先行者孙中山先生。这位哲人在他的《建国方略》《三民主义》等文献中，曾对祖国的传统烹调技术做了颇富启发性的精辟论述。他指出：“是烹调之术本于文明而生，非深孕乎文明之种族，则辨味不精；辨味不精，则烹调之术不妙。中国烹调之妙，亦只表明文明进化之深也。”孙中山先生认为，烹调技艺的发展与整个饮食文化水平的提高，同整个民族的经济、文化的发展紧密相连，是社会进化的结果，是文明程度的重要标志。孙中山先生之后，诸如蔡元培、林语堂、郭沫若等文化名人，也都不乏此类论点。他们一致认为，“总括起来烹调这一门应属于文化范畴，我们这个国家历史文化传统悠久，烹调是劳动人民和专家们辛勤地总结了多方面经验积累起来的一门艺术”（鲁耕：《烹饪属于文化范畴》）。但以上这些似乎还应包含许多。还只是一般性议论，或是缘事兴说，或为借题而论，尚不属学科和专业的研究。

20世纪40年代末到70年代中叶以前，我国对烹调理论的研究几乎是一片空白。说“几乎”而不说“完全”是一片空白，那是因为还有林乃燊先生的《中国古代的烹调和饮食——从烹调和饮食看中国古代的生产、文化水平和阶级生活》（《北京大学学报》，人文，1957年6月第8期）这样寥若晨星的文章问世，这是共和国历史上第一篇烹调理论（以古代烹调为主）研究的论文。

改革开放以来，我国烹饪事业迅速发展，各烹饪院校和烹饪研究机构涌现出了一批烹调理论和科技研究人员，进行了许多课题的研究工作，发表了大量文章，出版了一大批专著。但综观烹调理论的研究状况，近年来在社会科学方面展开的研究比较广泛，也比较活跃。许多学者、专家从中国烹调的历史、考古、文物、民族、民俗、教育等诸方面展开了研究，论述较多；在哲学方面（包括美学）也有探索，也有收获；但在自然科学与工艺技术方面则起步较晚，成就也不大。

1979年，原商业部在湖南省长沙市召开了全国饮食服务技工学校教材编写规划会议，决定编写《烹调技术》等6本烹饪专业的试用教材，由中国商业出版社出版发行。这本《烹调技术》是我国历史上第一本烹调技术教材，具有划时代意义，虽然存在不少缺点甚至错误，但从体系上讲，它第一次奠定了烹调技术学科基础。在此之后所编写的各种烹调技术教材（包括高等教育层次用教材）以及相关的工具书，在技术体系上都不过是这本教材的延伸和进一步细化。

“烹调工艺学”一词，最早出现于20世纪八九十年代。当时，我国烹饪高等职业教育刚刚起步，为了适应我国烹饪高等职业教育的要求和发展，原商业部教育司组织编写、中国商业出版社出版了我国第一套商业专科烹饪专业试用教材，其中的《中国烹调工艺学》由四川烹饪专科学校罗长松老师主编，于1990年12月出版发行。随着我国烹饪高等职业教育和现代餐饮业的迅速发展，广大烹饪教育工作者热切期望有关方面能组织编写更加适合我国烹饪高等教育的规范化、科学化的教材。于是，在世纪之交，中国轻工业出版社聘请全国有影响的高等烹饪教育专家、学者，编写了面向21世纪的中国烹饪高等职业教育系列教材，其中的《烹调工艺学》（周晓燕主编）于2000年1月出版。

21世纪以来，有关烹调工艺学的研究不断深入，主要成果有季鸿崑的《烹调工艺学》（高等教育出版社，2003年），姜毅、李志刚的《中式烹调工艺学》（中国旅游出版社，2004年），冯玉珠的《烹调工艺学》（中国轻工业出版社，2005年），段仕洪的《中餐烹调工艺学》（东北财经大学出版社，2006年），杨国堂的《中国烹调工艺学》（上海交通大学出版社，2008年），毛汉发的《新烹调工艺学》（机械工业出版社，2010年）、邵万宽的《烹调工艺学》（旅游教育出版社，2013年）等。目前，关于烹调工艺学的研究还在不断深化之中。

第三节　烹调工艺学的研究内容

一、烹调工艺流程

流程是做事情的顺序，有输入、有输出，是一个增值的过程。烹调工艺流程是把烹饪原料加工成菜肴成品的整个生产过程，是根据烹调工艺的特点和要求，选择合适的设备，按照一定的工艺顺序组合而成的生产作业线。烹调工艺流程随具体的烹调方法和菜肴成品的要求而定。

（一）烹调工艺流程和烹调工序的关系

烹调工序是烹调工艺流程中各个相对独立的加工环节，不同的工序有不同的目的和操作方法。一个完整的烹调工艺流程，实际上是不同的工序进行各种合理有序组合的过程。

一个烹调工艺流程的形成，不是随心所欲的简单工序的拼凑，而是根据一定的加工要求、选择适合的加工条件、采用恰当的工序组合形式而形成的。一个烹调工艺流程实际上就是不同烹调工序间的恰当的组合形式，它应该有明确的目的。为了达到不同的目的，需要对不同的烹调工序进行组合；为了实现不同的烹调工序的目的，就需要选择相应的加工条件。

每种具体的菜式均有与之相对应的基本工艺流程，每一个具体产品的加工制作则是在基本工艺流程基础上加以一定的工序组合来完成的。中国菜肴风味流派众多，品类繁杂，其制作工艺流程一般随具体成品的要求而不同。

（二）烹调工艺流程的特点

1．多样性

烹调工艺流程的多样性是与烹调产品的多样性相关联的。一个具体菜肴的烹调工艺流程的确定，取决于原料、菜式和具体的品种要求，而原料、菜式、品种要求的变化范围是很大的，因此必须有多种工艺流程才能适应实际烹调的需要。

2．模式化

烹调工艺流程作为具体的菜肴加工方法，在长期的烹调实践中经过无数人的总结和摸索，已经形成了相对稳定的若干个模式化的流程。这种模式化的流程就是一些基本的烹调加工方法，如炒、炸、煮、蒸、煎、熘、烩等。每一个较稳定的模式化的流程都有其独特的加工性能，都与一定的原料种类、菜式、产品特征相对应。

3．可变性

烹调工艺流程具有非常灵活的可变性，因为原料品种的不同、形态的不同、搭配的不同、菜式的变化以及成品要求的不同，都会给工序的选择与组合带来变化。所谓模式化的流程，也是指其主要的熟制方法、调味方法等的相对稳定，在实际运用中模式化的流程有时仍会有不同程度的变动。

（三）烹调工艺流程的一般模式

1．固定模式（模式化的流程）

固定模式（或模式化的流程）是烹调工艺流程的主要形式，绝大多数菜肴的烹调过程都是按固定模式进行的。固定模式是一种基本定型的工艺流程，在实际工作中也有两种表现形式：一是菜谱，每一种菜谱化的产品，对烹调工艺流程都有明确的指示；二是烹调方法，每种定型的烹调方法，对加工条件、工序组合、产品的品质特征都有明确、具体的要求。

2．创新流程

生产力的发展、人们饮食观念的变化不断地给烹调工艺带来新的内容。新的原料、新的加工条件、新的饮食观点要求有新的加工方法、工艺流程与之相适应。所谓创新流程就是根据新的原料、新的加工条件、新的饮食观点对传统工艺流程的改造和新的工艺流程的创造。

二、烹调工艺要素与技术规范

工艺要素是指与工艺过程有关的重要因素。烹调工艺作为一种技术体系，是以烹饪原料为加工对象，以各种炊制器具和饮食器具为工具，以切割、加热和调味为主要手段，以制备供人们安全食用的菜肴成品。烹调工艺包含选料、刀工、火候、风味调和、勺工、盛装等基本要素。

（一）选料

烹饪原料是烹调工艺的物质基础。选料有双重任务：一是依照菜品需要挑选合适的主料、辅料及调味品配料，定类定种；二是从已定的用料种类中再选质地优异者，定性定质。相对而言，定类定种对菜品虽有影响，但是不很大，因为没有这种原料，可用相近原料替代，届时更换一下菜名即可；而定性定质对菜品优劣影响甚大，因为同一种原料，由于生长地区、栽培品种、种植方法和收获季节不同，品质便有很大差异，反映在菜中，质量常有天壤之别。所以，名师历来把“选料严谨、鉴别准确、力争鲜活、处理及时、看料做菜、扬长避短、专料专用、综合利用”作为行厨的准则。

（二）初加工

烹调原料经过筛选，便进入初加工阶段。所谓初加工，是指解冻、去杂、洗涤、涨发、分档、出骨等工艺流程，通常分为动物原料初加工、植物原料初加工、分档取料、干货涨发几方面。烹调原料初加工，目的是进一步精选原料，为精细加工做好准备。对于鲜活原料而言，它是“去芜存真”；对于干货原料而言，它是“返璞归真”。这两个“真”（即可食净料），才是原料的精华，烹饪中真正的“作业对象”。

烹调原料初加工有其技术要领。如屠宰、煺毛、去鳞、剥皮、开膛与翻洗，对不同动物有不同的要求；又如干货涨发，有水发、油发、盐发等，也要“相物而施”，掌握好“度”；再如分档取料，对畜肉、禽肉、大鱼、火腿的分割要求也不一样，要依据技术规范处理。

（三）刀工与成形

原料经过初加工，即进入刀工与成形阶段，这属于菜品的形体设计和艺术美化，又称烹调原料的细加工。刀工是指依据菜品属性和烹制需要，结合原料构造特点，对其进行形体分解的一种物理方法。刀法是切割原料时的行刀技法。烹调工艺中原料的成形有多种方法，主要有利用自然形态、刀工成形、模具成形和其他成形方法等。刀工与成形不仅为了好看，还为了入味和成熟、分割与食用，显示菜肴的文化品位和艺术感染力。

（四）组配

原料经过初加工和刀工处理成形后，要按照菜品档次及制作要求进行基本调味或挂糊上浆，并且要有计划、按比例地组合以备烹制，这一整套程序称为“配菜”或“组配”。

组配分为生配和熟配。前者主要用于制作热菜，是刀工与烹调之间的承接环节；后者主要用于制作凉菜，是刀工与烹调之后的收束环节。二者顺序和作用尽管不同，但都能使菜品定量、定质、定级和初步定形。原料怎样组配，就得怎样制作，确定配什么、做什么、配多少、做多少。所以，组配就是确定各类原料的组合比例，完成菜品的设计过程。

（五）烹制与火候

烹制是热量的传递过程，烹饪原料从热源、传热介质吸收热量，使自身温度升高，逐步达到烹制的火候要求。火候是烹调工艺的精髓，是根据烹饪原料的性质、形态和烹调方法及食用的要求，通过一定的烹制方式，在一定时间内使烹饪原料吸收足够的热量，从而发生适度变化后所达到的最佳程度。全面分析火候，则是一个包括原料属性、刀工造型、技法运用、火势强弱、传热介质、加热时间以及调味方法等要素的综合概念。

中餐的烹制离不开勺工。勺工是中式烹调特有的一项技术，它把烹调工艺过程中的加热、调味、勾芡等各道工序巧妙地结合起来，要求操作者既要顾及器具的特点，又要考虑火力的情况、温度的变化以及烹饪原料的变化，依法（技法）使力施艺，实施烹与调的活动。勺工是烹制中国菜肴最基本的手段，晃勺、翻勺、出勺构成其三大环节，其中翻勺是最重要的环节。

（六）风味调和

风味调和是指在烹调过程中，运用各类调味品和各种手法，使菜肴的滋味、香气、色彩和质地等风味要素达到最佳效果的工艺过程。各种菜肴感官性状、风味特征的确定，虽然离不开烹制工艺，但要达到菜肴的质量要求，风味调和也起着非常重要的作用。通过调和工艺可以使菜肴的风味特征（如色泽、香气、滋味、形态、质地等）得以确定或基本确定。准确地讲，风味调和应当包括原料拼配、调味品组合以及加热烹制三个方面。

（七）盛装与造型

菜肴作为一种特殊商品，在厨房烹调好以后必须盛装在一定的器皿中才能上桌供顾客食用。顾客在食用时不仅仅注重菜肴的香、味、质等，还注重菜肴的色、形。而菜肴的色、形是否美观，除了与刀工、配菜、加热、调味等有关外，与造型和盛装技巧也有很大关系。一般认为，菜肴的精致来源于刀工，口味取决于烹调，美化依赖于盛装。因此菜肴的盛装是产品的包装，是演员出场的化妆，既是评判菜肴质量的一项指标，也是体现厨师精湛厨艺的一个重要方面。

三、烹调工艺原理

原理通常是指某一领域、部门或科学中具有普遍意义的基本规律。科学的原理以大量的实践为基础，是经过归纳、概括而得出的，既能指导实践，又必须经受实践的检验。烹调工艺原理是烹调工艺中带有普遍性的、最基本的规律。烹调工艺原理以大量实践为基础，故其正确性直接由实践检验与确定。总的来说，烹调工艺原理包括安全卫生原理、营养保健原理、五味调和原理、畅神悦情原理；从烹饪工序要素来说，包括原料分割原理、刀工原理、组配原理、加热成熟原理、风味调配原理、盛装与造型原理等。

四、烹调工艺方法

烹调方法是烹调工艺的核心和灵魂，是劳动人民几千年来烹调实践经验的科学总结。正确掌握、熟练运用各种烹调方法，不仅可以对成千上万的菜肴分门别类、执简驭繁，还可以举一反三、触类旁通，在继承传统的基础上不断创新，创造出更多的菜肴。

我国烹调方法的种类众多，地方性强，灵活性强，分类的方法也众说纷纭。常用的热菜烹调方法有炒、熘、炸、爆、烹、煎、烧、扒、烩、焖、炖、汆、蒸、烤、拔丝、蜜汁等，常用的凉菜烹调方法有拌、炝、腌、卤、酱、冻等。

五、烹调工艺产品

烹调工艺的产品是菜肴。菜肴是指相对于主食、小吃（少数小吃也是菜肴）、饮料等而言的用于佐酒、下饭的食品的总称。烹调工艺学不仅研究烹调工艺，还要研究烹调工艺的产品——菜肴的基本属性、质量标准、质量控制和质量评定。

六、烹调工艺的继承与创新

烹调工艺学是变化之学、创新之学。中国烹调工艺要想跟上时代的步伐，满足人民的需要，在知识经济的21世纪立于不败之地，就需要不断地去认识、去发现、去总结、去探索、去改革创新。烹调工艺的创新，一方面可以从烹调工艺的流程出发，对烹调工艺流程中的各个要素、主要工序，如选料、调味、刀工、坯形加工、组配、调味、加热、器具、造型等方面进行创新；另一方面可以学习古今中外的烹调技术，通过借鉴他山之石，从学习模仿、变化改良、引入组合中创新。此外，还应包括烹调工艺的标准化与现代化。

第四节 烹调工艺学的性质和学科地位

一、烹调工艺学属于应用型技术学科

烹调工艺是人们利用炉灶设备和烹调工具对各种烹调原料、半成品进行加工或处理，最后制成能供人们直接食用的菜肴的技术方法。烹调技术是一种实用技术，烹调工艺学是这些技术方法的系统化。在自然科学范畴内，烹调工艺学属于工科（见图0–1），但理科是它的理论基础。在技术科学的范畴内，它属于一门应用型技术学科。它的主要研究内容是烹调的自然科学原理和技术理论基础，所用的方法主要是观察和实验，主要的研究场所在厨房和实验室。

二、烹调工艺学是一个以手工艺为主体的技艺系统

烹调工艺学不同于食品工程学，是一个以手工艺为主体的更为复杂而丰富的技艺系统，具有复杂多样的个性和强烈的艺术表现性。

在人类世界中，每一个国家、每一个民族乃至每一个自然区域，都有许多地方风味浓郁、加工技艺精细、文化风格鲜明的名菜佳肴，有时连手工工具的形状都不一样。烹调工艺学具有显著的地方和民族特征。

在烹调工艺学中确实包含了一些艺术的因素，具有一定的艺术创造能力。通常我们所说的烹调艺术实际上是多种艺术形式与烹调技术的结合，即在食物的烹调过程中吸收相关的艺术形式，将其融入到具体的烹调过程之中，使烹调过程与相关的艺术形式融为一体。从厨者在烹调过程中，需要借助雕塑、绘画、铸刻、书法等多种艺术形式（方法），才能实现自己的艺术创作。当然，现代科技知识正深入到烹调工艺体系之中，烹调工艺已不是过去的简单经验体系了。

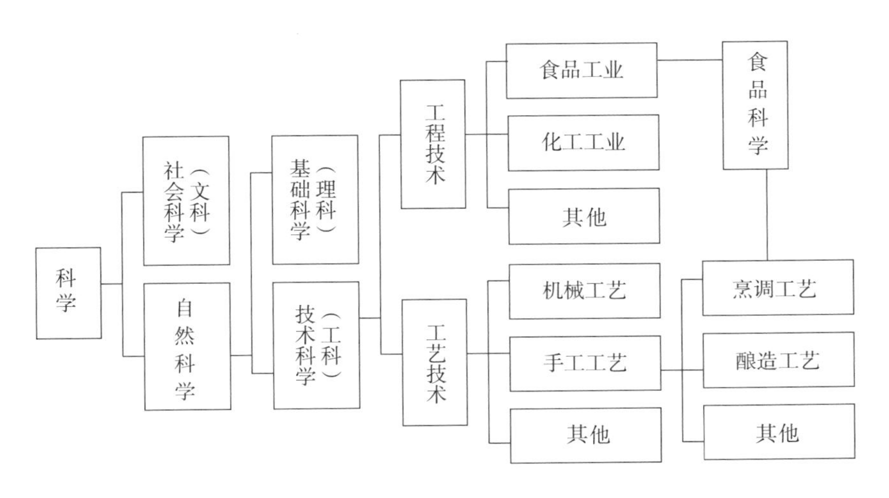

图0–1 烹调工艺学的学科归属和性质

三、烹调工艺学是一门综合性学科

烹调工艺学是一门既古老而又年轻的学科，在形成自己的理论基础和学科体系过程中，与其他学科有着密切的联系。如烹饪原料来源于农业生产或食品工业，原料品质的优劣直接影响到加工用途和产品质量。因此，农学和食品科学是烹调工艺学的基础。在不同层次的烹调加工中，需要解剖学和组织学、生理学、生物化学、物理学、食品化学、卫生学、营养学等学科知识。现代烹调工艺有些已实现机械化、自动化，这又与食品工程原理、机械设备和电子技术等学科发生了联系。烹调工艺学还包含有丰富的社会科学内容，如哲学、经济学、历史学、民俗学、美学、心理学、管理学等。

四、烹调工艺学是烹饪学科的核心和“支柱”

烹调工艺学在烹饪学科中占主导地位，与烹饪原料学和烹饪营养学共同构成烹饪学科的三大支柱。烹调工艺学是烹饪学科相关各专业的一门主要专业课，是理论教学和实践训练并重的课程。从理论上讲，它融汇烹饪营养学、烹饪卫生学、烹饪原料学、烹饪器械和设备等课程的知识于烹调实践之中。从实践上讲，它对中国名菜、中国名点和宴席设计等课程起指导作用。

第五节　学习烹调工艺学的意义和要求

一、学习烹调工艺学的意义

（一）丰富烹调工艺学理论知识

《烹调工艺学》是烹饪专业的一门主干课程，它科学地阐述了烹调工艺的基础理论和工艺加工过程。通过教学，可以在原有理论水平的基础上，更加深入地了解烹调工艺的理论体系及原理，运用这些原理解释烹调中的一些理化变化现象，指导实践，熟练地掌握烹调工艺的技术关键，烹制出符合标准的菜肴。

（二）提高烹调操作技能

烹调工艺学是实践性很强的技术课程，通过技能训练，使自身具有更高的实际操作能力和开拓创新精神，成为理论联系实际、具有独立工作能力和开拓精神的专门技术人才。

（三）增强创业和就业能力

拥有了烹调技术，就拥有了一种谋生的手段。学好烹调工艺学，不仅可以培养创业意识、革新就业理念，而且可以拓展创业素质、提升就业技能。烹调技术为人们提供了一个就业、创业、施展才华、实现自我价值的机会。

二、学习烹调工艺学的要求

（一）培养兴趣，用心学习

兴趣是最大的动力，勤奋是最好的老师。要学好《烹调工艺学》这门课程，必须端正态度，培养自己的兴趣，由要我学变为我要学。

（二）熟练烹调的各项基本功

烹调基本功是指在烹制菜肴的各个环节中所必须掌握的实际操作技能和手法，包括选料得当、刀工娴熟、投料准确、灵活恰当地掌握火候、正确识别运用油温、挂糊上浆勾芡适度、勺工熟练等内容。只有切实熟练基本功，才能按照不同烹调工艺的要求，烹制出质量稳定，色、香、味、形、质俱佳的菜肴。

（三）理论联系实际，重视实践教学

要学好烹调工艺学，首先要学好理论知识，用来指导实际操作，巩固操作技能。而熟练的操作技能，又可以丰富和提高理论知识。要防止片面性，避免产生只注重理论知识的学习而忽视操作技能的掌握，或者只会操作、不懂理论的倾向。

（四）勤学苦练，耐心细致，精益求精

烹调工艺学是一门技术性、实践性很强的课程，要掌握它，需要锲而不舍地勤学苦练。因为一项技能的掌握，并非一朝一夕就能完成的，往往要经过反复的练习、总结、实践。初步加工、干料涨发、刀工刀法、调味加热、冷菜拼摆、盛装美化等，每项操作都要耐心细致、精益求精，才能较好地完成。

美国一位最受人尊敬的烹饪大师曾经说过这样的话：“只有当您把一道菜做过1000遍以后，您才能真正懂得如何做好这道菜。”要想成为一名卓有成就的烹饪大师，就必须要实践、实践、再实践。

（五）处理好继承与创新的关系

继承与创新是一个问题的两个方面，不能分割。任何事物的发展都是在继承与创新的过程中展开的，在继承与创新的过程中实现的。惟有继承才可能创新，惟有创新才可能发展，从而达到真正的继承。继承是创新指导下的继承，创新是继承基础上的创新，二者紧密联系。继承不是照搬，而是加以改造的提高；创新不是离开传统另搞一套，而是新的、高水准的继承，二者相互包含、相互促进。

关键术语

（1）烹调（2）烹调技艺（3）烹调工艺（4）烹调工艺学

问题与讨论

1. 如何理解“烹调”这一概念？它与“烹饪”、“料理”有何关系？
2. 什么是烹调工艺？烹调工艺与食品工程相比有哪些特点？
3. 什么是烹调工艺学？其主要研究内容有哪些？
4. 如何理解烹调工艺学的学科属性？
5. 学习烹调工艺学有哪些意义和要求？

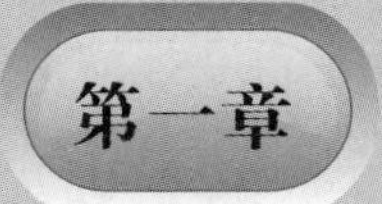

烹调工艺预备

教学目标

知识目标：

（1）了解中式烹调师的工作内容、等级和岗位设置

（2）理解中式烹调师工作特点和职业守则

（3）熟悉烹调设备器具的种类和厨房空间环境

（4）掌握选择烹饪原料的原则和方法

能力目标：

（1）能正确使用厨具设备

（2）能合理选择烹饪原料

情感目标：

（1）培养对中式烹调师工作环境的热爱

（2）树立远大志向，提升自身素质

教学内容

（1）中式烹调师

（2）烹调设备器具

（3）厨房空间环境

（4）烹饪原料选择

案例导读

走进酒店后厨，感受现代厨师工作环境

在很多人眼里，厨师的工作环境是与潮湿、闷热联系在一起的，所以很多人不愿意去做厨师，因为他们受不了厨师的工作环境。厨师的工作环境究竟是怎样的？现代厨师的工作环境究竟经历了怎样的转变？让我们一起来看看吧。

就以前厨师的工作环境来说，由于厨房处在餐饮场所中，为了给店面腾出足够的空间，因此多数餐饮企业选择牺牲厨房以及员工休息场所来满足企业经营。厨房狭小，而厨房工作人员又较多，致使活动空间有限，烹饪时热气弥漫，如果通风设备不良，一定相当闷热。在此种环境下工作，十分耗费体力，因此厨师必须具有较佳的适应力及吃苦耐劳的精神才能胜任。

但是随着烹饪科学的发展，厨师的工作方式已由传统的经验逐步向科学化、规范化过渡。行业上对厨师工作环境的认知也逐步改变，普遍认为，在现代化生产环境下，厨师的工作已经变成了一件简单有趣的事。食品机械的普及将使厨师的工作条件大为改善，如切碎机的使用将代替人工切剁，新型烹饪原料的开发，使厨师大大减轻了劳动强度；新型燃烧和新型灶具的使用，使厨师少受"三废"污染之害；厨房排水系统经过精心的设计，废水直接从灶台排到下水道，保证了整个厨房干净整洁，再没有以前的潮湿。

厨师在人们面前的形象，将再也不是目不识丁、满脸黑灰、满身油污的"厨子"，而是能文能武、气质高雅的美食家、艺术家。艺术家用画笔、用雕刻刀思考；厨师作为饮食艺术家，用掌中的勺子思考，在他们手里，工具就是艺术刀，灶台是模具、是画布，厨房是艺术的殿堂，他们在这里全心全意设计好每一道具有艺术气息的食物。

近段时间电视、网络上热播的林师傅在首尔、爱的秘方以及美味学院等电视剧恰恰反映了现代厨师的工作环境。现代的厨师在一片整洁干净和谐的环境中工作着，工作轻松舒适，这也是现在不少女性选择厨师这一行业的原因。

在当前，厨师越来越受到各大餐饮企业的重视，厨师的地位有了显著提高，因此各大餐饮企业都努力改善厨师的工作环境，厨房环境清洁，设备多已电气化或瓦斯化。目前在较具规模的餐饮场所，厨房的卫生及安全均有显著改善，大都设有通风及防火设备，很多厨房现在配有冷气设备以消除闷热，配备了立式中央大空调，让厨师们工作时也能保持身心愉快；同时厨房空间也较过去宽敞，厨师在其中工作无狭窄的感觉。

现在的厨师，不再是一直穿梭在厨房里忙碌着，他们站在餐桌旁，穿着洁白的厨师服，心灵手巧地设计着一道道美味佳肴，把各种食物装饰成绿叶、装饰成河流、装饰成具有自然与人文气息的艺术作品，他们的工作轻松有趣，让很多人羡慕。

烹调工艺作为一种技术体系，以烹饪原料为加工对象，以炉灶锅勺为工具，通过烹调师在厨房的辛勤劳动，制作出供人们安全食用的菜肴成品。烹调工艺的实施，离不开优秀的烹调专业技术人员、先进的设备工具与能源、适宜的厨房环境条件和优质的烹饪原料。

第一节　中式烹调师

《中华人民共和国职业分类大典》是我国第一部对职业进行科学分类的权威性文献。该大典从我国实际出发，在充分考虑经济发展、科技进步和产业结构变化的基础上，按照工作性质同一性的基本原则，将我国职业归为8个大类、66个中类、413个小类、1838个细类（职业），比较全面地反映了我国社会职业结构现状，同时突出了职业应有的社会性、目的性、规范性、稳定性和群体性特征。大典中的每一个职业都有编码、名称、职业定义和职业描述以及归入该职业的工种组成，对职业的性质和工作活动的内容、范围以及与工种的联系做了准确的界定和表述。

中式烹调师属于国家职业分类中第四大类“商业、服务业人员”所含小类“中餐烹饪人员”中的细类。

一、中式烹调师的工作内容

中式烹调师是“根据成菜要求，合理选择原料，运用刀工、配菜、调味、熟制、装盘等技法制作中式菜肴的人员”（《中式烹调师国家职业标准》2006年版）。它与其他职业（工种）相比，具有从业人员多、技艺要求高、地方性强、覆盖面广的特点。其从事的工作主要包括：

（1）根据菜肴品种、风味的不同，辨别选用原料，去掉原料中的非食用部分；

（2）对畜、禽、水产品进行净料加工，分档取料和整料出骨，运用不同的涨发技术，对干货原料进行涨发；

（3）根据不同的烹调方法和成菜要求，采用切、片、斩、剞、剁等刀法把原料切配成所需形状，使原料易于成熟和便于入味；

（4）调制芡、浆、糊，对不同菜品原料进行相应的挂糊上浆；

（5）运用焯水、过油、汽蒸、酱制等技法对原料进行初步熟处理，缩短菜肴成熟时间；

（6）根据配质、配色、配形、配器的配菜原则合理配菜；

（7）根据菜品的要求、原料的具体情况、调味的原则方法，选择调味品，控制其用量、投放的时间和顺序，合理调味；

（8）对已加工切配后的原料运用炒、熘、爆、蒸、烧、煮、烤等烹调技法使之成熟，达到营养和质量要求；

（9）采用摆、叠、堆、围、扎、卷、雕刻等手法制作造型不同的冷菜；

（10）整形装盘；

（11）根据顾客要求编制菜单。

二、中式烹调师的等级和岗位设置

（一）烹调师的等级

根据国家职业标准，烹调师按所从事的岗位不同，分为中式烹调师和西式烹调师，按技能高低又各设五个等级，即初级（国家职业资格五级）、中级（国家职业资格四级）、高级（国家职业资格三级）、技师（国家职业资格二级）、高级技师（国家职业资格一级）。对初级、中级、高级、技师、高级技师的技能要求依次递进，高级别包括低级别的要求①。

（二）烹调师的岗位设置

在烹调工艺流程中，不同的工序有不同的岗位，不同的岗位有不同的职责。岗位职责是衡量和评估每个员工工作的依据，是工作中进行沟通和协调的依据，是选择岗位人选的标准和依据，同时还是实现厨房高效率安排工作、高效率从事生产的保证。

图1–1是我国现代大型厨房人员的岗位设置，中小型厨房的岗位设置相对比较简单。近年来，粤菜风靡全国，由于岭南习俗自身的特点，在餐饮厨房的岗位设置方面也独具风格（见图1–2）。

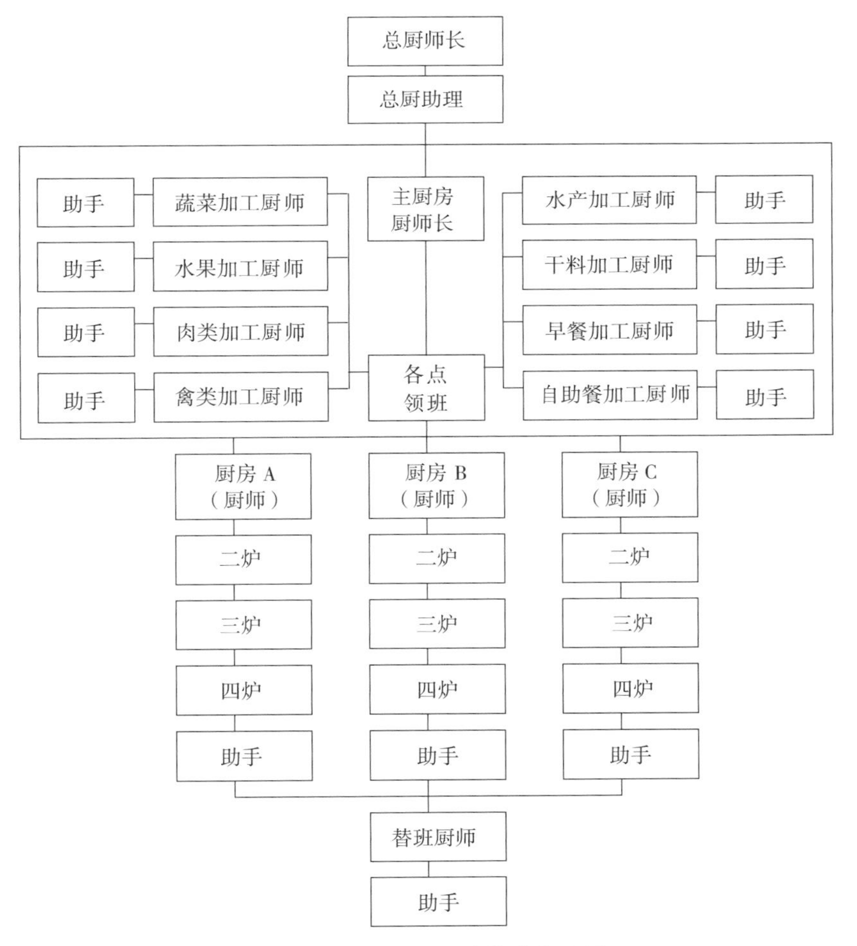

图1–1 现代大型厨房的岗位设置

① 中式烹调师（2006年版）——国家职业标准. 北京：中国劳动社会保障出版社，2006.

三、烹调师的工作特点

（一）服务性与创造性相统一

厨师的劳动产品——菜点，是销售给人们享受的，为顾客提供美馔佳肴，是厨师劳动的主要目的。因此，它具有商业服务性特征。这一特征要求厨师具有全心全意为人民服务的良好品德、顾客利益至上的态度以及甘于奉献的牺牲精神。厨师被誉为“火之艺术的创造者”、“火焰上的舞蹈家”，不仅要熟练掌握和运用烹饪技能，还必须懂得营养学、原料学、烹饪化学、烹饪美学、饮食心理学等多方面知识。厨师只有博学多才、见多识广，才能厚积而薄发，创造出更多受人们喜爱的菜点。杰罗尔德说过：“人类中最具创造性的，当推厨师。”

（二）技术性与科学性、艺术性相统一

烹饪是一门技艺，厨师劳动是以手工操作为主的技术工作。从原料的鉴别到初加工，从手工切配到掌握火候、调味，都有其特定的技术要求和操作难度。除了技术要素外，烹饪还是一门科学——一门以食物造型为主要表现形式的艺术。厨师的劳动过程，实质上就是将技术性、科学性、艺术性三者有机结合的过程。

（三）体力劳动与脑力劳动相统一

如上文所述，厨师劳动是以手工操作为主的技术工作，这种劳动在具体进行时，主要是以体力劳动为表现形式；甚至，有时表现为重体力劳动，如有些原料的初加工过程和炉台上翻锅等。然而，厨师劳动又不是单纯的体力劳动，而是包含着大量脑力劳动在内的一种劳动。特别是随着烹饪的科学化、规范化要求的提出，厨师劳动的脑力劳动比重越来越大，如宴会的设计、宴席的构思、菜肴营养卫生指标的确定以及菜点的造型等，无不凝聚着比较复杂的脑力劳动。

喜欢吃的美食家和喜欢做的厨师凑在一起，无疑是一种绝佳的搭配，一个好的厨师和一个优秀的美食家携手联袂，往往能形成双赢的结果——厨师会觉得自己的辛苦和才华得到了肯定与回报，而美食家也从中饱尝到了难得的口福，因此在这个世界上，二者是相得益彰的：能够品尝到厨师提供的佳肴是一个美食家的运气，而能够得到美食家的青睐却是一个厨师的福气——毕竟没有一个善于鉴赏佳肴的美食家，厨师就永远不会有成就感和荣誉感，而没有一个好的厨师，美食家也只不过是一件摆设或一句空话。

四、烹调师的职业守则

良好的职业道德是事业成功的重要条件。烹调师个人良好的职业道德素质和修养不仅是其整体素质和修养的重要组成部分，也是餐饮企业文化的重要组成部分和增强餐饮企业凝聚力的手段。具备良好的职业道德素质和修养，能够激发烹调师的工作热情和责任感，使其努力钻研业务，提高烹调技术水平，保证菜品质量，即人们常说的“菜品即人品，人品即菜品”[①]。

① 邵建华．中式烹调师：初级．北京：中国劳动社会保障出版社，2004．

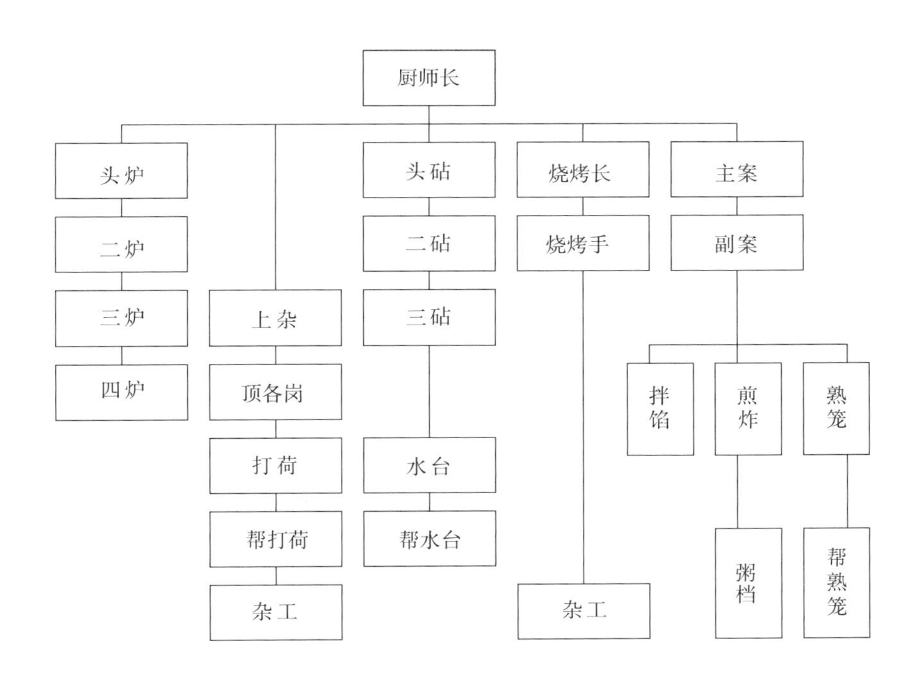

图1-2 粤菜厨房的岗位设置

（一）忠于职守，爱岗敬业

忠于职守，就是要求把自己职责范围内的事做好，合乎质量标准和规范要求，能够完成应承担的任务。爱岗就是热爱自己的工作岗位，热爱本职工作；敬业就是用一种恭敬严肃的态度对待自己的工作。

（二）讲究质量，注重信誉

质量即产品标准，讲究质量就是要求企业员工在生产加工企业产品的过程中必须做到一丝不苟、精雕细琢、精益求精，避免一切可以避免的问题。信誉即对产品的信任程度和社会影响程度（声誉）。一个商品品牌不仅标志着这种商品质量的高低，标志着人们对这种商品信任程度的高低，而且蕴涵着一种文化品位。注重信誉可以理解为以品牌创声誉，以质量求信誉，竭尽全力打造品牌，赢得信誉。

（三）遵纪守法，讲究公德

遵纪守法指的是每个厨师都要遵守纪律和法律，尤其要遵守职业纪律和与职业活动相关的法律法规。社会公德是全体公民在社会交往和公共生活中应该遵循的行为准则，主要内容为：文明礼貌、助人为乐、爱护公物、保护环境、遵纪守法。一个优秀的厨师必须讲究社会公德。

（四）尊师爱徒，团结协作

尊师爱徒是指人与人之间的一种平和关系，晚辈、徒弟要谦逊，尊敬长者和师傅；师傅要指导、关爱晚辈、徒弟。团结协作也是从业人员之间和企业集体之间关系的重要道德规范，是指顾全大局、友爱亲善、真诚相待、平等尊重，搞好部门之间、同事之间的团结协作，共同发展。其具体要求包括平等尊重、顾全大局、相互学习、加强协作等几个方面。

（五）积极进取，开拓创新

积极进取即不懈不怠，追求发展，争取进步。开拓创新是指人们为了发展的需要，运用已知信息，不断突破常规，发现或创造某种新颖、独特的有社会价值或个人价值的新事物、新思想的活动①。

第二节　烹调设备器具

“工欲善其事，必先利其器”。优良烹调设备器具是实施烹调工艺的物质基础，是烹调操作人员人身安全的重要保障。了解烹调设备的种类和性能对烹调操作人员来说尤为重要。

常用的烹调设备器具种类很多（见图1–3），主要有临灶工具和切配工具两大类，此外还有制冷设备、清洁和消毒设备等。

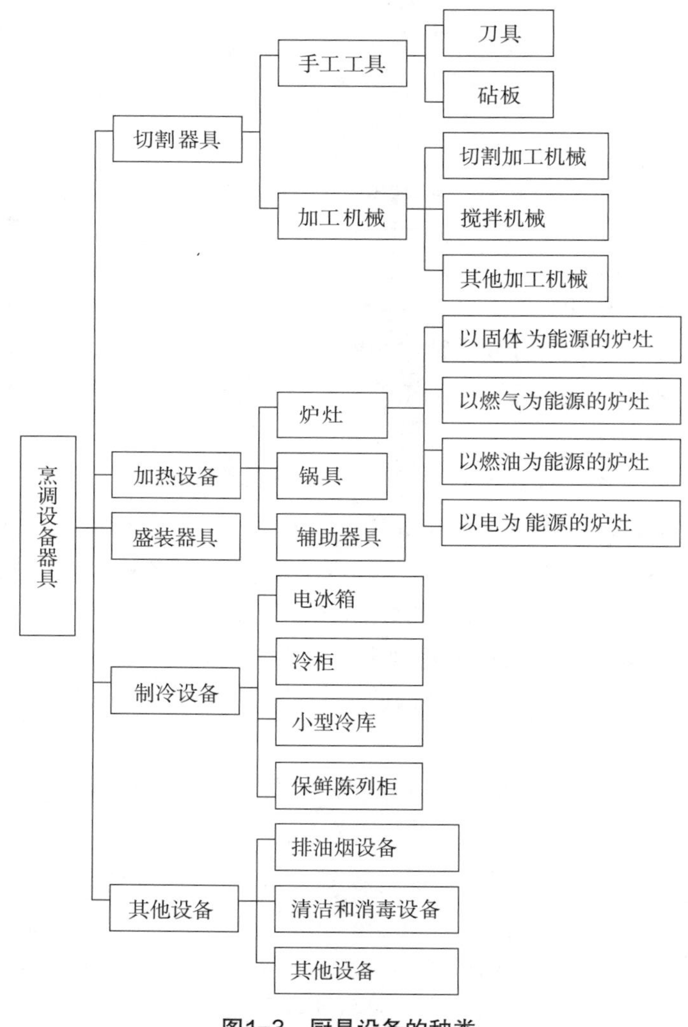

图1–3　厨具设备的种类

① 周晓燕. 中式烹调师基础知识（第2版）. 北京：中国劳动社会保障出版社,2007.

一、临灶使用的厨具设备

临灶使用的厨具设备是指在不同炉灶台岗位（比如灶台岗、蒸锅岗、发制原料岗等）工作中使用的各种烹调设备器具以及辅助器具等。广义上包括蒸锅、大锅灶的煮锅在内的各种加热炊灶器具；狭义上专指临灶岗位工作中所用的加热器具和辅助器具，如炒锅（炒勺）、手勺、滤器、调料罐等。

（一）炉灶设备

炉灶设备按使用热源的不同可分为固体燃料炉灶、液体燃料炉灶、气体燃料炉灶、电热炉灶和其他热源炉灶五大类。固体燃料炉灶有柴草炉、煤炉、新型固体燃料炉、炭炉等；液体燃烧炉灶有柴油炉、煤油炉、酒精炉等；气体燃料炉灶有天然气灶、煤气灶、液化石油气灶等；电热炉灶较多，包括电灶、电烤箱、电磁炉、微波炉等。炉灶以节约能源和自由控制火候者为佳。

（二）锅具

锅是用于煎、炒、烹、炸、烧、扒、炖、蒸等各种烹调方法的加热工具。按质地不同可分为铁锅（生铁锅、熟铁锅）、铜锅、铝合金锅、不锈钢锅、砂锅、搪瓷锅等；按用途不同可分为炒锅、蒸锅、卤锅、汤锅、煎锅、笼锅、火锅、压力锅等。此外，炊灶具合一的电锅、微波炉也属此类。

（三）辅助器具

辅助器具是指在临灶烹调的过程中使用的烹调辅助器具，如手勺、手铲、锅刷子、锅勺枕器、锅盖、钩、叉、签、筷、铁丝网、油罐、漏勺、笊篱、箩筛、调料罐等。

二、原料加工使用的厨具设备

原料加工的厨具设备主要有刀具、砧板、加工机械、盛装器具等。

（一）刀具

刀具指专门用于切割食物的工具。其种类繁多，形状各异，除了一些专用刀具，如雕刀、刮刀、刨刀、涮羊肉刀、烤鸭刀等，最常见的刀具（俗称菜刀）大致可分为4类，即片刀、切刀、砍刀、前切后砍刀（见表1–1）。在使用时，应保持刀具锋利，每隔一段时间要进行磨刀。每次使用后刀具必须擦洗干净，挂在刀架上以免生锈，且刀刃不可碰到硬物上。

表1–1　最常见刀具的特点和用途

名称	特　点	主要用途
切刀	切刀比片刀大，略宽、略重，刀口锋利，结实耐用，用途最广，如广州的双狮不锈钢刀	最适宜于切片、丁、条、丝、粒、块等，也可用于加工略带小骨和质地较硬的原料
片刀	片刀又称批刀，刀身较窄，刀刃较长，体薄而轻，重500~750g。刀口锋利、尖劈角小，使用灵活方便，如广东商刀	主要用于制片，也可切丝、丁、条、块等
砍刀	砍刀又称劈刀、斩刀、骨刀、厚刀，刀身较重，1000g以上，厚背、厚膛，大尖劈角	宜于砍骨或体积较大、坚硬的原料
前切后砍刀	前切后砍刀又称文武刀，综合了切刀与砍刀的用途，大小与切刀基本一致，刀根部位比切刀厚，重750～1000g	刀口锋面的中前端刀刃适宜批、切无骨的韧性原料及植物性原料，后端适宜砍带骨的原料（只能砍带小骨的原料，如鸡、鸭等），既能切又能砍故称文武刀，刀背还可锤蓉

磨刀石主要有粗磨刀石和细磨刀石。粗磨刀石的主要成分是黄砂，因其质地粗糙，摩擦力大，多用于给新刀开刃或磨有缺口的刀。细磨刀石的主要成分是青砂，颗粒细腻，质地细软，硬度适中，因其细腻光滑，刀经粗磨刀石磨后，再转用细磨刀石磨，适于磨快刀刃锋口。这两种磨石属天然磨石。还有采用金刚砂合成的人工磨石，同样有粗细之分，也有人称之为油石。

（二）砧板

砧板属切割枕器，是刀对烹饪原料加工时使用的垫托工具，包括砧墩和案板。砧板的种类繁多，主要有天然木质的、塑料制的、天然木质和塑料复合型的制品3类，通常使用天然木质的。砧板还可分为生食砧板与熟食砧板。近年来，英国生产出一种以耐振的天然橡胶为原料制成的无声砧板，不仅切剁时无声，且不易因刀刃滑动而伤到手指，切完后还可把砧板对折存放，安全且实用。砧板在使用时应保持其表面平整，且保证食品的清洁卫生。使用后要及时刮洗擦净，晾干水分后用洁布罩好。

（三）加工机械

在现代厨具设备中，食品加工机械占有重要位置，它大大减轻了厨师的劳动强度，使工作效率成倍增长。食品加工机械包括初加工机械、切割加工机械、搅拌机械等。初加工机械主要是指对原料进行清洗、脱水、削皮、脱毛等处理的设备，如蔬菜清洗机、脱毛机、蔬菜脱水机、蔬菜削皮机等。切割加工机械主要有切片机、锯骨机、螺蛳尾部切割机等。切片机采用齿轮传动方式，外壳为一体式不锈钢结构，维修、清洁极为方便，所使用的刀片为一次铸造成型，刀片锐利耐用。切片机是切、刨肉片以及切脆性蔬菜片的专用工具，该机虽然只有一把刀具，但可根据需要调节切刨厚度。切片机在厨房常用来切割各式冷肉、土豆、萝卜、藕片，尤其是刨切羊肉片，所切之片大小、厚薄一致，省工省力，使用频率很高。搅拌机械主要有绞肉机和多功能搅拌机。绞肉机由机架、传动部件、绞轴、绞刀、孔格栅组成，使用时要把肉分割成小块并去皮去骨，再由入口投进绞肉机中，启动机器后在孔格栅挤出肉馅。肉馅的粗细可由绞肉的次数来决定，反复绞几次，肉馅则更加细碎。该机还可用于绞切各类蔬菜、水果、干面包碎等，使用方便，用途很广。多功能搅拌机结构与普通搅拌机相似，但多功能搅拌机可以更换各种搅拌头，适用搅拌原料范围更广。

知识链接

中国菜肴自动烹饪机器人

2006年10月，世界第一台中国菜肴烹饪机器人“爱可”（AIC-AI Cooking robot）诞生，它第一次将机械电子工程学科和复杂的中国烹饪学科交叉融合。其基本原理为：将机电一体化技术和烹饪技术相结合,将烹饪工艺灶上动作标准化并转化为机器可解读的语言，应用机械设计、自动控制、计算机技术等进行烹饪机器人系统软硬件开发。烹饪机器人可通过自身的锅具运动机构、工具运动机构、火候控制装置和其他必要辅助装置，完成中国烹饪灶上工艺的基本动作，可自动完成烹饪过程，从而实现中国烹饪的标准化与自动化。

根据市场需求,未来的AIC市场可以划分为两个走向：一是商用AIC，主要是针对酒店、快餐行业所设计的一种可用于连续生产的专业烹饪机器人；二是家用AIC，主要面向城市家庭。等到条件成熟时,AIC还会支持DIY开发方式。AIC的诞生,将给人们的生活带来巨大变化，包括减轻繁重的烹饪劳动、改善人们的生活水平、加速数字化社会进程、提高厨师社会地位和自身素养、传承和推动中国烹饪走向世界。

（四）盛装器具

我国菜肴的盛器种类特别多。按质料的不同分，有瓷器、陶器、玻璃器皿、搪瓷器皿以及铜器、锡器、铝器、银器、不锈钢器皿等，其中以瓷器应用最为普遍。实际应用中，一般按盛器的形状和用途不同将它们分为盘、碗、盆、锅、钵、铁板、攒盒、竹器、藤编等。其中以盘的种类最为丰富，有平盘、凹盘等品种；有圆盘、腰盘、长方盘、异形盘（如船形盘、叶形盘、方形、蟹盘、鸭盘、鱼盘盛器）等形状。碗有汤碗、蒸碗（扣碗）、饭碗、口杯；锅有品锅、火锅、汽锅、砂锅。每一种又有型号不一的各种规格。

第三节　厨房空间环境

厨房是实施烹调工艺的环境场所，国外经常将厨房描述成“烹调实验室”或“食品艺术家的工作室”。在服务性行业当中，厨房的组织运作其实更像工厂的生产：进入的是原料，输出的是形态、质感均发生变化了的成品。

一、厨房的种类

厨房按规模可分为大型厨房、中型厨房、小型厨房、超小型厨房等。大型厨房是指生产规模大、能提供众多顾客同时用餐的厨房。一般餐位在1500个以上的综合型饭店，单一功能的餐馆、酒楼，其经营面积在2000m^{2}或餐位在800个以上，大多设有大型厨房。中型厨房是指能同时生产、提供300～500个餐位顾客用餐的厨房。小型厨房多指同时生产、提供200个左右餐位甚至更少餐位顾客用餐的场所。超小型厨房是指生产功能单一、服务能力十分有限的烹饪场所。

按经营风味不同，大体分为中餐厨房、西餐厨房和其他风味菜厨房等。

按厨房主要从事的工作或承担的任务不同，可分为加工厨房、宴会厨房、零点厨房、冷菜厨房、面点厨房、咖啡厅厨房、烧烤厨房、快餐厨房等。

二、厨房的空间

（一）厨房面积

厨房面积对顺利进行厨房生产是至关重要的，它影响到工作效率和工作质量。面积过小，会使厨房拥挤和闷热，不仅影响工作速度，而且还会影响员工的工作情绪；面积过大，员工工作时行走的路程就会增加，工作效率自然会降低。因此，厨房面积应该在综合考虑相关因素的前提下，经过测算分析认真确定的。

厨房面积的确定一般要考虑原材料的加工作业量、经营的菜式风味、厨房生产量的多少、设备的先进程度与空间的利用率、厨房辅助设施状况等因素。在一个中型的酒店，中心厨房的整体面积一般与整个餐饮经营服务面积的比例为3∶5或4∶5，天花板与地面之间的高度为3～4m，设备之间的主要通道宽度不少于1.6m，进货口和出菜口通道宽度不少于2.2m。

（二）厨房的高度

厨房应有适当的高度，一般应在4m左右。如果厨房的高度不够，会使厨房生产人员有一种压抑感，也不利于通风透气，并容易导致厨房内温度增高；反之，厨房过高，会使建筑、装修、清扫、维修费用增大。依据人体工程学要求，根据厨房生产的经验，毛坯房的高度一般为3.8～4.3m，吊顶后厨房的净高度为3.2～3.8m为宜。这样的高度，其优点是便于清扫，能保持空气流通，对厨房安装各种管道、抽排油烟罩也较合适。

三、厨房的环境要求

（一）讲究卫生

厨房卫生，首先是外部环境无污染，有清洁的水源、空气、地面。在厨房内部，设备、地面应整洁、干净、易清洗，并具有抗污染的能力。特别要防止苍蝇、蚊子、蟑螂、老鼠、蚂蚁等进入厨房，以免污染食品，危害人体健康。因而，必须定时对厨房进行打扫、消毒。

（二）布局合理

厨房的空间有限，烹饪工艺需要有合理流程，因而在布局上应按流程的顺序排列。如原料进口储藏，生料加工处理，案板设置，冷菜、热菜烹制炉灶设置，调味品的放置，炊具的放置，出菜口与进食间的联结处置，器皿盥洗间与灶台堂口的位置安排，废汽、污水、下脚料和残羹的处置，都有一个“最佳”选择点问题（见图1–4）。

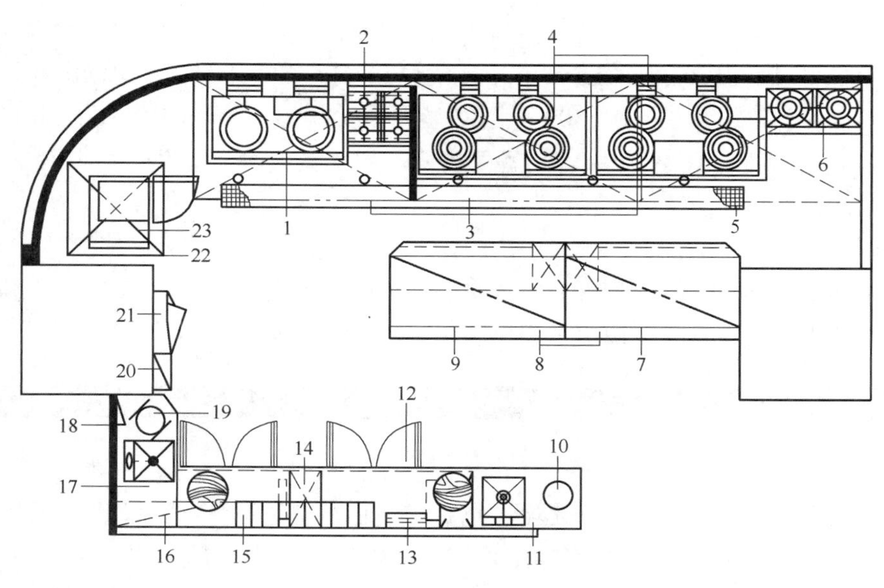

1. 双头蒸炉　2. 煲仔炉连烤箱　3. 运水烟罩　4. 双头双尾炒炉　5. 明沟垫板
6. 双头矮身炉　7, 9. 移门工作台　8. 保温出菜台　10. 活动垃圾桶　11. 工作台
12. 冷柜工作台　13. 灭蝇灯　14. 冷柜工作台　15. 低温配料槽　16. 双层吊架
17. 单星盘工作台　18. 双层吊架　19. 活动垃圾桶　20. 消防系统
21. 运水烟罩控制箱　22. 烟罩　23. 蒸柜

图1–4　中餐厨房布局

（三）通风良好

良好的通风会使室内气体流动，当风速在1m/s时会使室内温度下降1℃。一般而言，换气量随场所不同而不同，如厨房的换气量为60～90m^3/（m^2·h）；就餐场所的换气量为30 m^3/（m^2·h）；蔬菜仓库的换气量为15 m^3/（m^2·h）。

二氧化碳常作为空气污染的指标，少量二氧化碳并不会使人感觉不舒服或危害人体，但过量的二氧化碳就不一样了，人的呼吸、煮饭或吸烟都会增加二氧化碳的含量。厨房的二氧化碳含量要求在0.1%以下。

（四）照明适宜

厨房在生产时，操作人员需要有充足的照明，才能顺利地工作，特别是炉灶烹调，若光线不足，容易使员工产生疲乏劳累感，产生安全隐患，降低生产效率和质量。要保证菜点的色泽和档次，就应创造烹调区域内，用于指导调味的灯光，不仅要从烹调厨师正面射出，没有阴影，而且还要保持与餐厅照射菜点的灯光一致的条件，使厨师调制追求的菜点色泽与客人接受、鉴赏菜点的色泽一致，否则成品的色泽往往难如人意。厨房照明应达到每平方米10W以上，在主要操作台、烹调作业区照明更要加强。

（五）噪声较小

噪声一般是指超过80dB以上的强声。厨房噪声的来源有排油烟机电机风扇的响声、炉灶鼓风机的响声，还有搅拌机、蒸汽箱等发出的声音，其噪声在80dB左右。特别是在开餐高峰期，除了设备的噪声外，还有人员的喊叫声。强烈的噪声不仅破坏人的身心健康，还容易使人性情暴躁，工作不踏实。因此，对噪声的处理也是一件很重要的工作。

（六）厨房的温度和湿度

绝大多数餐饮企业的厨房内温度太高，在闷热的环境中工作，不仅员工的工作情绪受到影响，而且工作效率也会变得低下。在厨房安装空调系统，可以有效地降低厨房环境温度。在没有安装空调系统的厨房，也有许多方法可以适当降低厨房内温度，例如在加热设备的上方安装排风扇或排油烟机；对蒸汽管道和热水管道进行隔热处理；散热设备安放在通风较好的地方，生产中及时关闭加热设备；尽量避免在同一时间、同一空间内集中使用加热设备；通风降温（送风或排风降温）等。

湿度是指空气中的含水量多少，相对湿度是指空气中的含水量和在特定温度下饱和水气中含水量之比。厨房中的湿度过大或过小都是不利的。湿度过大，人体易感到胸闷，有些食品原料易腐败变质，甚至半成品、成品质量也受到影响；反之，湿度过小，厨房内的原料（特别是新鲜的绿叶蔬菜）易干瘪变色。厨房内较适宜的温度应控制在冬天22～26℃，夏天24～28℃，相对湿度不应超过60%。

第四节　烹饪原料的选择

烹饪原料是烹饪活动的物质基础和首要条件，它不仅是味的载体、构成菜点的基本内容，而且其本身就是美味的重要来源。具有时代特色的烹饪原料，与现代和传统的烹调工艺相结合，必将转化成潮流美食，满足人们日益增长的物质和精神的需求。

一、烹饪原料的种类和形态

（一）烹饪原料的种类

烹饪原料的很多天然品种是自然生物，有些早已为原始人采集食用。自从人类用火熟食以来，这些自然生物逐渐成为烹饪原料。在漫长的发展历程中，不断发现和引进新品种，培育出新良种，加工出新制品。经过烹调与饮食实践的反复筛选、优选，逐渐淘汰了一些不宜应用的原料。发展至今，烹饪原料已经积累了相当的数量，据不完全统计，中国烹饪原料总数达到万种以上。

烹饪原料有多种分类方法，按原料的性质和来源不同，可分为植物性原料、动物性原料、矿物性原料、人工合成原料；按原料的加工状况不同，可分为鲜活原料、干货原料、复制品原料；按原料在烹饪中用途不同，可分为主料、配料、调味料；按原料分类可分为粮食、蔬菜、果品、肉类及肉制品、蛋奶、野味、水产品、干货、调味品；按原料资源不同，可分为农产原料、畜产原料、水产原料、林产原料、其他原料。我国的营养学家把各种各样的食物分成了五类，包括谷类，蔬菜和水果，鱼、禽、肉、蛋类，奶类和豆类，油脂类，并设计了一个平衡膳食宝塔（见图1-5）。

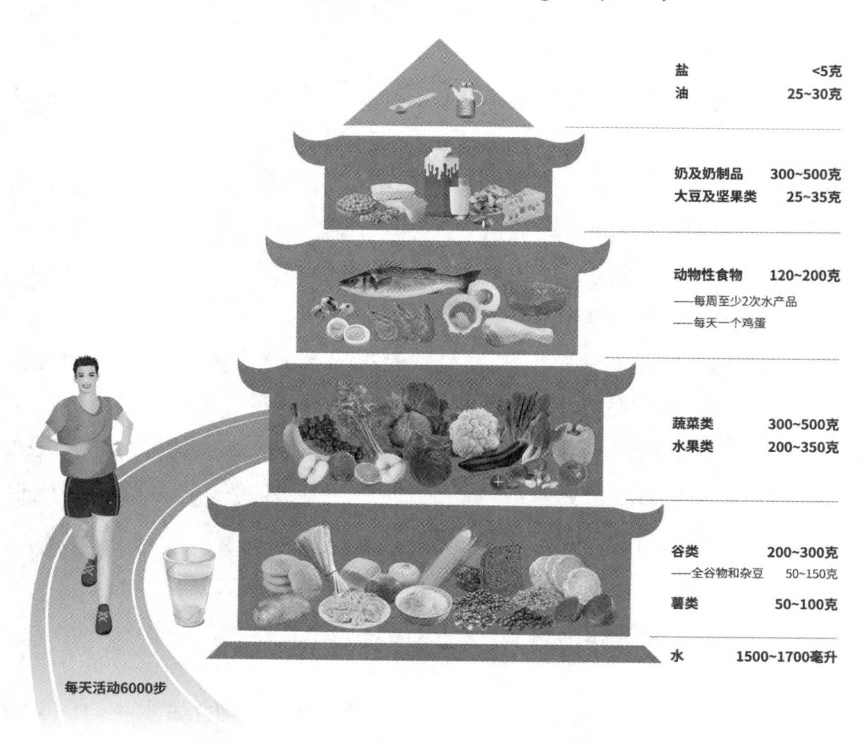

图1-5　中国居民平衡膳食宝塔

按照烹饪原料的商品学特点及其在烹饪中的运用特点，烹饪原料的分类体系见表1-2。

表1-2　烹饪原料的分类

种类		品种
粮食类	谷类及制品	稻米、小麦、玉米、米线、面筋等
	豆类及制品	大豆、绿豆、赤豆、豆腐、百叶等
	薯类及制品	甘薯、木薯、粉丝等
蔬菜类	茎菜类	竹笋、茭白、荸荠、芦笋、山药等
	根菜类	萝卜、根用芥菜、牛蒡、芜菁、甘蓝等
	叶菜类	大白菜、菠菜、芹菜、乌塌菜、豌豆苗等
	花菜类	花椰菜、朝鲜蓟、黄花菜、食用菊、霸王花等
	果菜类	扁豆、刀豆、番茄、辣椒、黄瓜、南瓜等
	食用菌类	香菇、蘑菇、草菇、木耳、银耳、猴头菌等
	食用藻类	海带、紫菜、裙带菜、石花菜、葛仙米等
	蔬菜制品	笋干、梅干菜、清水笋罐头、速冻豌豆等
果品类	鲜果	梨、苹果、橘、荔枝、菠萝、香蕉等
	干果	红枣、葡萄干、松子、核桃仁、腰果等
	果类制品	苹果脯、蜜桃片、苹果酱、山楂糕等
牲畜类	畜类肉	猪、牛、羊、马、驴、兔等的肉
	畜类副产品	肝、胃、肠、肾、肉皮、乳等
	畜类制品	火腿、腊肉、肉松、香肠、乳制品等
禽鸟类	禽类肉	鸡、鸭、鹅、鸽、鹌鹑、火鸡等的肉
	禽类副产品	肝、肫、肠、血、鸡蛋、鸭蛋等
	禽类制品	板鸭、盐水鸭、风鸡、松花蛋等
鱼类原料	淡水鱼	鲫鱼、鲤鱼、草鱼、泥鳅、黄鳝、鳜鱼等
	海产鱼	黄鱼、带鱼、鳕鱼、石斑鱼、鲳鱼等
	洄游鱼	大麻哈鱼、刀鲚、河豚、松江鲈鱼等
	鱼类制品	咸鱼、鱼肚、熏鲱鱼、鱼罐头等
其他水产	虾蟹类及制品	对虾、三疣梭子蟹、中华绒螯蟹等
	软体类及制品	扇贝、文蛤、鲍、乌贼等
	海参、海胆、海蜇	紫海胆、梅花参等
	两栖、爬行类	牛蛙、乌龟、中华鳖、食用蛇类等
调辅料	调味料	食盐、味精、酱油、料酒、花椒、桂皮等
	辅助料	食用淡水、食用油脂、食用淀粉、食品添加剂等

注：本表不含野生的畜禽类原料及使用范围不广的昆虫类、蛛形类、星虫类、沙蚕类原料。

（二）烹饪原料的形态

烹饪原料的形态是指各种烹饪原料进入厨房所具的外部形式。按照餐饮行业的习惯，一般分为活体、鲜体和制品三类。活体，是指保持生命延续状态；鲜体，是指脱离生命状态，但基本保持活体时所具的品质；制品，是指原料经过特定方式加工后所具的形态，如干品、腌制品、成品等。

烹饪原料在加工过程中因加工目的、加工条件、加工方法等的影响而有不同的使用形态：一是自然形态，即原料原本具有的形态，行业中一般称之为整料；二是加工形态，是指根据一定的目的对原料的自然形态进行适当改造，通常是用切削的方法对原料进行分割处理，化整为零；三是艺术形态，是在自然形态、加工形态的基础上，根据预先的设计通过一定的方法将原料处理成具有某种含义的形状，如几何图案、象形图案或寓意图案等。

二、烹饪原料选择的意义和原则

（一）烹饪原料选择的意义

烹饪原料选择是按照一定的营养卫生标准和菜肴制作要求，利用一定的方法，有目的地对烹饪原料的品质、品种、部位、卫生状况等多方面的综合挑选，以保证烹调工艺的正常实施和菜肴的质量。

烹饪原料的选择是烹调工艺的准备工序之一，也是确保菜肴质量的前提条件。原料选择的是否恰当，不仅影响菜肴的色、香、味、形，而且影响到人体的健康以及菜品的成本控制。

（二）烹饪原料选择的原则

1. 要具有“可食性”

“可食性”是选择烹饪原料的先决条件。烹饪原料“可食性”具有以下条件：一是必须确保食用安全，无毒无害；二是必须具有营养价值，能满足人体的正常需要，达到平衡膳食；三是必须有良好的口感口味；四是必须遵循有关法律法规，如《中华人民共和国野生动物保护法》《中华人民共和国野生植物保护条例》和《中华人民共和国食品安全法》等。

2. 要依据原料自身的性质和特点来选择

不同的原料性质和特点不同，如口感的不同、质地的老嫩、外观的优劣等。选择原料就是要根据原料的性质特点加以区别，做到看料做菜、因料施烹，充分发挥原料在烹调中的作用和使用价值，避免原料的浪费和选料不当而造成菜肴产品质量的下降。

（1）以鲜活为佳　烹饪原料的选择原则上以鲜活为佳，但在制作具体菜肴时则要根据具体情况灵活掌握。如制作蛋泡糊时，要求鸡蛋越新越好，以利于起泡和稳定；而虾仁的出肉加工，则应选择死后不久的虾。

（2）形态要完整，色泽鲜艳　为了保证菜肴的造型和色彩，原料的形态尽量要完整，色彩鲜艳有光泽。残缺不全或变色的原料，不能保证菜品的色和形完美。原料的色彩和形态除了人为的损伤以外，还与原料的品种、新鲜度、成熟度、产地等有一定的关系。

（3）根据原料的种类进行选择　烹饪原料的种类繁多，各类原料都有自己的结构特点和化学组成，因而其品质各不相同。在选择原料的过程中，要充分重视因原料品种不同而存在的品质上的差异。

（4）根据生长季节进行选择　虽然现在人工培育的原料已不分季节性，但就风味而言，目前仍不能取代天然生长的原料。许多烹饪原料受季节因素的影响较大，同一原料一年之中处在不同的时期，其状态差异较大。

（5）根据原料的部位进行选择　一是要对同一品种的不同部位进行比较，选出优劣；二是要对不同品种的同一部位进行比较。

（6）根据原料的产地特征进行选择　由于地理、气候等环境因素影响，不同的地区各有自己的特产原料。另外，即使是同一种原料，也会因地区不同而出现品质差异。

3. 要根据烹调方法和菜肴的具体要求选料

任何一种烹调方法或菜肴都有相应的选料范围，任何一种原料也有相适应的烹调范围（如爆炒菜原料必须质地细嫩、易于成熟；质地细嫩的绿叶蔬菜，适合高温速成的烹调方法），如果超出了各自的范围，就很难达到菜肴的要求。因此，必须要了解原料的各种性能，掌握具体菜肴的制作程序，针对各自的特点进行合理选择，既使原料的特点得到充分体现，又使烹调工艺得以顺利进行。

（1）按照菜肴产品的不同质量要求选择原料　一般情况下，大部分菜肴品种所使用的原料都有一定的要求和规格，尤其是一些地方传统名菜和创新名菜，对原料的选用更是十分讲究。只有按照菜点制作的质量要求选择合适的原料品种和不同部位的原料，才能做到因菜施烹，保证菜肴产品的质量和风味特点。

（2）选料要与烹调方法相适应　烹调的过程是原料成熟和入味的过程，不同的烹调方法其成熟的时间不同，选料时原料的部位、老嫩必须与烹调方法相适应，否则就很难达到菜品的要求。

此外，也可根据烹饪原料的特点，选择相应的烹调方法，使制作的菜肴发挥原料的最大优点。

4. 要考虑人文社会因素

（1）依照人体需要和健康状况进行选择　烹饪原料可以供给人体所需要的营养素，但不同的人对营养的需求有一定差异。首先是年龄的差异，如儿童、成人和老人的需要不同；其次是工作性质的差异，如体力劳动者爱肥浓，脑力劳动者喜清淡；再有，性别差异也会影响到他们对营养的需求。此外，不同健康状况的人也有各自的膳食特征，选料时要因人而异。

（2）根据不同的风情民俗选料　由于各地区的民族习俗、宗教信仰、个人嗜好不同，从而使饮食习俗也有所不同，不同民族对食物的喜好也各不相同。如回族信奉伊斯兰教，禁血生、禁外荤；蒙古族信奉喇嘛教，禁鱼虾，不吃糖醋菜。选择原料要了解各地的民俗风情，投其所好，避其所忌。

三、烹饪原料选择的内容和方法

在实际工作中，对烹饪原料的选择有两种情况：一是根据一定的要求选择合适的原料；二是根据一定的原料选择恰当的加工和烹调方法。在具体的选择过程中，主要是对原料的品种、质量、数量和形态进行确定（见图1-6）。

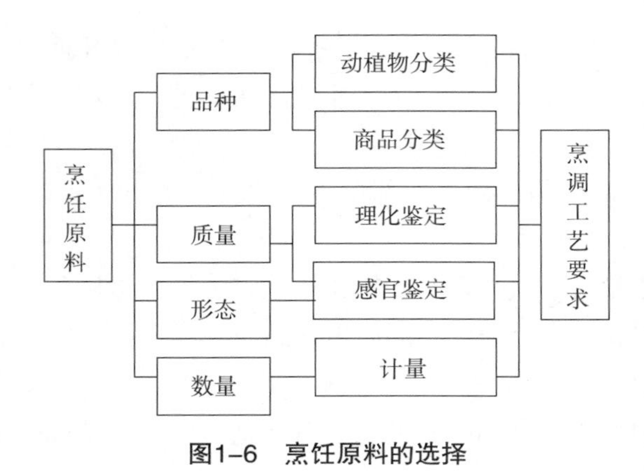

图1-6　烹饪原料的选择

烹饪原料的选择大致分为三个层次：第一个层次是根据烹饪原料营养安全卫生标准和法规选料，即决定什么原料能作为烹饪原料、什么原料不能作为烹饪原料；第二个层次是根据烹饪原料自身的性质、特点和烹调工艺及菜肴的具体要求来选料，即决定在能够用于烹饪的原料中，什么样的原料适用于什么样的加工或烹调方法，或者说什么样的加工或烹调方法才能最大限度地发挥该种烹饪原料的优点；第三个层次是根据人体健康状况、民俗风情、宗教信仰、法律法规等人文社会因素选料，以保障消费者身体健康，遵守党和国家的民族、宗教政策。

关键术语

（1）烹调师（2）职业道德（3）职业岗位（4）厨具设备（5）厨房（6）烹饪原料选择

问题与讨论

1. 中式烹调师的工作内容是什么？有哪些等级和岗位？
2. 中式烹调师的工作特点和职业守则是什么？
3. 你认为烹调师应具备哪些基本素质？烹调师的职业道德对个人和餐饮企业而言，有何重要意义？如何加强烹调师的职业道德修养？
4. 烹调设备器具如何分类？请举例说明。
5. 厨房有哪些种类？其对空间环境有什么要求？
6. 讨论现代厨具在哪些方面改变了餐饮业的发展？烹饪机器人可以代替厨师吗？
7. 烹饪原料选择的意义和原则是什么？
8. 简述烹饪原料选择的内容和方法。
9. 你认为烹饪原料的选择对烹调工艺的实施有何影响？

实训项目

1. 酒店厨房参观
2. 烹饪大师访谈

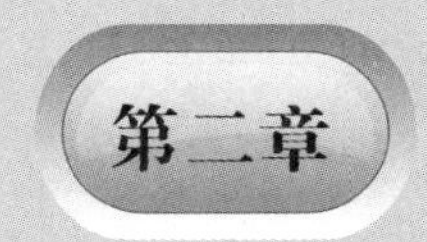

初加工工艺

教学目标

知识目标：

（1）了解鲜活原料初加工的一般流程，熟悉新鲜蔬菜、水产品、家禽家畜及其内脏的初加工方法

（2）了解干制原料涨发工艺的概念、一般流程和原理，掌握常用干料的涨发方法、步骤和技巧

（3）了解腌腊制品的初加工工艺

能力目标：

能对各种常用原料进行初加工，所加工的半成品符合质量要求和标准

情感目标：

（1）树立程序化、规范化、标准化的职业意识

（2）养成厉行节约的良好品德

教学内容

（1）鲜活原料的初加工工艺

（2）干制原料的涨发工艺

（3）腌腊制品的初加工工艺

案例导读

养殖时代：河豚能从“拼死吃”到放心吃吗？

中国江苏网2013年3月22日讯苏东坡有诗：蒌蒿满地芦芽短，正是河豚欲上时。眼下，正是传统吃河豚的好时节。

对于河豚，民间历来有截然不同的两种观点：一是“食得一口河豚肉，从此不闻天下鱼”，盛赞其鲜美；一是“拼死吃河豚”，虽然也是垂涎其美味，却对河豚的剧毒心怀忐忑。于是，吃还是不吃，成了一对矛盾。

尽管“河豚鱼禁令”由来已久，但有一个现象却无法否认，那就是苏城大小饭店，“红烧河豚”这道菜越来越普遍。和以往野生河豚不同，这些饭店所售的河豚都是人工养殖的，有的还会被贴上“控毒河豚”的标签。另外，苏州有一道传统名菜鲃肺汤，以河豚幼鱼——鲃鱼肝肺为主要原料，也是经久不衰。那么，河豚毒素到底是怎么一回事呢？人工养殖的河豚到底有没有毒呢？能不能放心吃呢？

河豚是一种洄游性鱼，而且也不仅是长江才有。目前市场上常见的河豚鱼，学名叫暗纹东方豚。每年3月至5月是河豚洄游的时期，这个时段，沿长江边人们便可以捕食这一水产美味，所以传统这个时段是吃河豚的好时候。河豚幼年时是无毒的，随着性成熟，性腺中就会开始分泌毒素。河豚性成熟，性腺里分泌毒素，需要有盐分的刺激。长江苏州段，从张家港到太仓，因为靠海近，江水里多少含有一定盐分，所以发育成熟的野生河豚是有毒的。

苏州市水产技术推广站站长陈文怡介绍说：人工养殖，可以做到无毒。当年中国水科院东海所曾反复做过试验，并有权威的报告出炉。经他们研究，在淡水环境下养殖了3年、完全性成熟的河豚，体内的毒素还不到1年生发育未成熟的野生河豚的7%。但目前国家还没有相应的河豚养殖标准，各养殖场也是各归各，技术上难保良莠不齐。

“河豚鱼禁令”在我国由来已久，一直到现在国家还是明令禁止河豚流入市场的。2011年6月9日，国家食品药品监督管理局办公室发出《关于餐饮服务提供者经营河豚鱼有关问题的通知》，明确要求严禁任何餐饮服务提供者加工制作鲜河豚鱼。

一般情况下，经过选择的烹饪原料还不能直接用于切配和烹调，因为经过选择的原料中有些可能还带有不能食用的夹杂物（如泥土、杂物等），有些局部已变质或有害（如局部发生霉变、虫蛀的蔬菜原料，河豚的有毒部位等），有些则属于干货制品（如鱼翅、木耳、粉丝等），有些原料的某些部位因组织粗老或带有异味而不能食用（如鱼鳞、鱼鳃、黏液、果壳、黄叶、老根等）。烹调工艺中的初加工工艺，就是将经过选择的烹饪原料中那些不符合食用要求或对人体有害的部位进行清除和整理的一道加工程序。烹饪原料初加工的内容比较复杂，不同的原料往往有不同的加工方法，但其主要的内容是去污、去杂、去废以及活体的宰杀。

随着烹调工艺的社会化发展，今后大量的烹饪原料初加工都将在厨房以外完成。但现阶段在厨房内进行的初加工还有一定的数量；在某些特定的情况下，初加工必须由厨师来完成。

第一节　鲜活原料的初加工工艺

鲜活原料是活的原料和新鲜原料的合称。像活鸡、活鸽、活鱼、活虾、活扇贝等都属于活的原料，简称活料；而屠宰所得的猪肉、牛肉、乳猪、光鸡，新收摘的青菜、瓜果，速冻的肉料、水产品等均属新鲜原料，简称鲜料。

将鲜活原料由毛料形态变为净料形态的加工过程称为鲜活原料的初加工。这里的鲜活原料净料形态包括可以直接下锅烹制的最终净料形态，如绝大部分的蔬菜，用于整料烹制的光鸡、光鸽等，也包括需要进一步进行刀工处理（即精加工）、成为合适形状才用于烹制的初级净料形态，如宰杀好的禽鸟、分档取料的净料等。

鲜活原料种类繁多，加工时方法各异，主要有剪择、宰杀、剖剥、拆卸、整理、洗涤等。但是各种原料在加工时都应遵循以下的共同原则：一要符合食品卫生要求；二要保持原料的营养成分；三要尽可能保持原料形状完整、美观；四要保证菜肴的色、香、味不受影响；五要节约用料。

一、果蔬原料的初加工工艺

果蔬原料的用途广，使用普遍，加工方法也很多。大多数果蔬原料经初加工便可以直接用于烹调，有的还可以生食。

（一）工艺流程

果蔬原料的初加工一般要经过择剔加工、洗涤加工、短暂保存等加工工序（见图2-1）。

1．择剔加工

择剔加工是采用择、剥、削、撕、刨、刮、剜等手法，将原料中不能食用的老根、黄叶、外壳、籽核、筋质、内瓤、虫斑等部位剔除，为原料的进一步加工做好清障工作。择剔加工应掌握以下基本原则：一要根据原料的特征，如形状、品种、成熟度的不同选择具体的加工方法；二要根据成菜的要求进行加工；三要根据节约的原则进行加工。

2．去皮加工

许多根茎类蔬菜和鲜果原料要经过去皮加工，去皮的方法因原料的不同而不同（见表2-1）。去皮加工要注意掌握正确、快速的去皮方法，同时要保证原料的完整形态。

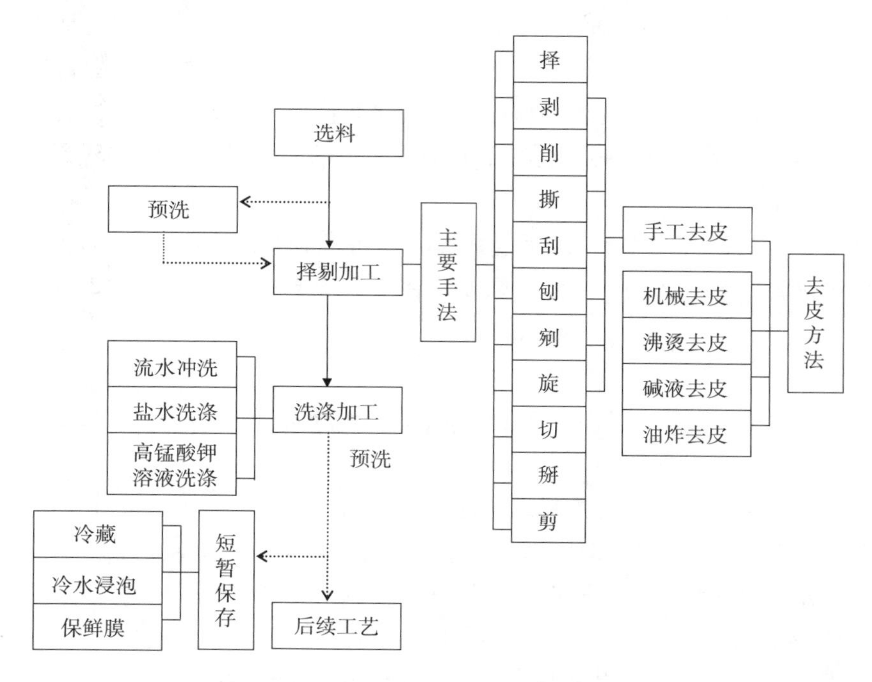

图2-1 果蔬原料初加工的一般工艺流程

表2-1 常用的去皮方法

去皮方法	加工工艺	适用原料
手工去皮	撕、剥、削、刨、旋	形态圆小或细长的原料，如莴笋、芋头、萝卜、梨、苹果、菠萝等
机械去皮	旋皮机去皮、转筒擦皮机去皮	马铃薯等
沸烫去皮	原料→入沸水中→加热烫制（5～10s）→迅速冷却→去皮	成熟度较高的原料，如桃、番茄、枇杷、核桃仁等
油炸去皮	原料入温油锅中加热浸炸，熟后轻搓去皮	花生、核桃仁、松仁等
碱液去皮	①原料入热碱液中，用竹刷搅拌去皮；②在标准设备中初步水洗→在碱液去皮机中用热烧碱液短时间浸渍→在清洗器中用高压水冲洗和转鼓转动以除去所有的表皮和化学物质→酸碱中和（偶尔使用）→手工修整和切割以得到漂亮的外观	大量的马铃薯、胡萝卜的去皮

3．洗涤加工

大多数果蔬原料经过择剔加工处理后仍需要进行洗涤加工，以进一步去除原料中的泥沙、杂物，特别是肉眼看不见的化学污染物质。有一些豆荚类的原料，虫卵往往生长在原料的内部组织中，通过择剔加工并不能将它们完全去除干净，但通过合理的洗涤加工则可以将它们完全去除干净，所以洗涤加工也是确保食用安全和卫生的重要环节。常用的洗涤方法见表2-2。

表2-2　常用的洗涤方法

洗涤方法	工艺要领	适用范围	备注
流水冲洗法	时间一般应在10min以上	经过加热至成熟以后才食用的果蔬原料。目的是冲洗吸附在原料表面的泥沙和农药	对直接生食的果蔬原料来说，除冲洗以外还需要进行其他消毒处理
盐水洗涤	① 盐水浓度一般控制在20～30g/L为佳 ② 浸泡时间：15～20min ③ 盐水与原料的比例不低于2：1	虫卵较多的蔬菜原料，特别是体内钻有幼虫的豆荚类原料	
高锰酸钾溶液洗涤	① 高锰酸钾溶液浓度：2～5g ／L ② 浸泡时间：5～6min	直接生食的蔬菜、水果原料	起杀菌消毒作用，食用前再用凉开水把原料冲洗一下即可

洗涤加工要注意保护营养素，尤其是水溶性的维生素和无机盐。除了要先洗后切外，还要注意洗涤时动作要轻柔，切不可用力搓揉或挤压，以免破坏原料的组织结构，致使养分流失。

4．短暂保存

果蔬原料经过择剔和洗涤后，比加工前更容易发生变色、变味，因此，还需要对它们短暂保存，以保色和保鲜。对加工后容易发生褐变反应的原料，应立即浸入冷水或稀释盐水中护色，需要注意的是，水泡的时间不宜过长，以免水溶性营养素大量流失。洗涤单宁含量高的原料时要注意用具的选择，因为单宁遇铁、碱易变黑。洗涤以后的果蔬原料应先放在网格上面沥去水分，但不宜堆放过紧、过实，更不能将湿的原料封在塑料袋中，这样很容易变味；也不能将原料放在炉台边或阳光下，温度偏高会使原料干缩枯萎，失去爽脆的质感。一般冬季可以放在室内，夏季应等水分沥干后放入冷藏柜中保存，但温度不能低于0℃，以免冻伤后影响菜肴的质感和口味。

（二）加工方法

不同的果蔬原料，初加工方法也不尽相同（见表2-3）。但总的说来，加工方法比较简单，技术难度较低。

表2-3　不同果蔬原料的初加工方法

类别		品种举例	初加工方法
蔬菜	叶菜	大白菜、小白菜、青菜、菠菜、卷心菜、油菜、韭菜等	一般采用择剔和切的方法，先择去老帮老叶、黄叶、烂叶，切去老根，然后洗净
	茎菜	冬笋、莴笋、菜薹、藕、姜、慈姑、马蹄、洋葱、马铃薯等	主要用剥、刮、剜、切的方法，去掉皮、壳、老筋等，剔除腐败、有害的部位，洗净即可
	根菜	白萝卜、胡萝卜、山药、甘薯等	一般采用削、刮和切的方法，去掉老皮和根须，然后洗净
	果菜类	黄瓜、丝瓜、南瓜、冬瓜等	去皮、去籽（有的不去）、去蒂，清水洗净
		番茄、茄子、辣椒	去皮、去籽（有的不去）、去蒂，清水洗净
		毛豆、扁豆、黄豆芽、绿豆芽等	以荚果为食用部位的，一般要掐去蒂和顶尖，撕去两边老筋，洗净即可；以籽粒为食用部位的，需剥去荚壳，取籽粒洗涤干净
	花菜	花椰菜、西蓝花、黄花菜等	去蒂、茎叶、锈斑，洗净
	食用菌类	鲜蘑菇、鲜平菇、香菇、黑木耳等	择去明显的杂质，剪去老根，洗去泥沙，漂去杂质

续表

类别		品种举例	初加工方法
果品	鲜果	苹果、桃、梨等	去皮、去核、洗净
	干果	花生、桃仁、松仁	挑选、去皮

（三）基本要求

根据果蔬原料的共同特点，其初加工应符合以下基本要求：

（1）老的、腐烂的和不能食用的部分必须清除干净。

（2）必须洗去虫卵、杂物和泥沙，注意清除残留的农药。要先洗后切，防止营养素的流失。

（3）尽量利用可食部分，防止浪费。

（4）加工后应合理放置、妥善保管。蔬菜加工后容易变坏，为避免损失，应注意沥净水分，通风散热，做好保管工作。由于许多蔬菜加工后便直接用于烹制甚至生食，因此要妥善放置，注意卫生，防止二次污染。

（5）根据烹调的需要按规格、按用量进行加工。

二、禽畜原料的初加工工艺

（一）禽类原料的初加工

1．工艺流程

禽类原料初加工的一般工艺流程见图2–2。

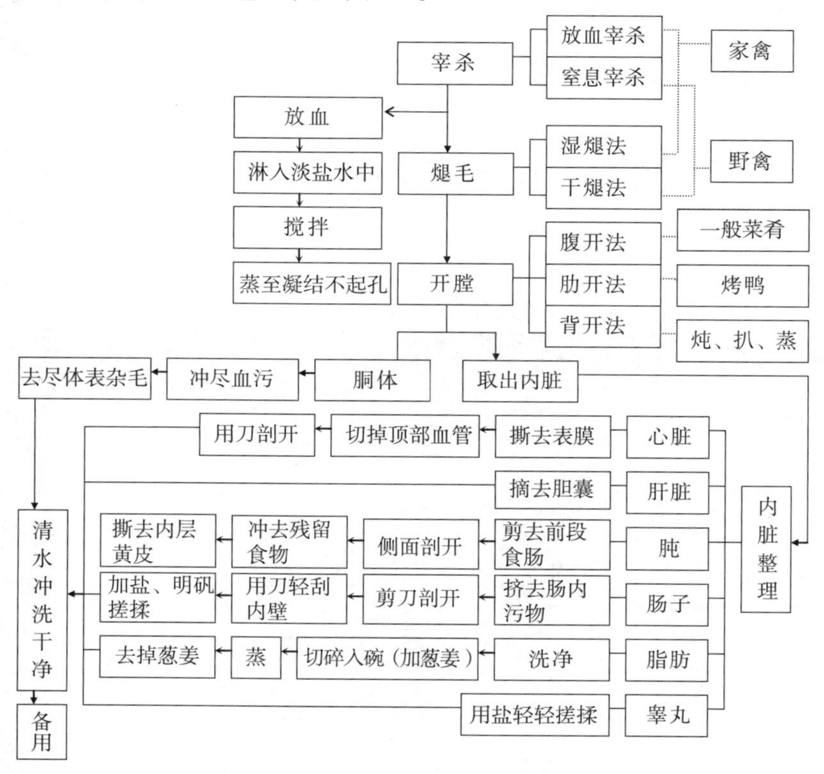

图2–2　活禽初加工的一般工艺流程

2. 加工方法

禽类原料初加工的方法基本相同。鸡、鸭、鹅的初加工，一般包括宰杀、放血、烫水、去毛、开腹取内脏（部分不开腹）及内脏洗涤等工序。山鸡、水鸭的初加工方法与鸡、鸭类似。若是死禽，又是用于切丝、切片的，可将皮与毛一起剥去，再开腹取内脏。鸽子、鹧鸪、鹌鹑、禾花雀等，宰杀方法一般采用摔死。

去毛方法有两种：一是干拔，即鸟禽死后趁其身体温热将毛拔去，也可连皮剥去；二是用热水烫后再拔。烫时应根据季节和禽类原料的老嫩掌握好水的温度，温度低不容易煺毛，但温度过高又会破坏表皮。一般来说，老禽烫毛水温在90～95℃为宜，嫩禽在70～85℃为宜。水禽的羽毛油脂性较强，需在烫前用凉水预湿浸透，水量大小、烫的时间长短均与动物体的老嫩及冷热气温呈正比。另外还应注意煺毛方向、力度和顺序，煺毛的方向顺逆、力度的强弱、顺序的前后与原料的老嫩有关。一般来说，老禽要逆向煺毛，嫩禽则顺向煺毛。务必去尽残存毛根和喙、爪等部位的角质层，严防皮破肉损，影响质量。一些水生禽类，羽毛表面含有脂肪，阻碍热水的渗透，浸烫时要用木棍推捣羽毛以便烫透；有时还可先用冷水将水禽浸透，然后再用沸水冲烫，这样可提高沸水的浸透力。

拔毛之后再根据烹制菜肴要求，开腹或开背取出内脏洗净。禽类开膛取内脏的方法要根据烹调的需要而定，一般有腹开、肋开（腋开）、背开（脊开）三种。

腹开是先在煺尽羽毛的禽的颈右侧的脊椎骨处开一刀口，取出嗉囊，再在肛门与肚皮之间开一条6～7cm长的刀口，由此处轻轻拉出内脏，然后用清水洗净。这种方法处理后的禽体适用于块形小的烹制要求，如切片、丝、丁、块等。

背开是左手按住禽身，使禽的脊背朝右，右手执刀，由臀尖处插入刀尖用力劈至颈骨处，取出内脏和嗉囊，冲洗干净即可。这种方法适用于整只禽体制作的菜肴，如蒸、扒、炸等，成品装盘时腹部朝上。用背开法既看不出裂口，又显得丰满，较为美观。

肋开是在禽的右翅腋下开一小刀口，然后由刀口处取出内脏；同时在颈右侧开口把嗉囊拉出，冲洗干净。这种开法适用于烤鸡或烤鸭。

以上三种取内脏的方法，都应注意操作中不能碰破肝脏和胆囊，不然会影响菜肴的质量和味道。鸭、鹅的肛门上有1根叉肠和2根臊筋，臭味很大，宰杀时应把叉肠拉出，臊筋割掉，但做烤鸭、烤鹅时，臊筋可以不用去除，以免烤制时油从这里流失。

3. 基本要求

（1）割喉放血位置要准确，刀口越小越好，确保顺利放血和活禽迅速死亡。

（2）让血流尽。

（3）烫毛水温要合适，禽毛要煺净。

（4）除净内脏。

（5）将禽体及内脏的血水和污物清洗干净。

（6）用于整料出骨、起肉的活禽，注意选择好用料，以保证加工质量和节约用料。

（二）畜类原料的初加工

畜类原料的初加工大多在专门的屠宰加工厂进行，厨房一般仅对其整理和洗涤。

1. 畜肉的修整及洗涤

修整是为了去除畜肉上能够使微生物繁殖的任何损伤、淤血、污秽物等。首先应割除残余脏器、带血黏膜及横隔膜；修去粗组织膜，修除颈部淤血肉、伤肉、黑色素肉；割除粗血管、有害腺体、脓包、皮肤病伤痕，然后修除残毛、浮毛，刮去污垢；再用清水冲洗（冬天宜用温水），使外观清爽整洁。

2. 畜类副产品的整理与清洗

畜类的副产品原料又称下水或杂碎，主要包括头、尾、蹄、内脏（肝、心、肾、胃、肠、肺）、血液、公畜外生殖器等。

（1）肾脏　先撕去外表膜，然后根据烹调菜肴的要求，再进一步加工。如果用于炒、爆、熘等快速加热方法的菜肴，则可用刀从肾脏侧面平批成两半，再分别批去腰臊。如果用于炖、焖一类的菜肴，则加工时应先在肾脏上剞深刀纹，刀深至腰臊，然后焯水，使腰肌收缩并将血污和臊味从刀纹处排出，再用清水洗净后进行炖制，长时间的炖制可完全去除挥发性的异味。羊肾和马肾的皮质与髓质合并，不易去除髓质，烹调中利用不多。

（2）胃（肚）　采用盐醋搓揉，再里外翻洗，使里外黏液脱离，修去内壁的脂肪，用清水反复冲洗。

（3）肠　畜类的肠有小肠和大肠，小肠多做肠衣，大肠用于烹调菜肴。肠的整理与清洗同胃（肚）一样，也是利用盐醋搓揉、里外翻洗和焯水后再清洗的方法。

（4）肺　将水从主肺管注入，等肺叶充水胀大、血污外溢时，用双手轻轻地拍打肺叶，直到外表银白、无血斑时，倒提起肺叶，使血污水流出；然后焯水，再将主要肺管切除、洗净。

（5）心脏、肝脏　先将心脏顶端的脂肪和血管割除，然后剖开心室，并用清水洗去淤血即可；肝脏则要用刀修去肝叶上的胆色肝，批去肝上的筋膜，用清水洗去血液、黏液为止。

（6）脑　先用牙签剔去脑的血筋、血衣，然后盆内放些清水，左手托住脑髓，右手泼水轻轻地漂洗，按此方法重复3～4次，直到水清、脑中无异物脱落时即可取出。洗涤时，要十分小心，稍有不慎，破坏了保护膜，脑髓便会溢出，使原料破损，所以切不可用水直接冲洗。

（7）舌　用沸水泡烫至发白，再用小刀刮剥去白苔，然后用清水洗去血污，并用刀切去舌的根部，尤其要去除舌根背侧的舌扁桃体。

三、水产类原料的初加工工艺

（一）鱼类原料的初加工

鱼类原料的初加工的一般要经过宰杀、体表清理、体内整理等主要工序（见图2-3）。

1. 宰杀

宰杀主要用于鲜活鱼类，如黄鳝、河鳗、海鳗等的初加工。

2. 体表清理加工

体表清理加工就是将鱼体外表的鳞片、黏液、沙砾等不能食用的部分去除干净。加工时要根据鱼的体表特征选择具体方法，不要破坏鱼体的完整。

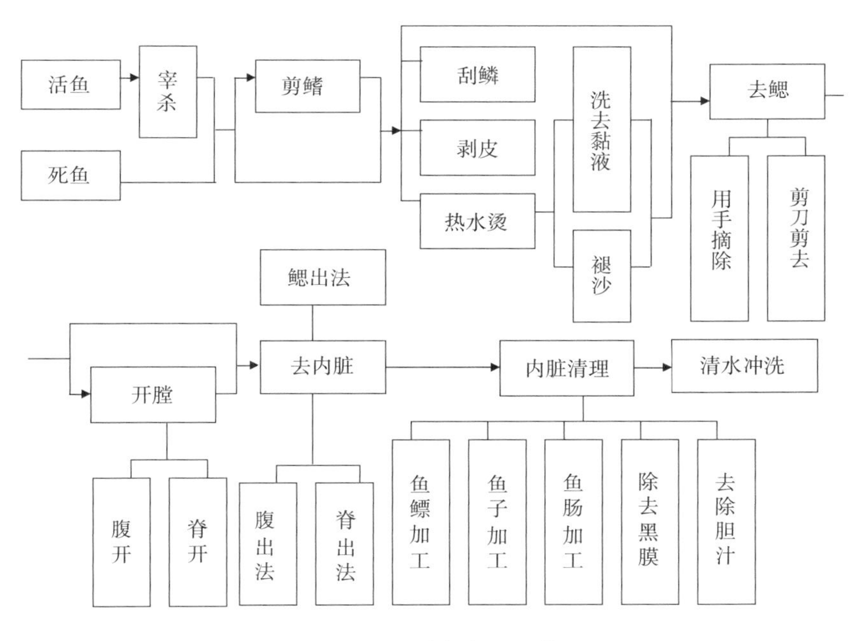

图2–3　鱼的初加工工艺

（1）剪鳍　根据加工需要，有些鱼要将部分鳍剪掉。剪鳍时要注意，有些鱼的鳍扎手，有些鱼（如鳜鱼）的鳍棘具有毒腺，被刺伤后可引起肿痛，甚至发热、畏寒等症状，一定要小心。

（2）刮鳞　用刀或特制的把，从鱼尾至头逆鱼鳞生长方向刮去鳞片，注意头部和腹部的小鳞片也必须刮除干净。鱼皮质地较嫩，特别是头部的形状不平整，容易划破表皮，加工时要控制好力度和深度。鲥鱼鳞片中含有较多脂肪，烹调时可以改善鱼肉的嫩度和滋味，应该保留。

（3）去鳃　形体较小的鱼可直接用手摘除，形体较大或骨刺坚硬有毒的鱼去鳃时，要用剪刀剪断鳃弓两端，然后取出。

（4）剥皮　主要用于鱼皮粗糙、颜色不美观的鱼类（如鳎目鱼）加工。一般方法是：有鳞片的先刮鳞，然后在靠近鱼头处割一浅刀口，割破鱼皮，剥起鱼皮并用力撕下，再除去鳃和内脏，洗涤干净即可。

（5）去除黏液　无鳞鱼的体表有发达的黏液腺，这些黏液有较重的腥味，而且非常黏滑，不利于加工和烹调。黏液去除的方法应根据烹调要求和鱼的品种而定，一般有浸烫法和盐醋搓揉法两种。

（6）褪沙　主要用于加工鱼皮表面带有沙粒的鱼类，例如鲨鱼。具体方法是：将鱼放入热水中烫泡，待沙粒能褪起时，立即捞出，根据鱼皮的老嫩分别采用小刀、软布或用手褪沙。沙粒褪净后要洗涤干净，再进行其他初加工。

鱼类原料的品种很多，初加工的方法因具体品种的不同而有一定差异。比如鲈鱼的初加工工艺是：刮鳞→摘除鱼鳃→除去内脏→切开血线→摘除背鳍和臀鳍→剥除鱼皮（见图2–4）。

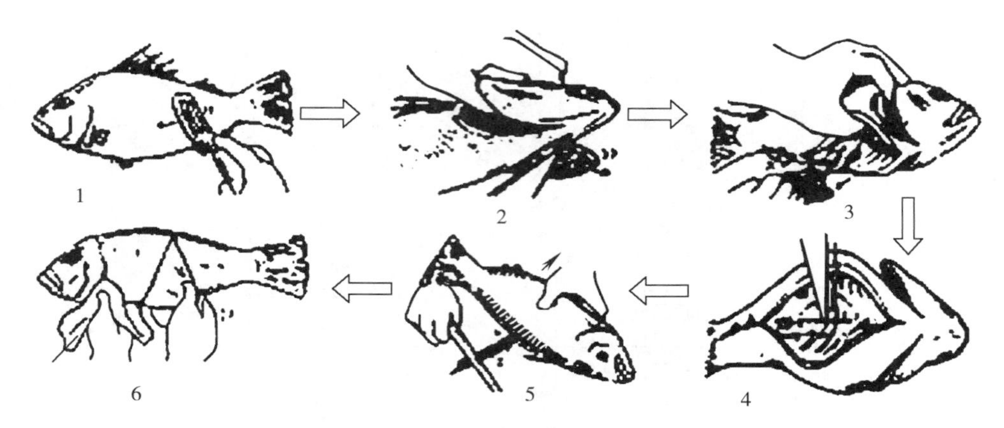

图2-4　鲈鱼的初加工工艺

3．体内加工

（1）开膛去内脏　选择开膛部位时要根据菜品的要求进行，表2-4是几种常见的开膛去内脏的方法。

表2-4　几种常见的开膛去内脏的方法

部位	加工方法	适用菜例
脊出法	用刀从鱼背处沿脊骨剖开，将内脏从脊背内掏出	荷包鲫鱼、清蒸鲫鱼等
腹出法	用刀从腹部剖开（不能划破鱼胆），将内脏从腹部取出	红烧鱼、松鼠鱼、炒鱼片等
鳃出法	用2根筷子从嘴部插入，通过两鳃进入腹腔将内脏搅出（切断肛肠）	叉烤鳜鱼、干煎黄鱼等

（2）内脏清理　鱼的内脏中，除鱼鳔、鱼肠、鱼籽外一般都不能作为烹饪原料，个别原料在制作特色菜肴时可保留某些部位，但必须经过卫生性的加工处理后才能使用。

① 鱼鳔：鳔是位于鱼的体腔背面的大而中空的囊状器官，多数硬骨鱼类都有鳔，软骨鱼类则无鳔。鳔的胶原蛋白含量丰富，是很好的食用原料，特别是鮰鱼鳔、黄鱼鳔更是鳔中上品。加工时应先将鱼鳔剖开，用少量的盐搓揉一下，再用沸水略烫，洗净后即可。

② 鱼肠：鱼肠一般不作为食用的原料，只有少数菜肴需要保留，如扬州的名菜“将军过桥”，但也只取咽部下端较肥厚的一段。加工时用剪刀剖开，加盐搓洗后入沸水略烫，再用清水洗净。

③ 鱼卵：在鱼卵中加4%的盐水，用木棍搅动，使衣膜与卵脱离，滤出卵衣膜即可。大麻哈鱼的红鱼子、鲟鱼的黑鱼子都是上等美味，但应注意鱼卵营养虽然丰富，如食之不当，则易引起中毒。如北方的狗鱼、鲶鱼，南方的斑节光唇鱼，青海湖的湟鱼等鱼卵均含有毒素，不能食用。

④ 去除胆液：胆囊位于鱼腹外侧，剖腹时容易将其划破，如不及时处理，整个菜肴都会带有苦味。

⑤ 去除黑膜：鱼的腹腔壁内黏附着一层黑色的薄膜，带有异腥味，且影响菜肴的美观，但它与腹壁黏连较紧，清水冲洗并不能将其去除，加工时要用小刀轻轻刮除。

（二）其他水产原料的初加工

1．虾、蟹的初加工

对虾的清理与加工可分为五步进行：剪除虾须、虾枪、虾眼→剪去附肢→取出沙肠→摘除沙包（虾胃）→漂洗干净。即第一步用剪刀齐虾眼剪除虾须、虾枪、虾眼；第二步剪去所有附肢；第三步在虾背部中间处开一刀口，取出沙肠或在虾腹部第二节靠近背部插入牙签挑出沙肠；第四步揭开头胸甲，摘除沙包（虾胃）；第五步将虾放入清水中漂洗干净备用（不可用水冲洗，否则虾黄将被冲掉）。其他种类的虾加工方法相同。

蟹类初加工的程序一般是：静养→刷净污物→挤出粪便→清水冲洗净。即在加工前，应将其静养于清水中，让其吐出泥沙，然后用软毛刷刷净骨缝、背壳、毛钳上的残存污物，最后挑起腹脐，挤出粪便，用清水冲洗净即可。

2．蜗牛的初加工

蜗牛初加工的程序一般是：饿养→挑选→焯水→除液。即选好蜗牛后，将其放入18～35℃的潮湿容器中饿养2～3天，以便排出体内的污物，中途喷洒清水，取出蜗牛后，用清水清洗干净。

将蜗牛置于4%～10%的盐水溶液中，浸泡约10min后捞出，由于食盐的刺激作用，蜗牛会自动将头、足部缩进壳内，而没有缩进壳内的蜗牛，则表明为病蜗牛或将死的蜗牛，应予拣出不用。挑选出的蜗牛要及时进行加工。

把缩头后的蜗牛放入沸水锅中，5～10min后捞出，用清水冲洗干净，再用针或长竹签掏出蜗牛肉，用剪刀修去内脏。在加工过程中，如果遇到颜色变黑或者没有黏液的蜗牛，应予拣出不用。

蜗牛肉质的表面附有一层黏液，去除方法是将蜗牛肉放入2%～3%的明矾水中，稍加浸泡即可除净黏液。捞出后，及时用清水浸漂，防止蜗牛肉表面变黄。经过以上处理后所得的净蜗牛肉，即可用于加工烹调。

3．田螺的初加工

田螺初加工的程序一般是：静养→刷洗泥垢→夹断尾壳。即先将田螺静养2～3天，待其吐尽泥沙。静养时可在水中放少量植物油，便于泥沙排出，然后刷洗外壳泥垢，用铁钳夹断尾壳，便于吸食。如果需要直接取肉，可将外壳击碎，然后逐个选摘，切不可将碎壳带入肉中，然后去除残留的沙肠，用盐轻轻搓洗，再用清水冲洗即可。

4．蛏、蛤蜊的初加工

蛏、蛤蜊初加工的程序一般是：冲去泥沙→盐水浸泡→清水冲洗。即先将鲜活的蛏、蛤蜊用清水冲去外壳的泥沙，然后浸入2%的食盐液中，静置40～80min，使其充分吐沙，体型较瘦的吐沙速度慢一些，烹调前用清水冲洗即可。烹调时既可带壳（将闭壳肌割断），也可取净肉食肉，但外壳破裂或死蛏应剔除。

5．鲜鱿鱼、鲜墨鱼、鲜章鱼的初加工

将鲜鱿鱼用木盆盛着，注入清水浸泡，用小刀（或剪刀）剪开腹部，取出明骨和眼及其中污物，用手将它的须和肚分离开，顺手剥去它的紫红色外衣，翼也剥衣。清水洗净，用竹箕滤干水待改刀加工复制用。

鲜墨鱼加工时要用双手挤压墨鱼眼球，使墨液迸出，拉下墨鱼头，抽出脊背骨，同时将背部撕开，挖出内脏，揭去墨鱼表面的黑皮，洗净。加工时，除保留外套膜和足须外，其他皮膜、眼、吸盘、唾液腺、胃肠、墨囊、胰脏及腭片和齿舌都要去除，包埋于外膜内的内壳可保留做药用。在批量加工时要将体内的生殖腺保留，雄性生殖腺可干制成墨鱼穗，雌性产卵腺可干制成乌鱼蛋，二者都是著名的海味原料。

鲜章鱼的初加工与鲜鱿鱼、鲜鱿鱼相似，但章鱼的嘴、眼中有少量泥沙，加工时要挤净并用水冲洗。

6．蛙的初加工

蛙是两栖类动物的典型代表，分头、躯干和四肢3部分。蛙类捕食害虫，是农田、林区的保护者，因此野生的蛙类禁止食用，作为食用对象的仅牛蛙、虎斑蛙、林蛙等，尤以牛蛙为多见。其加工程序一般为：摔死（击昏）→剥皮→剖腹→整理内脏→洗涤。

蛙摔死（击昏）后，从颌部向下剥去皮，用刀竖割开肚腹（小蛙可直接从腹下端撕开），整理内脏，仅保留肝、脾、胰与心以及菊花形油脂，其他包括肠、胃、肺、胆、膀胱等一概除去。剪去蛙头、前指，洗净待用。

7．甲鱼、龟的初加工

龟、甲鱼体分头、颈、躯干、四肢和尾五部分，因其死后内脏极易腐败变质，内脏中组胺酸转变成有毒物组胺，对人体有毒害作用，因此龟、甲鱼需要活宰。

甲鱼的加工方法一：放血→烫泡→刮膜→开壳→整理内脏→洗涤→焯水清洗备用。即①将甲鱼腹部朝上，待头伸出即从颈根处割断气、血管；也可用手捏紧颈部，用刀切断颈部。②将其放入80℃左右的热水中浸烫2min左右，取出后趁热用小刀刮去背壳和裙边上的黑膜；如果几只甲鱼同时加工，要将甲鱼放在50℃左右的水中进行刮膜，因为裙边胶质较多，凉透后黑膜会与裙边重新黏合在一起，很难刮洗干净。去膜后，用刀在腹面剖个“十”字，再放入90℃左右的热水中浸烫10～15min。③捞出后揭开背壳，并将背壳周围的裙边取下，再将内脏一起掏出，除保留心、肝、胆、肺、卵巢、肾外，其余内脏不用。特别注意体内黄油，它腥味较重，如不去除干净，不仅使菜肴带有腥味，还使汤汁混浊不清，黄油一般附着在甲鱼四肢当中，摘除内脏时不能遗漏。最后剪去爪尖，剖开尾部，用清水冲洗后即可。

甲鱼的加工方法二：宰杀→整理内脏→泡烫→刮膜→清洗→备用。即将甲鱼腹朝下放在案板上，用洁布盖住头部，右手紧紧按压住甲鱼头，用刀尖将背甲与鳖裙割开分离后（不要取下背甲），即可整理内脏，先完整取出卵，再取出其他脏器。除了膀胱、尿肠及腹中黄油和气管、食管、胃外，甲鱼的其他内脏包括心、肝、胆、肺、卵巢、肾都能食用。内脏整理后即将其置于70～80℃热水中浸烫2～5min，待皮膜凝固与甲壳分离时取出浸入50℃温水中漂洗干净，去除爪尖，洗涤待用。甲鱼的胆汁具有解除部分腥味的作用，因此可在宰杀甲鱼时将甲鱼胆汁涂抹在甲鱼腹腔内。

龟的初加工程序一般是：清洗龟壳→烫杀→刮膜→开壳→整理内脏→洗涤备用；或用力摔打，使龟壳与龟体分离→烫杀→开膛→整理内脏→清洗备用。

8．活海参的初加工

将活海参从腹部或背部剥开，取出肠子（注意：海参肠子可以清理干净，食用、做偏方都可），洗净，将海参放入高压锅，加适量水，小火煮沸，高压15min，闭火，待自然凉透，换清水，浸泡1～2天，即可食用。

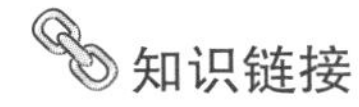
知识链接

关于餐饮服务提供者经营河豚鱼有关问题的通知

食药监办食函［2011］242号

吉林、江西、贵州省食品药品监督管理局：

你局有关餐饮服务提供者能否经营河豚鱼的请示收悉。近年来，个别餐饮服务提供者擅自经营河豚鱼，导致食物中毒事件时有发生，为切实保障公众饮食安全，经组织相关食品安全监管部门认真研究，现就有关问题通知如下：

一、有关食品安全监管部门多次发文禁止餐饮服务提供者加工制作鲜河豚鱼。近年来，有些地方养殖河豚鱼，并向有关部门提出开放禁令的申请。有关部门正在进行相关研究，在国家有关政策调整前，严禁任何餐饮服务提供者加工制作鲜河豚鱼。

二、各地餐饮服务食品安全监管部门要加大对辖区内餐饮服务提供者经营河豚鱼行为的监督检查力度。对经营河豚鱼（或以其他替代名称）的，依照《食品安全法》第八十五条的规定进行处罚。

三、各地餐饮服务食品安全监管部门要加强禁用河豚鱼的宣传教育，使餐饮服务提供者和广大消费者了解食用河豚鱼的危险，进一步增强自我防护能力。

国家食品药品监督管理局办公室

二〇一一年六月九日

第二节　干制原料的涨发工艺

为了贮藏、运输或某种风味的需要，运用日晒、风吹、烘烤、灰炝、腌渍等方法加工，使新鲜食物原料脱水干燥而成的原料称为干制原料，也称干货原料或干料。干制原料在烹调前必须经过涨发处理，才能使其质地回软，同时除去杂质和异味，以便于切配、烹调和食用。

一、干制原料涨发的概念

干制原料涨发也称干料泡发，就是用不同的加工方法，使干制原料重新吸收水分，最大限度地恢复其原有的形态和质地，同时去除原料中的杂质和异味，便于切配、烹调的原料加工方法。

干制原料的涨发过程，是鲜活原料干燥脱水的逆过程，但并不是干燥脱水过程的简单反复。这是因干燥过程中所发生的某些变化并非可逆。干制原料复水性下降，是有些细胞和毛细管萎缩和变形等物理变化的结果，但更多的还是胶体中物理变化和化学变化所造成的。烹饪原料失去水分后，盐分增浓和热的影响会促使蛋白质部分变性，失去了再吸水的能力或水分相互结合的能力，同时还会破坏细胞壁的渗透性。细胞受损伤（如干裂和起皱）后，在复水时就会因糖分和盐分流失而失去保持原有饱满状态的能力。正是这些以及其他一些化学变化，降低了干制原料的吸水能力，达不到原有的水平，同时也改变了烹饪原料的质地。

烹饪原料脱水干制时蒸发掉的水分主要为机械结合水和部分渗透结合水，涨发是通过改变其干制原料的周围环境（如温度、pH），使之最大限度吸收水分；或将干制的原料在高温或加压的条件下进行水分子汽化，使之体积增大，形成小汽室，再进行复水的过程。干制原料的涨发主要表现为干制原料复水的过程。

干制原料一般都在复水（重新吸回水分）后才食用。干制品的复水性就是新鲜食品原料干制后能重新吸回水分的程度，一般常用干制品吸水增重的程度来衡量，烹饪行业中用涨发率表示。干制品的复原性就是干制品重新吸水后质量、大小和形状、质地、颜色、风味、成分以及其他各个方面恢复原来新鲜状态的程度。

二、干制原料涨发的工艺流程

干制原料的涨发一般要经过涨发前的加工、正式涨发、涨发后的浸漂保存等工艺过程（见图2-5）。

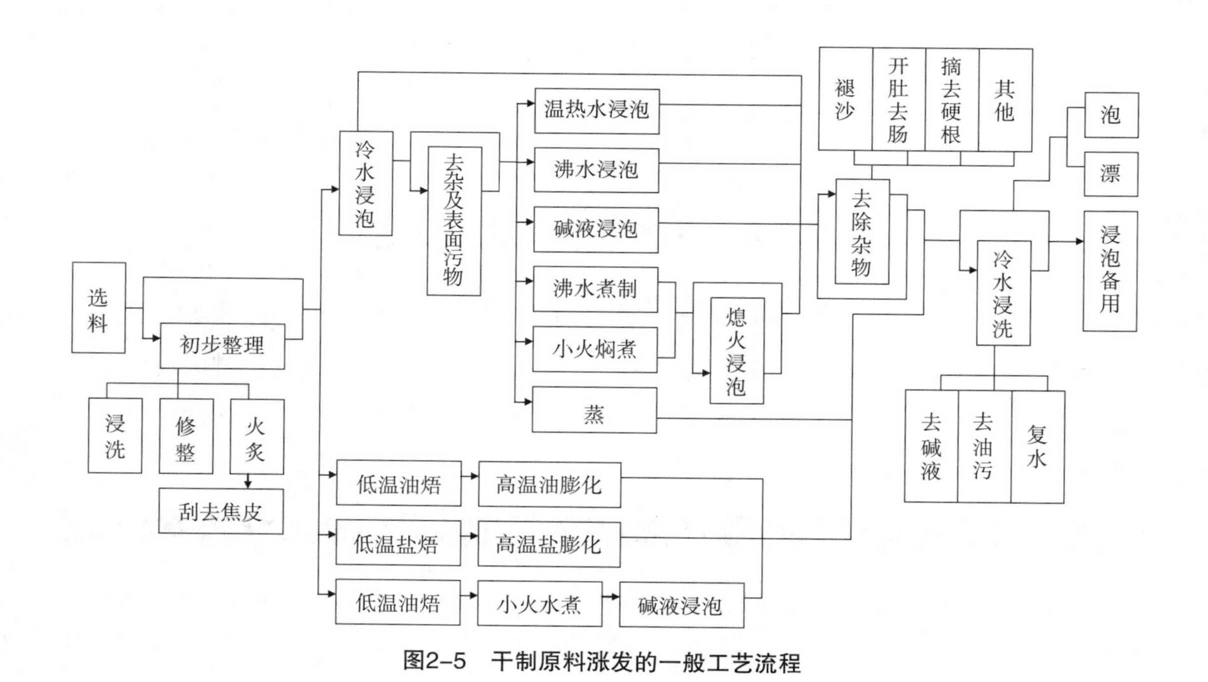

图2-5　干制原料涨发的一般工艺流程

（一）涨发前的加工

干制原料在正式涨发前要经过一定的加工过程，目的是为正式涨发扫除障碍、提供条件。主要的加工方法有浸洗、烘焐、烧烤以及对原料的初步修整等。

（二）正式涨发

这是干料涨发最关键的阶段。在这一阶段，干制原料基本涨大，形成疏松、饱满、柔嫩的质态，达到干料涨发特定的品质要求。主要的加工方法有碱溶液浸发和煮、焖、蒸、泡及油炸、（盐）炒等。

（三）涨发后的浸漂保存

这是干料涨发过程的最后阶段，干料达到最终充分膨胀、吸水而松软的质量要求，并通过进一步的清理，去除杂质，洗涤干净，从而符合卫生的需要。此过程仅限于纯净水的浸发方法。

三、干制原料的涨发方法

干制原料的涨发方法，根据使原料涨大的主要介质不同，可分为水发、蒸发、碱发、油发、盐发等（见表2–5）。其中，水发是最基本的发料方法，其他方法大都离不开水发。有人将火发归为涨发的一种类型，实际上火发是有些原料在正式涨发之前的加工处理，是用火烧去原料粗劣的外皮，以便于正式涨发，如乌参、岩参的涨发。另外，根据使原料涨大的原理，可分为水渗透涨发和热膨胀涨发；根据涨发的次数，可分为一次性发料和多次反复发料。

表2–5 常见干料涨发方法

<table>
<tr><th colspan="3">方法</th><th>适用范围</th><th>原理</th></tr>
<tr><td rowspan="6">水发</td><td rowspan="2">冷水发</td><td>浸发</td><td>适于体小质嫩的干料，可直接用冷水浸透，如香菇、口蘑、银耳、木耳、黄花菜等</td><td rowspan="9">水渗透涨发</td></tr>
<tr><td>漂发</td><td>用于整个发料过程的最后，如海参、鱼皮、鱿鱼等涨发的最后一道工序是漂发</td></tr>
<tr><td colspan="2">温水发</td><td>适于冷水发的原料一般适于温水发，特别是在冬季</td></tr>
<tr><td rowspan="3">热水发</td><td>泡发</td><td>适于体小、质微硬、略有杂质的干料，如银鱼、粉丝、干粉皮、脱水菜等。泡发还可以和其他发料方法配合使用，如猴头蘑、莲子、海参、鱼翅等涨发需先泡，以免干料煮、焖、蒸发后破裂</td></tr>
<tr><td>煮发</td><td>适于体大厚重和特别坚韧的原料，如熊掌、海参、蹄筋、大鱼翅等</td></tr>
<tr><td>焖发</td><td>适用于体形大、质地坚实、腥膻臭异味较重的干料，如鱼翅、驼掌（蹄）、牛筋、某些海参以及鲜味充足的鲍鱼和淡菜等</td></tr>
<tr><td colspan="3">蒸发（也可属热水发）</td><td>适于一些体小易碎易散的干料，如干贝、虾干、鱼唇、鱼骨、莲子等。蒸发也可作为煮发、焖发的后续过程，如鱼皮、海参、鱼翅、鲍鱼、蹄筋初步涨发后，可再用蒸发使其发透</td></tr>
<tr><td rowspan="2">碱发</td><td colspan="2">碱水发</td><td rowspan="2">适于一些热水难以发透、肉质不易回软、质地特别坚硬的干料，如鱿鱼干、墨鱼干等</td></tr>
<tr><td colspan="2">碱面发</td></tr>
<tr><td colspan="3">油发</td><td>适于油发的干制原料，主要是含胶原蛋白丰富的蹄筋、干肉皮、鱼肚等</td><td rowspan="2">热膨胀涨发</td></tr>
<tr><td colspan="3">盐发</td><td>适于盐发的原料，主要有干猪蹄筋、肉皮、鱼肚等</td></tr>
</table>

（一）水发工艺

1. 工艺流程和方法

水发在干制原料涨发中应用范围最广。即使采用其他涨发方法，也必须再用水发处理。根据涨发过程中水温的不同，水发可分为冷、温水浸发与热水涨发两种，其一般工艺流程见图2-6。

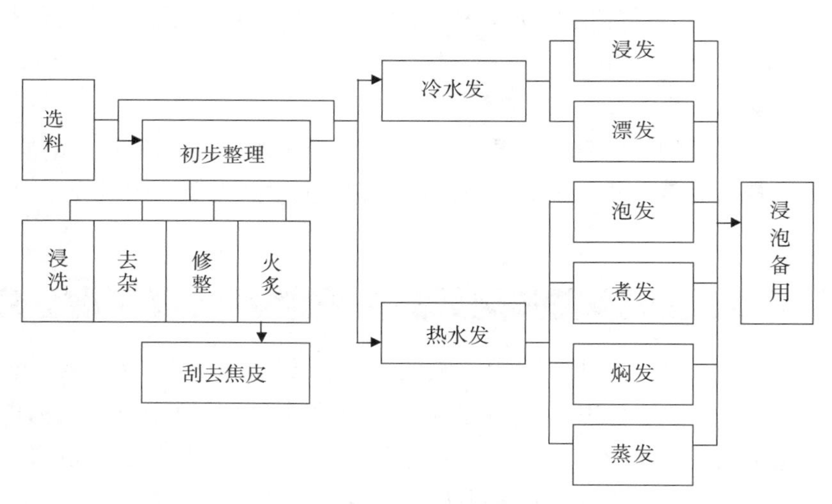

图2-6 水发工艺流程

（1）冷水发 冷水发是将干制原料放在冷水中，使其自然吸收水分，尽可能恢复新鲜时的软嫩状态，或漂去干料中杂质和异味的方法。冷水发可分为浸发和漂发两种。

① 浸发：就是将干制原料直接用冷水浸没，使原料自然涨发的一种方法。浸发的时间长短要根据干料的大小、老嫩、松软和坚硬程度而定。一般体小质嫩的干料可直接用冷水浸透，如香菇、口蘑、银耳、木耳、黄花菜等。质地较老或带有涩味的蕈类，如草菇、黄菇等，在浸透后最好漂洗几遍（漂洗次数不宜过多）。在冬季或急用时，可在冷水中适当加些热水。在温度较高的环境中，涨发时要勤换水，以免干料腐烂变质。

② 漂发：就是把干料放在水中，不时地挤捏，或者用流水缓缓地冲，让其继续吸水并除去杂质和异味的一种方法。漂发用于整个发料过程的最后，如海参、鱼皮、鱿鱼等涨发的最后一道工序是漂发，目的是除去其腥臊气味、杂质和碱味。

冷水发还可作为其他发料方法的配合措施，是油发、盐发、混合涨发方法的最后加工，最终使干料完成充分吸水膨胀过程，符合制熟的需要。

（2）热水发 热水发就是把干料放在热水中，或采用各种加热方法，使干料体内的分子加速运动，加快吸收水分，使之成为松软嫩滑的全熟或半熟的半成品的方法。热水发一般使水温保持在60℃以上。依据加热方式，热水发又细分为泡发、煮发、焖发和蒸发。

① 泡发：就是把干料放入热水中（或将干料置于容器中，用热水直接冲入容器中）浸泡，使原料受热迅速膨胀的方法。操作中应不断更换热水，以保持水温。泡发适于一些体小、质微硬、略有杂质的干料，如银鱼、粉丝、干粉皮、脱水菜等。泡发还可以和其他发料方法配合使用，如猴头蘑、莲子、海参、鱼翅等涨发需先泡，以免干料煮、焖、蒸发

后破裂。泡发时应不断更换热水，以保持水温。夏天泡发水温可适当低些。适用于冷水浸发的干料，也可用热水泡发。

② 煮发：是将干料放入水中，在火上加热，使水温保持在沸点状态下（这时水分子热运动速度达到最大值，强力地向干料体内渗透），促使原料加速吸水的一种涨发方法。对体大厚重和特别坚韧的原料，如熊掌、海参、牛蹄筋、大鱼翅等，还需适当保持一段微沸状态。时间10～20min不等，有的还可反复煮发；但不能一次性长时间煮发，而产生外部水化过快、内部水化不够的不平衡状态。另外，在煮前要用冷水或热水泡一段时间，以免烧煮时原料皮面破裂。

③ 焖发：将原料置于密闭容器中，保持在一定温度上，使原料内外涨发平衡的过程称为焖发。焖发实际上是煮发的后续过程。某些原料不能一味地用煮发方法进行涨发，否则会使外部组织过早发透，外层皮开肉烂，而内部组织仍未发透，影响涨发后原料的品质。此法适于体形大、质地坚实、腥膻臭异味较重的干料，如鱼翅、驼掌（蹄）、牛筋、某些海参以及鲜味充足的鲍鱼和淡菜等。焖发的温度因物而异，一般为60～85℃不等。传统的方法是用微火保温或将煮发后干料置于保温设备中，如保温箱或桶。

④ 蒸发：就是把干料放入盛器内，加入少量水或鸡汤、料酒等，置笼中加热，利用水蒸气使干料发透。蒸发的原理与煮、泡、焖相似，所不同的是蒸发是利用水蒸气加热，避免了原料与水接触，有利于保持鲜味干料的本味和干料外形的完整。此法适于一些体小易碎易散的干料，如干贝、虾干、鱼唇、鱼骨、莲子等。蒸发也可作为煮发、焖发的后续过程。

热水发料是一种应用广泛的发料方法，应根据原料的性质、品种采用不同的水温和涨发形式。可采取一次性的形式，也可采取多次反复和不同方法合用的形式。此法加工后的原料已成为半熟、全熟的半成品，经切配后就可烹调成菜，因此对菜肴的质量影响很大：过度则形烂，质软烂不美观；发不透则僵硬，无法食用。只有掌握好发料的时间、火候，才能获得较好的发料效果。

2. 工艺关键

（1）干制原料的预发加工　预发加工的目的是为干料吸水扫除障碍，提高干制原料的复水率，保证出品质量，如浸洗、烧烤、修整等。

（2）涨发方法的选择　一些体积较小、质地松软的植物性干制原料，如银耳、木耳、口蘑、黄花菜等，能用冷水发的尽量用冷水发。因用冷水发可减缓高温所引起的物理变化和化学变化，如香气的逸散、呈味物质的溶出、颜色的变化等。在冬季或急用时，可加些热水以加快水分的传递。绝大部分的肉类干制品及山珍海味干制品适用于热水发。

凡是不适用煮发、焖发或煮、焖后仍不能发透的干料，可以采用蒸发，如一些体小易碎的或具有鲜味的干制原料。蒸发可有效地保持干制原料的形状和鲜味，使其不至于破损或流失鲜味汤汁，同时也是对一些高档干制原料增加风味和去除异味的有效手段。

（3）水温和涨发时间的调控　水发时要根据原料的性质及其吸水能力控制涨发时的水温，并根据成品的质量标准掌握好加热时间。

（4）对原料进行适时的整理　如海参去腹内异物及吸盘、鱼翅去沙、蹄筋剔除筋间杂质等。要勤于观察、换水、分质提取，最后漂水。使干制原料经复水后保持大量的水分，最终达到膨润、光滑、饱满的最佳水发效果的同时，还可去除残存的异味、杂质。

（二）碱发工艺

1．工艺流程和方法

碱发有碱面（纯碱）发和碱水发两种方法，其一般工艺流程见图2-7。碱面发就是在用冷水或温水将泡至回软、剞上花刀切成小块的原料上沾满碱面（大块碱可先制成粉末），涨发时再用开水冲烫，成形后用清水漂洗净碱分；但这种方法已不常用。碱水发是将干料放入配制好的碱溶液中，使之浸发涨大。发前一般应将干料用清水浸泡回软，然后再放入碱水中泡发，这样可以减轻碱溶液对原料的直接腐蚀。用碱水泡发后，须将原料用清水漂洗，以去除碱液和腥味；原料在排出碱水的同时，吸收清水而膨胀发起。

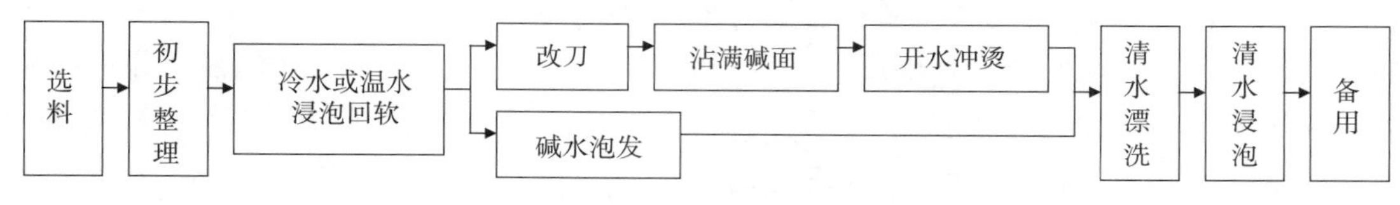

图2-7　碱发一般工艺流程

2．工艺关键

（1）原料选择　碱水发主要适于一些热水难以发透、肉质不易回软、质地特别坚硬的干料，如鱿鱼干、墨鱼干等。由于碱的腐蚀性会使原料的营养成分受到不同程度的损害，所以无须碱发的原料尽量不用碱发。

（2）碱发前预先浸泡　在碱发时应预先将干料用清水浸至回软，以避免碱水对干料体表的直接腐蚀，提高水分子向干料内部的渗透速度，使内外达到平衡。

（3）严格控制碱溶液的浓度、温度、涨发时间以及投料量　一般来说，溶液pH和温度随干料的大小、老嫩、厚薄、多少而升降。涨发时要注意观察原料在碱水中的变化，如色泽、体积、回软程度等，如看到有的原料色呈半透明，形态丰满，富有弹性，质感脆、嫩、软、滑时，就要及时从碱水中捞出，防止碱发过度；对没有变化的则要继续在碱水中发。即先发透的先捞出，后发透的后取出，直至全部发完。

（4）碱发后漂洗　原料用碱涨发好后，必须用冷水反复漂洗，使原料组织内部的碱味吐尽。

（三）油发工艺

1．工艺流程和方法

油发就是把干制原料浸入油中加热，使其组织膨胀疏松，然后再吸水回软的涨发方法。其一般工艺流程见图2-8。

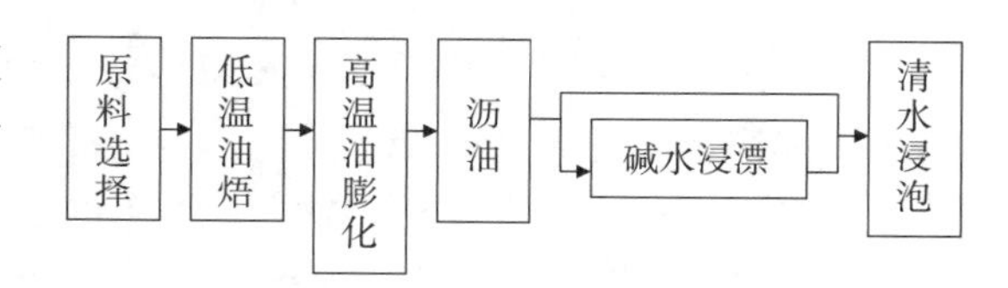

图2-8　油发一般工艺流程

（1）原料选择　适合油发的干制原料主要是含胶原蛋白丰富的蹄筋、干肉皮、鱼肚等。

（2）低温油焐　将干料置于恒温的多量油中浸泡一段时间的过程，称为油焐。油焐的温度与时间上视具体原料而定，一般来说，原料薄小较干的应温度略高，时间也短；厚大而稍湿的则温度略低，时间较长。

（3）高温油膨化　将油温逐渐提高到120℃左右，原料逐渐由软变硬，开始发生膨化，并慢慢浮到油面。随着油温的继续升高（不超过150℃，可用加凉油的方法控制油温）和时间的延长，膨化越来越明显，直到原料组织从外到里全部膨松，即发透。

（4）浸漂 原料在油中加热至膨松后只是半成品，还需经浸漂使之自然吸水而柔软蓬松。原料回软后，反复用清水揉洗去除碱味。对炸发后原料不宜采用80℃以上热水泡发，因为热水会使之塌缩，胶原纤维失去支持力，从而影响吸水率，伤害油发原料的体质。

2. 工艺关键

（1）油发的原料不一定要保持干燥 导致干料油发膨胀的关键是原料中的束缚水（也称结合水）。据测定，同种原料的束缚水含量是不变的。每100g蛋白质中束缚水有50g之多，100g淀粉中束缚水为30～40g。潮湿的原料仅是多了自由水，油焐时会排出体外，所以涨发前无须烘干处理，是否有吸湿水、吸湿水量多少均与涨发质量无关；如果说有影响的话，仅是延长了油焐的时间而已。

（2）干料油焐时不一定非要冷油下锅 实践证明，只要油温不超过110℃，在低于此温度的任何温度值，原料均可下锅油焐，油焐时间的长短则随具体原料而定。

（3）掌握好油脂温度和涨发时间 可以采用测温勺测控油温，用钟表掌握时间，这样能做到测控准确，并维持在相对固定的温度值上，为油焐和涨发时间的相对确定打下了基础，保证了干货原料在尽可能高的油温中涨发，同时又不会因时间的延长而出现报废或质量问题。另外涨发温度和时间定性、定量后，可通过正交试验法，得出同种原料不同情况下的最佳涨发工艺条件。

（4）原料膨化后的复水处理 将膨化原料复水处理是油发技术的最后一个流程，是否要用热碱水浸洗去油脂，要根据实际情况而定。如果是干净的原料用新油涨发，就无需用碱水浸洗，只要将回软的原料改刀焯水即可；如果采用老油涨发，或涨发后存放时间过长，则必须要用碱水浸洗去油脂。因老油对成菜风味有影响，对人体也有害，存放时间过长的原料表层的油脂易变质而产生哈喇味，且粘在油脂上的灰尘用水难以去除，用碱水浸洗则易去除油脂及灰尘，但必须用清水漂清原料中的碱味，防止给菜肴风味带来新的影响。

（四）盐发工艺

1. 工艺流程和方法

盐发是将干料埋入已加热的盐粒中继续加热，使干料膨胀松脆成为半成品，然后再吸水回软的干料涨发方法。发制时，先将盐下锅炒热，蒸发出水分。待发出爆裂声时，即将干料放入翻炒，边炒边焖，发透为止。盐发后须用热水泡，使膨胀后的原料回软，并清除盐分、油分和杂质。盐发的一般工艺流程见图2-9。

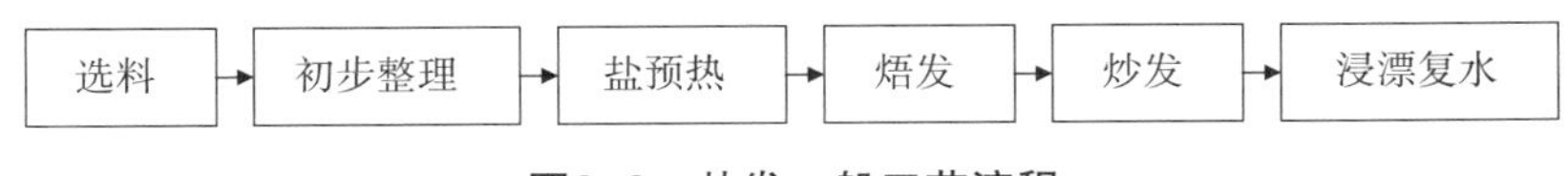

图2-9 盐发一般工艺流程

（1）预热盐 将盐加热至80～100℃，使盐中水分蒸发，有盐爆声温度可达110℃。

（2）焐发 待盐中水分蒸发后，即可投进干料翻焐，盐量应多于干料5倍以上，将其完全淹没。由于盐经预热，故极干燥，能将干料中自由水、束缚水迅速吸出并蒸发，从而以较快的速度破坏料体内维系蛋白质空间结构的键链。因此，在盐中的焐发时间一般短于油焐1/3～1/2时间。将原料翻匀受热后即用小火保温焐制，至干料质量减轻而干脆时，即可炒发。

（3）炒发　当焐发完成后，即改用高温加热，迅速将原料翻炒，使干料中结构水充分气化，干料体逐步膨松胀大呈多孔构象，这时盐温可高达210℃以上。干料中胶原纤维由于水分的完全丧失而显得极脆，呈不可逆变性。因此，炒发后干料的外部与内部构象与油发品相似。

（4）浸漂复水　炒发后的干料也是半成品，与油发一样还需用自然水浸漂复水回软，其多孔的结构像海绵一样为吸水提供了有利的条件。

2．工艺关键

（1）选料及涨发前加工　适合盐发的原料主要有干猪蹄筋、肉皮、鱼肚等，涨发前要将干料加工成小段或小块。盐量应多一些，以盖住干料并能灵活翻动为宜。

（2）掌握好火候　盐炒热后再放原料，焐发时火力不宜过旺，特别是在干料开始膨胀时，应用温火处理，才能使其里外发透。

（3）盐发后的处理　盐发后的原料一定要经过复水浸漂处理才能用于切配、烹调。盐发后的盐不要去掉，可反复使用，但不能用于烹调菜肴。

四、干制原料涨发的基本要求

（一）熟悉干制原料的产地和品种性质

同一品种的干制原料，由于产地、产期不同，其品种质量也有所差异。如灰参和大乌参同是海生中的佳品，但因其性质不同，灰参一般采用直接水发的方法，大乌参则因其皮厚坚硬需先用火发再用水发的方法。又如山东产的粉丝与安徽产的粉丝，由于所用原料不同，其发制时耐水泡的程度也就不一样，山东产的粉丝，用绿豆粉制成，耐泡；安徽产的用甘薯粉制成，不耐泡。

（二）能鉴别原料的品质性能

各种原料因产地、季节、加工方法不同，在质量上有优劣等级之分，质地上也有老、嫩、干、硬之别。准确判断原料的等级、正确鉴别原料的质地，是涨发干制原料成与败的关键因素。如鱼翅中淡水翅与咸水翅在涨发时就不能同等对待；又如海参有老、有嫩，只有鉴别其老嫩，才能适当掌握涨发的方法及时间，以保证涨发的质量。

（三）必须熟悉和掌握各项涨发技术，认真对待涨发过程中的每一环节

干制原料的涨发过程一般分为原料涨发前的初步整理、正式涨发、涨发后处理3个步骤。每个步骤的要求、目的都不同，而它们又相互联系、相互影响、相辅相成，无论哪个环节失误，都会影响整个涨发效果。在操作中，要认真对待涨发过程中的每一环节，熟悉和掌握各项涨发技术，了解掌握每一种方法所适用的原料范围、工艺流程、操作关键和成品质量要求。

（四）掌握干制原料涨发的成品标准

干制原料涨发的成品标准一般包括原料涨发后的质地、色泽、口味和涨发率等。

第三节　腌腊制品的初加工工艺

腌腊制品是指原料经预处理、腌制、脱水、保藏成熟而成的一类制品，其肉质细致紧密，色泽红白分明，滋味咸鲜可口，风味独特，便于携带和贮藏，是我国传统的烹饪原料之一。

腌腊制品在加工过程中容易受灰尘、污物和微生物的污染，使原料表面吸附一些不能食用的杂物，加工前应先用清水洗涤干净，如咸菜、梅干菜。另外，加工原料在长期的贮存、运输等过程中更容易受到外界环境的污染，严重时会发生变质、变味现象，所以在食用或进行烹饪加工时，必须先进行卫生性处理。

一、火腿的初加工工艺

火腿，狭义地讲，是指用猪胴体后腿或前腿经腌制、整形或长期成熟的生肉制品；广义地讲，还包括用块状畜禽肉经腌制、滚揉、压模、煮制等工序加工而成的熟肉制品。在此指的是狭义上的火腿。

火腿的加工存放周期长，肉面会产生一层发酵保护层，皮面带有污垢。因此，在初加工火腿时，先要将肉面表层的发酵保护层仔细地削去；皮面用粗纸揩拭，再用温碱水将火腿洗刷干净，然后用清水冲净碱分，再切配烹调。经过这样处理后的火腿无异味，口味纯正；否则，烹制出的菜肴有异味和哈喇味，影响成菜的风味和质量。

原只火腿的处理方法：先将火腿刷净，原只用清水浸泡数小时，清除其咸腥臭味，再用热水洗干净，剥去外皮，切除皮下脂肪，烧滚清水，加入适量料酒和姜葱，以慢火将火腿炖熟。取出拆去大骨，然后将火腿改切成方块形状，以保鲜纸包裹着放入冰箱内妥为保存，以待有需要时取出应用。火腿是一种腌腊制品，腌制时的肉质中所含的脂胶凝固，肌纤维有所分解，黏性降低，易酥碎。所以加工切制时，要根据火腿的组织结构和性能，耐心细致地顺着或斜着肌肉纤维切制，才能达到菜肴的要求，保证菜肴的质量；如果横着肌肉纤维切，则容易散碎，不易成形，影响菜肴的质量。

二、咸肉、咸鱼、板鸭的初加工工艺

咸肉、咸鱼、板鸭等腌制品在加工前，宜先放在清水中浸泡，以除掉一部分盐分，然后再进行各种加工。

关键术语

（1）初加工工艺（2）干制原料涨发（3）水发工艺（4）碱发工艺（5）油发工艺（6）盐发工艺

问题与讨论

1. 鲜活原料的初加工工艺对菜肴质量有什么影响？
2. 如何清洗猪肚、猪舌、猪肺、猪肠、猪脑、牛百叶？

3．影响干制原料涨发的因素有哪些？水发、碱发、油发、盐发的基本原理是什么？

4．分析碱水涨发鱿鱼成品出现下列现象的原因是什么？① 外表软烂，内部有硬心；② 鱿鱼卷缩；③ 鱿鱼碱味过浓。

5．怎样发鲍鱼、群翅、海参、广肚、鳝肚？涨发时分别要掌握哪些关键？

6．发好的鲍鱼、群翅、鲍翅、海参、广肚、鳝肚、燕窝分别要求达到什么标准？

实训项目

1．活鸡的宰杀

2．鱼类的初加工

3．虾、蟹的初加工

4．黑木耳、香菇、玉兰片、海蜇皮、海参的水发

5．莲子、银杏、干贝、哈士蟆的蒸发

6．鱿鱼的碱发，猪蹄筋的油发、盐发

（各章实训项目的实施请参照中国轻工业出版社出版的配套教材《烹调工艺实训教程（第二版）》，此后不再说明）

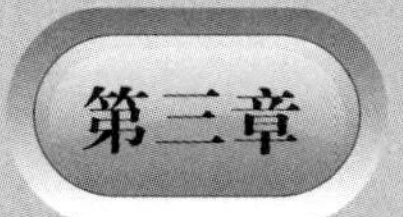

分割及其成型工艺

教学目标

知识目标：

（1）了解刀工操作的基本要求，理解刀工的作用和原理，掌握刀法的种类和技术要领

（2）了解部位分割工艺的原则，掌握常用家畜、家禽、鱼类原料的部位分割工艺

（3）掌握家畜、家禽、鱼、虾、蟹类原料的骨肉分割工艺

（4）掌握丁、条、丝、片、块的成型工艺和剞花工艺

能力目标：

（1）刀工姿势正确，动作规范、协调，能熟练运用各种刀法

（2）能加工出常用烹调所需的各种原料形状，并且均匀一致

（3）对原料的部位分割和骨肉分割，能做到下刀准确、顺序正确、取料完整

情感目标：

（1）树立信心，循序渐进，持之以恒，勤学苦练

（2）养成良好的职业习惯，对技术精益求精

教学内容

（1）刀工工艺

（2）部位分割工艺

（3）骨肉分割工艺

（4）原料成型工艺

案例导读

古籍记载中的刀工

古人刀工之妙不可思议。《礼记·内则》中载“取牛肉，必新杀者，薄切之，必绝其理”，说明美味离不开高水平的刀工技艺。《庄子·养生主》中描述了解牛的庖丁，庖丁经三年苦练，达到“目无全牛”、“游刃有余”的境地，“手之所触，肩之所倚，足之所履，膝之所踦，砉然响然，奏刀騞然，莫不中音，合于《桑林》之舞，乃中《经首》之会”。观他解牛，如观古舞；闻其刀声，如闻古乐。由是观之，动刀解牛，也是艺术。

刀工作为一门技术，唐代便出现了专著《砍斫法》。当时也确有以刀工进行艺术表演的，《酉阳杂俎》说：“有南孝廉者善斫脍，縠薄丝缕，轻可吹起；操刀响捷，若合节奏。因会客炫技。”

描写古代刀工的优美文字还很多，如“涔养之鱼，脍其鲤魴。分毫之割，纤如发芒；散如绝谷，积如委红。残芳异味，厥和不同”（傅毅《七激》）；“蝉翼之割，剖纤析微。累如叠谷，离若散雪。轻随风飞，刃不转切”（曹植《七启》）；“尔乃命支离，飞霜锷，红肌绮散，素肤雪落。娄子之豪不能厕其细，秋蝉之翼不足拟其薄”（张协《七命》）等。

不仅仅文学家将精湛的刀工当作完美的艺术欣赏，普通的百姓也往往是一睹为快。为了开开眼界，古代有人专门组织过刀工表演，引起了轰动。南宋曾三异的《同话录》说，有一年泰山举办绝活表演，“天下之精艺毕集”，自然也包括精于厨艺者。“有一庖人，令一人裸背俯伏于地，以其背为几，取肉一斤许，运刀细缕之。撤肉而试，兵背无丝毫之伤”。以人背为砧板，缕切肉丝而背不伤破，这一招不能不令人称绝。

烹饪原料经过初加工后，有些可直接进入配菜工序，但对于某些整只、大型的原料，必须将其分割成更小的、具有相对独立意义的部件或形状，即经过分割及成形工艺，才能进入下道工序。

分割及成形工艺在整个烹调工艺流程中具有重要地位。原料经过分割及成形工艺后，由整形单一成为复杂多样，由厚大成为薄小，由粗糙成为精细，从而缩短成熟时间，方便入味，利于咀嚼和消化，在各个方面充分发挥原料的性能作用，扩大原料在烹调加工中的使用范围，多方位体现各种烹饪原料的品质优点，满足人们对菜肴的多种需求。

从主要目的讲，分割及成形工艺可分为刀工工艺、部位分割工艺、骨肉分割工艺和原料成型工艺。

第一节　刀工工艺

刀工是指根据烹调、食用和美化的要求，运用一定的刀具和行刀技法，将原料加工成组配菜肴所需的基本形状的操作过程。

一、刀工操作的基本要求

（一）根据原料的不同性质，选择不同的刀法

我国烹饪原料品种繁多，性质各异。刀工应根据原料性质的不同灵活掌握，区别对待（见表3-1）。如牛肉质地老而肌肉纤维粗，要顶着肌肉纹切丝（顶纹切）；鸡脯肉质地松嫩，易断裂，要顺着肌肉纹切丝（顺纹切）；猪肉质地介于二者之间，则要斜着肌肉纹切丝（斜纹切）。韧性较强的猪肉、牛肉丝可以切得细一点；质地松软、韧性较差的鱼肉就要切得粗一点，以防烹调时断、碎。

表3-1　原料的质地性能与刀法的运用

原料性质	原料举例	适应的刀法
脆性原料	青菜、大白菜、芹菜、藕、姜、葱、洋葱、胡萝卜、白萝卜、慈姑、竹笋、韭菜、黄瓜、芋头、马铃薯等	直切、滚料切、排斩、平刀片、反刀片、滚料切等
嫩性原料	豆腐、鸡血、鸭血、猪血、凉粉、粉皮、蛋白糕、蛋黄糕、猪脑等	直切、排斩、平刀片、抖刀片、正刀片等
韧性原料	猪肉、牛肉、羊肉、鸡肉、鱼肉、猪肚、猪腰、猪肺、猪肝、猪心、牛肚、羊肝、鱿鱼、墨鱼等	拉切、排斩、拉刀片、正刀片等
硬性原料	去骨咸鱼、咸肉、火腿、冰冻肉类、大头菜等	锯切、直刀劈、跟刀劈等
软性原料	豆腐干、素鸡、百叶、方腿（西式火腿）、红肠、熏圆腿、白煮肉、白煮鸡脯、卤牛肉、熟猪肚、熟牛肚等。煮熟回软的脆性原料有熟冬笋、熟胡萝卜、熟毛笋、熟茭白、熟藕、熟慈姑等	推切、锯切、滚料切、排斩、推刀片、滚料片、正刀片等。
带骨和带壳原料	猪大排、猪肋条、蹄膀、肋排、脚爪、脚圈、猪头、牛肉、鱼头、火腿、咸肉、河蟹、毛蟹、海蟹以及熟鸡蛋和熟鸭蛋等	铡刀切、拍刀切、直刀劈、跟刀劈
松散性原料	方腿、面包、烤麸、面筋、马铃薯、熟猪肝、熟羊肚等	锯切、排斩、拍刀切等

（二）适应菜肴和烹调的要求

我国菜肴品种丰富，烹调方法繁多，有的用旺火短时间烹制，有的用小火长时间烹制，因此，原料的刀工处理要符合菜肴和烹调的要求。一般来说，对爆、炒等旺火速成的菜肴，原料要切得小些、细些、薄些；对焖、炖等小火长时间加热的菜肴，原料要切得大些、粗些、厚些。再如，香酥里脊丝与清烩里脊丝，前者口味酥脆，后者则口味鲜嫩。这就要求前者的里脊丝要切得粗些、长些，以防止里脊丝过于细短经油炸收缩后显得更细短，变得老而无味；后者则要切得细些、短些，以达到鲜嫩、美观的目的。

（三）原料成形要整齐划一，均匀一致

对原料进行刀工处理时，要做到成形大小均匀、厚薄一致、粗细相当、长短相等、形状相似；否则，在加热调味过程中，过薄、过小、过细的原料先成熟、先入味，过厚、过大、过粗的原料后成熟、后入味，等到粗的、厚的原料成熟或入味时，细的、小的原料就早已过了火候。此外，将原料切成丝、片、条、丁、粒、末等形状时，相互之间要分开，不可连刀。如要连刀剞花，则刀距及刀纹的深浅和倾斜角度要均匀一致；否则，既不利于烹调，也不美观，不便于食用。

（四）合理用料，物尽其用

合理使用原料、减小损耗、降低成本，是烹调工艺的一条重要原则，刀工操作更应遵循这一原则。在加工处理原料时，要充分考虑原料的用途；下刀时要心中有数，合理用料，做到大材大用、小材小用、合理分用、充分利用；对刀工后的边角碎料，也应物尽其用、精打细算，充分发挥其经济效用。总之，一切可利用的原料，都要充分合理地加以利用，不应随意抛弃。

（五）符合卫生要求，力求保持营养

刀工操作中，要注意生熟原料要分墩、分刀操作，注意刀工操作环境及个人的卫生，养成干净、快捷、利落的操作习惯，刀、砧墩及其周围的原料、物品要保持清洁整齐。

二、刀工的作用和原理

（一）刀工的作用

1．便于食用

绝大多数烹饪原料的形体都较大，不便于直接烹调和食用，经过刀工处理对原料进行分割，加工成小型的丁、丝、片、条、块等，方可便于食用。

2．便于调味

在使用调味品调味时，形体大的原料难以入味，经刀工处理的小型原料则非常便于调味。

3．便于加热

中式烹调善于制作旺火速成的菜肴，即用旺火进行短时间加热。形体较大、较厚的原料不便于迅速加热至熟。经刀工处理，将原料形状改小，即可适合快速加热、短时间成熟的烹调方法。

4．美化菜肴形态

刀工对菜肴的形态和外观起着决定性作用。原料经刀工处理后，可呈现出各种形体，整齐、均匀、多姿的刀工成形，可增加菜肴的花色品种，达到美观与实用有机结合的效果。尤其是运用剞刀法，在原料表面剞上各种刀纹，经加热后便会卷曲成各种美观的形状，使菜肴的形态丰富多彩。

5．提高嫩度，改进质感

肉中纤维的粗细、结缔组织的多少及含水量等都是影响动物性烹饪原料质地鲜嫩的内在因素。菜肴质嫩的效果，除了依靠相应的烹调方法及挂糊、上浆等施调方法以外，也可通过机械力加以改变而取得。例如，运用刀工技术将各种动物性烹饪原料加工处理（如采用切、剞、捶、拍、剁等方法）成体积大小不同、剞上花纹而呈形态各异的形状，使纤维组织断裂或解体，扩大肉的表面积，从而使更多的蛋白质亲水基团暴露出来，增加肉的持水性，再行烹制，即可取得肉质嫩化的效果。

6. 丰富菜肴，增加品种

运用各种刀工刀法，可以把各种不同质地、不同颜色的原料加工成各种不同的形状，再辅之以拼摆、镶、嵌、叠、卷、排、扎、酿、包等手法，即可制成各式各样造型优美、生动别致的菜肴。可见，菜肴数量、品种的增加与刀工的运用和作用是分不开的。

（二）刀工的基本原理

在实际刀工操作中，尽管烹调师使用的刀具不同、运用的刀法有别，但在切制原料过程中所发生的物理现象却是相同的，都是在刀具的重力和外力（人的作用力）的作用下，将各种不同性质的原料切制成各种不同的形状。在这一实施过程中，刀具的锋利程度、重量及运行速度与用力大小有着十分密切的关系。

1. 刀具的锋利与用力的关系

刀具的锋利程度是指刀口的厚薄，刀口越薄，表明刀具越锋利，也越容易切断原料。古语说："工欲善其事，必先利其器。"切制烹饪原料也是如此。任何原料所能承受的压强都是由其本身性质决定的，当压强超过原料所能承受的强度时，就会产生断裂。

根据压强的计算公式：压强=压力÷面积，可以得出这样的结论：在运刀时，当所用的压力固定不变时（这里的压力指刀具的重力与人的作用力），刀口与被切割原料接触的面积越小，则刀与原料接触点所产生的压强就越大。压强越大，运刀时越省力。换言之，使用相同的刀具，刀口越锋利，刀口与原料接触点面积就越小，切割原料也就越省力。

2. 刀具的薄厚与力的关系

薄刀与厚刀，轻重是各不相同的。使用这两种类型的刀去砍性质相同的坚硬带骨的原料，倘若做功时的速度及砍原料的作用时间、施加的力都固定不变，那么这时所产生的效果却是不相同的。采用薄刀（片刀）挥臂砍剁时，刀刃锋口处所受的压力很大，因此，在刀刃锋口处受到冲击时极易摧折而形成缺口，原料也不容易被砍断。采用厚刀（砍刀）挥臂砍剁时，原料很容易被砍断。原因是：刀越厚越重，运动惯性也越大，所产生的冲力要比施加在刀具上的外力大很多，因而就越省力。正因为如此，砍原料时所采用的刀具都有厚背、厚刀膛、大尖劈角，以增加重量。

3. 刀具的运动速度与用力的关系

刀具是在外力作用下，在运动中来完成对原料切割过程的，其运行速度的快慢直接决定着切割原料的效果。当烹调师在所用刀具重量一定的情况下，其运刀速度越快（即加速度增力），刀口对原料所产生的力就越大，形成的压强也越大，也就越容易切断原料，既可以省力又能提高工效。

三、刀法的种类和技术要领

刀法是根据烹调和食用的要求，将各种烹饪原料加工成一定形状的行刀技法。刀法的种类很多，各地的名称和操作要求也不尽相同。

（一）基本刀法

基本刀法是指在行刀过程中，刀面与原料（或砧墩面）始终成一定角度的刀法。通常根据所成角度的大小可分为直刀法、平刀法和斜刀法三种（见表3-2）。

表3-2　刀法分类

刀法种类			操作方法	技术要领	适用原料
直刀法	切法	直刀切	左手扶稳原料，右手持刀，用刀刃的中前部位对准原料被切位置，刀垂直上下起落将原料切断	刀身不可里外倾斜，作用点在刀刃的中前部位	脆性原料，如白菜、油菜、荸荠（南荠）、鲜藕、莴笋、冬笋及各种萝卜等
		推刀切	左手扶稳原料，右手持刀，用刀刃的前部位对准原料被切位置。刀具自上至下、自右后方朝左前方推切下去，将原料切断	用刀要有力，克服连刀现象，要一刀将原料推切断开	各种韧性原料，如无骨的猪、牛、羊各部位的肉；硬实性原料，如火腿、海蜇、海带等
		拉刀切	用刀刃的后部位对准原料被切的位置。刀具由上至下、自左前方向右后方运动，用力将原料拉切断开	用刀要有力，避免连刀现象。要一拉到底，将原料拉切断开	韧性较弱的原料，如里脊肉、通脊肉、鸡脯肉等
		推拉切	先用推刀的刀法将原料前端切断，然后再运用拉切的刀法将原料的后端切断。如此将推刀切和拉刀切连接起来，反复推拉切	将原料完全推切断开以后再做拉刀切，用刀要有力，动作要连贯	韧性较弱的原料，如里脊肉、通脊肉、鸡脯肉等
		锯刀切	用刀刃的前部位接触原料被切的位置。刀具在运动时，先向左前方运动，刀刃移至原料的中部位之后，再将刀具向右后方拉回。如此反复多次将原料切断	刀具与墩面保持垂直，刀具在前后运动时的用力要小，速度要缓慢，动作要轻，下压力要小，避免原料因受压力过大而变形	质地松软的原料，如面包等；软性原料，如各种酱肉，黄白蛋糕、蛋卷、肉糕等
		滚料切	滚料推切：左手扶稳原料，使其与刀具保持一定的斜度，右手持刀，用刀刃的前部对准原料被切位置，运用推刀切的刀法，将原料推切断开。每切完一刀后，即把原料朝一个方向滚动一次，再做推刀切，如此反复进行 滚料直切：左手扶稳原料，右手持刀，用刀刃的前部对准原料被切位置，原料与刀膛保持一定的斜度，运用直刀切的刀法，将原料断开。每切完一刀后，即把原料朝一个方向滚动一次，如此反复进行	通过推切或直切来加工原料。由于原料质地不同，刀法也有所不同。每完成一刀后，随即把原料朝一个方向滚动一次，每次滚动的角度都要求一致，才能使成形原料规格相同	圆形或近似圆形的脆性原料，如各种萝卜、冬笋、莴笋、黄瓜、茭白、马铃薯等
		铡刀切	左手握住刀背前部，右手握刀柄；刀刃前部垂下，刀具后部翘起，被切原料放在刀刃的中部；右手用力压切，如此上下反复交替压切	左右两手反复上下抬起，交替由上至下摇切，动作要连贯	带软骨或比较细小的硬骨原料，如蟹、烧鸡等；圆形、体小、易滑的原料，如花椒、花生米、煮熟的蛋类等

续表

刀法种类			操作方法	技术要领	适用原料
直刀法	剁（斩、排）法	排剁	有单刀排剁和双刀排剁两种，操作方法大致相同。单刀排剁时，将原料放在墩面中间，左手扶墩边，右手持刀（或双手持刀），用刀刃的中前部位对准原料，用力剁碎。当原料剁到一定程度时，将原料铲起归堆，再反复剁碎原料直至达到加工要求为止	用手腕带动小臂上下摆动，要勤翻原料，使其均匀细腻。用刀要稳、准，富有节奏，同时注意抬刀不可过高，以免将原料甩出造成浪费	脆性原料，如白菜、葱、姜、蒜等；韧性原料，如猪肉、羊肉、虾肉等
		刀尖（跟）排	左手扶稳原料，右手持刀，将刀柄提起，刀具垂下对准原料。刀夹在原料上反复起落扎排刀缝，如此反复进行，直至符合加工要求为止	刀具要保持垂直起落，刀距间隙要均匀，用力不要过大，轻轻将原料扎透即可	呈厚片形的韧性原料，如大虾、通脊肉、鸡脯肉等
		刀背排（捶）	有单刀背捶和双刀背捶两种，操作方法大致相同。左手扶墩，右手持刀（或双手持刀），刀刃朝上，刀背朝下，将刀抬起，捶击原料。当原料被捶击到一定程度，将原料铲起归堆，再反复捶击，直至符合加工要求	刀背要与菜墩面平行，用力要均匀，抬刀不要过高，避免将原料甩出，要勤翻动原料	经过细选的韧性原料，如鸡脯肉、里脊肉、净虾肉、肥膘肉、净鱼肉等
	砍（劈）法	直刀砍	左手扶稳原料，右手持刀，将刀举起，用刀刃的中前部对准原料被砍的位置，一刀将原料砍断	右手握牢刀柄，防止脱手，将原料放平稳，左手扶料要离落刀点远一点，以防伤手。落刀要有力、准确，尽量不重刀，将原料一刀砍断	形体较大或带骨的韧性原料，如整鸡、整鸭、鱼、排骨、猪头和大块的肉等
		跟刀砍	左手扶稳原料，右手持刀，用刀刃的中前部对准原料被砍的位置快速砍入，紧嵌在原料内部。左手持原料并与刀同时举起，用力向下砍断原料，刀与原料同时落下	选好原料被砍的位置，刀刃要紧嵌在原料内部（防止脱落引起事故）。原料与刀同时举起同时落下，向下用力砍断原料。一刀未断开时，可连续再砍，直至将原料完全断开为止	脚爪、猪蹄及小型的冻肉等
		拍刀砍	左手扶稳原料，右手持刀，刀刃对准原料被砍的位置上。左手离开原料并举起，用掌心或掌根拍击刀背，使原料断开	原料要放平稳，用掌心或掌根拍击刀背时要有力，原料一刀未断开，连续拍击刀背，直至将原料完全断开为止	形圆、易滑、质硬、带骨的韧性原料，如鸭头、鸡头、酱鸡等
平刀法	平刀直片	第一种	将原料放在墩面里侧（靠腹侧一面），左手伸直顶住原料，右手持刀端平，用刀刃的中前部从右向左片进原料	刀身要端平，不可忽高忽低，保持水平直线片进原料。刀具在运动时，下压力要小，以免将原料挤压变形	固体性原料，如豆腐、鸡血、鸭血、猪血等
		第二种	将原料放在墩面里侧，左手伸直，扶按原料，手掌和大拇指外侧支撑墩面，右手持刀，刀身端平，对准原料上端被片的位置，刀从右向左做水平直线运动，将原料片断。然后左手中指、食指、无名指微弓，并带动已片下的原料向左侧移动，与下面原料错开5～10mm	刀身端平，刀在运行时，刀膛要紧紧贴住原料，从右向左运动，使片下的原料形状均匀一致	脆性原料，如马铃薯、黄瓜、胡萝卜、莴笋、冬笋等

续表

刀法种类			操作方法	技术要领	适用原料
平刀法	平刀推片	上片法	将原料放在墩面里侧，距离墩面约3mm。左手扶按原料，手掌作支撑。右手持刀，用刀刃的中前部对准原料上端被片位置。刀从右后方向左前方片进原料。原料片开以后，用手按住原料，将刀移至原料的右端。将刀抽出，脱离原料，用中指、食指、无名指捏住原料翻转。紧接着翻起手掌，随即将手翻回，将片下的原料贴在墩面上。如此反复推片	刀要端平，用刀膛加力压贴原料从始至终动作要连贯紧凑。一刀未将原料片开，可连续推片，直至将原料片开为止	韧性较弱的原料，如通脊肉、鸡脯肉等
		下片法	将原料放在墩面右侧。左手扶按原料，右手持刀并将刀端平。用刀刃的前部对准原料被片的位置用力推片，使原料移至刀刃的中后部位，片开原料。随即将刀向右后方抽出，用刀刃前部将片下的原料一端挑起，左手随之将原料拿起。再将片下的原料放置在墩面上，并用刀的前端压住原料一端。用左手4个手指按住原料，随即手指分开，将原料舒平展开，使原料贴附在墩面上。如此反复推片	原料要按稳，防止滑动，刀片进原料后，左手施加向下压力，刀在运行时用力要充分，尽可能将原料一刀片开，一刀未断开可连续推片，直至原料完全片开为止	韧性较强的原料，如五花肉、坐臀肉、颈肉、肥肉等
	平刀拉片		将原料放在墩面右侧，用刀刃的后部对准原料被片的位置。刀从左前方向右后方运动，用力将原料片开。然后，刀膛贴住片开的原料，继续向右后方运动至原料一端，随即用刀前端挑起原料一端。用左手拿起片开的原料，放在墩面左侧，再用刀的前端压住原料一端。将原料纤维抻直并用左手按住原料，手指分开使原料贴附在墩面上，如此反复拉片	原料要按稳，防止滑动。刀在运行时用力要充分，原料一刀未被片开，可连续拉片，直至将原料完全片开为止	韧性较弱的原料，如里脊肉、通脊肉、鸡脯肉等
	平刀推拉片		先将原料放在墩面右侧，左手扶按原料，右手持刀，先用平刀推片的方法起刀片进原料。然后，运用平刀拉片的方法继续片料，将平刀推片和平刀拉片连贯起来，反复推拉，直至原料全部断开为止	首先要求掌握平刀推片和平刀拉片的刀法，再将这两种刀法连贯起来。操作时，要将原料用手压实并扶稳。无论是平刀推片还是平刀拉片，运刀都要充分有力，动作要连贯、协调、自然	韧性较强的原料，如颈肉、蹄膀、腿肉等；韧性较弱的原料，如里脊肉、通脊肉、鸡脯肉等
	平刀滚料片	滚料上片	将原料放在墩面里侧，左手扶按原料，右手持刀与墩面平行。用刀刃的中前部对准原料被片的位置。左手将原料向右推翻原料，刀随原料的滚动向左运行片进原料，刀与原料在运行时同步进行，直至将原料表皮全部片下为止	刀要端平，不可忽高忽低，否则容易将原料中途片断，影响成品规格，刀推进的速度要与原料滚动保持相等的速度	圆柱形脆性原料，如黄瓜、胡萝卜、竹笋等

续表

<table>
<tr><th colspan="3">刀法种类</th><th>操作方法</th><th>技术要领</th><th>适用原料</th></tr>
<tr><td rowspan="2">平刀法</td><td>平刀滚料片</td><td>滚料下片</td><td>将原料放在墩面里侧，左手扶按原料，右手持刀端平，用刀刃的中前部对准原料被片的位置。用左手将原料向左边滚动，刀随之向左边片进，直至将原料完全片开</td><td>刀膛与墩面始终保持平行，刀在运行时不可忽高忽低，否则会影响成品的规格和质量，原料滚动的速度应与进刀的速度一致</td><td>圆形的脆性原料，如黄瓜、胡萝卜、冬笋等；近似圆形、锥形或多边形的韧性较弱的原料，如鸡心、鸭心、肉块等</td></tr>
<tr><td colspan="2">平刀抖刀片</td><td>将原料放在墩面右侧，刀膛与墩面平行，用刀刃上下抖动，逐渐片进原料，直至将原料片开为止</td><td>刀在上下抖动时，上下抖刀不可忽高忽低，进深刀距要相等</td><td>固体性原料，如黄白蛋糕、豆腐干、松花蛋等；脆性原料，如莴笋、胡萝卜等</td></tr>
<tr><td rowspan="2">斜刀法</td><td colspan="2">斜刀拉片</td><td>将原料放在墩面里侧，左手伸直扶按原料，右手持刀，用刀刃的中部对准原料被片位置，刀自左前方向右后方运动，将原料片开。原料断开后，随即左手指微弓，带动片开的原料向右后方移动，使原料离开刀。如此反复斜刀拉片</td><td>刀在运动时，刀膛要紧贴原料，避免原料粘走或滑动，刀身的倾斜度要根据原料成形规格灵活调整。每片一刀，刀与右手同时移动一次，并保持刀距相等</td><td>各种韧性原料，如腰子、净鱼肉、大虾肉、猪牛羊肉、白菜帮、油菜帮、扁豆等</td></tr>
<tr><td colspan="2">斜刀推片</td><td>左手扶按原料，中指第一关节微曲，并顶住刀膛，右手操刀。刀身倾斜，用刀刃的中部对准原料被片位置。刀自左后方向右前方斜刀片进，使原料断开。如此反复斜刀推片</td><td>刀膛要紧贴左手关节，每片一刀，刀与左手都向左后方同时移动一次，并保持刀距一致。刀身倾斜角度应根据加工成形原料的规格灵活调整</td><td>各种脆性原料，如芹菜、白菜等；熟肚子等软性原料</td></tr>
</table>

1．直刀法

直刀法是指刀具与墩面基本保持垂直角度运动的刀法。这种刀法依据用力大小的程度，可分为切、剁、砍三类。

（1）切　一般适用于无骨的原料。其一般操作方法是：左手按稳原料，右手持刀，对准原料向下用力使原料断开。根据原料性能及操作者的行为习惯不同，又可分为直刀切（又称跳切）、推刀切、拉刀切、推拉刀切、锯刀切、滚料切（行业称滚刀切）、铡刀切等多种不同的刀法。

（2）剁　也称斩、排，就是在原料的某一处上下垂直运刀，并许多次重复行刀，需要在运刀时猛力向下的刀法。一般分排剁、刀尖（跟）排和刀背排（捶）等几种。

（3）砍　又称劈，是只有上下垂直方向运刀，在运刀时猛力向下的刀法。根据运刀方法的不同，又分为直刀砍、跟刀砍、拍刀砍等几种。

2．平刀法

平刀法是指刀面与墩面平行，刀保持水平运动的刀法。运刀要用力平衡，不应此轻彼重，而产生凸凹不平的现象。依据用力方向不同，这种刀法可分为平刀直片、平刀推片、平刀拉片、平刀抖刀片、平刀滚料片等。

3．斜刀法

斜刀法是一种刀面与墩面呈斜角，刀做倾斜运动，将原料片开的刀法。这种刀法按刀的运动方向与砧墩的角度不同，可分为斜刀拉片（也称正斜刀法、正刀批、斜刀片等）和斜刀推片（也称反斜刀法、反刀批、反刀片等）两种方法。

以上各种运刀方法的区别主要表现在以下方面。

（1）行刀角度不同　刀法的形成主要是刀刃在平行的砧案上所变化的各种角度。有的是呈直角、有的是呈锐角和钝角、有的是刀面与砧案呈平行线，这就产生了刀法，即直刀法、平刀法、斜刀法。

（2）运刀方法不同　所谓运刀法就是对各种不同原料的性能及烹调需要的不同进行割切的方法，是刀法的具体表现。当刀刃以一定角度进入原料后，刀运动方向有的是垂直上下或前后运动，有的是水平向前或是波浪式运动等。这一现象的变化是随着各种原料的性能不同，被割切原料组织、结构状况不同而改变的。如直刀法，既有直切又有推、拉切等；而刀刃与砧案所处的角度没变，还是呈直角，所变的是刀的运动方向。

（3）用力大小和速度不同　都是同一个角度、同一个方向，由于力量不同、速度不一，运刀方法也就有区别，如切与砍都是直刀法，用力方向都是同一个方向；但用力大小、速度不同而有区分。由于原料性能不同，有脆性的，韧性的等和原料厚度。如切猪肝，在按料时用力过大或过猛，就会造成截面凸出或前薄后厚的现象。速度的快慢对猪肝片的截面也是有影响的。

（4）左右手的配合　切割原料时，一般是右手持刀，左手按料。在运刀时，右手割切，左手按料或前或滚动的同的运刀方法要求左手作不同的动作加以配合。特别是刀距是否一致对原料形态的影响。所以左右手配合得如何，直接影响原料的形态，同时左右手配合得不好还容易发生伤害事故。

（二）剞刀法

剞刀，有雕之意，所以又称剞花刀，就是在原料表面上切割横竖交叉深而不断（一般为原料的2/3或4/5左右）的各种花纹，经过烹调后，可使原料卷曲成各种形状（如麦穗、菊花、玉兰花、荔枝、核桃、鱼鳃、蓑衣、木梳背等）的刀法。根据运刀方法的不同，剞刀法可分为直刀剞、斜刀剞和平刀剞等（见表3-3）。

表3-3　剞刀法的种类和技术要领

<table>
<tr><th colspan="2">种类</th><th>操作方法</th><th>技术要领</th><th>适用原料</th><th>加工举例</th></tr>
<tr><td rowspan="2">直刀剞</td><td>直刀直剞</td><td>右手持刀，左手扶稳原料，中指第一关节弯曲处顶住刀膛，用刀刃中前部对准原料被剞位置。刀自上而下做垂直运动，刀剞到一定深度时停止运行。然后再施刀直剞，直至将原料剞完</td><td>左手扶料要稳，运行指法从右前方向左后方移动，保持刀距均匀，控制好进刀深度，做到深浅一致</td><td>脆性原料（如黄瓜、冬笋、胡萝卜、莴笋等）和质地较嫩的韧性原料（如腰子、鱿鱼等）</td><td>蓑衣黄瓜、齿边白菜丝、鱼鳃块等</td></tr>
<tr><td>直刀推剞</td><td>左手扶稳原料，中指第一关节弯曲处顶住刀膛，右手持刀，用刀刃中前部对准原料被剞位置。刀自右后方向左前方运动，直至进深到一定程度时停止运行。然后将刀收回，再次行刀推剞。如此反复进行直刀推剞，直至原料达到加工要求为止</td><td>刀与墩面始终保持垂直，控制好进刀深度，做到深浅一致，左手从右前方向左后方移动，使刀距相等</td><td>各种韧性原料，如腰子、净鱼肉、通脊肉、鱿鱼、鸡肫、鸭肫、墨鱼等</td><td>荔枝形、麦穗形、菊花形等</td></tr>
</table>

续表

种类		操作方法	技术要领	适用原料	加工举例
斜刀剞	斜刀推剞	左手扶稳原料，中指第一关节微弓，紧贴刀膛。右手持刀，用刀刃中前部对准原料被剞位置。刀自左后方向右前方运动，直至进深到一定程度时刀停止运行。然后将刀收回，再次行刀推剞，直至原料达到加工要求为止	刀与墩面的倾斜角度及进刀深度要始终保持一致，刀距要相等	各种韧性原料，如腰子、鱿鱼、通脊、鸡肫、鸭肫等	荔枝形、麦穗形、松果形、菊花形等
	斜刀拉剞	左手扶稳原料，右手持刀。用刀刃中部对准原料被剞位置，自左前方向右后方运动，进深到一定程度时即停止运行。然后将刀抽出，再反复斜刀拉剞，直至原料达到成形规格为止	刀与墩面的倾斜角度及进刀深度要始终保持一致，刀距要相等。刀膛要紧贴原料运行，防止原料滑动	韧性原料，如腰子、通脊肉、净鱼肉等	麦穗形、灯笼形、锯齿形等
平刀剞		有平刀推剞和平刀拉剞两种。与平刀法相似，只是平刀剞在刀刃进入原料一定深度后便停止，不将原料片断	刀纹间相互平行，间距相等，深浅一致	较小的原料，如虾球等	

1．直刀剞

直刀剞与直刀切相似，只是刀在运行时不完全将原料断开，根据原料成形的规格，刀进深到一定程度时停刀，在原料上剞上直线刀纹。也可结合运用其他刀法加工出蓑衣黄瓜、齿边白菜丝、鱼鳃块等各种形状。

（1）直刀直剞　直刀直剞与直刀切相似。区别之处在于，直刀直剞没有将原料切断，而是切到一定深度后即停刀，剞进原料的深度视原料、花刀的种类不同而有所区别。直刀直剞要求刀纹深浅一致、刀纹间距离相等。这种刀法适用加工各种脆性原料，如黄瓜、茄子、南瓜等，以及质地较嫩的韧性原料，如腰子、鱿鱼、黄鳝等。

（2）直刀推剞　直刀推剞与推刀切相似。区别之处在于，在直刀推剞时，刀进一定深度后即停刀，不将原料断开。这种刀法适用于加工各种无骨的韧性原料，如猪肚、通脊肉、鸡鸭鹅肫、鱼肉等，以及软性原料，如豆腐干等。

2．斜刀剞

斜刀剞是运用斜刀法在原料表面切割具有一定深度刀纹的方法，适用于稍薄的原料。斜刀剞条纹长于原料本身的厚度，层层递进相叠，呈披覆之鳞毛状。又有正斜剞与反斜剞之分。

（1）斜刀推剞　斜刀推剞与斜刀推片相似。不同之处在于，斜刀推剞的刀在运行时不完全将原料断开，而是留有一定的余地。这种刀法不但要求刀纹深浅和刀距一致，还要求刀纹间的倾斜角度相同。斜刀推剞适用于比较薄小的原料，如墨鱼、腰子、肚子等。

（2）斜刀拉剞　斜刀拉剞与斜刀拉片相似。不同之处在于，斜刀拉剞的刀刃在进入原料一定深度后即停刀，不将原料片断。该刀法适用的原料及刀法要求与斜刀推剞相同。

3．平刀剞

平刀剞也有平刀推剞和平刀拉剞两种，其刀法与平刀法相似，只是平刀剞在刀刃进入原料一定深度后便停止，不将原料片断。操作的要求是刀纹间相互平行、间距相等、深浅一致。这种刀法用于较小的原料，如虾球等。

刀法在剞刀的应用上，可分为一般剞和花刀剞两种。一般剞只是在原料上剞上一排刀纹，如烹制整尾鱼时，即可用拉刀剞法。花刀剞是剞刀法最广泛的一种。所谓花刀，就是在原料上交叉地剞上各种花刀纹路，使原料经过烹调后，出现各种不同形状。但使用这一类原料，必须是韧性带脆无筋的原料，如猪、羊、牛的腰子，以及猪肚子、鸡肫、鸭肫、鱿鱼等。

（三）其他刀法

还有一些其他刀法，如削、剔、刮、塌、拍、撬、剜、剐、铲、割等，大多数是作为辅助性刀法使用，不是刀工的主体，比较简单，在此不再赘述。

第二节　部位分割工艺

无论是动物性原料还是植物性原料，不同的部位具有不同的性质特点。要在烹调工艺中发挥不同部位的独特性能，就要通过加工使其成为能够独立使用的原料个体，这就是本节要说的部位分割工艺，即根据整形原料不同部位的质量等级，按不同的标准将其进行有目的的切割与分类处理，使其符合烹调要求而成为具有相对独立意义的更小单位和部件。

一、部位分割工艺的原则

部位分割工艺是烹饪原料加工的重要组成部分。只有通过分卸加工才能使体型较大的禽畜个体便于进一步加工，才能使烹制和食用困难的水产品便于烹制和食用，才能满足不同烹调方法的使用要求，从而达到因材施艺，合理使用烹饪原料，保证菜肴质量，创造较好的经济效益和社会效益。

部位分割工艺应遵循以下基本原则。

第一，熟悉各种动物性原料的生理组织结构。做到准确下刀，按肌肉间结缔组织形成的筋络腱膜取肉，保证不同部位原料的完整性。

第二，重复刀口要一致。每次进刀都要在前次进刀的刀口上继续前进；否则，会造成部位肉块不完整、碎肉和肉渣过多。

第三，必须按照原料的不同部位和质量等级进行分割与归类，必须符合所制菜质要求。

二、家畜原料的部位分割工艺

（一）猪肉分割

我国猪肉分割方法通常将半胴体分为肩、背、腹、臀、腿五大部分（见图3-1），进而分割成更小的部位（见表3-4）。

（1）肩颈部（俗称前槽、夹心、前臂肩）前端从第1颈椎，后端从第4~5胸椎或第5~6根肋骨间，与背线成直角切断。下端如做火腿则从腕关节截断，如做其他制品则从肘关节切断，并剔除椎骨、肩胛骨、臂骨、胸骨和肋骨。

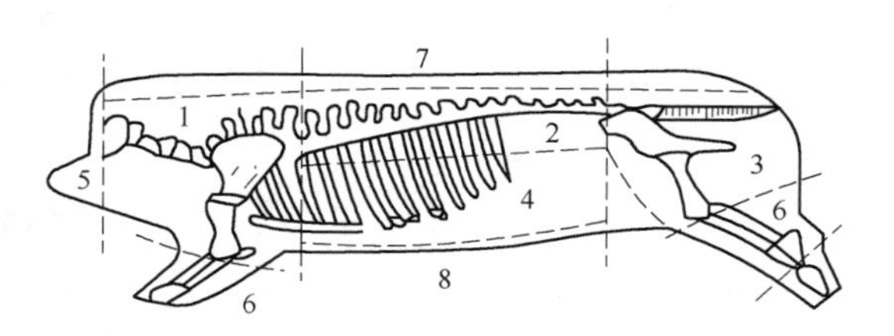

1. 肩臂肉　2. 背腰肉　3. 臀腿肉　4. 肋腹肉
5. 颊部肉　6. 肘子肉　7. 肥膘　8. 奶脯

图3-1　猪肉按部位切割

（2）臂腿部（俗称后腿、后丘、后臂肩） 从最后腰椎与荐椎结合部和背线成直角垂直切断，下端则根据不同用途进行分割：如做分割肉、鲜肉出售，从膝关节切断，剔除腰椎、荐椎骨、股骨、去尾；如做火腿则保留小腿后蹄。

（3）背腰部（俗称外脊、大排、硬肋、横排） 前面去掉肩颈部，后面去掉臀腿部，余下的中断肉体从脊椎骨下4～6cm处平行切开，上部即为背腰部。

（4）肋腹部（俗称软肋、五花） 与背腰部分离，切去奶脯即是。

（5）前臂和小腿部（俗称肘子、蹄膀） 前臂上从肘关节、下从腕关节切断，小腿上从膝关节、下从跗关节切断。

（6）颈部 从第1～2颈椎处或3～4颈椎处切断。

表3-4　　猪肉部位名称与特点

序号	名称	位置	图示	特点	用途
1	血脖（又名槽头肉）	前腿的前部与猪头相连处，猪头肉与夹心肉之间。此处是割猪头的刀口处	血脖	多具血污，肉色发红，膘中含肉，肉中含膘，肉质粗老，肥多瘦少，无骨，无筋膜、韧带。但吸水量多	烧、卤、酱，或做丸子、肉馅、粉蒸肉
2	上脑	位于靠近颈的背部处，在扇面骨（肩胛骨）上方	上脑	肌纤维较长，结缔组织少，肉质较嫩，瘦中夹肥	炒、熘、炸、烧、焖、氽、涮等
3	夹心肉	上脑下方和前肘上方	夹心肉	肉质较老，肌纤维较韧，瘦肉层间夹杂筋膜，韧带较多，但能吸收较多的水分	制馅、做丸子等
4	前肘子（又名前蹄膀）	前脚爪膝盖上部与夹心肉下方，即前大腿骨的周围	前肘子	瘦肉多，肉质细嫩成束，筋膜很少，皮黏，富胶质，肥而不腻	烧、酱、扒、炖、焖、煨等
5	外脊（又名通脊）	背部和前后腿的中间	外脊	肉质细嫩，与肥膘相连的一面有板筋，应批去	炒、熘、炸、煎、氽、涮等
6	里脊	位于猪后腿的上方、通脊的下方和坐板与臀尖的中间	里脊	猪身上最嫩的部分，呈长扁圆形（长30cm左右，宽3cm左右），其上面常附有白色油质和碎肉，背部有细板筋	炸、炒、爆、烩等
7	五花肉（又名五花肋条）	前后腿的中间、通脊的下方和奶脯之上。它的前部有肋骨的一端，俗称“硬肋”；后部腹壁一端，俗称“软肋”	硬肋 软肋	“硬肋”瘦肉较多，肉质较嫩，膘、肉层次也多；“软肋”瘦肉较少，质差。肋条肉因为膘、肉互相层层夹杂，所以多称为“五花肉”	烧、煮、炸、焖、煨、蒸等

续表

序号	名称	位置	图示	特点	用途
8	奶脯	在软五花下面，即猪的腹部	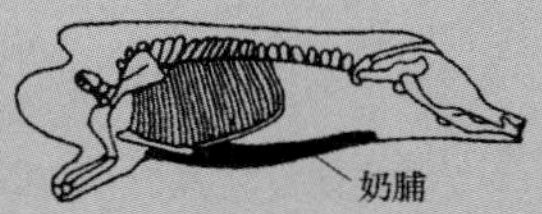 奶脯	几乎全部呈泡状肥肉	可去皮炼油，但出油率低，也有用它做腊肉的
9	臀尖	位于猪臀部的凸处，尾根的上方部位	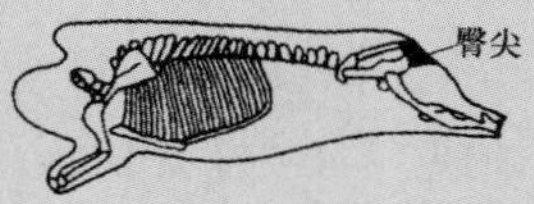 臀尖	瘦肉，无筋膜，肉质细嫩，可代替里脊	爆、炒、炸、焖等
10	坐臀（又名二刀肉、坐板）	位于后腿的中部，处于弹子肉、臀尖的中间	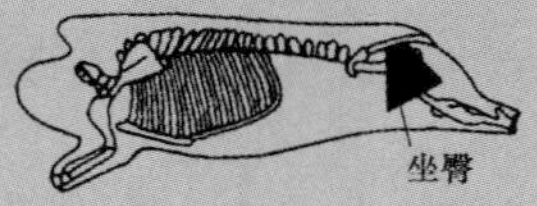 坐臀	坐板肉的内侧上方（即后腿的中部，靠近尾巴处）和后肘的上方，有一块近圆形的瘦肉，称为抹裆，肉质细嫩	白切或酱、炒、煮、烧等。抹裆适用于炒、爆、炸等
11	元宝肉（又名弹子肉）	位于股骨（棒子骨）前，近似圆形	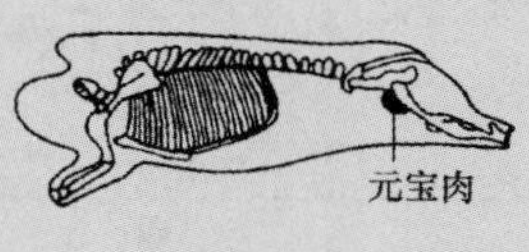 元宝肉	一块被薄膜包着的圆形瘦肉	可代替里脊肉使用。多用于炸、爆、炒、熘、烹等
12	黄瓜条	坐臀的内侧上方（即后腿的中部，靠近尾处）和后肘子的上方	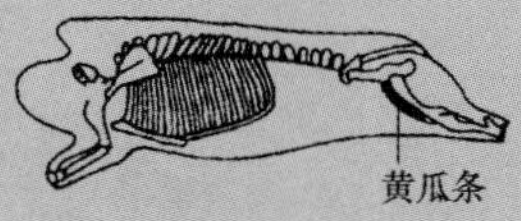 黄瓜条	一块圆形的瘦肉，肉质细嫩	可代替里脊肉使用
13	后肘子（又名后蹄膀）	后膝盖上面和坐板、抹裆、弹子肉的下方	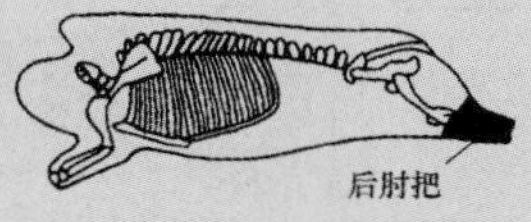 后肘把	皮厚筋多，胶质多，瘦肉多	同前蹄膀

（二）牛肉分割

我国实行的牛胴体分割法，是将标准的牛胴体二分体分成臀腿肉、腹部肉、腰部肉、胸部肉、肋部肉、肩部肉和前后腿肉七个部分，在此基础上进一步分割成牛柳、西冷、眼肉、上脑、胸肉、腱子肉、腰肉、臀肉、膝圆、大米龙、小米龙、腹肉12块不同肉块（见表3-5）。

表3–5　　牛肉部位名称与特点

序号	部位名称	位置及分割方法	图示	特点	用途
1	牛柳（里脊）	即腰大肌。分割时先剥去肾脂肪，沿耻骨前下方将里脊剔出，然后由里脊头向里脊尾逐个剥离腰横突，取下完整的里脊	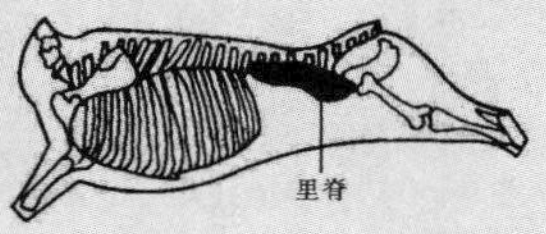 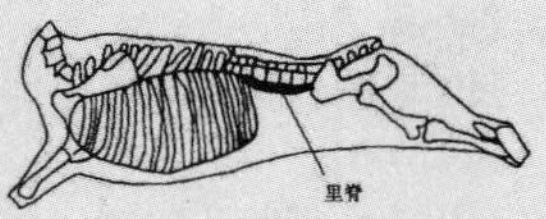 里脊 里脊	肉质细嫩，属一级牛肉	适于烤、熘、炒等
2	西冷（外脊）	主要是背最长肌。分割时首先沿最后腰椎切下，然后沿眼肌腹壁侧（离眼肌5～8cm）切下，再在第12～13胸肋处切断胸椎，逐个剥离胸、腰椎	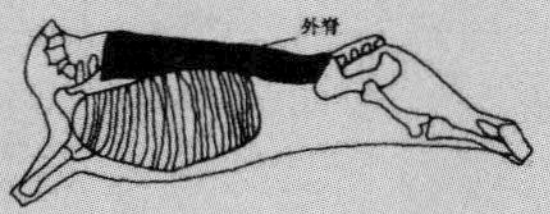 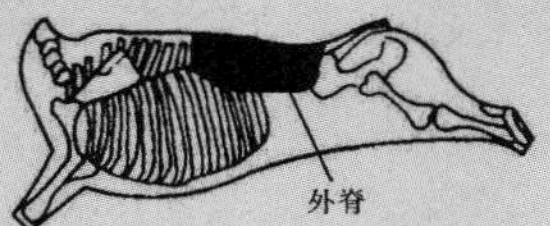 外脊 外脊	肉质松而嫩，肌纤维长	适于烤、熘、炒、炸等
3	眼肉	主要包括背阔肌、肋最长肌、肋间肌等。其一端与外脊相连，另一端在第5～6胸椎处，分割时先剥离胸椎，抽出筋腱，在眼肌腹侧距离为8～10cm处切下	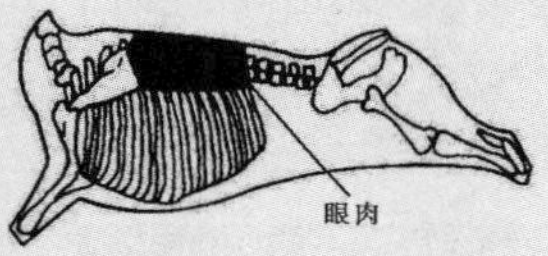 眼肉	肉质较细嫩	适于烤、熘、炒、炸、制馅等
4	上脑	主要包括背最长肌、斜方肌等。其一端与眼肉相连，另一端在最后颈椎处。分割时剥离胸椎，去除筋键，在眼肌腹距离为6～8cm处切下	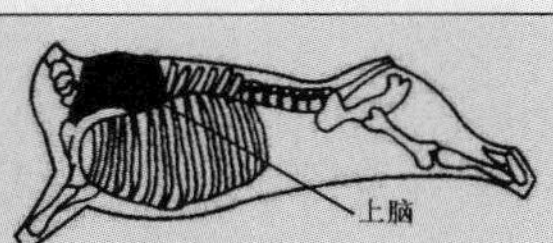 上脑	肉质肥嫩，属一级牛肉	适于烤、熘、炒等
5	胸肉	主要包括胸升肌和胸横肌等。在剑状软骨处，随胸肉的自然走向剥离，修去部分脂肪即成一块完整的胸肉	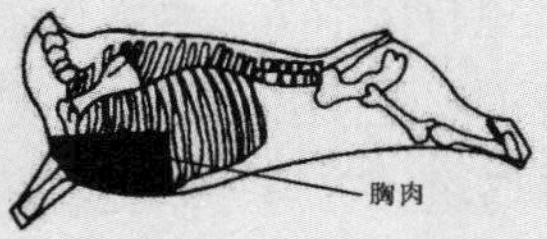 胸肉	肉质坚实，肥瘦间杂	适于灌肠制品、酱肉
6	腱子肉	分为前、后2部分，主要是前肢肉和后肢肉。前牛腱从尺骨端下刀，剥离骨头，后牛腱从股骨上端下刀，剥离骨头取下	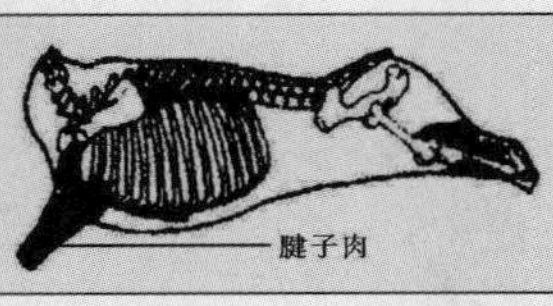 腱子肉	腱子肉肌肉紧凑，筋位较多	适于加工酱肉
7	臀肉	主要包括半膜肌、内收肌、股薄肌等。分割时把大米龙、小米龙剥离后便可见到一块肉，沿其边缘分割即可得到臀肉。也可沿着被切开的盆骨外缘，再沿本肉块边缘分割	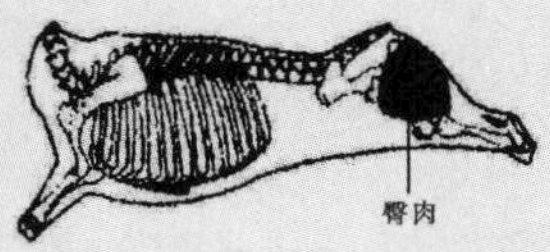 臀肉	肉质较嫩	适于炒、炸、熘、制馅等
8	小米龙	主要是半键肌，位于臀部。当牛后健子取下后，小米龙肉块处于最明显的位置。分割时可按小米龙肉块的自然走向剥离	 小米龙	肉质较嫩，可切丁、丝片等	适于炒、爆、炸、熘或加工酱肉

续表

序号	部位名称	位置及分割方法	图示	特点	用途
9	大米龙	主要是臀股二头肌，与小米龙紧相连，故剥离小米龙后大米龙就完全暴露，顺着该肉块自然走向剥离，便可得至一块完整的四方形肉块	大米龙	肉质较嫩，可切丁、丝片等	适于炒、爆、炸、熘或加工酱肉
10	膝圆（元宝肉）	主要是臀股四头肌。当大米龙、小米龙、臀肉取下后，能见到一块圆形肉块，沿此肉块周边（自然走向）分割，很容易得到一块完整的膝圆肉	膝圆	肉质较细嫩，但有筋，肌纤维交叉	适于炒、炸、熘等
11	腰肉	主要包括臀中肌、臀深肌、股阔筋膜张肌。在臀肉、大米龙、小米龙、膝圆取出后，剩下的一块便是腰肉	腰肉	腰肉肉质细嫩，结缔组织少	适于炒、炸、熘、制馅等
12	腹肉	主要包括肋间内肌、肋间外肌等，亦即肋排，分无骨肋排和有骨肋排。一般包括4~7根肋骨	腹肉	腹肉筋膜较厚，韧性大	可烧、煮、制馅

三、家禽原料的部位分割工艺

（一）鸡体分割

将光鸡平放砧板上，在脊背部，自两翅间至尾部，用刀划一长口，再从腰窝处至鸡腿裆内侧，用刀划破皮。左手抓住一鸡翅，从刀口自肩臂骨骨节处划开，剔去筋膜。撕下鸡脯，同时将紧贴胸骨的鸡里脊肉取下。再将鸡翅与鸡脯肉分开。左手抓住一鸡腿，反关节用力，用刀在腰窝处划断筋膜，再用刀在坐骨处割划筋膜，用力即可撕下鸡腿，再从胫骨与跖骨关节处拆下，然后将鸡翅、鸡脯、鸡腿、鸡架、鸡爪分类放置即分割完成（见图3-2）。

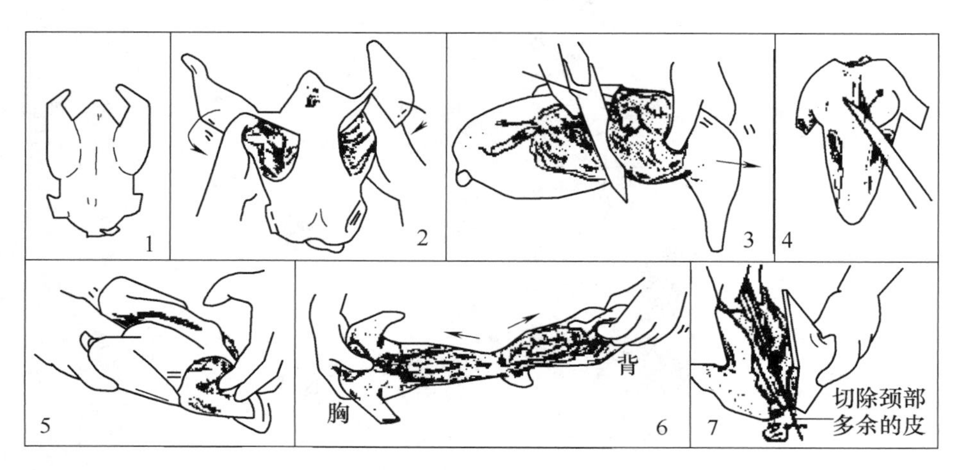

图3-2　鸡体分割工艺

（二）鹅、鸭胴体的分割

第一刀从附关节取下左爪；第二刀从附关节取下右爪；第三刀从下颌后颈椎处平直斩下鹅头，带舌；第四刀从第15颈椎（前后可相差1个颈椎）间斩下颈部，去掉皮下的食管、气管及淋巴；第五刀沿胸骨脊左侧由后向前平移开膛，摘下全部内脏，用于净毛巾擦去腹水、血污；第六刀沿脊椎骨的左侧（从颈部直到尾部）将鹅体、鸭分为两半；第七刀从胸骨端剑状软骨至髓关节前缘的连线将左右分开，然后分成4块，即胸肉2块、腿肉2块。

四、鱼类原料的分割加工

（一）梭形鱼的分档取料

梭形鱼是烹饪中使用较多的鱼类品种，常见的有鲤鱼、鳜鱼、草鱼、青鱼、鲢鱼等。鱼体一般为3个部位，即头部、躯干部、尾部（见图3-3）。鱼头可以胸鳍为界线直线割下，其骨多肉少、肉质滑嫩，皮层含胶原蛋白质丰富，适于红烧、煮汤等。鱼尾俗称“划水”，可以臀鳍为界线直线割下。鱼尾皮厚筋多、肉质肥美，尾鳍含丰富的胶原蛋白质，适用于红烧，也可与鱼头一起做菜。躯干部可分为脊背与肚裆两部分。脊背的特点是骨粗（一根脊椎骨又称龙骨）肉多，肉的质地适中，可加工成丝、丁、条、片、块、糜等形状，适于炸、熘、爆、炒等，是一条鱼中用途最广的部分。肚裆是鱼中段靠近腹部的部分。肚裆皮厚肉层薄，含脂肪丰富，肉质肥美，适于烧、蒸等。

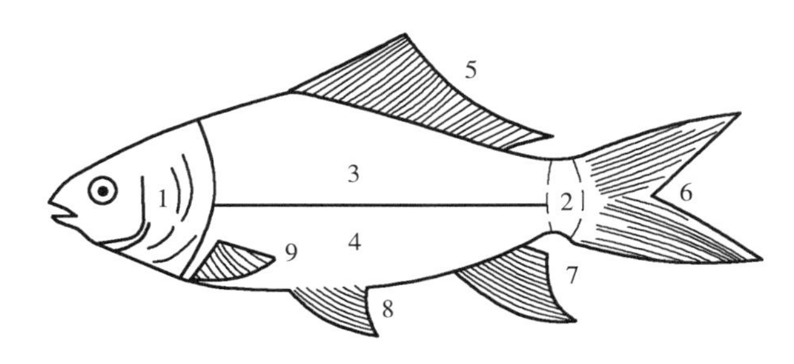

1. 头　2. 尾　3. 中段　4. 肚裆　5. 背鳍
6. 尾鳍　7. 臀鳍　8. 腹鳍　9. 胸鳍

图3-3　鱼体部位分割

（二）长形鱼的分档取料

长形鱼因其体形瘦长，各部位的肉质区别不大，一般不进行分档处理，只有个别菜肴需要分档，但也是在出骨加工以后进行。如熟鳝鱼去骨后，根据菜肴的要求进行部位分割，一般分为前脊背肉、尾脊背肉、腹肉三大部分。前脊背肉可用于炒制，如“炒软兜”；尾脊背肉可用于炝制，如“炝虎尾”；鱼腹可制汤菜，如“煨脐门”等；还有背肉、腹肉连在一起的单背肉，可用于炒、炸等，如“梁溪脆鳝”等。

扁形鱼的体形扁平，肉质较薄，如鲳鱼、鳊鱼等，一般不再分档。

第三节　骨肉分割工艺

骨肉分割是依据原料的骨骼、肌肉的组织结构，将其骨与肉分离成两部分。骨肉分割与部位分割相辅相成，有时先进行骨肉分割再进行部位分割，有时先进行部位分割再进行骨肉分割，有时则穿插进行。

骨肉分割工艺应遵循以下原则：一是要熟悉各种动物性原料的骨骼结构，做到准确下刀；二是要正确掌握下刀取料的先后顺序，有计划、分步骤进行；三是出骨取肉时，刀刃要紧贴骨骼，徐徐而进，以保证操作准确安全，骨肉分离合理，避免原料的损失浪费；四是必须剔除全部硬骨与软骨，尽量保持肉的完整性，并力求做到骨上无肉或肉少，避免碎肉与碎骨渣。

一、猪胴体的骨肉分割

猪胴体的分割工艺一般是：将猪胴体二分体首先分割成前腿部分、背腹部分和后腿部分3段，再对每一部分进行骨肉分割。猪的骨骼结构见图3-4。

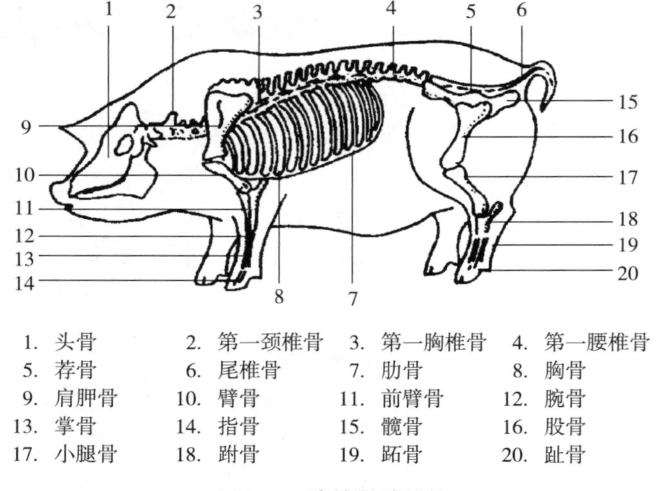

图3-4　猪的骨骼结构

（一）前腿部分出骨

从腕骨关节卸下前爪，切下颈椎骨取下血脖；从胸骨下端进刀取下前胸肋和胸椎；斜刀从肩部上缘割下上脑，割开附着肩胛骨上筋膜，从肱骨与肩胛骨连接处关节将其前尖与前蹄分离，刮清肩胛骨平面上腱膜，从两侧进刀，剔下肩胛骨；将前蹄平放，从肱骨骺处顺下将其剖开，使肱骨、尺骨与桡骨裸露，呈扇面状。从腕骨与尺、桡骨关节处进刀，取下肱骨，再剔下尺、桡二骨（也可采用抽骨的方法）。

（二）腹背部分出骨

在胸肋后八根下端进刀，取下胸肋与脊骨，再从通脊肥膘上剥下通脊肌（又称扁担肉）。将肋条与奶脯切割分离，再将软肋与硬肋分割开。脊肌也可连在椎骨上取下，称为“大排”。

（三）后腿部分出骨

从跗骨下面的关节切下后爪，斜刀从髋骨与荐椎的连接处取下荐椎，刮净筋骨表层腱膜，从髋骨与股骨的关节取下髋骨。顺股骨剖开，使股骨裸露，完整剥下股二头肌、臀中肌，剔下股骨及膝盖骨，剥下底层肌肉，将余下切成大方块；后蹄从腓骨一侧剖开，剔出胫骨，或割上下端腱膜连接，抽出腓胫骨。

二、鸡的骨肉分割加工

鸡的剔骨加工分为分档剔骨与整鸡剔骨两种。鸡的骨骼结构见图3-5。

（一）分档剔骨

光鸡经过分割后，其分档剔骨的主要部位指鸡腿和鸡翅（因鸡脯已是净肉）。鸡腿剔骨：用刀从鸡腿内侧剖开，使股骨和胫骨裸露，从关节处将两骨分离，割断骨节周围的筋膜，抽出股骨；再用相同的方法取下胫骨。鸡翅剔骨：割断肱骨关节四周的筋膜，将翅肉翻转，再割断尺骨、桡骨上的筋膜，取下肱骨及尺骨、桡骨。翅尖部位的骨骼一般在生料剔骨时予以保留。

（二）整料去骨

用于整禽去骨的原料是鸡、鸭、野鸭等，出骨方法大致相同，整鸡出骨有较强的技术性。去骨后的鸡应皮面完整、刀口正常、不破不漏。过嫩、过肥、过瘦的鸡都不利于整料剔骨。下面以整鸡去骨为例说明整禽去骨方法。

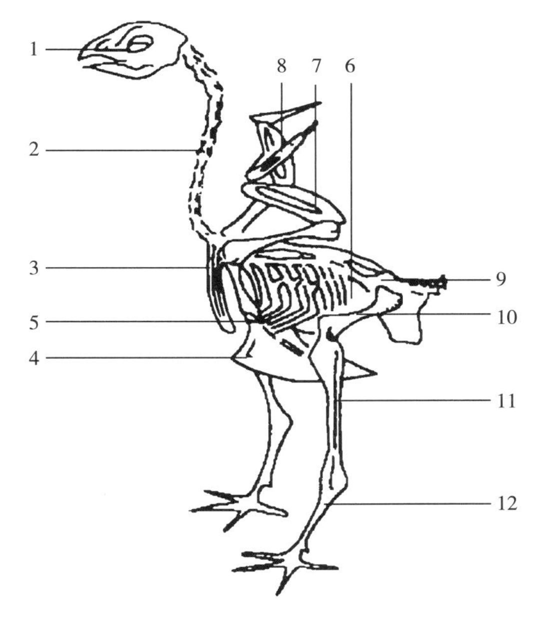

1. 头骨	2. 颈骨	3. 锁骨	4. 龙骨
5. 胸脊	6. 肋骨	7. 翅骨	8. 小翅骨
9. 脊骨	10. 股骨	11. 胫骨	12. 小腿骨

图3-5　鸡的骨骼结构

（1）划开颈皮，斩断颈骨　在鸡颈和两肩相交处，沿着颈骨直划一条长约6cm的刀口，从刀口处翻开颈皮，拉出颈骨，用刀在靠近鸡头处将颈骨斩断，需注意不能碰破颈皮。

（2）去前翅骨　从颈部刀口处将皮翻开，使鸡头下垂，然后连皮带肉慢慢往下翻剥，直至肢骨的关节（即连接翅膀的骱骨）露出后，可用刀将连接关节的筋腱割断，使翅骨与鸡身脱离。先抽出桡骨、尺骨，然后再抽翅骨。

（3）去躯干骨　将鸡放在砧板上，一手拉住鸡颈骨，另一手拉住背部的皮肉，轻轻翻剥，翻剥到脊部皮骨连接处，用刀紧贴着前背脊骨将骨割离。再继续翻剥，剥到腿部，将两腿向背部轻轻扳开，用刀割断大腿筋，使腿骨脱离。再继续向下翻剥，剥到肛门处，把尾椎骨割断（不可割破尾处皮），这时鸡的骨骼与皮肉已分离，随即将躯干骨连同内脏一同取出，将肛门处的直肠割断。

（4）出后腿骨　将腿骨的皮肉翻开，使大腿关节外露，用刀绕割一周。割断筋腱后，将大腿骨抽出，拉至膝关节处时，用刀沿关节割下。再在鸡爪处横割一道口，将皮肉向上翻，把小腿骨抽出斩断。

（5）翻转鸡皮　用水将鸡冲洗干净，要洗净肛门处的粪便，然后将手从颈部刀口伸入鸡胸膛，直至尾部，抓住尾部的皮肉，将鸡翻转，仍使鸡皮朝外，鸡肉朝里，在形态上仍成为一个完整的鸡。

三、鱼类的骨肉分割

鱼类的切割剔骨工艺，要根据鱼的自然形态和烹调要求来进行，有的将鱼去头、去骨、去皮只取净肉；有的只去鳞去骨，不去皮；还有的不去头尾，不破腹，直接从鱼体上剔下鱼肉。由于鱼的形态不同，具体加工方法也不尽相同。

（一）鱼的一般骨肉分割

1. 梭形鱼类的剔骨出肉工艺（图3-6）

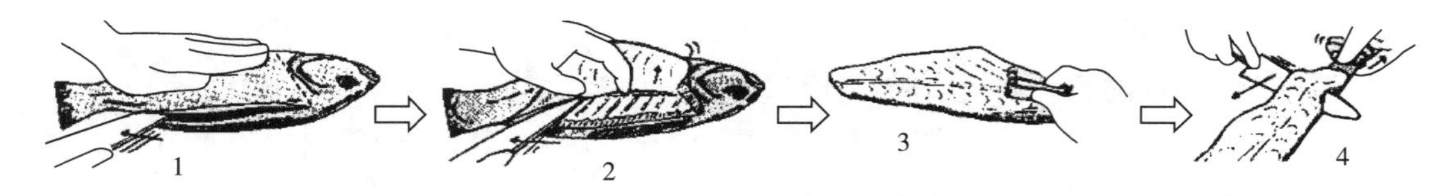

图3-6　梭形鱼类的剔骨出肉工艺

（1）用刀顺着鱼脊骨把上下两面的鱼背切开，再用刀从头部斜着切出一个切口。

（2）先从头部起，用刀沿着鱼脊骨向后剔，把背部的鱼肉剔出来。接着，顺着腹骨向后剔。剔时，要注意使鱼肉和腹骨分离，仔细地把上面的鱼片剔下来。再把鱼翻过来，按同样的方法把下面的鱼片也剔下来。

（3）摘除鱼片上的小刺。

（4）用刀在尾部鱼肉上切一个切口，一只手拉着鱼尾，另一只手用刀把鱼皮剥掉。

2．扁形鱼类的剔骨出肉工艺（图3-7）

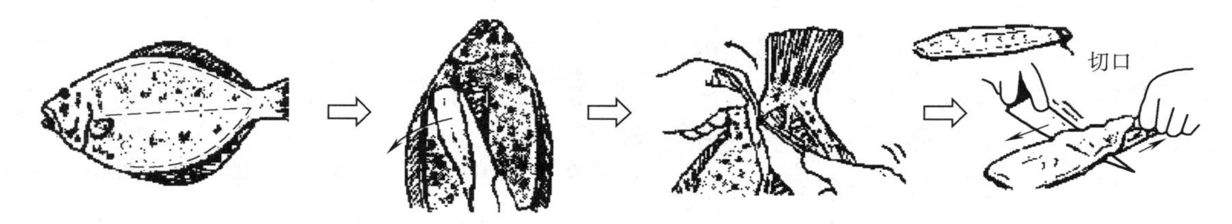

图3-7　扁形鱼类的剔骨出肉工艺

（1）刮除鱼鳞，用水清洗干净，按着图3-7中虚线所示，用刀切开鱼的周边，并在鱼的腹背中间纵向切开一个切口。

（2）用刀从中间向外把鱼片剔下来。剔鱼片时，应注意不要碰伤鱼的内脏。

（3）掉转鱼尾方向，剔出另一鱼片。

（4）把鱼身翻转，按上述方法把另一面也剔成两片鱼肉，然后清除鱼片上的鱼血，拔取鱼刺。这样就把一条比目鱼剔成4片鱼肉和1个脊骨。

（5）用刀在鱼尾上切一个口，一只手拉着鱼尾方向的鱼皮，用刀从鱼尾方向把鱼皮剥下来。

3．长形鱼类的剔骨出肉工艺

长形鱼类多为长圆柱状的体形，如海鳗（又名狼牙鳝）、鳗鲡（又名白鳝、白鳗、鳗鱼）、黄鳝（又名鳝、鳝鱼）等，这类鱼的脊骨多是三棱形的。海鳗、鳗鲡的出肉一般采用生出的方法，黄鳝则有生出和熟出两种方法。

（1）鳝鱼生出骨法　用刀将鳝鱼从喉部向尾部剖开腹部，去内脏，洗净抹干，再用刀尖沿脊骨剖开一长口，使脊部皮不破，然后用刀铲去椎骨，去头尾即成鳝鱼肉。鳗鱼生出骨也是如此。

（2）鳝鱼熟出骨法　① 先用锅将清水烧沸，加入盐、醋、葱、姜、料酒，然后倒入活鳝鱼，迅速盖上锅盖，烫制过程中用刷把轻轻推动鳝鱼，使黏液从体表脱落，一般在90℃左右的水中烫制15min即可。氽好后的鳝鱼立即捞入清水中漂洗，将残留的黏液和杂物洗净。② 将熟鳝鱼背朝外，腹朝里，头左尾右，平放于案上，左手捏住鱼头，右手捏住划鳝鱼的刀（为骨制，尖刃窄身），从颔下腹侧入刀，中指与无名指护住鱼身，顺椎骨向右移动，划开鱼体成腹、背两片，再同法将椎骨一侧划开，接着划出椎骨。③ 将鱼腹与脊背分离的划法称“双背划”。尚有腹背不分的“单背划”，即划的第一刀仅将其一侧划开，然后再取出椎骨。

（二）整鱼出骨

整鱼出骨是烹调工艺中的一项特殊的技艺，它是指将鱼体中的主要骨骼（椎骨、肋骨）去除，而保持外形完整的一种出骨技法。适合整鱼出骨的鱼通常是一些体壁较厚，身瓣较宽或椎、肋较小的梭形鱼，如鳜鱼、鲤鱼、黄鱼、黄姑鱼、石斑鱼、鲈鱼等。一般以活鱼为佳，若使用冷藏或刚死不久的鱼，其品质应与鲜活鱼的新鲜度相仿；每条鱼的重量除刀鱼和白鱼外，都应在700g左右，刀鱼在250g左右，白鱼在600g左右。1 kg以上、250g以下的鱼一般不适用此法。整鱼出骨后的原料可制作“脱骨八宝鱼”、“三鲜脱骨鱼”、“蒸酿双皮刀鱼”、“怀胎鲫鱼”、“无骨稀卤白鱼”等特色菜肴。依据出骨点的不同，整鱼出骨可分为脊出骨法、腹开剔骨法、项出骨法和鳃内出骨法等几种。

1. 脊出骨法（图3-8）

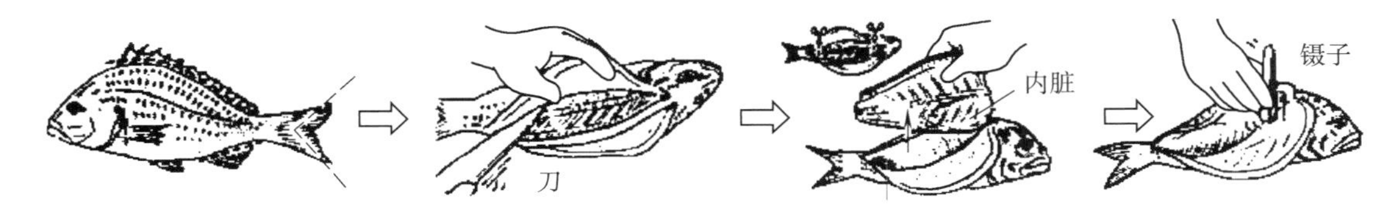

图3-8　鱼的整料出骨（脊出骨法）

脊出骨法也称背开剔骨法，即从鱼的背鳍两侧剖开鱼背，取出鳍骨与椎骨，再斜刀剔出肋骨，也可不出肋骨。

（1）将鱼刮鳞去鳃，并用剪刀剪除鱼鳍和尾尖。

（2）贴着脊骨，在脊鳍两侧用刀切开两个长切口。然后，贴着鱼骨进刀，把鱼背切开，并使鱼肉和内脏及鱼骨分离。

（3）用剪刀剪下脊骨的头尾两端，摘下脊骨和内脏。在进行上述操作时，务必十分小心，不要把鱼腹的皮扯破。

（4）摘除有血线的鱼骨，然后用布巾擦净。注意，不要用水清洗。

2. 腹开剔骨法

（1）将鱼头向外、腹向右放在案上，左手按住鱼身，右手持刀。刀尖由肛门插入，挑切开鱼腹至前鳍处，将内脏掏出，挖出鱼鳃。

（2）用刀尖在腹腔贴脊骨与肋骨连接处用刀割断，并剔落背刺。用同样的方法剔断另一侧肋骨，使两排肋骨与脊骨脱离。

（3）将脊骨与鱼头、尾相接处切断，取出脊骨。

（4）将鱼翻转过来，用刀在腹内斜刀片去肋骨。用同样的方法片去另一排肋骨，便两排肋骨剔出。鱼骨脱出后，把鱼身合拢，仍然保持完整的鱼形。

3．鳃内出骨法

需用一把长约30cm、宽约2cm、两侧刀刃锋利的剑形刀具。其方法是（以鳜鱼为例）：取鳜鱼一尾洗净后，从鳃部把内脏取出，擦干水分，放在砧墩上，掀起鳃盖，把脊骨斩断，在鱼尾处斩断尾骨。接着将鱼头朝里，鱼尾朝外，左手按住鱼身，右手持刀将鳃盖掀起，沿脊骨的斜面推进，然后平片向腹部，先出腹部一面，再出脊背部，这样可使腹部刺不断。然后翻转鱼身，用同样方法出另一面。待出完后，可把脊骨连肋骨一起抽出，洗净即可。

四、虾、蟹类的去骨出肉工艺

（一）淡水大头虾的去骨出肉工艺

在5片虾尾中拧下中间的1片虾尾，直接向后拉，把虾肠一起拉出来，摘除。然后，将虾立刻放入煮沸的水中，待水再次沸腾后，煮2～3min捞出来。接着将虾放进冰水中，以免余热继续把虾肉加热过火；拧下虾头，用两指横向挤压第一节虾壳，将其挤裂，剥下第一节虾壳。将虾腹朝上，用拇指和食指挤压虾尾出来（见图3-9）。

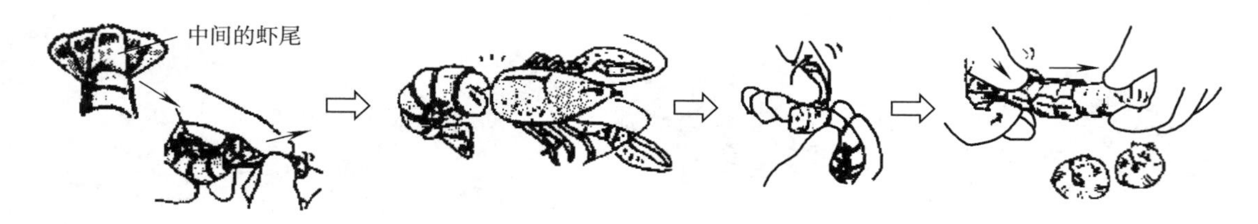

图3-9　淡水大头虾的出肉工艺

（二）龙虾的出肉工艺

用刀把虾头和虾身之间的薄膜切开，摘除虾头；把虾腹朝上，用剪刀剪开龙虾腹壳的两侧，剥下虾腹的壳；剥出虾肉，在虾背上切出一条浅缝，摘出虾肠（见图3-10）。

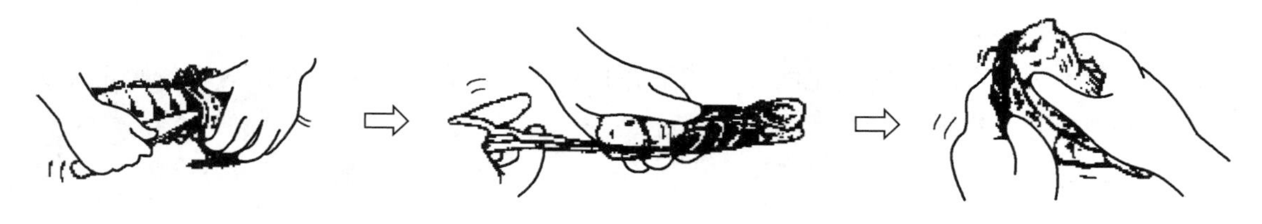

图3-10　龙虾的出肉工艺

（三）螃蟹的出肉工艺

螃蟹的出肉必须采用熟出的方法。其步骤为：蒸（煮）熟→卸下步足→撬出腿节→摘下屈腹→开背壳→剔出上壳内脂肪与肌肉→剔去食胃→摘除胸肋上肺叶→剔出肋间脂肪→将胸甲剪为左、右两半→剖开胸肋成上、下两半→剔去肋缝中肌肉→撬开螯足剔出肌肉→分别剪去步足关节→压或扦出足壁间肌肉→剖开曲腹去除屎肠→剔出腹中肌肉→分装保管。

第四节 原料成型工艺

刀工与原料的成型和形态变化是一个因果关系，没有刀工就没有烹调中“形”的存在，刀工决定了料形的变化。原料的刀工成型是指运用各种不同的刀法，将烹饪原料加工成形态各异、形象美观、适于烹调和适合食用的原料形态。原料形态大体上可分为基本工艺型、花刀工艺型两大类，按照施用刀工刀法的不同，每类又可分为若干小类。

一、基本料形的成型工艺

基本料形指构成菜肴的各种基本形状，如块、段、片、条、丝、丁、粒、末、糜（泥）等，其工艺程序简单，运用切、剁、砍、片等刀法加工完成。这正是一个原料从大到小、由粗到细的加工过程。

（一）一般工艺流程

基本料形的成型工艺流程如图3-11所示。

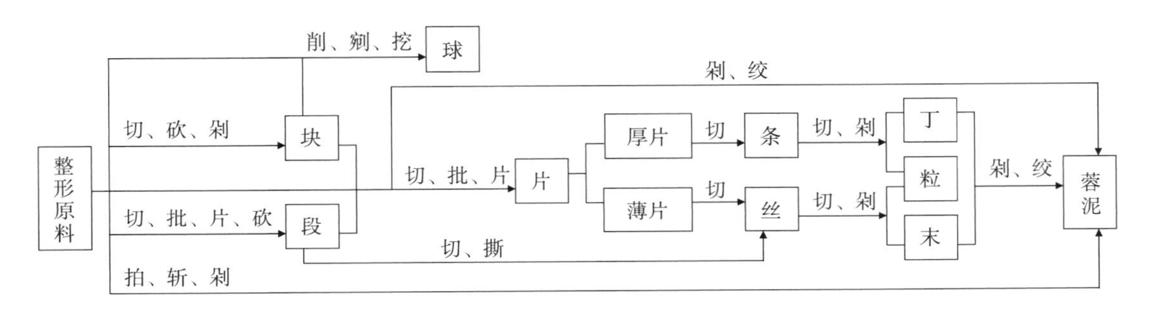

图3-11 基本料形的成型工艺流程

（二）不同料形的加工

1. 段

将原料横截成自然小节或断开叫段。段和条相似，但比条宽一些或长一些，保持原来物体的宽度是段的主要特征；另外，段也没有明显棱角特征。加工段状原料时，常用的刀法有直刀法中的直刀切、推刀切、推拉刀切、拉刀切、剁等和斜刀法，带骨的原料用剁的方法，因此在形态上，段可分为直刀段与斜刀段。段的大小、长短可根据原料品种、烹调方法、食用要求灵活掌握。

2. 块

块是菜肴原料中较大的一种形状。块的成形通常使用切、剁、斩等直刀法。形体较厚、质地较老以及带骨的烹调原料一般采用剁、斩的刀法，如排骨等；质地较软嫩，不带硬骨、硬刺的原料主要使用切的刀法，如马铃薯和无骨的肉类。块的大小，一方面取决于原料所切成条的宽窄、厚薄，另一方面也取决于不同的刀法。块的种类很多，常用的有象眼块、正方块、长方块、骨牌块、滚刀块等（见表3-6）。各种块形的选择，是根据烹调的需要以及原料的性质、特点来决定的。当块形较大时，也可在其两面上剞些花刀，以便于入味。

表3–6　　常见块的种类和加工方法

块形		参考成型规格/cm		加工方法	适宜原料
		长度	宽、厚度（截面或粗）		
菱形块（象眼块）	大	对角线2.5	1.5×1.5	先将整形后的原料切成菱形条，再将条状切成菱形块	熟牛肉、羊糕、酱牛肉、熟鸭脯等
	小	对角线1.5	0.8×0.8		
正方块		1.5~3	（1.5~3）×（1.5~3）	将原料切成厚片，再顺长切成条状，将条状原料切成方块	牛肉块、猪肉块、萝卜块等
长方块	大	25	20×4		肉类、鸡、鱼及冬瓜等
	中	5	3×2		
	小	3	1.5×0.8		
劈柴块（撬刀块）		3	宽1.5，厚不规则	将原料切成厚片，用刀面将其拍击至松散，再顺其长度斜切成条块	质地松脆的植物原料，如冬笋、黄瓜和茭白等。
骨牌块		3	3×1	将原料切成3cm宽的条，然后用剁的刀法将原料剁成块	加工带骨的猪排、羊排等
		常以猪肋排骨的宽窄、厚薄为标准			
滚刀块（梳背块）		2.5	1.5×1.5	用滚切的方法加工	柱形、球形、椭圆形的蔬菜，如黄瓜等
三角块	等腰	边长<3		直切	豆腐、豆腐干、萝卜、马铃薯等
	任意	底高<3			

3．片

片是具有扁薄平面结构的料块，是烹调中用得最多的一种形状。片的成形一般采用直刀法中的切（如直刀切、推刀切、拉刀切、锯刀切等）、斜刀法（斜刀拉片、斜刀推片）、平刀法（直片、推拉片）或削等刀法来完成。常用的片形有菱形片、月牙片、柳叶片、长方片等（见表3–7）。片的大小、厚薄和形状，要根据原料的品种、质地和烹调方法确定。

表3–7　　常见片的种类和加工方法

片形	参考成型规格/cm		加工方法	适宜原料
	长度	宽、厚度（截面或粗）		
菱形片	常轴3，短轴1.5	1.5×0.2或0.3	从菱形条、块上直切产生，呈柱形的原料可斜切成菱形块，再切成菱形片。也可用平刀法取片	黄瓜、青笋、胡萝卜、水发鱼皮、鱿鱼、鱼裙等
月牙片	4~4.5	0.4×0.4	将圆柱形、球形的整体原料切为两半，然后再顶刀切成半圆片，形如月牙。一般以原料的半径决定其大小	柱形、球形的原料，如藕、黄瓜、马铃薯、青笋、茄子、香肚、捆蹄等
柳叶片	3~3.5	0.8×0.1或0.3	植物原料可先切成带有弧度的长尖形的块，然后再切成片	鸡脯肉、腰子、冬笋、胡萝卜等

续表

片形	参考成型规格/cm		加工方法	适宜原料
	长度	宽、厚度（截面或粗）		
夹刀片（合页片）	4.5左右	2.5×0.3	用直切的方法，一刀不断、一刀切断，成2片一组，一头开一头连	鱼肉、通脊肉以及冬瓜、莲藕、茄子等
	根据块状料而定			
玉兰片	根据块状料而定		斜刀批片	长条形的鱼肉或鸡脯等
佛手片	根据块状料而定，一般不超过3.5×2		将原料加工成扁状，然后在上面切片，5刀相连	扁薄原料，如鱼片、熟猪肉、熟牛肉、冬笋、黄瓜等
抹刀片	4	2.5×0.4	用正斜刀法取片，厚度依所用原料而定，用抹刀法加工鱼片可增大鱼体横截面的宽度	薄而长的原料，如鱼肉、油发肉皮、鱼肚或熟肚取片
长方片	3	1.5×0.8	运用直刀法或平刀法在较大物体上取下的片	扒、蒸、烩菜肴的辅料料形

4. 条

一般将宽0.5～1.0cm的细长料形称为条。条的加工方法是先将原料加工成稍厚些的片或段后，再加工成条。所用的刀法有直刀法、斜刀法和平刀法中的各法。常见条的形状有指条、笔杆条、筷子条、象牙条等（见表3-8）。条的粗细、长短要根据原料的性质和烹调的需要而定。质地坚韧的原料，条要略细一些；质地软嫩的原料，条要切得略粗一些。

5. 丝

将薄片形原料切成细长的形状，即为丝。丝是菜肴原料中体积较小、也较难切的一种形状。在烹调技术中，体现刀工很重要的一个方面就是看丝切得如何。丝在烹调中运用广泛，而且作用大。

表3-8　　常见条的形状

片形	参考成型规格/cm	
	长度	宽、厚度（截面或粗）
指条	3.5～4	1.5
笔杆条	3.5～4	1
筷子条	3.5～4	0.6×0.6
象牙条	5	0.3～0.6

丝有粗细之分（见表3-9），性质韧而坚的原料，可以加工得细一些；质地松软的原料，可以稍粗一些。丝的粗细，相当程度上取决于切片的厚薄。丝的切片刀法有直刀法、斜刀法和平刀法，再将片切丝的刀法主要有直刀法中的直刀切、推刀切、拉刀切、翻刀切。

表3-9　常见丝的形状

丝形	参考成型规格/cm		适宜原料
	长度	宽、厚度（截面或粗）	
头粗丝	5~6	0.4×0.4	收缩率大或易碎原料宜切此形，如鱼肉丝的加工
中粗丝	5~6	0.3×0.3	收缩率较小、具有一定韧性的原料宜切此丝，如猪里脊、牛里脊的加工
细丝	5~6	0.2×0.2	适于富含植物纤维的原料，如姜丝、菜叶丝等
银针丝	5~6	0.1×0.1	

丝状原料的加工方法：先将原料顺着纤维切成薄片，然后将薄片整齐地排成瓦楞形，顺刀顺着纤维切成丝状。切丝时，为提高效率，常将已切好的片叠起来切。叠的方法主要有瓦楞形叠法、砌砖形叠法和卷筒形叠法。

6. 丁

从条上截下的立方体料形称为丁。切丁的方法是先将原料片成厚片，再将片切成条，最后将条切成丁。切丁也有大中小之分，大丁约2cm×2cm×2cm，中丁约1.2cm×1.2cm×1.2cm，小丁约0.8cm×0.8cm×0.8cm。丁的形状有菱形丁、骰子形丁、橄榄形丁、指甲形丁等。适用于韧性原料、脆性原料、软性原料及硬实性原料。

切丁时，首先要掌握片的厚度，片切成条时，又要掌握条的整齐划一，最后切丁时，下刀要直，刀口的距离要一致。这样切出后，粒粒才能像骰子一样。如切肉类原料时，可事先将原料在0℃以下的环境中冷藏起来，但不宜冻得过硬，以原料冻成固体形状为宜，再切成丁，这样切出的效果会更标准一些。

7. 粒

从丝状原料上截下的立方体称为粒，又称“米”。粒取自粗丝，粒的形状比丁要小，一般也呈方形，是由细条和丝改刀而成的，大的如黄豆，小的如米粒。切粒与切丁的方法大致相同，只是片要薄些，条要细些，直切时刀口密度小些。切成粒的原料，一般常用于各种肉类或调料类，如火腿粒、鸡肉粒、猪肉粒、牛肉粒、干辣椒粒等。粒的原料用于烹调中，常常是配料或调料，如麻辣海参中的猪肉粒、石榴鸡中的鸡粒等。加工粒状原料时，经常使用的刀法有直刀法中的切、剁。

常见粒状原料有：豌豆粒——将整形后的原料切成长方条，然后顶刀切成0.5cm左右的小丁；绿豆粒——先将整形后的原料切成粗丝，或头粗丝，然后顶刀切成小丁；切米粒——先将整形后的原料切成细丝，然后顶刀切成0.1cm左右的小丁。

8. 末

末是由丝改刀而成的，末的形状比粒还要小一些，半粒为末。末的切法大体有两种：一种是将原料剁碎，如蒜末，先要将蒜粒用刀面拍裂、拍碎，然后再剁成末；再如鸡肉末，先要将鸡肉切成碎片，然后再剁成末。另一种是先将原料切成薄片，再将片切成细丝，最后将丝切成末，如切姜末、葱等。加工末状原料时，主要使用直刀法中的剁，也可用切的方法。末的大小近似于绿豆粒或米粒大小，如“松子鱼米”、“滑炒鸽松”等。

二、剞花工艺

剞花工艺是指在特定原料的表面切割一些具有一定深度的刀纹图案的刀工过程。经过这种刀工处理后，原料受热会收缩、开裂或卷曲成花形，故称之为剞花工艺。剞花工艺的主要目的是缩短成熟时间，使热穿透均衡，达到原料内外成熟、老嫩的一致性。对有些原料，便于短时间散发异味，并利于对卤汁的裹附。剞花扩大了原料体表的面积，有利于调料的渗透。在上述基础上，最终实现对料形的美化。

（一）原料选择

剞花对原料的选择有特定的要求，并不是任何原料都可以用来剞花。一般来说，符合以下条件的原料才适于剞花：

1．具有剞花的必要

原料较厚、不利于热的均衡穿透，或过于光滑不利于裹附卤汁，或有异味不便于在短时间内散发，则具有剞花的必要。

2．利于剞花的实施

原料必须具有较大面积的平面结构，以利于剞花的实施和刀纹的伸展。

3．突出刀纹的表现力

原料应具备不易松散、破碎，而有一定韧性和弹力的条件，具有可受热收缩或卷曲变形的性能，才能突出剞花刀纹的美观。

常用于剞花的原料一般有整形的鱼，方块的肉，畜类胃、肾、心，禽类的肫，鱿鱼和鲍鱼等，植物原料有豆腐干、黄瓜、莴苣等。

（二）剞花的种类

1．整鱼剞花

在众多的鱼类菜肴中，以整体入馔者占较大的比重。由于鱼体较大，一般都要进行必要的刀工处理。经过刀工处理的鱼体，不仅可增加菜肴的外形美观，而且可使调味品容易渗入鱼体内部，同时也更易成熟，使之更加醇美可口。常见的整鱼剞花的种类及成形方法见表3–10。

表3–10 整鱼剞花的种类

花刀名称	图示	成型方法	加工要求	适宜鱼类	用途举例
直一字花刀	直一字花刀	直刀法在鱼体两侧偏脊背处剞平行一字刀纹	刀距、刀纹深浅都要均匀一致，深不可至鱼骨	青鱼、草鱼、鳜鱼、鳝鱼、鳗鱼等	清蒸鱼、红烧鱼等
斜一字形花刀	斜一字花刀	鱼体两面剞上斜一字形排列刀纹。①半指刀，间距0.5cm；②一指刀，间距1.5cm	刀距、刀纹深浅均匀一致。背部刀纹要深些；腹部刀纹要浅些	黄花鱼、鲤鱼、青鱼、胖头鱼、鳜鱼等	半指刀纹宜制作“干烧鱼”；一指刀纹宜制作“红烧鱼”

续表

花刀名称	图示	成型方法	加工要求	适宜鱼类	用途举例
柳叶花刀	 柳叶花刀	运用斜刀推（或拉）剞在原料两面均匀剞上宽窄一致的柳叶形刀纹（类似叶脉的刀纹）	同上	鲫鱼、武昌鱼、胖头鱼等	氽鲫鱼、清蒸鱼等
多十字花刀	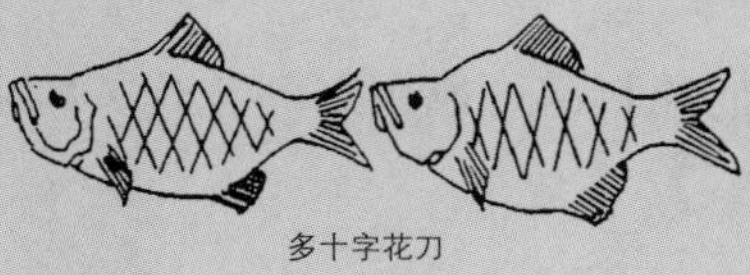 多十字花刀	用直刀法在鱼体两侧近背部剞交叉十字刀纹或用斜刀法剞十字刀纹，刀纹间距较为密集	十字形的大小、方向和数量，应根据鱼的种类和烹调要求的不同灵活掌握	体大而长的鱼类	干烧鱼、醋椒鲤（鳜）鱼等
月牙花刀	 月牙花刀	在原料两面用以斜刀拉剞上弯曲似月牙形的刀纹，间距约0.6cm	刀距、刀纹深浅均匀一致。背部刀纹要深些；腹部刀纹要浅些	鲳鱼、武昌鱼、鳊鱼等	清蒸或油浸
牡丹花刀	 牡丹花刀	用斜刀推剞（或拉制）和平刀推剞（或拉剞）的方法加工而成。操作时，首先将刀刃放在鱼体表面，刀与鱼体成45°，用斜刀推剞或拉剞至近鱼骨，再沿鱼骨用平刀推剞或拉剞深约2cm。经加热后鱼肉翻卷，形似牡丹花瓣	刀纹间距不要过疏，也不必太密，间距一般以3～5cm为宜。刀刃的运行带一定的弧度，效果会更好	脊背肉较厚的鱼类，如鳜鱼、鲈鱼、黄鱼等	糖醋鱼
松鼠花刀	 松鼠花刀	在原料肉面逆纤维走向斜剞4/5至皮的刀纹，再顺向直剞4/5至皮的刀纹，交叉90°	刀距、深浅斜刀角度都要一致	黄鱼、鳜鱼、鲈鱼、塘鲤鱼等	松鼠鱼
狮子花刀	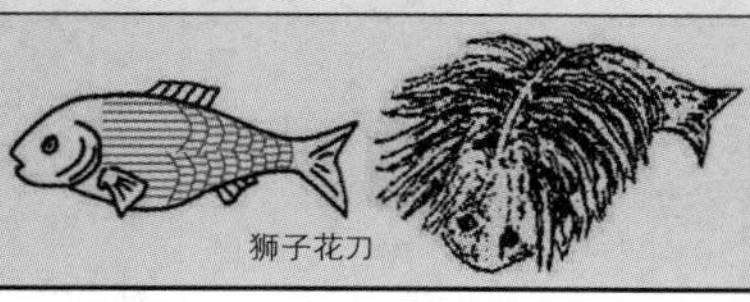 狮子花刀	刀在鱼体两侧分别剞出8cm长、3cm宽的平行薄片10～12片，再逐片用剪刀剪成细丝	片片薄厚要均匀，剪丝粗细要一致	鲤鱼、鳜鱼等	金毛狮子鱼等

2．其他原料的剞花

除了鱼以外，其他许多原料都可以剞花，如鱿鱼、墨鱼、猪腰子、鸡肫、鸭肫、里脊肉等。不同的原料所剞的花形也不同（见表3–11）。

表3-11　　常用花刀的种类和成型方法

花刀名称	图示	成型方法	加工要求	适宜原料	用途举例
菊花花刀	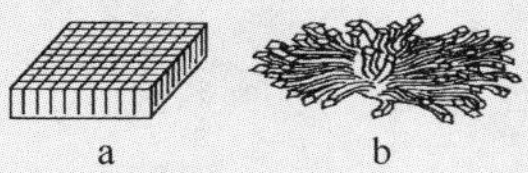 a b	运用直刀推剞的刀法制成。在原料上剞上横竖交错的刀纹，深度为原料厚度的4/5，两刀相交为90°，改刀切成约3cm×3cm的正方块。经加热后即卷曲成菊花形态	刀距、刀纹深浅都要均匀一致，要选择肉质稍厚的原料	带皮净鱼肉、鸡鸭肫、猪外脊肉、萝卜、冬瓜等	芫爆肫花、清炸肉花等
麦穗花刀	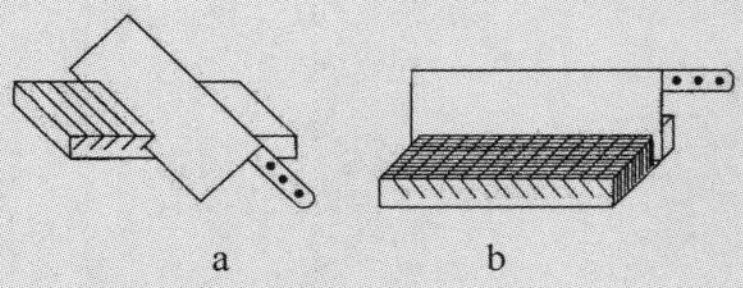 a b	用直刀推剞和斜刀推剞的刀法制成。先斜刀推剞，倾斜角度约为40°，刀纹深度是原料厚度的3/5。再转一个角度直刀推剞，直刀剞与斜刀剞相交，以70°～80°为宜，深度是原料的4/5。最后改刀成块。经加热后刀纹即卷曲成麦穗形态块	剞刀的倾斜角度越小，麦穗就越长。剞刀倾斜角度的大小，应视原料的厚薄来调整	腰子、鱿鱼、墨鱼、肚子等原料	炒腰花、油爆鱿鱼卷等
荔枝花刀	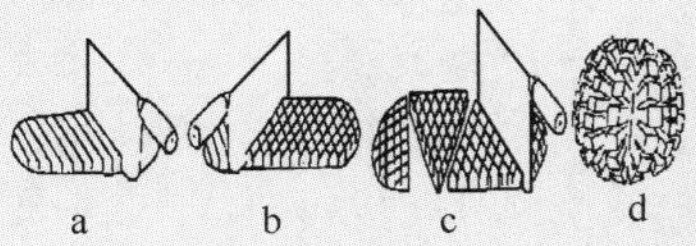 a b c d	运用直刀推剞的刀法制成。先运用直刀推剞，进刀深度是原料厚度的4/5。再转一个角度直刀推剞，进刀深度也是原料厚度的4/5。两刀相交为80°，然后改刀切成边长约为3cm的等边三角形。经加热后即卷曲成荔枝形态	刀距、深浅、分块都要均匀一致	猪腰、鸡鸭肫、猪肚等原料	荔枝鱿鱼、芫爆腰花等
松果花刀	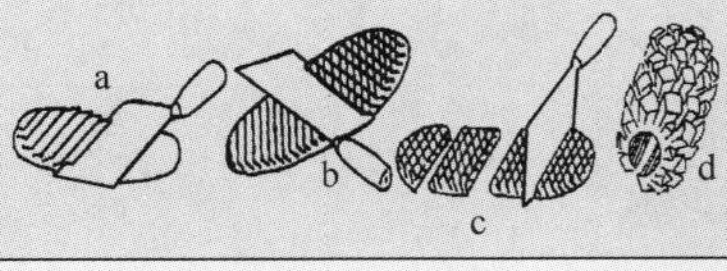 a b c d	斜刀45°推剞至4/5，转45°再斜刀45°推剞至4/5，改成长方块	刀距、深浅、斜刀角度都要均匀一致	鱿鱼、墨鱼等原料	糖醋鱿鱼卷、爆炒墨鱼花等
鱼鳃花刀	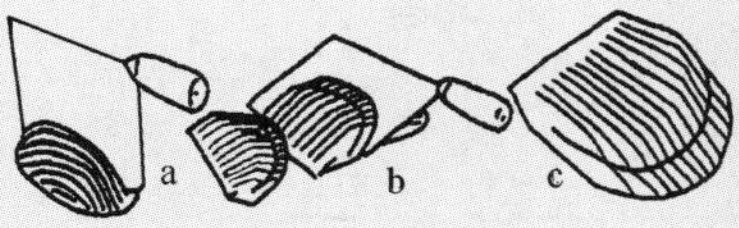 a b c	运用直刀推剞和斜刀拉剞的刀法制成。将原料片成片，运用直刀推剞的刀法剞上深度为原料厚度的4/5的刀纹。然后，转一个角度斜刀剞上深度为原料厚度的3/5的刀纹。用斜刀拉片的刀法将原料断开，即一刀相连一刀断开即成	刀距要均匀、大小要一致	腰子、墨鱼、鱿鱼、茄子、黄瓜、肚子等原料	拌鱼鳃腰片、炒鱼鳃茄片等

续表

花刀名称	图示	成型方法	加工要求	适宜原料	用途举例
蓑衣花刀①	 a b c	直刀剞和斜刀推剞的刀法制成。先在原料一面直刀（或推刀）斜剞上一字刀纹，刀纹深度为原料厚度的1/2。然后，再在原料的另一面采用同样的刀法，剞上直一字刀纹，刀纹深度是原料厚度的1/2，与斜一字刀纹相交	刀距及刀纹深度都要均匀一致	黄瓜、冬笋、莴笋、豆腐干等	糖醋蓑衣黄瓜、红油豆腐干等
蓑衣花刀②	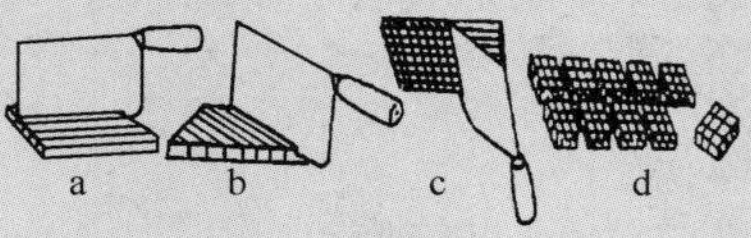 a b c d	先在原料的一面直刀剞上深度为原料厚度4/5的刀纹，再斜刀推剞上深度为原料厚度4/5的刀纹。然后将原料翻起，在另一面上斜刀推剞上深度为原料厚度4/5的刀纹。最后改刀切成长约2cm、宽约2.5cm的长方形	刀距、进刀深浅、分块都要均匀一致	猪肚、腰子等	油爆肚仁、油爆蓑衣腰子等
金鱼花刀	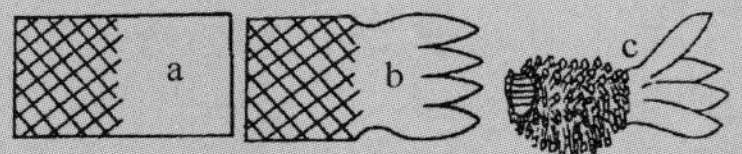 a b c	在原料的上半面用两次直刀推剞的方法加工而成。在原料的上半面用直刀推剞成深度为原料厚度的2/3，并与原料的边沿成45°角的平行刀纹，再用同样方法剞成与原刀纹成直角的平行刀纹，再改切成宽为3cm的长方块，最后修切出金鱼的鱼尾状	切体原料修切要整齐，块的大小要均匀，修切后鱼尾要形象、逼真。要合理布局，以增加原料的利用率	墨鱼、鱿鱼等	金鱼戏莲等
麻花形	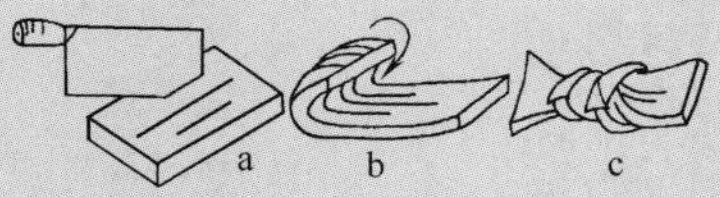 a b c	运用刀尖划再经穿拉而成。将原料片成长约4.5cm、宽约2cm、厚约3mm的片。在原料中间划开3.5cm长的口，再在中间缝口两旁各划上一道3cm长的口。用手握住两端并将原料一端从中间缝口穿过即成	刀口要长短一致，成形的规格要相同	腰子、肥膘肉、通脊肉等	软炸麻花腰子、芝麻腰子等

续表

花刀名称	图示	成型方法	加工要求	适宜原料	用途举例
螺旋形	 a b c d	采用小尖刀旋剞而成。选用圆柱形的原料（胡萝卜、黄瓜等），取其中段部位，用小刀斜架在原料上，进刀深约1cm，逆时针转动原料，使刀从左向右移动。然后再用刀尖插进原料一端，顺时针旋进，将原料芯柱旋开。最后用手拉开，即成螺旋丝状	小刀要窄而尖，原料转动要慢，旋丝时要均匀用力，丝不宜过细	黄瓜、高笋、胡萝卜等	多用于冷菜围边，也可用于拌制冷菜
锯齿	 a b c	运用直刀切和斜刀推剞等刀法制成。先在原料上剞上深度为原料厚度的4/5的刀纹，然后再将原料切断即成	刀距宽窄、刀纹深浅、粗细程度都要均匀一致	腰子、鱿鱼、嫩白菜帮等	炒蜈蚣腰丝、芫爆鱿鱼丝、等，也可作为点缀、围边，装饰
剪刀形	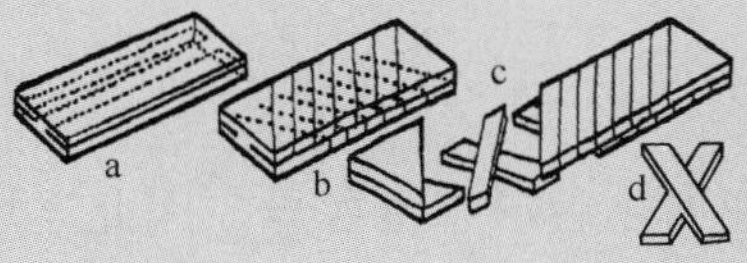 a b c d	运用直刀推剞和平刀片的刀法制成。分别在两个长边厚度的1/2处片进原料（两刀进深相对，但不能片断），再运用直刀推剞的刀法，在两面均匀地剞上宽度一致的斜刀纹，深度为原料厚度的1/2。然后用手拉开，即分成交叉剪刀片（或块）	刀距、交叉角度、大小厚薄都要均匀一致	黄瓜、冬笋、莴笋等	配料或作为菜肴点缀及围边装饰之用
凤尾形	 a b c	运用直刀切的刀法制成。将圆柱形的原料一片两开，在原料长度的4/5处斜切成连刀片，每切9片或11片为一组，将原料断开。然后每隔一片弯曲一片别住。如此反复加工即成	每组分片要相等、刀距要均匀	黄瓜、冬笋、胡萝卜等	用于冷菜拼摆时点缀或围边用

续表

花刀名称	图示	成型方法	加工要求	适宜原料	用途举例
灯笼	a b c d	运用斜刀拉剞和直刀剞的刀法制成。将原料片成大片后，改成长约4cm、宽约3cm、厚为2～3mm的片。先在原料一端斜着拉剞上两刀深度为原料厚度的3/5的刀纹，然后，在原料另一端同样剞上两刀（相反的方向剞刀）。再转一个角度直刀剞上深度为原料厚度的4/5的刀纹。经加热后即卷曲成灯笼形	斜刀进刀深度要浅于直刀的进刀深度。片形大小要一致，刀距要均匀	腰子、鱿鱼等	炒腰花、麻油腰花等
玉翅形花刀	a b c	运用平刀片和直刀切的刀法制成。先将原料加工成长约5cm、宽约4cm、高约3cm的长方块，用刀片进原料长度的4/5，再直刀切成连刀丝	刀距要均匀，丝的粗细应灵活掌握	冬笋、莴笋等	葱油玉翅、白扒玉翅等

注：图例中a、b、c、d指的是该种花刀加工时的主要程序，即a→b、a→b→c或a→b→c→d。

（三）剞花工艺的注意事项

1. 根据原料的质地和形状，灵活运用剞刀法

由于各种动物性原料组织结构不同，经刀工处理加热后形态也各异，因此运用剞刀法，既要熟练掌握各种刀法，也要熟悉各种原料的性能特点和原料纤维组织在加热后的形态变化。只有这样，才能得心应手，运用自如。

2. 注意花刀的方向、角度、深度和距离

花刀的角度主要指两个方面：一是指刀与原料的角度；二是两次剞刀的刀纹纵横相交的角度。对一般原料的花刀，不需要考虑方向；但对一些特殊的原料，如墨鱼、鱿鱼必须根据其卷曲方向及花刀的要求来决定纵横之间方向，成形改刀也必须根据其卷曲方向来决定。剞花刀的深度应根据原料的性质及菜肴的要求来确定，一般是剞进原料厚度的2/3至4/5。剞花刀的距离就是根据原料的大小剞成一条条距离相等的平行刀纹，但也因原料不同而有差别。

3. 要适应烹调方法和菜肴对花刀形状的要求

不同的烹调方法和菜肴口味，对花刀形状的要求不同。因此，在剞花刀时就应注意烹调方法和菜肴口味对花刀形状的要求。一般来说，炖、焖、扒、烧所用花形应稍大；爆、炒、熘、炸所用花形居中；汆、涮、蒸、烩所用花形应较小。口味要求脆嫩，刀纹应剞得深一些、密一些、形状细小一些；反之，应剞得浅一些、宽一些、形状大一些。

关键术语

（1）刀工（2）刀法（3）部位分割（4）骨肉分割（5）整料出骨（6）剞花工艺

问题与讨论

1. 刀工操作有哪些基本要求？
2. 刀工的作用和原理是什么？
3. 刀法如何分类？不同刀法之间的区别主要表现在哪几个方面？
4. 试论刀工与配菜、火候、调味的关系。
5. 如何对家畜、家禽和鱼类原料进行部位分割？
6. 不同的国家和地区对家畜肉的部位分割不完全相同，请查找资料并加以比较。
7. 原料剞花的主要目的是什么？怎样才能保证花刀的质量？
8. 简述各种花刀的剞法和操作要领。

实训项目

1. 磨刀与刀工姿势实训
2. 切、剁、砍、批等基本刀法实训
3. 片、丝、段、块、条、丁、粒、末的实训
4. 一般原料剞花与整鱼剞花实训
5. 鸡、鱼、虾、蟹的分割与出肉加工实训
6. 整鸡、整鱼出骨实训

第四章

组配工艺

教学目标

知识目标：

（1）了解组配工艺的意义和内容

（2）掌握组配工艺的方法和要求

（3）学会花色菜肴生坯的组配工艺

（4）掌握宴席菜肴组配的方法、质量标准、影响因素、指导思想和基本原则

能力目标：

（1）能合理组配一般菜肴

（2）能用卷、包、填酿、镶嵌、夹、穿、串、叠合、捆扎、滚粘方法制作花色菜肴

（3）能组配中高档宴席菜肴

情感目标：

（1）树立厉行节约、质量第一的观念

（2）树立“天人合一”的饮食思想，合理利用和保护饮食资源

教学内容

（1）组配工艺的意义和内容

（2）组配工艺的方法和要求

（3）花色菜肴生坯的组配工艺

（4）宴席菜肴的组配工艺

案例导读

随园食单·配搭须知

清人袁枚在《随园食单·配搭须知》说:“谚曰:相女配夫。《记》曰:儗人必于其伦。烹调之法,何以异焉?凡一物烹成,必需辅佐。要使清者配清,浓者配浓,柔者配柔,刚者配刚,方有和合之妙。其中可荤可素者,蘑菇、鲜笋、冬瓜是也。可荤不可素者,葱、韭、茴香、新蒜是也。可素不可荤者,芹菜、百合、刀豆是也。常见人置蟹粉于燕窝之中,放百合于鸡、猪之肉,毋乃唐尧与苏峻对坐,不太悖乎?亦有交互见功者,炒荤菜用素油,炒素菜用荤油是也。”

上面的话翻译成现代白话文,就是俗话说:“什么样的女子就配什么样的丈夫。”《礼记》说:“判定一个人,必须与他同类的人作比较。”烹调的方法,不也是一样道理吗?大凡一种东西要做成功,必须要有东西辅佐。清淡的菜肴,配清淡的配料;浓烈的菜式,配浓烈配料;菜肴柔软,配料也柔软;菜式刚硬,配料也刚硬,才能烹调出和美佳肴。其中有些食料,既可配荤,也可配素,如蘑菇、鲜笋、冬瓜。有些食料只可配荤,不可配素,如葱、韭、茴香、新蒜等。有些食料只可配素不配荤,如芹菜、百合、刀豆。经常看到有把蟹粉放入燕窝,把百合放入鸡和猪肉之中,这样的配搭,好比唐尧与苏峻对坐,荒谬绝顶。当然也有荤素互用效果良好的,如炒荤菜用素油,炒素菜用荤油。

中国饮食烹调,用料广博,各种食料配搭得当,对美味佳肴的制作具有重要的意义。袁氏在此也提出自己的看法。首先,必须按食料的质量特色相配,即菜肴的主配料同质相配,所谓“清者配清,浓者配浓,柔者配柔,刚者配刚”之说。其次,不同的食料,具有不同形质特色,其配菜也不尽相同。或可荤可素,荤素结合;或可荤不可素,可素不可荤。各有特点,不可混淆。

资料来源:袁枚. 随园食单. 北京:中华书局,2010.

原料经过初加工及分解切割成形后,还要按照一定的规格质量标准、通过一定的方法,将制作某个菜肴需要的原料按规格组配成标准的分量或制成菜肴生坯,才能正式烹调。这一过程称之为原料组配工艺或菜肴配料工艺,简称配菜。

组配工艺是烹调工艺中承上启下的环节,是菜品整体设计的过程。其目的是通过将各种相关的烹饪原料(即主料、辅料、调味品等)有规律的结合,产生菜肴生坯,为正式烹调提供对象，为食用和销售提供依据。这道工序看似简单，实际上很复杂，也非常重要，它犹如建筑中的设计备料，生产中的调配调度，不可轻视。

第一节　组配工艺的意义和内容

组配工艺是整个烹调工艺流程中的一个组成部分，在它之前承接多种前道工序，在它之后又有后续工序跟接。从发挥的作用看，组配工艺处于整个工艺流程的中心环节，直接担负着实现菜肴既定目标要求的组织重任，行使对整个工艺流程的指挥职能。如果没有组配工艺，烹调工艺流程的各道工序就没有明确的生产目标和生产规范。配菜的质量好坏，对于烹调菜肴的质量和速度，以及菜肴的色、香、味、形和成本都具有重要影响。

一、组配工艺的意义

（一）奠定菜肴的质量基础

原料是构成菜肴的物质基础，各种菜肴都是由一定的质和量的烹饪原料构成的。所谓质，是指组成菜肴的各种原料的品质；所谓量，是指菜肴中原料的单位分量和各种烹饪原料之间在数量上的配比。固然，除组配工艺之外的所有制作工艺对菜肴质量或多或少地都有影响，甚而有时是否定性影响，但是组配工艺作为关键性中心环节，它规定和制约着菜料结构的优劣、精粗、营养成分、技术指数、用料比例、数量多少，对菜肴的质量有重要影响。

（二）奠定菜肴的风味基础

菜肴的风味不是随机性的，各种菜肴感官性状、风味特征的确定，虽然离不开烹制工艺，但要达到菜肴的质量要求，组配工艺也起着非常重要的作用。通过组配工艺，能使菜肴的主体风味，即色、形、香、味、质等基本确定。

（三）使菜肴的营养价值基本确定

不同种类的烹饪原料所含的营养素种类不同；同一种类的烹饪原料，因其部位的不同，营养素的种类及含量也不同。从某种意义上来说，配菜人员就相当于“营养调剂师”。要达到人体所需要的营养要求，使各种营养素之间搭配合理，配菜起着决定性作用。

（四）控制菜肴的成本

菜肴的成本与菜肴所用的原料有很大的关系。各种烹饪原料有高、中、低档之分，不同原料数量的比例、同一原料不同部位的合理利用与否决定了菜肴成本的高低。所以合理配料、物尽其用是控制成本、提高经济效益的重要措施之一。

（五）菜品创新的基本手段

菜肴创新的方式虽然很多，但在很大程度上还是原料组配工艺的作用。原料组配形式和方法的变化，必然会导致菜肴的风味、形态等方面的改变，并使烹调方法与这种改变相适应。不同的原料，经过合理的搭配，或一种原料单独使用，或一种主料配多种不同的辅料，或几种相同的原料以不同数量搭配等，可以形成品种繁多的菜肴。

二、组配工艺的内容

组配工艺一般包括原料色彩的组配、滋味的组配、形状的组配、质地的组配、营养的组配和性味的组配等内容。

（一）色彩的组配

不同的原料有不同的色泽，不同色泽的原料对人有不同的营养和心理作用（见表4-1）。对原料的色彩组配，首先要确定其主要色彩，即“主调”或“基调”。在菜肴中通常以主料的色彩为基调，以辅料的色彩为辅色，起衬托、点缀、烘托的作用。主、辅料之间的配色，应根据色彩间的变化关系来确定。

表4-1　　不同原料的色泽及其营养和心理作用

色泽	心理作用	营养作用
红色原料	红色给人以热烈、激动、美好、肥嫩之感，同时味觉上表现出酸甜、香鲜的味感	红色蔬菜大都含有β-胡萝卜素，食后能增强人体免疫力和细胞活力，常吃能防治流行性感冒等传染性疾病。鱼、肉类红色原料是优质蛋白质、脂肪、许多无机盐和微量元素的来源，对分泌系统有益
绿色原料	绿色明媚、清新、鲜活、自然，是生命色，给人以脆嫩、清淡的感觉。绿色原料一般以蔬菜居多，常作为荤菜的点缀围边，使菜肴整体色彩鲜明，减少油腻之感。若配以淡黄色，更显得格外清爽、明目	含有丰富的维生素及钾、钙、钠、铁等碱性元素，对维持人体内酸碱平衡起着重要作用，这些营养素直接调节人体许多生理功能，如视觉能力、免疫力等
黄色原料	黄色给人以温暖、高贵的感觉，尤以金黄、深黄最为明显，使人联想到酥脆、香鲜的口感，淡黄、橘黄次之	它们大都含有丰富的胡萝卜素和黄酮素，对预防心血管病和老年失明有一定的食疗作用，对消化系统有益
黑色原料	黑色在菜肴中应用较少，给人以味浓、干香、耐人寻味的感觉，但若加工不当会有糊苦味	它们含有丰富的铁质、微量元素、维生素、蛋白质、氨基酸和生物活性物质，具有补血明目、延年益寿等保健与食疗作用，对循环系统有益
白色原料	白色给人以洁净、清爽、软嫩、清淡之感	它们含有淀粉、蛋白质、纤维素、钙质、维生素等人体必需的营养物质，对呼吸系统有益

1. 同类色原料组配

同类色原料组配也称“顺色配”。所配的主料、辅料必须是同类色的原料，它们的色相相同，只是光度不同，且非常相似，可产生协调而有节奏的效果。如“糟熘三白”是由鸡片、鱼片、笋片组配而成的，成熟后三种原料都具有固有的白色，色泽近似，鲜亮清洁。

2. 对比色原料组配

对比色原料组配也称“花色配”、“异色配”，是把两种或两种以上不同颜色的原料组配在一起，成为色彩绚丽的菜肴。如果主料颜色浅，配料的颜色就宜深一些；相反，如果主料颜色深，配料的颜色就适宜浅一些。主料是红的，配料则宜是黄的、绿的；主料是白的，配料则宜是绿的、红的。配色时一般要求主辅料的色差要大些，比例要适当，配料应突出主料的颜色，起衬托、辅佐的作用，使整个菜肴色泽分明，浓淡适宜，具有一定的艺术性。

多色彩的组配是指组成菜肴的色彩是由多种不同颜色的原料组配在一起，其中以一色为主，多色附之，色彩绚丽，总体调和。如“三丝鸡蓉蛋”，主料“鸡蓉蛋”色泽洁白，配以火腿丝、香菇丝、绿茶叶丝，色彩十分和谐，将“鸡蓉蛋”的洁白衬托得淋漓尽致。

（二）滋味的组配

滋味是通过的舌头上的味蕾鉴别的。烹饪原料本身特别是经烹制后的味道，有些是人们喜欢的，有些则是人们不喜欢的。原料滋味组配是保留、发挥人们所喜欢的味道和去除或改变不良味道的重要手段之一。其一般原则如下。

1. 以主料滋味为主，辅料衬托，并突出主料的滋味

一般以鲜活原料为主料的菜肴可采用这种配合方法。如鸡、鸭、肉、鱼、虾、蟹等都含有较多的脂肪、醇、酚、醛、氨基酸等芳香物质，经加热气化后，会散发出浓郁的鲜香味。在这些主料内配入没有特殊异味的辅料，如茭白、冬笋、花菜、萝卜等，可以突出主料鲜香味，增加菜肴的鲜美滋味；也可配以含有丰富芳香物质的蔬菜等辅料，使菜肴更加香美。

2. 以辅料来补充主料滋味的不足

当主料本身的滋味较淡时，可用滋味较浓的辅料加以补充。如干货原料，本身的滋味就比较清淡，经过各种方法涨发、多次漂洗以后，已经没有什么滋味了，为了增加这些原料的滋味，可以选用特殊鲜味的原料，以辅料形式配入，弥补主料滋味的不足。如海参、蹄筋、肉皮、鱿鱼、木耳、琼脂等，往往配以干贝、开洋、火腿、香菇、各种鲜汤等。

3. 对味浓、油腻重的主料要冲淡或调和

有些主料味道过于浓重（如猪的五花条肉、肥鸭等），若配些味较清淡的新鲜蔬菜，可达到既解腻又提鲜的目的，如“萝卜烧肉”、“牛肉粉丝”、“香芋扣肉”等。也可以配些其他滋味较浓重的原料，以达到相互渗透、调和的目的。如干菜味重，可与肉等味重的原料同烧或配以其他原料来调和，如“干菜焖肉”、“干菜炖鸭”、“金银蹄”等。

4. 滋味相似的原料不宜相互搭配

有些原料的滋味比较相近，组配在一起反而使其滋味更差，如鸭肉与鹅肉、鳝鱼与鳗鱼、蟹粉与河蚌、文蛤与竹蛏、南瓜与白瓜、大白菜与卷心菜等。但还有另一种看法，认为鲜味有相乘的效果，两个新鲜味美的原料组合，可以使二者的风味更加突出，如“三套鸭”、“金银蹄”、“文武鸭”、“小鸡炖蘑菇”等菜肴，都是属于比较完美的组合。

（三）形状的组配

菜肴原料形状的组配是指将各种加工好的原料按照一定的形状要求进行组配，组成一盘特定形状的菜肴。菜肴原料形状的组配，不仅关系菜肴的外观，而且直接影响烹调和菜肴的质量，是配菜的一个重要环节。菜肴好的形态能给人以舒适的感觉，增加食欲；臃肿杂乱则使人产生不快，影响食欲。菜肴形状组配的原则如下。

1. 根据加热时间来组配

原料的加热时间有长有短，加热时间较短的，其形状宜小不宜大；加热时间较长的，其形状宜大不宜小。

2. 根据料形相似来组配

所配的主料、辅料必须和谐统一、相似相近，即在每一盘菜肴中，丁配丁、丝配丝、

条配条、片配片、块配块，使主辅料形状一致。

3．辅料服从主料组配

辅料在菜肴中处于从属地位，其形状大小不能超过主料，即要等于或小于主料。对于一些原料成熟后体积有所变化，那么生料的体积应考虑这一因素，配得稍大一些或小一些，使成熟后的形状符合要求。对于一些主料成熟后呈花形、自然形的情况，那么辅料的形状应与主料的形状相似。如主料成熟后的形状呈菊花状，那么辅料可切成柳叶片、秋叶片；再如荔枝腰花，配笋尖青椒时，辅料不太好造型，可加工成菱形片、长方片。

（四）质地的组配

烹饪原料的品种很多，不同的品种或同一品种的原料，由于生长的环境和时间不同，性质有所差异，它们的质地也就有软、硬、脆、嫩、老、韧之别。在配菜时应根据它们的性质进行合理搭配。

1．同一质地原料组配

在菜肴原料的组配中，常以质地相同或基本相同的数种原料组配在一起，即原料质地脆配脆、嫩配嫩、软配软的方法，如“汤爆双脆”，主料以猪肚尖、鸭肫两个脆性原料组配在一起；又如“炒虾蟹”，虾仁和蟹粉都是软嫩原料相配。

2．不同质地原料组配

将不同质地的原料组配在一起，使菜肴的质地有脆有嫩，口感丰富，给人以一种质感反差的口感享受。如“宫保鸡丁”，鸡丁软嫩，油炸花生米酥脆，质地反差极大；又如“雪菜肉丝”，雪菜脆嫩香鲜，肉丝软嫩细韧，吃口香脆软嫩，是佐酒下饭之佳肴。在炖、焖、烧、扒等长时间的加热烹调方法制作的菜肴中，主、辅料软硬相配的情况经常碰到，通过菜肴口感差异，使菜肴的脆、嫩、软、烂、酥、滑等多种口感风味得到体现。

（五）营养的组配

不同的原料所含的营养成分各不相同，配菜时必须根据原料的营养成分、性能、特点进行合理、科学的搭配，尽可能地使食用者得到必要的、全面的营养，以增进人体的健康。在营养的搭配上，主要应做到以下几点。

1．荤素搭配

动物性原料中，含有较多的蛋白质、脂肪和糖类；植物性原料中，含有较多的维生素、无机盐。荤素搭配能确保各类营养素的均衡和充分，并能使食物性质达到酸碱平衡，满足人体对营养素的需要。

2．粗细搭配

随着人们生活水平的提高，制作菜肴选料时往往一味追求精细，这是不利于健康的。比如感官性能很好的精细面粉，其营养价值远不如色泽次、手感粗的普通面粉。因此在配菜时，应有意识地选择一些粗粮、粗料，以增加食物中纤维素的数量，并保证必需氨基酸和脂肪酸的含量。

3．食物多样

各种不同的营养素存在于不同的烹饪原料中，为了做到各营养素的充分、均衡，配菜时选择原料要全面、多样。

（六）性味的组配

药膳在制作时需精选具有某种功效的药物和含有某些成分的食物合理组合、搭配。由于药物和食物内所含成分复杂、作用各异，能使一种药物或食物与另一种药物或食物合用，产生毒性反应及强烈的副作用，或者减轻甚至消除原有的功效。为了避免此情况发生，在药膳的选料、配制时要遵循历代医学和膳食理论中的配伍禁忌，其中包括药物与药物的配伍、药物与食物的配伍以及食物与食物的配伍。

1．药物与药物配伍禁忌

药膳中的药物配伍仍以中医、中药理论为原则，遵循古代医籍中概括总结的“十八反”、“十九畏”。“十八反”是指以下18种药物间的配伍合用可产生毒性反应或副作用，分别为：甘草反甘遂、大戟、海藻、芫花；乌头反贝母、爪蒌、半夏、白蔹、白及；藜芦反人参、沙参、丹参、玄参、细辛、芍药。“十九畏”是指19种药物间的配伍合用可减轻或消除其中某一药物的药效（即相恶），同时也可解除其中某一药物的毒性（即相畏）。如巴豆畏牵牛，丁香畏郁金，川乌、草乌畏犀角，肉桂畏赤石脂，人参畏五灵脂等，这些均为古代医家经验总结，有些已经科学验证，有的尚未找到科学依据，但在应用时宜谨慎为好。

2．药物与食物配伍禁忌

由于某些药物与食物中所含成分之间的作用，或二者各自功效之间的作用，使得原本单独服用时无任何毒副反应，但配合使用却出现一系列的不良反应，即药食相反。常用的有：猪肉反乌梅、桔梗、黄连、胡黄连、苍术、百合；猪血忌地黄、何首乌；猪心忌吴茱萸；羊肉反半夏、菖蒲；狗肉反商陆，畏杏仁，恶蒜；鳖肉忌芥子、薄荷，恶矾；鲫鱼反厚朴，忌麦冬；鲤鱼忌砂仁；鸡肉忌芥米：鸭肉忌李子、桑葚子；雀肉忌白术、李子。这些禁忌不一定均具科学道理，但可以提醒我们在配制药膳时要以一定的中医学、中药学理论为指导，切不可胡乱搭配。

3．食物与食物配伍禁忌

食物作为机体营养物质的来源，其本身无任何毒性，也无特殊副作用；但若不正确搭配，则会破坏食物中的营养成分，甚至产生对机体有害的物质。如菠菜与豆腐均含有丰富的营养成分，但二者同煮，会使菠菜中的草酸与豆腐中的钙结合为草酸钙，不但难以吸收，而且还容易引起肾结石。古代医籍中对食物的搭配原则已有一定的认识，《饮膳正要》中叙述了“食物相反”，详细列举了一系列禁止合用的食物。并指出：“盖食不欲杂，杂则或有所犯，知者分而避之。”其中：马肉不可与仓米同食，马肉不可与苍耳、姜同食，猪肉不可与牛肉同食，羊肝不可与椒同食，兔肉不可与姜同食，羊肝不可与猪肉同食，牛肉不可与栗子同食，羊肚不可与小豆、梅子同食，麋鹿肉不可与虾同食，鹌鹑肉不可与猪肉、菌子同食，鸡肉不可与兔肉同食，鸭肉不可与鳖肉同食，鲤鱼不可与犬肉同食，黄鱼不可与荞麦面同食，杨梅不可与生葱同食，柿、梨不可与蟹同食，生葱不可与蜜同食，芥末不可与兔肉同食等。这其中不一定都正确，有些仍需进一步科学验证，但对药膳制作时选料配方仍有指导意义。

4．常用食物的温热与寒凉

食物，无论是水果蔬菜还是粮食肉禽，按中医理论都有温凉寒热之分，也有某些禁忌。为避免盲目进食，合理配餐，现将常用食物按温热寒凉分类如下，供四季配餐中参考与应用。

温热性食物：狗肉、羊肉、牛肉、鸡肝、猪肝、猪肚、牛肾、鲤鱼、鲢鱼、鳝鱼、虾、海参、糯米、面粉、油菜、胡萝卜、韭菜、芥菜、南瓜、刀豆、樱桃、乌梅、橘子、桃、杏、荔枝、桂圆、石榴、板栗、甘蔗、红糖、酒、醋、辣椒、胡椒、葱、姜、蒜等。凡有温热症体质者应慎用或禁食，寒凉症者则可适当食用。

寒凉性食物：兔肉、鸭蛋、猪肠、猪脑、羊肝、鳖、田螺、小米、绿豆、豆腐、菠菜、白菜、苋菜、芹菜、藕、紫菜、笋、白萝卜、番茄、茄子、丝瓜、苦瓜、冬瓜、黄瓜、蘑菇、梨、香蕉、广柑、柿子、桑葚、柚子、西瓜、荸荠、盐、酱、饴糖、猪油、菜油、麻油等。因此，凡寒凉证体质者皆应慎食或禁忌，温热证者则可适当食用。

第二节　组配工艺的方法和要求

一、组配工艺的方法

在配制单一菜肴时，要突出原料的优点，尽量淡化原料缺陷。一般是直接采用盛器配料法，即在配菜时，根据菜肴的原料定额，由配菜人员将原料定量放入不同的盛器中。

（一）配单一原料构成的菜肴

单一原料组配成菜肴即菜肴中没有配料，只有一种主料，经调味即可。这种组配形式对原料的要求特别高，必须是比较新鲜、质地细嫩、口感较佳的原料，如清炒虾仁、清蒸鲥鱼、蚝油牛肉、葱油海蜇等，就是按规定的重量，取一种原料，放在盛器中即可，其方法很简单。为了保证菜肴的质量，在配菜时应注意以下几点。

必须突出原料的优点，淡化原料的缺点。因为用单一料的菜肴，直接体现了原料的特点。如时鲜的蔬菜，可以选用时令的鲜笋、菜心、毛豆、蚕豆；鲜活的河鲜、海鲜，可以选用河虾、毛蟹、鲫鱼、鲍鱼等；以及鲜活的家禽类等。对一些高档的原料，如海参、鱼翅、鱼肚等，经过反复的涨发、漂洗，本身缺少鲜味，必须配一些有特殊香味、清鲜醇厚的辅料一起烹调，以增加菜肴的美味。当然可以在上席前除去辅料，仍以单一料上席。

对某些具有特殊味道的原料，如大蒜、洋葱、老姜、葱等，不宜单独配制。因为这些原料含有特殊的辛香气味，一般不宜单独制成菜肴；否则，浓郁的气味会使食用者无法进食，并且影响了其他菜肴的品味。

用单一原料制成的菜肴，在菜名上往往加上一个“清”或“光”字，如“清炒虾仁”“清炒鸡丝”“光炒青菜”“光炒蛋”等。这类菜肴没有辅料，但可以配一些用于点缀的原料，如虾仁中配几粒葱丁、鸡丝中配几条红椒丝等。

（二）配主辅料构成的菜肴

由主辅料组成的菜肴，配菜时将主辅料分别放入盛器中即可。所用的主料以动物性原料的居多；在辅料上，可以是一种，也可以是多种。在质和量的配合上，以主料为主，辅料在色、香、味、形等方面衬托主料；但也不能随意用增加辅料数量的方法来降低菜肴的成本，一般辅料的数量不能超过菜肴的30%。主辅料菜肴的配制，应将主料的形状加工得比辅料大一些、厚一些、长一些、粗一些，主料数量应多于辅料。

（三）配无主辅之分原料构成的菜肴

无主辅之分原料构成的菜肴，指一个菜肴中的原料有两种或两种以上，在数量上基本相同，在比例上基本相等。这类菜肴在形态的配制上，如果是加工形成的形态，应将所配的原料加工成同一形态、同一规格；如果其中一种原料是自然的形态，应将其余的原料加工成与自然形相接近的形态，规格大小也相仿。在色泽的配制上，可采用如前所述的顺色或花色的方法配制。在具体操作上，应根据原料性质和烹调要求的不同，分别将原料放入相应的盛器中。这类菜肴在名字上往往带有数字，如“爆二样”、“炒双冬”、“汤三鲜”、“植物四宝”等。

二、组配工艺的要求

（一）要按照菜肴的质量标准和净料成本进行组配

菜肴组配工艺，首先要保证同样的菜名、原料的配份必须相同。配份不定，不仅影响菜肴的质量稳定，而且还影响到餐饮的社会效益和经济效益。因此，配菜必须严格按“标准菜谱”（见表4–2）进行，统一用料规格标准，并且管理人员应加强岗位监督和检查，使菜肴的配份质量得到有效地控制。配菜时要按照原料的性能、菜肴的要求、成本和价格等确定菜肴的质和量，既不能随意增加原料的数量，提高原料的质量，使菜肴成本增加，企业受损；又不能随意减少原料的数量，降低原料的质量及整个菜肴的成本，损害消费者利益。应注意以下几点。

表4–2　　标准菜谱范例①

编号：　　填写人：

<table>
<tr><td colspan="2">菜品名称</td><td></td><td>菜品分类</td><td></td><td>标准成本</td><td></td></tr>
<tr><td colspan="2">烹调方法</td><td></td><td>器皿规格</td><td></td><td>标准毛料率</td><td></td></tr>
<tr><td rowspan="4">原料</td><td>项目</td><td>名称</td><td>重量</td><td colspan="3">质量标准</td></tr>
<tr><td>主料</td><td></td><td></td><td colspan="3"></td></tr>
<tr><td>配料</td><td></td><td></td><td colspan="3"></td></tr>
<tr><td>调料</td><td></td><td></td><td colspan="3"></td></tr>
<tr><td rowspan="6">制作程序要求</td><td>初加工标准</td><td colspan="5"></td></tr>
<tr><td>切配标准</td><td colspan="5"></td></tr>
<tr><td>打荷标准</td><td colspan="5"></td></tr>
<tr><td>烹调过程</td><td colspan="5"></td></tr>
<tr><td>盘饰标准</td><td colspan="5"></td></tr>
<tr><td>注意事项</td><td colspan="5"></td></tr>
</table>

① 赵建民. 行政总厨管理实务. 上海：上海交通大学出版社，2007.

续表

<table>
<tr><th colspan="2">菜品名称</th><th></th><th>菜品分类</th><th></th><th>标准成本</th><th></th></tr>
<tr><td>技术关键</td><td colspan="6"></td></tr>
<tr><td>成品质量标准</td><td colspan="3"></td><td colspan="3">色彩照片</td></tr>
<tr><td>备注</td><td colspan="6"></td></tr>
</table>

（1）熟悉并掌握每种原料从毛料到净料的损耗率或净料率；

（2）根据一定的毛利幅度，确定饮食产品的毛利率；

（3）根据饮食产品所投放的主料、辅料、调味品的质与量，计算出饮食产品成本，再根据该饮食产品的毛利率，确定其售价。

知识链接

标准菜谱的结构和作用

标准菜谱是厨房生产控制的重要工具，它列明了菜肴在生产过程中所需的各种配料（主料、辅料和调味品）的名称、数量、操作方法、每份量和装盘工具、装饰及其他必要信息。不同的企业菜谱格式不同，但其共同之处是尽量提供详细精确的资料。标准菜谱的结构通常包括以下一些细节项目：

（1）基本信息。主要包括菜肴名称、菜品分类、标准成本、烹调方法、器皿规格、所需设备等。

（2）原料标准。标准菜谱对每种原料，包括主料、各种辅料、调味品、辅助料等的质量标准做出详细的规定。

（3）烹制份数和标准份额。标准菜谱对每种菜肴的烹制份数进行了规定，以保证菜肴质量。

（4）每份菜肴标准成本。标准菜谱对标准配料及配料量做出了规定，由此可以计算出每份菜肴的标准成本。由于食品原料市场价格的不断变化，每份菜肴标准化成本也要及时做出调整。

（5）烹调工艺程序。它全面地规定了烹制某一菜肴所用的炉灶、炊具、原料配份、投料次序、型坯处理方式、烹调方法、操作要求、烹制温度和时间、装盘造型和点缀装饰等，使烹制的菜肴质量有可靠保证。

（6）成品质量与参照图片。制作一份标准菜肴，拍成彩色图片，以便作为成品质量最直观的参照标准。

一个标准菜谱的作用主要是控制菜肴的质量和数量，其表现在以下两个方面。一是控制质量：一般标准菜谱内容非常详细具体，其目的是不论谁烹调制出和端上的菜肴都是相同的。二是控制数量：首先它讲明每种原料的准确数量及其计量方法；其次它还讲明准确的产出数量及每份量的多少，各份的计量方法及上菜方法。

（二）必须将主料和辅料分别放置

在配制两种或两种以上原料的菜肴时，应将不同性质的原料（特别是主、配料）分别放置在配菜盘中，不能混杂在一起。因为不同的原料，其性质和特点不同（如老嫩不一、生熟有别），成熟方法、调味方法也不一样。有的需先下锅，有的要后下锅，有的不下锅，而是在菜肴烹调好后撒在上面。如不分别放置，烹制时将无法分开，会造成生熟不匀的现象，既影响菜肴质量，也影响烹调的顺利进行。

（三）注意营养成分的配合

人们饮食的目的，是从食物中摄取各种营养素，以满足人体生长发育和健康的需要。不同原料所含营养成分的种类不同，数量也相差很大，而人体对各种营养素的需要则要求种类齐全、数量充足、比例适合。因此，在配菜时，要在掌握合理营养原则的同时，了解各种烹饪原料的营养特点，以便配制出色、香、味、形俱佳，既营养又卫生的菜肴。

（四）菜肴组配的卫生要求

首先，所选择的原料必须保证安全、无毒、无病虫害、无农药残留；其次，所用的配菜器皿应与盛装菜肴成品的餐具区分开来。

（五）物尽其用，综合利用

烹饪原料种类繁多，性能各异，它们在烹调中发生的变化也不一样；同一种原料，因部位的不同，质量也不相同，适用范围也有差异；同一种原料，因为季节、产地、饲养和种植条件不同，又有优劣之分。因此在配料时，都要物尽其用，合理配合。对一些下脚料要物尽其用，如家禽的肠、血，可烹制成美味的菜肴“肠血羹”等。

第三节　花色菜肴生坯的组配工艺

花色菜肴又称为造型菜肴，形式多样，千姿百态。花色菜肴生坯的组配手法很多，下面是常用的几种。

一、卷制工艺

卷制工艺是指将经过调味的丝、末、蓉等细小原料，用植物性或动物性原料加工成的各类薄片或整片卷包成各种形状的工艺手法。

（一）原料要求

常用的皮料非常丰富，植物性的有卷心菜叶、白菜叶、青菜叶、菠菜叶、萝卜、紫菜、海带、豆腐皮、千张、粉皮、笋片等，制成的菜如包菜卷、三丝菜卷、五丝素菜卷、白汁菠菜卷、紫菜卷、海带鱼蓉卷、粉皮虾蓉卷、粉皮如意卷、腐皮肉卷等；动物性的有草鱼、青鱼、鳜鱼、鲤鱼、黑鱼、鲈鱼、鲑鱼、鱿鱼、猪网油、猪肉、鸡肉、鸭肉、蛋皮等，制成的菜如三丝鱼卷、鱼肉卷、三文鱼卷、鱿鱼卷四宝、如意蛋卷、腰花肉卷、麻辣肉卷、网油鸡卷、蛋黄鸭卷、香芒凤眼卷、叉烧蟹柳卷等。

（二）工艺方法

卷的形状主要有单卷、如意卷、相思卷等。单卷是将馅料放于卷料的一端或铺满卷料，卷成筒状。卷有大小之分。大卷用于炸方法居多，成熟后需改刀（装盘），外皮原料一般是猪网油、豆腐皮、鸡蛋皮、百叶等；小卷成熟后不需改刀，可直接食用，外皮原料一般为动物肌肉大薄片，有鸡片、鱼片、肉片等，经过卷制后，有的直接成形，并在一端或两端露出一部分原料，形成美丽的形状。卷是将馅料放在卷料两头成条形，卷制时，由两头向中间卷成如意形，馅料可以用两种不同的原料。相思卷是将馅料放在卷料一端，卷至中间，反过来，在卷料另一端放馅料，卷至中间，使条形卷的截面呈“∽”形。另外，卷制的皮料，有的不完全卷包馅料，将1/3馅料显现在外，通过成熟使其张开，增加菜肴的美感，如兰花鱼卷、双花肉卷等；有的完全将馅料包卷其内，外表呈圆筒状，如紫菜卷、苏梅肉卷等。

1. 鱼肉类卷

鱼肉类卷，是以鲜鱼肉为皮料卷制各式馅料。对于鱼肉，须选用肉多刺少、肉质洁白鲜嫩的上乘新鲜鱼，如鳜鱼、青鱼、鲤鱼、草鱼、鲈鱼、黑鱼、鲑鱼、比目鱼等。鱼肉的初加工需根据卷类菜的要求，改刀成长短一致、厚薄均匀、大小相等的皮料。鱿鱼要选用体宽平展、腕足整齐、光泽新鲜、颜色淡红、体长大的为皮料。作馅的原料在刀工处理时，必须做到互不相连、大小相符、长短一致，便于包卷入味及烹制。否则，会影响鱼肉卷菜的色、香、味、形、营养等。

鱼肉类菜，一般采用蒸、炸的烹调方法。蒸菜，能够保持鲜嫩和形状的完整；炸菜，则要掌握油温以及在翻动时注意形状的不受破坏。根据具体菜肴的要求，有的需要经过初步调味，在炸制时经过糊、浆的过程，以充分保持在成熟时的鲜嫩和外形；有的在装盘后进行补充调味，以弥补菜味之不足，增加菜肴之美味。如金筒鱼卷（鲈鱼）、三丝鱼卷（鳜鱼）、果味鱼卷（青鱼）、翡翠三文鱼卷（鲑鱼）、四喜鱼卷（比目鱼）、葱油核桃鱼卷（草鱼）等。

2. 畜肉类卷

畜肉类卷，是以新鲜的肉类和网油为皮料卷制各式馅料而制作的菜肴。畜肉类卷主要以猪肉、猪网油制作为主。对于猪肉，须选用色泽光润、富有弹性、肉质鲜嫩、肉色淡红的新鲜肉为皮料，如里脊肉、弹子肉、通脊肉等。选用肥膘肉，须以新鲜色白、光滑平整的为皮料。猪网油须选用新鲜光滑、色白质嫩的为皮料。

肉类的加工制作，以采用切片机加工为好。将肉类加工成长方块，放入平盆中置于冰箱内速冻，待基本冻结后取出，放入切片机中切片，使其厚薄均匀、大小相等，卷制后使成品外形一致。用猪网油作皮料，可用葱、姜、酒拌匀腌渍后，改刀使用；也可用苏打水漂洗干净改刀再用。用此腌渍或漂洗干净，可去掉猪网油中的不良气味。

畜肉类卷菜中，有的用一种烹调方法制成，有的同一类卷菜可用两种或两种以上的烹调方法制成，特别是各种网油卷的菜肴。网油面积较大，卷菜经过烹制后因形体过长，往往需经过改刀处理后再装盘。如松子肉卷（里脊肉）、苏梅肉卷（外脊肉）、大良肉卷（肥膘肉）、麻辣牛肉卷（牛肉）、炸蟹卷（猪网油）等。

3．禽蛋类卷

禽蛋类卷，是以鸡、鸭、鹅肉和蛋类为皮料卷入各式馅料。禽类须选用新鲜的原料。在加工制作禽类卷时，可分为两类：一类是将禽类原料用刀批成薄片，包卷馅料制作而成；另一类是将整只鸡、鸭、鹅剖腹或背，剔去骨，将皮朝下肉朝上，然后放入馅心（或不放馅心）卷起，再用线扎好，烹调制熟切片而成。蛋类做皮料须先制成蛋皮，蛋皮需按照所制卷包菜要求，改刀成方（长）块或不改刀使用。因蛋皮面积较大，卷制成熟后一般都需改刀。改刀可根据食者的要求和刀工的美化进行，可切成段（如斜长段、直切段）、片等。要做到刀工细致、厚薄均匀、大小相同、整齐美观。

对于禽蛋类卷菜肴，装饰盘边也很需要。因禽类和蛋类卷大多要改刀装盘，为了避免其单调感，可适当点缀带色蔬菜和雕刻花卉，以烘托菜肴气氛，增加宾客食欲。如三丝鸡卷（鸡脯肉）、金钱鸡卷（净嫩鸡）、蛋黄鸭卷（净鸭肉）、如意蛋卷（鸡蛋）等。

4．陆生菜卷

陆生菜卷，是以陆地生长的蔬菜为皮料卷制各式馅料的菜肴。常用的陆生植物性皮料有卷心菜叶、白菜叶、青菜叶、冬瓜、萝卜等。其选用标准应以符合菜肴体积的大小、宽度为好。在使用中，把蔬菜中的菜叶洗净后，用沸水焯一下使其回软，快速捞起过凉水，这样才能保持原料的颜色和软嫩度，便于卷包。萝卜切成长片，用精盐拌渍，使之回软，洗净捞出即为皮料。冬瓜须改刀成薄片，以便于包卷。

陆生菜卷，荤素馅料都适宜，热菜凉菜都可制，宴会便饭都适用。食之爽口、味美、色佳、鲜嫩。如彩丝圆白菜卷（圆白菜）、白汁菠菜卷（菠菜）、茭白卷（茭白）、彩色冬瓜卷（冬瓜）等。

5．水生菜卷

水生菜卷，是以水域生长的植物原料为皮料而卷制的各式菜肴。常用的水生植物性皮料有紫菜、海带、藕、荷叶等。选料时，紫菜宜选用叶子宽大扁平、紫色油亮、无泥沙杂质的佳品为皮料。海带宜选用宽度大、质地薄嫩、无霉无烂的为皮料。藕选用体大质嫩白净的，切薄片后，漂去白浆而卷制馅品。荷叶以新鲜无斑点、无虫伤的为佳品，在使用之前，须将荷叶洗干净，改刀成方块。

在皮料的加工过程中，如海带在使用之前，要用冷水洗沙粒及其杂物，漂发回软，用蒸笼蒸制使之进一步软化，取出过凉水，改刀或不改刀均可使用。蒸的时间不能过长，一般20min左右即可，如时间过长，则易断，不利于包卷；反之，硬度大不好吃。如紫菜卷（紫菜）、珊瑚藕片卷（藕）、酥炸海带卷（海带）等。

6．加工菜卷

加工菜卷，是以蔬菜加工的制成品为皮料卷制的各式菜肴。用以制作卷类菜肴的加工成品原料主要有腐皮、粉皮、千张、面筋以及腌菜、酸渍菜等。

腐皮是制作卷类菜的常用原料。许多素菜都离不开腐皮的卷制，如素鸡、素肠、素烧鸭等。腐皮又称腐衣、油皮，以颜色浅麦黄、有光泽、皮薄透明、平滑而不破、柔软不黏为佳品。粉皮（有干制和自制），须选用优质的淀粉（如绿豆、荸荠等）过滤调制后，用小火烫；或把适量水淀粉放入平锅中，在沸水锅上烫成，过凉水改刀即成。千张以光滑、整洁为好。腌菜和酸渍菜主要以菜叶为皮料。如金钱发财卷（豆腐皮）、兰花素鸡卷（水面筋）、脆皮菜卷（腌白菜）等。

7. 其他类卷

其他类卷，主要是指以上卷菜以外的一些卷制菜肴。如以虾肉为皮料的“冬笋虾卷”、“雪衣虾卷”，以薄饼做皮料的“脆炸三丝卷”、“炸饼鸭卷”，以糯米饭做皮料的“芝麻凉卷”、“糯米鸭卷”等。

菜例：三色鱼卷

把鱼糜抹在鸡蛋皮上，铺上紫菜后再抹上一层薄薄的鱼糜，由蛋皮的两端同时向中间卷起成如意卷，蒸熟即可。

二、包制工艺

包制工艺是指采用无毒纸类、皮张类、叶菜类和泥茸类等做包裹原料，将加工成块、片、条、丝、丁、粒、蓉、泥的原料，通过腌渍入味后，包成一定形状的造型技法。我国许多名菜的坯型加工即是用的包制法，如四川菜的“炸骨髓包”、“包烧鳗鱼”，广东菜中的“鲜荷叶包鸡”、“纸包虾仁”，北京菜的“荷包里脊”，安徽菜的“蛋包虾仁”，福建菜的“八宝书包鱼”、“荷叶八宝饭”等。包制工艺与卷制工艺的区别见表4-3。

表4-3　卷制工艺与包制工艺的区别

不同点	卷制工艺	包制工艺
皮料	均为可食性原料	有可食性原料，也有不可食的原料，如玻璃纸、荷叶、粽叶、泥土等
馅料	糜状或丝、粒、末状原料等小型原料	除小型原料外，还有大块的或整只的原料，如鸡、鱼等
是否封闭	卷入的馅料不封闭，甚至可露出卷外	大部分包入的馅料全封闭
生坯造型	都呈条状，有3种卷法	除条形包外，还有方形、圆形、半圆形、三角形、葫芦形等

（一）原料要求

包裹所用的皮料有可食的，也有不可食的。不可食的如薄纸、无毒玻璃纸、荷叶、粽叶等，可食的如威化纸（也称糯米纸，是食品加工中的一种可食用纸）、蛋皮、豆腐皮、猪网油、卷心菜叶、春卷皮、百叶、紫菜等。另外用猪肉、鸡肉、鸭肉、鱼肉、对虾切成大薄片，可做包料；或者将虾肉、鲜贝、小肉块用木槌敲打成片状（一边捶一边拍上淀粉），也可包入馅料；特殊的菜肴还可用豆腐泥、面团、泥土包入馅料，如豆腐饺子、黄泥煨鸡等。

馅料可以是大块的或整只的原料，也可以是加工成丁、条、丝、块、片、粒、糜等形状的细小原料。可为生料，也可为熟料；可为荤料，也可为素料，但都必须在包前调味。包时可直接包制，也可用浆、糊或黏性的原料粘合，以防开口、爆包及露馅。

（二）工艺方法

包的形状很多，如条形包、方形包、长方形包、圆形包、半圆形包、三角形包、饺子形包、葫芦形等。

1. 纸包类

纸包类菜肴，是以特殊的纸为包制材料，根据纸质的不同，可分为食用纸和不食用纸两类。食用纸有糯米纸、威化纸；不食用纸有玻璃纸和锡纸等。用纸包类包裹菜肴进行造型，一般以长方形居多，也有包成长条形的。不论用什么纸包裹原料，都要适当留些空间，不要包得太实，以免汁液渗透，炸时易破洞。在包制过程中，要做到放料一致、大小均匀、外形整齐、扎口要牢，并留有"技角"（指包方形或长方形，包料时对角包，两头往中间折，扎口留角在外），便于食时用筷子夹住、易于抖开。纸包类的菜肴最好是现包现炸，炸好即食。若包后放的时间较长，原汁的汁液会使纸浸湿透，也易破洞，影响质量。

纸包类的菜肴，基本上都是采用炸的烹调方法。在炸制过程中，注意掌握和控制油温至关重要，下锅油温以四至五成热为宜，采用中等火力将油温控制在六成左右，待纸包上浮时，要不停地翻动，使其受热均匀，当锅内的纸包料炸透后，油温可升至六至七成，但不能超过七成热。这样炸出的纸包类菜肴才会保持原料的鲜嫩和原味，食之滑香可口。

菜例如纸包鸡（威化纸包）、灯笼鸡（玻璃纸包）、柱候焗烧鸭（锡纸包）、锦绣虾丝（玉扣纸包，玉扣纸产于广西、广东，其特点是纸质柔韧、无毒、耐油浸、炸时不易脆烂，是两广地区制作纸包类菜肴的主要用料之一）等。

2. 叶包类

叶包类菜肴一般是以阔大且较薄的植物叶或具香气的叶类作为包裹菜肴的材料。根据"叶"的质地不同，又可分为食用叶和不食用叶两类。食用叶如包菜叶、青菜叶、生菜叶、白菜叶、菠菜叶等；不食用叶有荷叶、粽叶和芭蕉叶等。叶包类菜肴主要体现其叶的清香风味和天然特色。

利用叶包馅料，其大小形状根据档次的高低、食用情况而定，有每人一客包制的小型包，也有一桌一盘的大型包。所用叶类，有些叶类可先用水烫软，使其软韧可包，如圆白菜叶、白菜叶等；有些叶类只需洗净便可包制，如粽叶、荷叶、蕉叶等。使用荷叶可鲜可干，可整张包成大包，也可裁成小张包成小包，还可将大张裁成一定形状包制。包裹后的形状有石榴形、长方形、圆筒形等。叶包类的馅料，可使用生馅包制，亦可使用熟馅包制，生馅鲜嫩爽口，熟馅软糯味纯。叶包类菜肴大都采用蒸的烹调方法制熟，也有的用烘烤、油煎进行加热。蒸的清香酥烂，烤的鲜嫩清香，煎的金黄酥香，各有风味特色。

菜例如锅焗菜盒（茶叶包）、荷叶粉蒸肉（荷叶包）、粽叶炸鸡（粽叶包）、蕉叶烤鲈鱼（蕉叶包）等。

3. 皮包类

皮包类菜肴，一般是以可食用的薄皮为材料，包制各式调拌或炒制的馅料。根据所用

“皮子”的不同，具体又可分为春卷皮（或称薄饼皮）、蛋皮、豆腐皮、粉皮和千张等种类。此类皮包料较薄较宽，且具有一定的韧性，易于包裹造型。馅料常用蓉、丝、粒等包裹成形，有长方形、圆筒形、饺形、石榴形等。长方形用方形薄饼皮或粉皮对角包折，如三丝春卷、粉皮鲜虾仁等。圆筒形用任何皮都可包卷成圆柱形，封口需用蛋糊，如薄饼虾丝包、鸭肝蛋包等。饺形常用蛋皮包，制法有两种：一种是将适量蛋液倒入热锅内，摊成稍厚的小圆片，待其还未熟透时下肉馅，将一半对粘包起；另一种是把摊好的蛋皮用玻璃杯压出直径5～6cm的圆片，入肉馅包成饺形，半圆边用蛋糊封口，如煎焖蛋饺、炸金银蛋饺等。石榴形（或叫烧卖形）是用10cm见方的蛋皮包入馅心，上部收口处用葱丝扎紧成石榴形蒸制成熟；或用蛋液倒入热锅或手勺内，包上馅心用筷子包捏收紧，如蛋烧卖等。

以薄饼、粉皮为皮料包制菜肴，一般采用熟馅（将馅炒熟勾芡），包好后可直接入六、七成油锅中炸至皮脆，呈金黄色即好。若包生馅，不适于直接炸，否则外焦里不透；如果采用蒸后炸，蒸会影响皮层的形态。用其他皮张类包制的菜肴，多为生馅，包制要紧，封口要粘牢，不同的皮料，可采取不同的烹调方法。挂不同的糊，油炸的温度也有所区别，裹脆浆糊炸，入锅油温要达七成热（约185℃），待外表炸酥脆、色金黄即可；油温低所挂的糊会脱散或不匀；裹蛋清糊炸的油温以四、五成（约135C）为宜，若油温高外层易焦；腐皮包类菜入锅油温一般在五成左右（约145℃），逐步升高，上浮炸成金黄时及时捞出。用蛋皮包的，有用蒸法、炸法的，也有挂糊与不挂糊之分。

菜例如皮包大虾（春卷皮包）、蛋烧卖（蛋皮包）、香炸蟹粉卷（豆腐皮包）、千张包肉（千张包）、鱼皮馄饨（鱼肉皮包）等。

4. 蓉制包类

蓉制包类，主要是采用具有黏性的肉类泥蓉和一些植物泥蓉，经过精心制作为皮料包制菜肴。如鱼、虾、鸡肉泥蓉、豆腐泥、山药、马铃薯、芋蓉泥等，以这类做皮层包制，款式新颖，形态别致。因其柔软，且具有黏性，可塑性强，特别是含淀粉类多的原料，经包入馅心后，可捏成各式不同的花色形状。如包成饺形、圆盒形、圆球形、椭圆形，还可用模具做成桃形、梨形、苹果形以及兔、鸟等形态。如鲜虾玉兔（虾胶为皮）、茄汁鱼饺（鱼泥为皮）、烧豆腐饺（豆腐泥为皮）、象形生雪梨（土豆泥包馅）等。

一般说来，用肉类泥蓉做皮包馅后，常以蒸、氽、煮的加热法烹之，熟后取出，另勾芡淋上，其特点是成形好、味清爽鲜嫩。薯类泥蓉包馅造型后，多用炸的烹饪法制成，因其皮、馅是熟料并已入味，只有采用炸的方法，才能确保形状完整、口味酥香鲜嫩。但炸的油温应先高后低，入锅定型，逐步炸透，最后用高温油起锅，使之外香酥、里软糯。

菜例如烧豆腐饺（豆腐泥包）、百花虾皮脯（虾蓉包）、鱼皮鸡粒角（鱼蓉包）、桂林香芋桃（芋蓉包）等。

5. 其他包类

其他包类菜肴，是指除上述之外的包类菜肴，如利用网油包制，其菜肴品种繁多，制作各具特色。网油包菜一般都需经过挂糊后油炸，由于网油面积大，包制成熟后都要采用改刀切段装盘。另外如用黏土包裹成菜，较具代表性的品种是叫花鸡以及泥煨火腿、泥煨蹄髈等。黏土以酒坛泥为最好，因其黏性大，不易脱落损坏，能保持内部的温度。

其他还有糯米包等，糯米加水蒸熟有较强的黏性，通过加工可以包制食品，成为美味的馔肴。

菜例如纸包虾仁，将玻璃纸裁成12cm²的方片，取菱形火腿片放在纸中心，两端放上两颗熟青豆，再放上浆过的虾仁，包成长方包，塞口处留一纸角，便于就餐者拆包食用。其他还有网包鳜鱼（网油包）、泥煨金腿（黏土包）、摧皮圆（糯米饭包）等。

三、填酿工艺

填酿工艺是将调和好的馅料填入另一原料内部，使其内里饱满、外形完整的一种技法。馅料填入后，为防止内部原料渗出，往往采用加盖、扎口、缝口、用淀粉蛋清糊粘口等方法，如荷包鲫鱼、八宝刀鱼、鸡包鱼翅、糯米酥鸭、八宝鸭鹅的胚型制作；有些原料也可为开放式，如酿豆腐、镜箱豆腐、酿枇杷、酿金枣、煎酿凉瓜、百花煎酿椒子等。

（一）原料要求

外壳原料一般为脱骨全鸡、全鸭、全鱼、猪肚、肠、海参、贝壳（鲍鱼、海螺、蛤蜊、蟹）及挖空的青椒、丝瓜、苦瓜、黄瓜节、豆角、冬瓜盒、炸豆腐盒、面筋、藕、苹果等。

馅料多种多样，可荤可素，可生可熟，可以是泥蓉料，也可以是加工成的粒、丁、末、丝、片状原料及小型的脱骨鸽子、鹌鹑等。一些贵重原料，如鱼翅、鲜贝、海参、鲍鱼等都可做馅料。馅料填入前一般都要调好味。

（二）工艺方法

操作流程主要有三大步骤：第一步是加工酿菜的外壳原料；第二步是调制酿馅料；第三步是酿制填充。

1．生坯应用

填酿后形成的生坯要进一步烹调，烹调方法多采用蒸、炸、煎、焖、炖、烤等。代表菜品有八宝葫芦鸡、叫花鸡（腹内填料）、葫芦鸭、三鲜脱骨鱼、怀胎鱼、鸳鸯海参、羊方藏鱼、玉蚌藏珠、田螺塞肉、扒原壳鲍鱼、翡翠虾斗、雪花蟹斗、镶青椒、瓤糖藕、枣泥苹果、八宝冬瓜盒、酿黄瓜、酿丝瓜等。

菜例如鸳鸯海参：将整个海参用鲜汤煨透，取出控净水，将鱼肉剁成泥，加料酒、蛋清、食盐、味精打成鱼糜，虾肉和肥膘肉剁成泥调好后加入虾脑成红色，将鱼糜、虾糜分别抹入海参内，上笼蒸熟后取出放在盘子里，勺内添汤、料酒、味精、精盐等烧开后，加淀粉勾流芡加麻油淋在菜肴上即成。

酿茄斗：将茄子去皮、蒂，切成3cm见方、2cm厚的块，中间挖去2cm见方，成“斗”形，洗净。猪肉切成绿豆大小的丁，水发海米切碎；鸡里脊肉剁成泥状，加鸡蛋清、湿淀粉、精盐搅匀成鸡料子，樱桃每个切两半，水发木耳、玉兰片均切成末。炒锅放油烧热，加入葱、姜末爆炒，加肉丁、木耳、海米、玉兰片炒熟，加麻油、味精拌匀成馅料，盛入碗内；酿入茄斗，上面抹上鸡料，再粘上一片樱桃，入笼蒸透装入盘内。炒锅内加清汤、味精、料酒、精盐，用中火烧沸，用湿淀粉勾芡，淋在茄斗上即成。此菜清淡爽滑鲜糯，造型优雅俊美，色味俱佳，雅俗共赏。

五彩酿猪肚：将猪肚内壁翻出洗净后再翻回来。蛋黄、皮蛋均切成1.5cm见方的粒，猪肉切成6mm见方的丁，火腿切细料，香菜切成长约1cm的段。将猪皮刮洗干净，放入沸水锅内煮至六成熟软烂，取出切成黄豆大小的粒。将猪肉丁、精盐、味精放入盆中，搅至起胶，加入蛋黄、皮蛋、猪皮拌匀，再加入香菜、麻油搅成馅料，填酿进猪肚内，用线绳封口；然后放入汤锅内，用中火煮约30min，捞起用铁针将酿猪肚两面各戳几个小孔，再放入汤锅内，用微火煮约2h至炝捞起。锅内放入香料白卤水，用旺火烧沸，放入酿猪肚，改用微火煮15min后，连白卤水一起倒入盆内，加入汾酒，浸泡约10min捞起，冷却后放入冰箱冷藏约2h，取出用横刀片开两边，每边切成两段，再切成3mm厚的片，在盘上拼成扇形即成。此菜用料精细，造型美观，五彩缤纷，绚丽悦目，质嫩味正，凉爽可口。

2．熟坯应用

填酿后形成的熟坯有两种类型：一种是以成熟的馅料酿入熟的坯皮外壳中，成形酿制后内外都可直接食用，如酥盒虾仁、金盅鸽松等；另一种是成熟的馅料酿入生的坯皮或不食用的外壳中，成菜后直接食用里面的馅料，外壳弃之不食，外壳主要起装饰、点缀用，如橘篮虾仁、南瓜盅、雪花蟹斗等。这类熟坯成形的酿制法又是装盘造型的一种特色工艺，这里不详述。

四、镶嵌工艺

镶嵌工艺是将平面原料嵌在主料上，或将泥蓉状原料镶在以平面原料为底托原料上（有时为使蓉泥粘牢，还用“排斩”方法在原料上排几下）的方法。

（一）原料要求

主料多为整鱼，底托原料为香菇、面包片、鱼肚、肉类、虾片等，形状多种多样，如长方形、正方形、圆形、鸡心形、梅花形等，镶于表层的原料为片状及胶糊状的动物性原料。一般要用各种原料在茸泥上粘贴出五彩缤纷的图案。

（二）工艺方法

烹调方法以蒸、炸、煎为主。代表菜品有火夹鳜鱼、麒麟鳜鱼、百花鱼肚、镶香菇、秋叶虾托、象眼鸽蛋、虾仁吐司、桃仁鳝鱼、芝麻鱼排、黍米鱼条、鸡蒙口蘑、红酥鸡、松子肉、花酿冬菇汤、百花鸡脯汤等。

菜例如麒麟鱼：将净鱼剞牡丹花刀，用调味品腌制，香菇、火腿、蛋白糕切半圆薄片，冬笋雕成麒麟角，蛋黄糕雕成麒麟背。用净布擦干鱼身，将半圆片调开颜色夹在鱼体刀口里，用鸡糜抹在鱼背中央及鱼鳃，最后将雕好的麒麟角、背鳍分别镶嵌在鱼鳃和鱼背上成麒麟形，将猪网油盖在鱼身上，上笼用旺火蒸熟取出，在鱼身上勾白汁流芡即成。

虾仁吐司：面包切小方片，其上抹一层虾糜，将火腿末、蛋皮末、芝麻分成3条按在虾糜上面，投入温油中炸至呈金黄色捞出入盘即成。

明珠酿鸭掌：将鸭掌斩去爪尖、洗净，放入沸水锅中（淹没鸭掌）煮至八成熟，捞入清水中浸凉，剔去掌骨并保持形状完整，掌背上撒少许干淀粉，排放在盘中。绿菜花切成大小一致的朵，洗净。荸荠切成米粒状，虾肉150g剁成蓉，一起放入碗中，加精盐、味精、料酒、鸡蛋清、干淀粉拌匀成虾糊。用手挤出桂圆大小的虾球，分别酿在每只鸭掌中心，再用火腿末镶在虾球上，上笼蒸5min至熟，取出摆在盘里。西蓝花下锅加调味料炒熟，分别摆在鸭掌的中间。炒锅置旺火上，倒入清汤和原汁，加盐、味精烧沸，用温淀粉勾芡，淋麻油，起锅浇淋在鸭掌上即成。此菜色泽鲜艳，美观别致，鸭掌软韧，虾球鲜嫩，菜花脆嫩。

五、夹制工艺

夹是先将一种原料加工成两片或多片，然后片与片之间夹入另一种原料，使其粘合成一体的方法。夹菜的造型，构思奇巧，在主要原料中夹入不同的原料，造型和口感发生了奇异的变化，使其增味、增色、增香，产生了以奇制胜的艺术效果。具体可分为连片夹、双片夹和连续夹。夹入法与填酿法、镶嵌法的异同见表4–4。

表4–4　　填酿法、镶嵌法与夹入法的异同

比较		填酿法	镶嵌法	夹入法
相同点		都是将馅料填入另一种原料的表层或空隙处，馅料大多要调好味		
不同点	主料	空腹原料或挖空的原料及不可食的贝壳	剞刀的原料或片状的底托原料	均为夹刀片原料
	馅料	丁、丝、粒等小型原料或整形原料，包括一些贵重原料	片状或胶糊状的原料	多为蓉泥状馅料，有荤有素
	是否封闭	大部分要采用扎口、缝口或用淀粉糊粘口	馅料都可见	挂糊的菜肴不见馅料
	烹调方法	多采用蒸、炸、炖、烤、烧、熘等	以蒸、炸、煎、汆为主	多采用蒸、挂糊炸等

注：三丝鱼卷是将鱼肉批成夹刀片，调味后卷进冬笋丝、香菇丝、火腿丝，再加热成熟，此菜虽用夹刀片，但不是采用夹入法，而是卷入法成型。

（一）原料要求

首先，夹制菜所用原料必须是脆、嫩、易成熟的原料，以便于短时间烹制，便于咀嚼食用。对于那些偏老的、韧性强的原料，尽量不要使用夹制方法，以免影响口味和食欲。可以切夹刀片的原料有鱼肉、里脊肉、火腿片、鸡肉、藕、茄子等。馅料多为蓉泥状，一般以动物性原料为主构成，也有用豆腐、香菇、木耳制成的素馅料。

其次，刀切加工的片不要太厚和太粗，既不要影响成熟，也不要影响形态，并且片与片的大小要相等，以保证造型的整体效果和达到成熟的基本要求。

再次，夹料的外形大小，应根据菜肴的要求、宴会的档次来决定。一般来说，外形片状不宜太大、太粗，特别是挂糊的菜肴，更要注意形态的适体。

（二）工艺方法

1. 连片夹

连片夹要求两片相连，如虾肉吐司夹，在刀切加工时，第一片不要切断，留1/4相连处，在刀切面上夹馅料。一般的蔬菜均可利用制作夹菜，如冬瓜、南瓜、黄瓜、茄子、冬笋、藕、地瓜等，都可切连刀片夹入其他馅料。

2. 双片夹

双片夹是取用2个切片夹合另一种原料，经挂糊后使其成为一个整体，食用时2～3种原料混为一体，口感清香多变，如冬瓜夹火腿、香蕉鱼夹等。

3. 连续夹

连续夹是在整条或整块上，将肉批成薄片，或底部相连，将许多连在一起的片之间夹入其他原料。它不是单个的夹合，而是整体连续的夹合，给人以色彩缤纷、外形整齐之感。如彩色鱼夹、火夹鲩鱼等。

（三）烹调应用

烹调方法多采用炸、煎、蒸、熘等。代表菜品有夹沙苹果、夹沙香蕉、熘茄夹、蛤蜊鱼饺、素心藕夹等。

合页白菜：将白菜帮切成4cm长条，投入开水锅中焯水，捞出后用凉水过凉切成小块夹刀片，每片中间夹上肉馅，码入盘中蒸熟，取出后倒出蒸汁，在菜肴表面浇上白芡汁即成。

藕夹肉：取猪夹心肉或肋条肉洗净，将肉搅碎或斩成肉末，加入料酒、酱精盐、白糖、葱花、姜米、干淀粉和鸡蛋，一同调成肉馅。把藕削皮切成1cm厚的片，每片再一剖为二，但不要切断，使两部分仍有一端互相连着。然后把已调好的肉末嵌到藕片中。锅内放油，烧至五成热（约145℃）时，把已嵌肉的藕夹放在已调散的鸡蛋浆或面粉糊中拖一下，再放入油锅，炸至肉馅成熟、两面微黄时捞起沥油，装盘即可。此菜外脆里软，藕片清香，肉味鲜嫩。

香蕉鱼夹：鳜鱼去鳞、鳃，剖腹去内脏，洗净，把头尾砍下，修整后用调料腌拌，待做装盘的头、尾之用。把鱼中段剖开，切成大小相同的片24片，放碗中，加盐、味精、料酒、胡椒粉拌匀腌渍。鸡蛋两个打散，香蕉去皮，切成月牙片。炒锅上火倒入油，烧至五成热（约145℃），把切好的香蕉片略拍粉，分别用两个鱼片夹1个香蕉片，成香蕉鱼夹生坯，然后拍粉拖蛋液，投入油锅，待表皮结壳时捞起，去掉蛋液碎料，鱼头、尾照样炸制，一起按顺序摆入盘中。另起锅，加少许油，放入番茄酱煸炒，加白糖、盐、白醋、水炒匀，勾芡，浇在鱼夹上面，最后用荔枝、樱桃分别镶在鱼头上的鱼眼里即成。此菜酸甜爽口，外脆里软，风味别具。

火夹鲩鱼：取鲩鱼半条，去鱼皮、批去肚腩鱼骨，将长条鱼肉改刀成12片（每划两刀成1片），放入碗内，用盐、味精、胡椒粉、料酒、生粉、色拉油拌渍；分别将火腿片12片与冬笋片12片夹入鱼片中，整齐地排列在长盘中，成长条原样，上笼用大火蒸约7min取出，在盘边加香菜及红、绿樱桃做装饰。此菜色形雅致，鲜美异常。

六、穿制工艺

穿是将原料去掉骨头，在出骨的空隙处，用其他原料穿在里面，形成生坯的方法。穿入的原料充当“骨头”，仍保持原来的形状，达到以假乱真的目的，从而提高菜肴的品位。

（一）原料要求

穿法一般选用小块型带骨的原料或中间有空的菜料，如鸡翅、鸭翅、排骨、水面筋、黄瓜环等；穿入的原料形状可用丝，也可用条；穿入后菜料间相互结合紧密，两头或平齐、或略出。另外，可将猪肝顺长刺出空隙，穿入肥肉条或虾肉条，烹熟后顶刀切片，制成凤眼肝。

（二）烹调应用

代表菜肴有象牙排骨、龙穿凤翼、穿心鸭翼、葱心排骨、火腿穿鸡翅、三丝穿鸭翅、银针穿凤衣、翠带虾仁、熘素排骨等。如龙穿凤翼的制法是：将鸡翅膀从齐骱骨处剁去两头，抽去尺骨、桡骨，在出骨的空隙里分别穿以火腿丝、冬笋丝、青菜丝，加热成熟即可。

七、串制工艺

串是将一种或几种厚片原料调汁腌制后，串在钎子上的成形技法，形状独特，别具一格。

（一）原料要求

所用的钎子有竹签、牙签、木、不锈钢等材料。有些菜肴外裹蛋糊炸熟后再抽去钎子。串料为粒状或厚片状原料，如各种肉片、肉粒、水果片、山药片、内脏片等。

（二）烹调应用

烹调方法多采用炸、铁板烧、烤等。代表菜品有铁板鳝串、五彩肉串、芙蓉虾串、鲜贝串等。如芙蓉虾串的制法是：将浆好的大虾仁用竹签串连在一起，挂上发蛋糊，入油锅炸熟后，抽去竹签。

八、叠合工艺

叠合就是将不同性质的原料，分别加工成相同形状的小片，分数层粘贴在一起，成扁平形状的生坯。

（一）原料要求

一般形式是下层为片状的整料，多见为淡味或咸味的馒头片、猪肥膘片、猪网油、笋片等物料；中层为主要特色原料，如火腿片、豆腐片、鸡片、鳝片等，要添加浆、糊作为黏接剂；上层为菜叶和其他点缀物。黏性材料有各种蓉泥、淀粉糊等。生坯的形状有圆形、长方形、正方形、菱形、金钱形等。三层原料整齐、相间、对称地贴在一起。如锅贴青鱼、锅贴鳝鱼、锅贴火腿、锅贴鸡等菜肴。

（二）烹调应用

烹调方法以煎炸为主。如三夹鸭片的制法是：去骨熟鸭片、火腿、冬笋切成长方片，笋片蘸上干淀粉，抹一层虾泥子，放上火腿片，再抹上一层虾泥子，盖上鸭片，入烤箱烤熟，码入盘中浇上辣酱油即成。

九、捆扎工艺

捆扎就是将加工成条、段、片状的原料用丝状原料成束成串地捆扎起来，由于成型后似柴把，故菜肴命名为“柴把××”。

（一）原料要求

主料多为混合原料，形状有丝、条、片、小块等，如各种肉片、肉丝、鱼条、笋丝、芹菜丝、火腿丝、香菇丝等。

捆扎料常采用绿笋、芹菜、葱叶、蒜叶、海带、金针菜加工成丝状，较特殊的也可用棉线、麻线扎制。

（二）烹调应用

烹调方法多为蒸、拌、扒、熘等。如柴把鸭掌、柴把鸡、柴把药芹、柴把竹笋（竹笋、火腿、葱段用扁尖丝捆扎）、清汤腰带鸡、柴把肚、捆蹄等。其中，柴把鸭的制法是：将熟鸭脯肉条、熟火腿条、熟冬笋条、香菇条合并起来，外面用青蒜叶拦腰捆扎成“柴把”形状。

十、滚粘工艺

滚粘就是在预制好成几何体的原料（一般为球形、条形、饼形、椭圆形等）表面均匀地滚粘上一种或几种细小的香味原料（如屑状、粒状、粉状、丁状、丝状等）的方法。如运用芝麻制成的“芝麻鱼条”、“寸金肉”、“芝麻肉饼”、“芝麻炸大虾”等；运用核桃仁、松子仁粒等制作的“桃仁虾饼”、“桃仁鸡球”、“松仁鸭饼”、“松仁鱼条”、“松子鸡”等。其他如火腿末、椰蓉等都是粘制菜肴的上好原料。

（一）原料要求

主料一般为糜状原料，因其具有一定的黏性，能粘连上各种物料，如无黏性，则在表面先蘸上水；粘连物为各种丝状原料、椰蓉、松仁末、熟芝麻、核桃末、糯米、面包渣、葛粉、藕粉等细小原料。滚粘时，大部分为一次性滚粘，少量的为多次滚粘，如藕粉圆子。

（二）工艺方法

根据滚粘的特点，可将其工艺分为三类，即不挂糊粘、糊浆粘和点粘法。

1. 不挂糊粘

不挂糊粘即是利用预制好的生坯原料，直接粘细小的香味原料。如桃仁虾饼，将虾蓉调味上劲后，挤为虾球，直接粘上核桃仁细粒，按成饼形，再煎炸至熟。松子鸡，在鸡腿肉或鸡脯肉上，摊匀猪肉蓉，使其粘合，再粘嵌上松子仁，烹制成熟。交切虾，在豆腐皮上抹上蛋液，涂上虾蓉，再蘸满芝麻，成为生坯，放入油锅炸制成熟。不挂糊粘法对原料的要求较高，所选原料经加工必须具有黏性，使原料与粘料之间能够黏合，而不至烹制成熟时使粘料脱落、影响形态。以上虾蓉、肉蓉经调制上劲，具有与小型原料相吸附、相黏合的作用，所以可采用不挂糊粘法。而对于那些动植物的片类、块类原料，使用此法就不合适，中间必须有一种“黏合剂”，通常的方法就是对原料进行“挂糊”或“上浆”。

2. 糊浆粘

糊浆粘就是将被粘原料先经过上浆或挂糊处理，然后再粘上各种细小的原料。如面包虾，是将腌渍的大虾，抓起尾壳，拖上糊后，均匀粘上面包屑炸成。香脆银鱼，是将银鱼冲洗、上浆后，沾裹上面包屑，放入油锅炸制而成。香炸鱼片，取鳜鱼肉切大片，腌拌后蘸上面粉，刷上蛋液，再粘上芝麻仁，用手轻轻拍紧，炸至成熟。菠萝虾，将虾仁与肥膘、荸荠打成蓉，调味搅拌上劲，挤入虾球放入切成小方丁的面包盘中，粘满面包丁，做成菠萝形，炸熟后顶端插上香菜即成。糊浆粘法，就是将整块料与碎料依靠糊浆的黏性而粘合成形。

3．点粘法

点粘法不像前面两类大面积地粘细碎料，而是很小面积的粘，起点缀美化的作用。其粘料主要是细小的末状和小粒状，许多是带颜色和带香味的原料，如火腿末、香菇末、胡萝卜末、绿菜末、黑白芝麻等。花鼓鸡肉，用网油包卷鸡肉末、猪肉蓉，上笼蒸熟后滚上发蛋糊，入油锅炸制捞出沥油，改切成小段，在刀切面两头沾上蛋糊，再将一头粘上火腿末、一头粘上黑芝麻，下油锅重油，略炸后捞出，排列盘中，形似花鼓，两头蘸料红黑分明。虾仁吐司，将面包片上抹上虾蓉，在白色的虾蓉上，依次在两边点沾着火腿末、菜叶末，即可制成色、形美观的生坯，成菜后底部酥香，上部鲜嫩，红、白、绿三色结合，增加了菜品的美感。许多菜中点粘上带色末状，主要是使菜肴外观色泽鲜明，造型优美，增进食欲。

（三）烹调应用

代表菜有珍珠丸子、绣球干贝、三丝绣球鱼、绣球海参、杏仁葛粉包、藕粉圆子、椰蓉虾球等。如藕粉圆子的制法是：将金橘饼、松子、核桃、瓜子、杏仁切成丁，加入碾碎的小麻饼、芝麻和糖猪油丁，搅拌均匀成馅，再搓成直径约1cm的丸子，放入装有藕粉（要先碾碎）的小匾中滚动，使丸子沾上藕粉，放入沸水中略烫后捞出，再放入藕粉中滚动，如此反复4～5次，直到粉丸有鸽蛋大小即成型，将藕粉丸子放入水锅内，用小火煮熟养透，加绵白糖、糖桂花盛起即可。

第四节　套菜（宴席菜肴）的组配工艺

套菜组配工艺，是根据就餐的目的、对象，选择多种类型的单个菜肴进行适当搭配组合，使其具有一定质量规格的整套菜肴的设计、加工过程。套菜组配工艺是决定套菜形式、规格、内容、质量的重要手段。配制套菜除了对每份菜中原料各方面的搭配有所要求以外，还对成套菜中各份菜之间的原料搭配有所要求。单个菜组配更多地强调单个组配客观对象构成的完整性，套菜组配更多地强调组配客观对象群体和人的对象群体的双向联系和统一，因而，研究套菜组配必须用全面的、整体的观点进行指导。

套菜，通常由冷菜和热菜共同组成。根据其档次、规格的不同，它可分为便餐套菜和宴席、宴会套菜两类。便餐套菜的档次较低，可由冷菜和热菜组成，也可只用数道热菜，一般不用工艺菜。宴席套菜的档次较高，十分强调规格化，一般由多个冷菜和热菜组成，并把菜肴分为冷碟、热炒、大菜等，可以穿插使用工艺菜。由于套菜中以宴席菜的组配最具有代表性，因此本节着重探讨宴席菜肴的组配。

一、宴席菜肴的基本构成

宴席食品格局，是指构成宴席食品的基本结构模式。现代中式宴席食品的构成模式有好多种，比较通行的一种模式是由冷菜、热菜、甜菜、点心、水果五个部分组成。也有的将热菜分成热炒菜和大菜两个类别；也有的将汤菜单独列出；也有的不把甜菜单独作为一个部分来看待，或将其纳入到大菜中去考虑；也有的将主食与点心分开单列；也有的在五个部分之外再加上香茗、酒水等。当然有的地区有相对固定的宴席格局，如川式宴席菜品格局即是由冷菜、热菜、点心、饭菜、小吃、水果六个部分组成的；广式宴席菜品格局则是由开席汤、冷菜、热菜、饭点、水果五个部分组成的。

（一）冷菜

冷菜又称“冷盘”、“冷荤”、“凉菜”等，是相对于热菜而言的。形式有单盘、双拼、三拼、什锦拼盘、花色拼盘带围碟、各客冷菜拼盘等。其特点是讲究调味、刀面与造型，要求荤素兼备，质精味美。

（二）大菜

大菜又称“主菜”，是宴席中的主要菜品，原料多为山珍海味或鸡鸭鱼肉的精华部位，一般是用整件（如全鸡、全鸭、全鱼、全蹄）或大件拼装（如10只鸡翅、12只鹌鹑），置于大型餐具（如大盘、大盆、大碗、大盅）之中，菜式丰满、大方、壮观。烹制方法主要是烧、扒、炖、焖、烤、蒸、烩等，名贵菜肴多采用“各客”的形式上席，可以随带点心、味碟。

大菜通常由头菜、热荤大菜组成。头菜是整席菜点中原料最好、质量最精、价格最贵的菜肴，通常排在所有大菜最前面，统帅全席。

（三）热炒

热炒多系速成菜，以色艳、味美、鲜热爽口为特点，原料多用鱼鲜、畜禽或蛋奶、果蔬，主要取其质脆鲜嫩的部位，加工成丁、丝、条、片或花刀形状，采用炸、熘、爆、炒等快速烹法，用8～9寸的平圆盘或腰盘盛装。可以连续上席，也可以在大菜中穿插上席，一般质优者先上，质次者后上，突出名贵物料；清淡者先上，浓厚者后上，防止味的互相压抑。

（四）甜菜

甜菜包括甜汤、甜羹在内，泛指宴席中一切纯甜味的菜品。其品种较多，有干稀、冷热、荤素等，需视季节和席面而定，并结合成本因素考虑。甜菜的用料广泛，多选用果蔬、菌耳或畜肉蛋奶。其中，高档的如冰糖燕窝、冰糖甲鱼、冰糖蛤士蟆；中档的如散烩八宝、拔丝香蕉；低档的如什锦果羹、蜜汁莲藕。甜菜的制法有拔丝、蜜汁、挂霜、糖水、蒸烩、煨炖、煎炸、冰镇等，每种都能派生出不少菜式。它们用于宴席，可起到改善营养、调剂口味、增加滋味、解酒醒目的作用。

（五）素菜

素菜是宴席中不可缺少的菜肴，其上席顺序大多偏后。素菜入席，一须应时当令，二须取其精华，三须精心烹制。素菜的制法也要视料而异，炒、焖、烧、扒、烩均可。宴席中合理地安排素菜，能够改善宴席食物的营养结构，调节人体酸碱平衡，去腻解酒，变化口味，增进食欲，促进消化。

（六）汤菜

汤菜种类甚多，传统宴席中有首汤、中汤、座汤和饭汤之分。首汤又称“开席汤”，在冷盘之前上席，它口味清淡，鲜醇香美，多用于宴前清口润喉，开胃提神，刺激食欲。中汤又名“跟汤”，酒过三巡，菜吃一半，穿插在大荤热菜后的汤即为中汤。中汤主要作用是减轻前面的酒菜之腻，开启后面的佳肴之美。座汤又称“主汤”、“尾汤”，是大菜中最后上的一道菜，也是较好的一道汤。饭汤是宴席即将结束时与饭菜配套的汤品，此汤规格较低，用普通的原料制作即可。

二、宴席菜肴的组配方法和质量标准

宴席菜肴的组配工艺，简称宴席配菜，是根据宴席的规格和要求，按照一定的标准、原则、比例对多种类型的单个菜肴进行合理搭配组合，使其成为具有一定质量规格的整套宴席菜肴的设计、编排过程。宴席配菜主要不是单盘菜肴原料之间的配合，而是各种菜肴之间的有机配合。

（一）宴席菜肴的组配方法

1．合理分配菜点成本

宴席配菜时，首先要明确菜点的取用范围、每一类菜品的数量、各个菜点的等级等，菜点成本要与宴席规格相符。所有这些，无不与宴席档次（用售价或成本表示）密切相关，每道菜品的成本大体上定下来了，选什么菜自然就心中有数。

2．核心菜点的确立

核心菜点是每桌宴席的主角，没有它们，全席就不能纲举目张，枝干分明。哪些菜点是核心，各地看法不尽相同。一般来说，主盘、头菜、座汤、首点，是宴席食品的“四大支柱”；甜菜、素菜、酒、茶，是宴席的基本构成，都应重视。因为头菜是“主帅”，主盘是“门面”，甜菜和素菜具有缓解口味、调节营养及醒酒的特殊作用；座汤是最好的汤，首点是最好的点心；酒与茶能显示宴席的规格，应作为核心优先考虑。设计宴席菜首先要选好头菜，头菜在用料、味型、烹法、装盘等方面都要特别讲究。头菜定了以后，其他的菜肴、点心都要围绕着头菜的规格来组合，客体菜要多样而有变化，在质地上既不能高于头菜，也不能妍媸不辨，比头菜太差。只有做到恰如其分，才能起到衬托主体和突出主题的作用，这在美学上叫“多样的统一”。

3．辅佐菜品的配备

对于核心菜品而言，辅佐菜品主要是发挥烘云托月的作用。核心菜品一旦确立，辅佐菜品就要“兵随将走”，使宴席形成一个完整的美食体系。

配备辅佐菜品，在数量上要注意“度”，既不能太少，也不能过多，与核心菜品保持1∶2或1∶3的比率；在质量上要注意“相称”，档次可稍低于核心菜品，但不能相差悬殊，否则全席就不均衡，显得杂乱而无章法；此外，配备辅佐菜品还须注意弥补核心菜品的不足。像客人点要的菜、能反映当地食俗的菜、本店的拿手菜、应时当令的菜、烘托宴席气氛的菜、便于调配花色品种的菜等，都尽可能安排进去，使全席饱满、充实。待到全部菜点确定之后，还要进行审核，主要是再考虑一下所用菜点是否符合办宴的要求、所用原料是否合理、整个席面是否富于变化、质价是否相等。对于不理想的菜点，要及时掉换；重复多余的部分，坚决删掉。

4．宴席菜目的编排顺序

宴席菜目编排顺序决定了宴席的上菜程序。一般宴席的编排顺序是先冷后热、先炒后烧、先咸后甜、先清淡后味浓。各类不同的宴席，由于菜肴的搭配不同，上菜的程序也不尽相同。传统的宴席上菜顺序的头道热菜是最名贵的菜，主菜上后依次上炒菜、大菜、饭菜、甜菜、汤、点心、水果。现代中餐宴席上菜顺序与传统上菜顺序有所区别，各大菜系之间也略有不同，一般是冷盘、热炒、大菜、汤菜、炒饭、面点、水果，上汤表示菜已上齐，有的地方还有上一道点心再上一道菜的作法。上面食、点心的时机，各地习惯也不尽相同，有的是在宴席将要结束时上，有的则在宴席进行中上，有的在宴席中间要上两次点心，这要根据宴席类型、特点、需要，因人、因事、因时而定。国际旅游者大多习惯于西餐吃法，而先上汤菜的广东菜式程序则比较能适合他们先喝汤的饮食习惯。近来，许多地方的饭店都把宴席上汤的时间提前了，有的则先后上两道汤，以适应客人的习惯。

（二）宴席菜肴组配的质量标准

宴席菜肴由多个风味不同的单份菜肴组合而成，其组配的质量标准，除了单份菜的质量标准外，还有整个宴席菜肴的组合标准。

1. 单份菜肴组配的标准

（1）数量标准　即每一份菜的投料，量要适中，符合规定的标准。

（2）质量标准　选料质量要求包括原材料的新鲜程度、选择原料部位准确（不能随意代替）、原料品种要对路（品种不一样，质量也不一样）。

（3）搭配标准　除极少数菜用单一原料外，大多数菜都有主、辅料之分。主、辅料的搭配要注意色彩的搭配、味道的搭配、形状的搭配、质地的搭配、营养成分的搭配以及主、辅料量的搭配等。

（4）装盘标准　即餐具配用选择标准（不同菜选用相应餐具盛装，餐具大小与菜肴数量相适应），菜肴装盘装饰、造型标准。

2. 宴席菜肴组合质量标准

在日常宴席制作过程中，经常发现这样的情况：一桌宴席的每道菜都符合工艺质量标准，但到头来还是不受顾客欢迎。其实，这里面存在一个宴席菜肴组合质量问题。

宴席菜肴组合质量标准的主要内容有：不同类别菜肴组合标准（冷碟、热菜、汤、点心、水果等各自在宴席中所占的比例）；不同原料的组合标准（荤素搭配、水产、家禽、家畜、山珍、蔬果等的合理选用）；名贵菜与普通菜、大菜与热炒菜的组合质量标准；菜肴色泽、味型、质地、形状、数量、烹调方法的组合标准；菜肴组合顺序标准（即上菜顺序）；菜肴组合速度标准（即上菜速度和上菜节奏）；不同规格标准宴席菜肴组合标准等。

三、影响宴席菜肴组配的因素

菜肴是宴席的重要组成部分，宴席设计首先必须对宴席菜肴进行科学合理的组配。宴席菜肴组配是指对组成一次宴席的菜点的整体组配和具体每道菜的组配，而不是将一些单个菜肴点心随意拼凑在一起。传统的宴席菜肴组配，偏向于只考虑宴席本身材料的供应情况以及客人的消费层次，但这些考虑因素已不能满足现代宴席多元化的需要。现代宴席菜肴涉及宴席售价成本、规格类别、宾主嗜好、风味特色、办宴目的、时令季节等诸种因素。这些因素都会影响宴席菜肴的设计（见图4-1），它要求设计者不仅要掌握厨房生产管理知识、宴席服务知识、宴席菜肴规格标准、营养学知识、美学知识，还应了解顾客的心理需求，了解各地区、各民族的饮食习俗等。

（一）办宴者及赴宴宾客对菜肴组配的影响

宴席菜肴组配的核心就是以顾客的需求为中心，尽最大努力满足顾客需求。准确把握客人的特征，了解客人的心理需求，是宴席菜肴组配工作的基础，也是首先需要考虑的因素。因此，菜肴的组配要以宴席主题和参加宴席的宾客的具体情况为依据，充分考虑宴席的各种因素，使整个宴席气氛达到理想境界，使参加宴席的客人都能得到最佳的物质享受和精神享受。

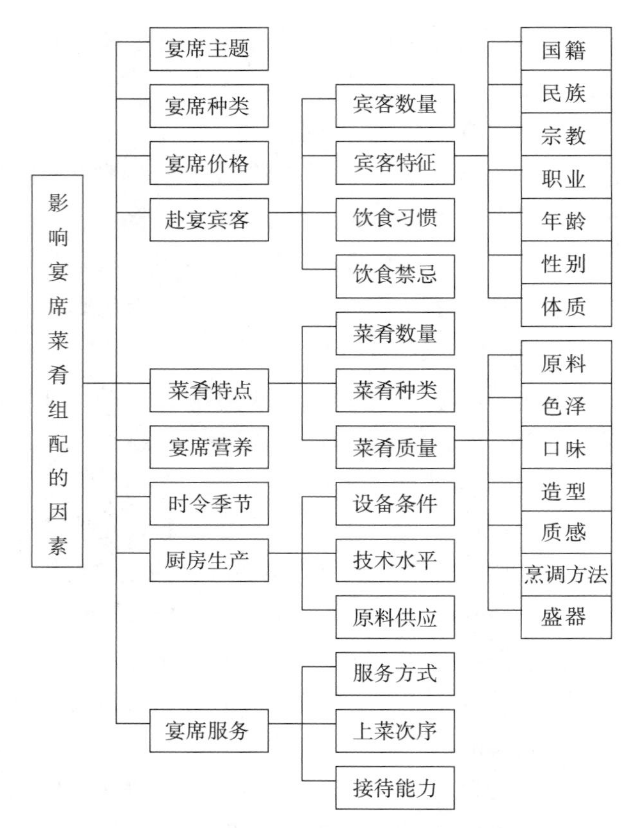

图4-1　影响宴席菜肴组配的因素

1．宾客饮食习惯的影响

出席宴席的客人各有其不同的生活习惯，对于菜肴的选择也有不同的爱好。如果具体了解宴请对象的爱好，则有助于分析总结客人的总体共性需求，又考虑到个别客人的特殊需要，从而组配出受赴宴宾客欢迎的菜肴，菜单安排的效果就会更好。特别是在招待外宾或其他民族和地区的客人时，更应该根据宾客（特别是主宾）的国籍、民族、宗教、职业、年龄、体质以及个人的饮食嗜好和忌讳，灵活安排宴席菜肴。随着改革开放的逐步深入，食俗不同的赴宴者会越来越多，只有分别情况，区别对待，“投其所好”，才能充分满足宾客的多方面需求。

2．宾客心理需求的影响

了解客人饮食习惯的同时，还要分析举办宴席者和参加宴席者的心理，从而满足他们明显的和潜在的心理需求。只有以客人的需要为导向，才能组配出宾主双方都满意的菜肴。

3．宴席主题的影响

客人举办宴席，不是随意的，都有其明确的主题，有的是庆婚祝寿活动的喜庆宴席，有的是想通过宴席达成某种合作等。宴席菜肴的组配如同绘画的构图，要分宾主虚实，突出宴席的主题，不然就会杂乱无章，平淡无味。高明的组配者决不会把宴席菜肴安排成无个性、无层次的“大杂烩”，而是遵循时代特点，根据人们的生活特点和饮食规律而进行组合菜肴。许多宴席主题突出，那么宴席的菜肴与制作都要与之相联系，这对宴席的气氛有很大影响。许多菜肴组配命名都与宴席主题相结合，会形成一种独特的风格。

4．宴席价格的影响

组配菜肴时要根据顾客确定的价格范围，按照“质价相等、优质优价”的原则，合理组配宴席菜肴，既要保证企业的合理利润，又不使顾客吃亏，价格标准的高低只能在食物材料的使用上有所区别，不能因价格影响宴席的效果和品质，这正是宴席菜肴组配的巧妙之处。一般来说，较高规格的宴席组配要求以精、巧、雅、优等菜品制作为主体，使用高级材料，并在菜肴中仅选用主料而不用或减少配料的使用，菜肴的件数不能过多，但质量要精，讲究菜品的口味和装饰；中低档的宴席组配以实惠、经济、可口、量足为主体，可使用一般材料，上大众化菜品，并且增加配料用量以降低食物成本，保证每人吃饱吃好。菜肴的件数既不能过少，又要实惠和丰满，在口味的组配与加工做法上，应本着“粗菜细做、细菜精做”的原则，将菜肴进行适当调配，以丰富的数量及恰当的口味，维持宴席效果。

（二）宴席菜肴的特点和要求对组配的影响

不管宴席售价的高低，其菜肴都讲究组合，配套成龙，数量充足，体现时令，注重原料、造型、口味、质感的变化。宴席菜肴达到这些特点和要求，是满足顾客需求的前提。

1. 宴席菜肴数量的影响

宴席菜肴的数量是指组成筵席的菜肴总数量与每道菜肴的分量。宴席菜肴的数量过多，宴后剩余也多，易造成浪费（部分私宴举办者，受风俗习惯影响，要求食有剩余，这样还是要满足顾客的需求，由于是私宴，剩余的食品多会打包处理，也未尝不可）；如菜肴数量过少，则又会导致顾客的不满，甚至投诉，从而影响饭店的声誉。只有数量合理，才会令宾客既满意又回味无穷。宴席菜肴的数量，一般以每人平均能吃到500g左右的净料为原则，每道菜肴的分量及整组菜肴的数目，可根据宴席的档次、规格、赴宴人数灵活调整。

2. 宴席菜肴变化的影响

不论何种规格的宴席，都应根据不同的需要灵活组配菜肴。一套宴席菜肴就像一曲美妙的乐章，由序曲到尾声，应富有节奏和旋律，无论是在原料选择、烹调方法，还是味道上都应富于变化，绝不能千篇一律，尽量避免工艺的雷同或菜式的单调杂乱，要区分主辅、轻重，有层次地使宴席成为一个统一的整体，努力体现变化的美，这样才能使菜肴丰富多彩，高低起伏，不至于平淡无奇，从而满足宾客的美食要求。宴席菜肴的变化表现在以下几个方面。

（1）原料选择应多样。如鸡、鸭、鱼、肉、豆、菜、果。原料是菜肴风味多样的基础，还会提供多种不同的营养素，原料不同，口味各异。

（2）烹调方法选多种。如炒、烧、烩、烤、煎、炖、拌。一种烹法只能使菜肴形成一个特点；而多种烹法能使宴席所有菜肴在口味上有浓、有淡，色彩上有深、有浅，质感上有脆、有嫩，使菜肴达到既丰富多彩，又不落俗套。

（3）色彩搭配应协调。如赤、橙、黄、绿、青、蓝、紫。原料色彩的合理组合，能最大限度地托出菜肴的本质美，使菜肴既鲜艳悦目，又层次分明。

（4）品类衔接需配套。如菜、点、羹、汤、酒、果、甜品。宴席菜肴的种类在组配时，要注意不同档次宴席相互搭配的比例，以保证整个宴席的各类菜肴质量的均衡。

此外还有加工形态要不同：如丝、条、块、片、丁、球、整只；调味变化有起伏：如酸、甜、辣、咸、鲜、香、复合味；质感差异多变化：如软、烂、嫩、酥、脆、滑、糯、肥；器皿交错有特色：如盘、碗、杯、碟、盅、钵、象形等。

由此可知，一桌丰盛的宴席菜肴，其构成形式是丰富多彩的，只有这样，宴席才会有节奏感和动态美，既灵活多样、充满生气，又增加美感，促进食欲，这是宴席菜肴获得成功的基本保证，也是宴席菜品开发的一个较好途径。

3．时令季节因素的影响

时令季节主要影响宴席菜肴的原料选择和味型、色泽的确定。结合季节特征组配宴席菜肴，首先可以结合季节的时令原料以体现特色，又可及时取消时节替换而使材料价格上涨的菜品，从而降低宴席成本。

其次组配宴席菜肴的色彩、味型，季节的变化对人的视觉及味觉都会有影响，如冬季菜肴色调应以深色，特别是红色为主，口味以醇厚浓重为主，多用烧菜、扒菜和火锅，以汁浓、质烂的菜为特色；夏季则以给人清爽感觉的色彩为主调，以清淡爽口为主味，多用炒菜、烩菜和冷碟，以汁稀、质脆的菜居多，适当加入苦味。总之，按时令调配口味，要酸苦辣咸，四时各宜。只有结合季节性材料，组配出一些符合时令的宴席套菜，才能给人一种新鲜舒适的感觉。

4．食品原料供应情况的影响

组配菜肴时除安排时令原料外，还应充分了解当地整个原料市场的供应情况及其质量、大致价格范围等，并掌握采购这些原料的最佳时机，即价格合理、质量符合采购规格的时机，避免菜肴组配好而无货源的现象。了解市场供应的变化、选用合适的原料，能满足客人的需要，同时在保证质量的前提下，降低成本，又与售价相适宜。

（三）厨房生产因素对菜肴组配的影响

组配好的宴席菜肴要通过厨房部门的员工利用厨房设备进行生产加工，因此，厨师的技术水平和厨房的设备条件影响宴席菜肴的组配。

1．厨师技术力量的影响

厨师的烹饪技能在组配菜肴时是必须要考虑的问题，如若不然，组配了某道菜却无人会做，那么也就失去了组配的意义。因此在组配菜肴时，应了解厨房生产人员的技术状况，以便根据他们的技术能力，组配出切合实际的菜肴。一般情况下，要尽量组配厨师有能力生产的品种；也可选择一些能发挥素质好、技术高的员工特长的菜肴，可以确保宴席菜肴质量，体现出宴席的特色。总之，在组配中要亮出名店、名师、名菜、名点和特色菜的旗帜，施展本地本店的技术专长，避开劣势，充分选用名特物料，运用独创技法，力求新颖别致、振人耳目。除了考虑厨师的烹饪技能外，还应考虑到生产部门的人员分工，因为分工合理与否，直接影响着生产，最终影响着菜肴的质量。

2．厨房设施设备的影响

厨房现有的设备与设施限制着宴席菜肴生产的数量及种类。在组配菜肴时，一定要考虑设备与设施能否保质保量地生产出所组配的菜肴，换句话说，应根据设备与设施的生产能力筹划菜肴。如适用于10桌宴席的菜肴不一定适用于100桌的宴席，所以在组配菜肴时，某些菜肴需限制在一定桌数以内。厨房有独特的烹调设备，应发挥其优势，组配独特菜肴。注意避免过多地使用某一种设备，如有几款菜肴都要用蒸箱制作，而其他的设备用不上，使厨房工作人员感到设备短缺，菜肴组配人员发现这个问题时，应及时对菜肴进行调整，让所有设备都得到均衡使用。如果厨房没有制作条件，就不要组配复杂的菜肴。

（四）宴席厅接待能力对菜肴组配的影响

宴席厅接待能力的影响主要也包括两个方面：宴席服务人员和服务设施。

厨房生产出菜肴后，必须通过服务员的正规服务，才能满足宾客的需求。如果服务人员不具备相应的上菜、分菜技巧，就不要组配复杂的菜肴；如果服务设施陈旧蹩脚，则最好提供简单的膳食，但要服务周到；某道菜肴需要某种服务设备，而暂时又买不到这种设备，无法按规定提供饮食服务，则就不能组配这道菜。所有这些都是菜肴组配时应注意的问题，不能忽视。

组配宴席菜肴时必须考虑服务的种类和形式，是采用中式服务，还是西式服务；是高档服务，还是一般服务。还要注意上菜的顺序，一旦确定菜肴的顺序，就依照排菜的顺序上菜。另外宴会厅以高档次为特色，餐具为金餐具和银餐具，则要组配高档宴席菜肴；有的宴会厅专营传统菜肴并配以相应的服务方式，宴席组配者必须明确本宴席厅的特色，否则什么客人都接待、什么菜肴都做，只能说明什么也做不好。

总之，宴席菜肴组配需要考虑的因素很多，归根结底只有两点：满足宾客需求和保证饭店赢利。二者应同时兼顾，平衡协调，忽视任何一个方面，都会影响顾客的利益或宴席的经营。宴席组配人员应该根据以上介绍的各种因素，再结合宴席厅的特色进行菜肴组配，以组配出具有自身特色的宴席菜肴，增强宴席厅的吸引力和市场竞争能力。

四、宴席菜肴组配的指导思想和基本原则

（一）宴席菜肴组配的指导思想

1．科学合理

在宴席菜肴组配时，既要考虑顾客饮食习惯和品味习惯的合理性，又要考虑到宴席膳食组合的科学性。宴席菜肴不是山珍海味、珍禽异兽、大鱼大肉的堆叠，不能炫富摆阔、暴殄天物，要突出宴席菜品组合的营养科学性与美味的统一性。

2．整体协调

在宴席菜肴组配时，既要考虑到菜品之间的相互联系与相互作用，又要考虑到菜品与整个宴席食品的相互联系与相互作用，还要考虑到顾客对菜品的需求性。强调整体协调的指导思想，意在防止顾此失彼或只见树木，不见森林。

3．丰俭适度

宴席菜肴组配要正确引导宴席消费。菜品数量丰足或档次高，但不浪费；菜品数量偏少或档次低，但保证吃好吃饱。丰俭适度，倡导文明健康的宴席消费观念和消费行为。

4．确保盈利

宴席菜肴组配要做到双赢，既保护消费者的利益，让消费者满意，又要通过合理有效的手段，确保企业盈利[①]。

（二）宴席菜肴组配的基本原则

1．因人配菜

宴席菜肴组配时，首先应考虑因人的因素。要通过调查研究，了解宾客的国籍、民族、宗教、职业、年龄、性别、体质和嗜好忌讳等，并依此灵活掌握，确定品种，重点保

① 丁应林．宴席设计与管理．北京：中国纺织出版社，2008.

证主宾，同时兼顾其他。

2. 因时配菜

宴席菜肴要与季节相适应，要根据季节的变化更换菜肴的内容，特别是要注意配备各种时令菜品，使宴席的菜肴赋有生机。具体体现在选料、配彩、口味、质地、装盛器皿等方面。

3. 因价配菜

宴席的价格决定了宴席的档次，配菜时应遵照质价相等规律，确定宴席菜肴的质量和数量。

4. 多样统一

宴席菜肴要一菜一格，百菜百味，是多种菜品的有机统一。首先原料要多样化、加工方法（刀工、原料配伍、制熟调味方法等）多样化、菜品感观多样化（色彩、造型、香味、味道、质地等）；其次要注意整桌宴席及每盘菜肴色、香、味、形、质、器的配合。

5. 膳食平衡

从食用角度看，宴席提供的是一餐的膳食，所以膳食平衡的原则必须落实到宴席菜肴的组配中。宴席菜肴的营养结构要合理、荤素比例要恰当、酸碱应平衡、数量要适当，并控制宴席菜肴的脂肪含量。基本依据是中国营养学会制定的《中国居民膳食指南（2007）》（中华人民共和国卫生部2008年第1号公告）和《中国居民平衡膳食宝塔（2007）》。

关键术语

（1）组配工艺（2）原料性味（3）配伍禁忌（4）花色菜肴（5）宴席配菜（6）标准菜谱

问题与讨论

1. 组配工艺的意义和内容有哪些？
2. 组配工艺的方法和要求是什么？
3. 药膳配菜组配应注意什么问题？
4. 制定标准食谱的目的是什么？如何编制标准食谱？
5. 花色菜肴生坯的组配方法有哪些？举例说明。
6. 中式宴席菜肴有哪几部分构成？如何组配宴席菜肴？
7. 影响宴席菜肴组配的因素有哪些？
8. 宴席菜肴组配的指导思想和原则是什么？

实训项目

1. 清蒸鱼、鱼香肉丝、扒三白等一般菜肴的配菜实训
2. 扒酿海参、百花大虾、三丝鱼卷等花色菜肴的配菜实训
3. 家宴、婚宴、寿宴、谢师宴、春节宴、商务宴、迎宾宴、自助餐宴会菜肴的组配实训

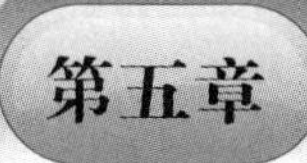

烹制工艺

教学目标

知识目标：

（1）了解临灶操作的基本要求，掌握各种勺工技法

（2）理解烹制工艺中的热传递现象

（3）掌握各种烹制基本方式的特点和应用

（4）弄清火候的内涵，掌握火候的调控方法

（5）掌握初步热处理的概念、工艺流程与操作关键

能力目标：

（1）熟练掌握翻勺技巧，操作姿势正确

（2）能正确运用初步熟处理方法

（3）能恰当掌握火候

情感目标：

（1）增强学生的主动参与和个性发展

（2）养成良好的工作习惯，遵守操作规程，时刻注意安全操作

教学内容

（1）临灶操作与勺工技法

（2）烹制工艺中的热传递现象

（3）烹制基本方式

（4）火候及其调控

（5）初步熟处理工艺

案例导读

优美潇洒大翻勺

翻勺技法是我国厨师的独特创造，技法的优劣高低直接影响着菜肴烹制的成败。翻勺的方法多种多样，其中的大翻勺难度最大，历来受到厨师的重视。

所谓大翻勺，就是把炒锅（勺）中的原料一次翻个底朝天（即一次性全部翻过来），并保持形整不散。它讲究上下翻飞、左右开弓，要求整个动作灵活敏捷、稳准协调。我国厨师在长期的烹调实践中，总结出各种各样的大翻勺方法，并赋予它不少趣称。

比如，“怀中抱月”，也称“百鸟朝凤”，即通常所说的前翻（顺翻）大翻法。具体方法是：先将炒锅放在炉口边晃动，使原料在锅内旋转，边晃勺边拉向胸前，让肩部放松，肘与臂的夹角收在45° ~90° 之间，然后迅速向前上方推送到一定高度（约与眼部同高），顺势将炒锅的前端向里猛勾一下，使原料脱锅而出，在空中整体翻转180° 自动落下，随即用锅将已翻身的原料接住，并顺势下移一段距离至胸前。

“珍珠倒卷帘”，也称“逆水推舟”，实际上就是通常的倒翻（后翻）大翻勺。具体方法是：先晃炒锅，使原料在锅中旋转起来，待转至或接近锅柄位置的一瞬间，将炒锅突然后拉（拉的同时使前端略低），再把后端猛地抬起，并同时将炒锅向前方推送，这样，原料即从锅柄处抛起，向前翻过，这时再将锅的前端抬起接住原料。

“白鹤亮翅”，又称“空中摘月”、“九霄通天”，即左侧大翻勺。具体方法是：左手握炒锅，晃动原料，然后将炒锅向左前上方轻松提臂，把炒锅举过头顶，伸展左臂与身体呈45° 角，随即抖腕，向上抛送，借用腕力和臂力将原料腾空向上而起，来一个180° 的大翻身；同时，轻轻收腕，把原料稳稳接住，顺势下移一段距离，使原料整齐地光面朝上落入炒锅中。

“顺手牵羊”，即右侧大翻勺。具体方法是：先将原料在锅中晃动，然后将炒锅向右前上方举起，伸展左臂，就势抖腕，使原料从锅中右侧抛起，翻转，再准确地接住原料，顺势下移至胸前。

“当天划月”，则是右侧大翻勺的变化形式，不同处是其运动幅度更大，原料随炒锅从胸前至右前上方，从右前上方弧行至左前上方，然后再行至胸前。具体方法是：先使原料在炒锅中逆时针旋转，然后将炒锅迅速推送至右前上方，左臂伸直，抖腕，使原料从炒锅右侧向上翻起，这时炒锅要紧随原料向左运动的方向向左运动（以左臂为半径在头部前上方弧行），待至左前上方时稳稳接住原料，就势移至胸前。这种大翻勺方法称上翻下接法，也称大拉勺技法。就是先晃动原料，欲翻勺时，将身体后移蹲成骑马蹲裆式（或左脚退后半步，右腿下蹲），迅速把炒锅从灶上顺势拉下，当锅即将触地面的一瞬间，马上提起，整个原料便从前往后翻了过来。

以上介绍的是几种常见的大翻勺方法。当然，大翻勺的方法也没有固定不变的模式，其运用之妙，存乎一心，具体采用什么方法，随各自的习惯和实际效果而定。

资料来源：冯旭．中国烹饪．1996，7，23．

第一节 勺工工艺

一、临灶操作的基本要求

（一）准备工作

上班后认真听取厨师长或领班的工作要求与安排，要提前做好营业前成品烹调的各项准备工作，包括营业前的清理卫生、检查炉具设备、准备调味品、必要的前期热处理和制汤等工作。

1．卫生要求

首先要做好个人卫生。随时洗手，勤剪指甲，穿好工作服，戴好工作帽，系上工作围裙，要求干净、整洁、大方。其次要清理好炉灶台、调料台和地面的卫生。要求做到灶台上无油污、无残渣；墙面干净、无污垢；调料台（车）上下、内外干净卫生无死角；烹调器具、调料罐明亮、整洁；地面无浮土、无油迹、水迹以及各种遗弃物，干净、整洁。一天的卫生都要做到手下清、脚下清、随时清、完活清。

2．检查好炉具设备

以天然气、石油液化气、沼气加热设备的炉灶为例，要检查气体是否满足烹调的需要量、炉灶具设备是否完好、火孔是否通畅、启动开关是否合格，若有问题或通过领导、或找工程人员检修。在以煤为燃料的地区，首先要点火，以提高炉膛的燃烧温度。

3．备好烹调加热器具

在烹调前准备好所使用的炊具，如锅、手勺、漏勺等，应放置在方便操作使用的位置。

4．原料准备工作

（1）调料准备　检查当天需要的调料是否备足，不足者要到库房去领料补充。整理调料罐内的调料，需要过箩的过箩，比如，酱油、醋、料酒等；需要倒罐的倒罐，比如清除糖或盐被其他调料污染的部分；需要自制的调料（即厨房派生调料）要及时自制，比如炒糖色、制红油、炒豆豉等。

（2）制汤工作　将当天需要用的汤提前制好。若开始营业时还没有制成，要继续加工。汤以当天制当天用为好，特殊情况，可提前一天制好，但要保管好，不要使其变味。

（3）初步热处理工作　在营业前，要做好前期热处理工作。一般讲以急用的先制作，比如，水焯蔬菜，焯好过凉后，退还红案配菜岗。前期热处理时间较长的，应尽最大努力于营业前完成，完成不了的，营业后要继续加工，以一次制成为好。前期热处理工作要根据具体情况具体安排。需要量大的菜品应提前进行热处理加工为好。比如，“红烧鱼”售卖的多，就应提前将鱼进行油炸热处理；如果售卖的少，就无须进行这项工作。

（二）正式临灶烹调操作

1．姿势正确，优美大方

临灶操作时，姿势正确，优美大方。这样既能方便操作，又能减少身体疲劳，提高工作效率。

2．熟练烹调的各项基本功

操作中投料要准确适时；挂糊、上浆、着衣处理要均匀；要正确判断和掌握油温，灵活掌握火候，挂勾芡汁恰当，翻锅、翻勺自由；做到出锅及时，保证菜品达到应有的标准；装盘要熟练，成型应美观。

3．认真细致，注意安全

按照领导的安排与要求，按顺序井井有条地精心制作每一款菜品，做到活而不忙、忙而不乱。自始至终都要注意卫生工作和安全工作。

（三）收尾工作

营业结束工后要做好各项收尾工作，包括卫生工作、收料工作、安全工作。关好各种炉灶阀门，或添煤将炉火封好，关好水管、电灯设备。收好没有使用的各种原料以及半成品，收好各种调料。将炉台、烹调器具、调料罐进行一次卫生清理，并按位放好。整个地面应墩洗一次，确保工作场地整齐清洁。为次日工作做好准备。

二、勺工作用和要求

临灶操作离不开勺工。勺工是中式烹调特有的一项技术，是中式烹调用火和施艺的独特功夫。所谓勺工工艺，就是根据烹调的不同需要，将各种加工成形的烹饪原料放入勺中，通过晃勺、翻勺使原料入味成熟，再出勺装盘的工艺过程。勺工是烹制菜肴最基本的手段，晃勺、翻勺、出勺构成其三大环节，其中翻勺是最重要的环节。

（一）勺工的作用

（1）保证烹饪原料均匀地受热成熟和上色　原料在勺内不停移动或翻转，使原料的受热均匀一致、成熟度一致、上色程度一致；及时端勺离火，能够控制原料受热程度、成熟程度。

（2）保证原料入味均匀　原料的不断翻动使投入的调味料能够迅速而均匀地与主辅料溶和渗透，使口味轻重一致，滋味渗透交融。

（3）形成菜肴各具特色的质感　如菜肴的嫩、脆与原料的失水程度相关，迅速地翻拌使原料能够及时受热，尽快成熟，使水分尽可能少地流失，从而达到菜肴嫩、脆的质感。不同菜肴其原料受热的时间要求不同，勺工操作可以有效地控制原料在勺中的时间和受热的程度，因而形成其特有的质感。

（4）保证勾芡的质量　通过晃勺、翻勺可使芡粉分布均匀，成熟一致。

（5）保持菜肴的形状　对一些质嫩不宜进行搅动、翻拌的原料，可采用晃勺，而不使料形破碎；对一些要求形整不乱的菜肴，翻勺可以使菜形不散乱，如烧、扒菜的大翻勺。

（二）勺工的基本要求

（1）了解勺工工具的特点和使用方法，并能正确掌握和灵活运用。

（2）掌握勺工技术各个环节的技术要领。勺工技术由端握勺、晃勺、翻勺、出勺等技术环节组成，不同的环节都有其技术上的标准方法和要求，只有掌握了这些要领并按此去操作，才能达到勺工技术的目的。

（3）动作快捷、利落、连贯协调。

（4）要有良好的身体素质与扎实的基本功。

（三）勺工姿势

勺工是一项技艺较高的工作，要想熟练地掌握勺工技术，首先必须掌握正确的翻炒姿势。各地厨师传授的翻炒姿势各有特色，不尽相同；但应从既方便工作，又利于提高工作效率，并能耐久和减少疲劳与有利于身体健康等方面来考虑。

1. 翻炒的姿势

翻炒姿势与灶台高低有一定的关系。用于翻炒的灶台，其高度为85～90cm。灶台太高，握勺的手就要过高抬起，这样就会加重手臂及手腕的负担，人会感到十分吃力；反之，灶台太低，人必然会弯腰曲臂，加强腰腹的负担，时间长了就会感到腰酸背疼。翻炒时的具体姿势要求如下。

（1）面向炉灶站立，人体正面应与灶台边缘保持一定距离（根据身高可保持在5～25cm）。

（2）两脚分开站立，两脚尖与肩同宽，为40～50cm（可根据身高适当调整）。

（3）上身保持自然正直，自然含胸，略向前倾，目光注视勺中原料的变化。但不可弯腰曲背，以免造成职业病。

2. 握勺的手势

（1）握单柄勺的手势　习惯用“握棒”的方式。左手握住勺柄，手心朝右上方、大拇指在勺柄上面，其他4指弓起收拢握住勺柄，指尖朝上，手掌与水平面约成140°夹角，合力握住勺柄。翻炒时，食指和掌根是主要的两个着力点，前者用力托，后者用力压。

（2）握双耳锅的手势　左手大拇指扣紧锅耳的左上侧，其他4指微弓朝下，呈散射状托住锅底，并用抹布垫手（以防烫手并增大手与锅的摩擦力）。这样的拿法，锅的重量可均匀地分摊在较宽的手指面上，比较稳当。

（3）握手勺的手势　用右手中指、无名指、拇指与手掌合力握住勺柄，主要目的是在操作过程中起到勾拉、搅拌作用。具体方法是：食指前伸（对准勺碗背部方向），指肚紧贴勺柄，大拇指伸直与食指、中指合力握住手勺柄后端，勺柄末端顶住手心。要求持握牢而不死，施力、变向均要灵活自如。

三、勺工技法

（一）晃勺

晃勺也称晃锅、转菜，是指将原料在炒勺内旋转的一种勺工技艺。晃勺可以防止粘锅，可以使原料在炒勺内受热均匀，成熟一致。对一些烧菜、扒菜，勾芡时往往都是边晃勺边淋芡，使勾出的芡均匀而不会局部太稠或太稀。此外，晃勺可以调整原料在炒勺内的位置，以保证翻勺或出菜装盘的顺利进行。

1. 操作方法

左手端起炒勺（或炒勺不离灶口），通过手腕的转动，带动炒勺做顺时针或逆时针转动，使原料在炒勺内旋转。待勺中的原料转动起来后再做小型晃动，保证勺中的原料能继续旋转。

2. 技术要领

晃动炒勺时，主要是通过手腕的转动及小臂的摆动，加大炒勺内原料旋转的幅度，力量的大小要适中。力量过大，原料易转出炒勺外；力量不足，原料旋转不充分。

晃勺时锅中原料数量必须有一定的限制。如果原料过多，它在锅内翻动的范围小，即原料在锅中的运动距离减短，这样原料就难以达到抛的速度，锅中的菜肴难以翻转，因此用于晃勺的原料不宜过多。

3. 适用范围

晃勺应用较广泛，在用煎、煸、贴、烧、扒等烹调方法制作菜肴时，以及在翻勺之前都可运用。此种方法单柄勺、双耳锅均可使用。

晃勺的目的是让炒勺与原料一起转动，如果只让炒勺转动而不使原料转动则称转勺或转锅。转勺时，左手握住勺柄，炒勺不离灶口，快速将炒勺向左或向右转动。要注意手腕向左或向右转动时速度要快，否则炒勺会与原料一起转，起不到转勺的作用。这种方法主要用于烧、爆等烹调方法的制作。

（二）翻勺

在烹调工艺中，要使原料在炒勺中受热均匀、成熟一致、入味均匀、着色均匀、挂浆均匀，除了用手勺搅拌以外，还要用翻勺的方法达到上述要求。翻勺是勺工的重要内容，是烹调操作中重要的基本功之一，翻勺技术功底的深浅可直接影响到菜肴的质量。因为炒勺置火上，料入炒勺中，原料由生到熟只不过是瞬间变化，稍有不慎就会影响菜肴的质量。因此，翻勺对菜肴的烹调至关重要。

翻勺的技法很多，通常按翻勺方向的不同，可分为前翻、后翻、左翻、右翻。前翻，也称顺翻、正翻，是将原料由炒勺的前端向勺柄方向翻动，其方法分拉翻勺和悬翻勺两种。后翻，也称倒翻，是指将原料由勺柄方向向炒勺的前端翻转，可防止汤汁和热油溅在身上引起烧烫伤，有人形象地比喻为“珍珠倒卷帘”。左翻和右翻，也称侧翻。左翻就是将炒勺端离火口后，向左运动，勺口朝右，手腕肘臂用力向左上方一扭一抛扬，原料翻个身即可落入勺内；右翻则是将原料从炒勺的右侧向左翻回内即可。

根据翻勺的幅度大小，翻勺可分为小翻勺和大翻勺。小翻又称颠翻、叠翻，即将炒勺连续向上颠动（每次翻勺只有部分原料做180°翻转，翻起的部分与另一部分相重叠），使锅内菜肴松动移位，避免粘锅或烧焦，使原料受热均匀、调料入味、卤汁紧包。因翻动时的动作幅度较小，锅中原料不颠出勺口，故称“小翻勺”。大翻勺是指把炒锅（勺）中的原料一次性做180°翻转，因翻勺的动作及原料在勺中翻转的幅度较大，故名。大翻勺的方法也多种多样，讲究上下翻飞、左右开弓。按方向不同分为顺翻、倒翻、左翻、右翻，一般采用顺翻和左侧翻居多，以顺翻较为保险，按其位置分为灶上翻灶边翻。当然，采用什么翻法主要随个人的习惯及实际效果而定。

根据翻勺时是否有手勺协助可分为单翻勺和助翻勺。单翻勺是指炒勺在做翻勺动作时，不需要手勺协助推动原料翻转的一种翻勺技法；助翻勺是指炒勺在做翻勺动作时，手勺协助推动原料翻转的一种翻勺技法。

（三）出勺

出勺，也称出菜、装盘，就是运用一定的方法，将烹制好的菜肴从炒勺中取出来，再装入盛器的过程。出勺是整个菜肴制作的最后一个步骤，也是烹调操作的基本功之一。出勺技术的好坏，不仅关系到菜肴的形态是否美观，而且对菜肴的清洁卫生也有很大的关系。

出勺的手法很多，主要有拨入法、倒入法、舀入法、排入法、拖入法、扣入法等，我们将在第九章“菜肴造型与盛装工艺”中介绍。

四、勺工的力学原理

勺工操作涉及物体运动的力学关系，因此需对原料在勺内的运动从力学原理上加以分析，以便更好地理解、掌握勺工的技术要领。

在勺中物料运动过程中，如果在某个方向的力突然加大，物料会朝着这个方向发生移动（扬颠），当这个力大到一定程度时，物料会顺着运动的方向沿勺（锅）壁抛物线角度抛（扬）起而脱离勺（锅）的摩擦力的作用，如果这时手和勺停止运动，动力消失，物料会洒落出勺（锅）外面。如果这时手和勺按照物料被抛起的轨迹去迎接物料，它就又会落入勺（锅）中。这就是我们在操作中常见到的物料洒落与不洒落在勺外的原因。

如果在物料回落勺（锅）中时，手和勺迅速迎接（举），这时，上迎的力与物料回落时的重力相作用，产生反弹力，会使物料溅洒出勺外。如果物料在即将被抛出勺（锅）沿，沿勺（锅）壁的抛物线角度做惯性运动时，我们及时撤回送出去的力，同时自其相反方向施加一个拉回来的力，物料在向心力和拉回来的力的合力作用下，会迅即回落到勺（锅）之中，回落的物料会底面朝上。这就是我们经常在勺工操作中看见的物料翻了身折回勺（锅）中的原因（翻）。

以上就是在勺工中推、拉、送、扬、晃、举、颠、翻时各种力的相互作用的情形。勺工中的“倒”是物料的重力与勺（锅）的摩擦力相互作用时，重力克服丁摩擦阻力而产生运动的结果。

第二节　烹制工艺中的热传递现象

从物理学上讲，烹制工艺就是热量的传递过程。热量传递的推动力是温度差，它总是从高温物体传给低温物体。在烹制工艺中，热量由热源传给原料，主要有直接加热和间接加热2种形式。利用燃料燃烧或电流产生的热量，不经过介质就直接加热烹饪原料的过程，称直接加热；而利用炉灶设备将燃料燃烧的热量或电热量，通过水、油或气等介质，间接传给被加热原料的过程，称间接加热。比较二者，直接加热有着更加广泛的应用前景，特别是红外线、微波和高频加热等。

一、热传递的基本方式

热传递又称导热、传导，是物质系统内的热量转移过程。在烹制工艺中，热量的传递现象极为复杂，但分析起来主要有热传导、热对流、热辐射等几种方式。

（一）热传导

热传导又称导热，是热能由物体的一部分传递给另一部分或从一个物体传递给另一个物体，同时并无物质质点迁移的传热方式。用分子运动论的观点来解释，热传导的实质是物质的分子、原子和自由电子等微粒在相互碰撞时传递动能的一个过程。所以，热传导在固体、液体及气体中都可以发生。在金属固体中，热传导主要是依靠自由电子的碰撞；在液体和非金属固体中，则主要是由于分子、原子等微粒不断碰撞所引起的。但是，在地球引力场的范围内，单纯的热传导只能发生在密实的固体中，因为当有温度差时，液体和气体总会出现热对流现象，难以维持单纯的热传导。

热传导是热传递的一种基本方式，也是固体热传递的主要形式。在烹调工艺中，将热能通过厨具、器具（锅、勺、铛、石板、铁板等）或其他物料（盐、砂粒、石头等）直接或间接传热给烹饪原料的方法主要就是利用传导传热的方式。不同的物质，热传导的性能也不相同。金属的热传导性能较好，所以常用金属作为烹调工艺的各种加热器具；而石棉则是良好的绝热材料，因此常作为烹调工艺加热装置设备上的防火、防烫、隔热的安全材料。

（二）热对流

热对流是指流体（如水、油、空气、水蒸气等）不同部分因温度不同发生相对位移而引起的热量传递现象。它的特点是伴随着冷、热流体的分子定向运动而产生的物质内能的转移。这种传热方式有两种情况：一种是利用温度差异导致密度的差异而发生流体质点的相对位移（即流体流动），称为自然对流传递；另一种是利用外力作用（例如机械搅拌等），使冷、热流体的质点发生相对位移而进行的对流传热，称为强制对流传热。在热对流过程中，由于流体存在温差，所以表现为微观粒子间能量传递的导热现象也必然存在，只是不处于主导地位而已。

烹调工艺中，利用对流方式传热的烹调技法主要有汽蒸、隔水炖、水煮、焯、汆、涮、油炸、油汆、滑油等。

（三）热辐射

热辐射是热传递的又一种基本方式，也是自然界最普遍存在的传热现象。它不需要任何传递介质（既不依靠流体质点的移动，又不依靠分子之间的碰撞），而只是借助于不同波长的各种电磁波来传递热量。

理论证明，当物体的温度大于绝对零度（-273.15℃）时，它就能向空间放射出各种波长的电磁波。不同波长的电磁波投射到其他物体后会产生不同的效应，波长在0.1～40μm范围内的电磁波（包括一部分紫外线、可见光和红外线）投射到物体上后，能被物体吸收，产生热效应，这一波长范围内的电磁波称为热射线，热射线的传播过程就称为热辐射。物体的温度越高，辐射力（即在单位时间内物体的单位面积向外放射的能量）越强。产生热辐射必须要有很高温度的热源存在。烹调工艺中，利用热辐射传热的主要有直接用火烧烤的热辐射和电磁波辐射两种方式，前者多为传统的烹调方法，如挂炉烤鸭、烧鹅等；后者为现代烹调工艺，如红外线烤箱对原料的加热和菜肴的烹制。

热传递虽然有上述三种基本方式，但在烹制工艺中，热量的传递通常并非都是以一种方式进行的，有时还可以是两种或三种基本方式同时进行。一般说来，固体和静止的液体所发生的热传递完全取决于导热，而流动的液体以及流动或静止的气体热传递，导热虽然发生，但起主导作用的是依靠内部质点的相对运动而进行的热对流或因放热而形成的热辐射。比如给油加热时，在油保持静止阶段主要是以导热为主，经过进一步的加热，热油分子上升而冷油分子下降，使油中产生了相对流动，形成了热对流。可见，在液体加热过程中，导热与其他热传递方式都是相伴而行的，主要看以哪种方式占主要地位。

二、烹制工艺中的传热介质

介质，是指物体系统在其间存在或物理过程在其间进行的物质。传热介质一般泛指传递热量的中间物质，如水、油等。传热介质在烹制过程中的作用，一是从热源吸取热量，使自身的温度升高；二是把自身的热量传递给温度较低的烹饪原料。

传热介质的运用，标志着烹饪原料受热变熟的途径。因此，在介质层中，以直接与烹饪原料接触的介质最为重要，谓之直接介质；而其他则为间接介质。如烹饪原料在水中受热，水就是直接介质，而锅则是间接介质；烤的直接介质就是干性热空气等。直接介质是各种烹调方法的标志。在烹调工艺中，根据传热介质物态的不同，可将其分液体传热介质、气体传热介质和固体传热介质三大类。每一类传热介质又包含各种不同的具体物质，并都有各自的性质和特点（见图5-1）。

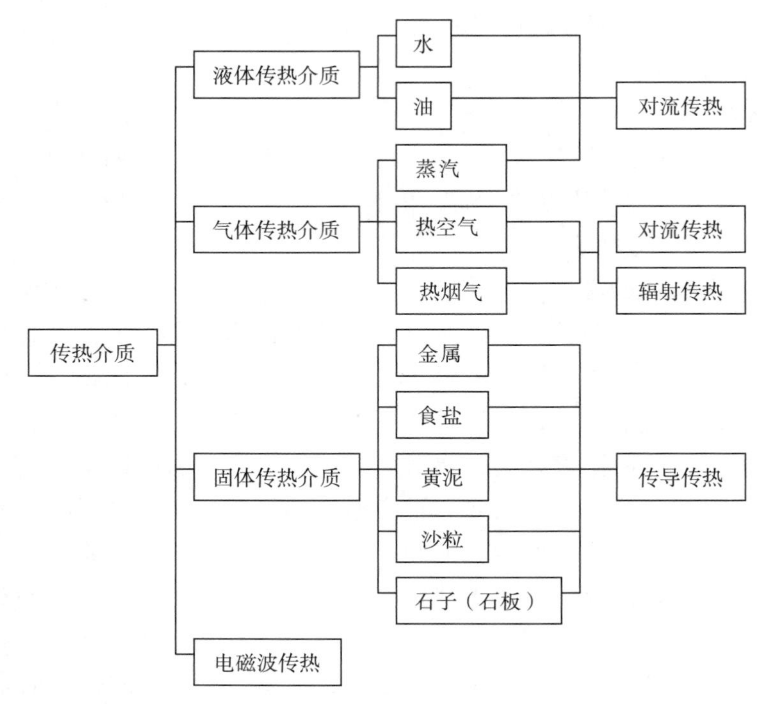

图5-1　烹制工艺中的传热介质分类

三、烹制工艺中的热传递过程

烹制工艺最重要的目的，就是把生的原料加热成熟。因此，烹饪原料必须从周围环境吸取热量以使自身的温度升高，才能由生变熟，形成人们所希望的色、香、味、形。热量传递的动力是温度差，在烹制传热系统中，热源的温度最高，原料的温度最低，热量从热源传至原料的过程就是烹制中的传热过程。完成这一过程，要经过这样两个阶段：一是热量从热源传至原料外表，称之为烹饪原料的外部传热；二是热量从原料外表传至原料的内部，称之为烹饪原料的内部传热。

（一）烹饪原料的外部传热

烹饪原料的外部传热过程与热源的种类、炊具、灶具、烹制方式及传热介质等因素有关。通常情况下，烹饪原料的外部传热过程有三种类型：一是热量由热源直接传至原料表层，如直接烧烤，即原料直接放在火（或火灰）中加热，其传热的方式是热传导；二是热量由热源只通过直接介质传至原料表层，如煎、贴、封闭的烤箱烤、管道直接供热蒸汽的蒸等，其传热方式因直接介质的物质状态不同而有差异；三是热量由热源先通过间接介质（锅）再通过直接介质（如水、油）传至原料表层，它的传热过程又包括下列三个环节。

1. 热源把热量传给锅的底部

如果热源是火焰，在旺火情况下，火焰高而稳定，火焰接触锅底，直接将铁锅烧热，主要的传热方式是热传导，其次也有热辐射和热对流作用；在微火情况下，传热的方式主要是热辐射，其次是热对流。如果灶具是封闭的烤箱或烤炉，则热传递的方式主要是热辐射。

2．热量从靠热源一侧的锅底传到锅面

由于锅的材料不管是金属还是陶瓷，都是固体，所以这一环节热传递的方式是热传导。

3．热量通过直接介质传给原料表层

如果传热介质是水或油，则热传递的主要方式是热对流；如果传热介质是盐或沙粒，则热传递的主要方式是热传导。

（二）烹饪原料的内部传热

烹饪原料的状态一般分为固态和液态，液态烹饪原料（如牛奶）加热遵循液体介质的加热原理。这里主介绍固体烹饪原料的内部传热。

固体烹饪原料内部的传热方式属于热传导。当烹饪原料表层从热源或传热介质获得热量后，温度首先升高，导致外层温度高于内层，中心温度最低（采用微波炉加热者例外）。因此原料中存在着温度梯度，热量就从外层向内层传递，使内层和中心的温度也逐渐升高。在加热过程中，由于原料各点的温度均随时间而变化，因此所形成的温度场为不稳定温度场，其导热过程属于非稳定导热。又因为烹饪原料往往不是单一纯净的物质，而是多种具有不同成分的结合体，例如猪肘子，就有皮、筋、骨、瘦肉、肥肉等成分，它们的密度、比热容都不一样，对热量传导的能力不同，所以猪肘子在烹制过程中的某一时刻，不同部位不可能具有相同的温度和温度变化速度。即使是成分比较单一的原料，如鱼、牛肉等，也因为烹饪原料是热的不良导体，即传热系数小，传导热量的能力差，导致原料表层和内层的温度不一样。

试验表明，一条大黄鱼在油锅里炸，当油温高达180℃，鱼的表面温度也达100℃左右时，鱼的内部温度才60～70℃；一块1.5～2kg的牛肉，在沸水中煮1.5h，内部的温度才达到62℃。这都表明对于大块的烹饪原料如果一直用旺火加热，虽然能增大原料表面从传热介质中吸收更多的热量，但热量在原料内部传递的速度依然不能明确加快，反而会导致锅内的水或油大量气化很快烧干，而原料内部还未成熟。所以对于体积较大的原料，必须小火加热，一方面减少水的气化或油的挥发，另一方面使原料表面对传热介质吸收的热量与原料表面向内部传递热量的速度相适应。如炖、焖、烧、煨等烹调方法，就是水烧开后改用小火或微火进行长时间的加热，让食品内部温度慢慢升高。

大块原料采用小火长时间加热的另一个原因是可以让烹饪原料吸附更多的调味料。调味料在被原料吸附之前，要先经过扩散才能进入原料内部，而扩散的速度比较慢，扩散时间越长，扩散数量就越大。采用小火长时间加热，就有较多的调味料扩散到原料的内部而被吸附，使制作出来的菜肴酥烂味厚、香气馥郁。

如果原料的体积很小或切得很薄，这样的原料可认为它从外部吸收的热量能迅速传递到内部各处，使内部各点具有相同的温度和温度变化速度。

（三）烹制过程中的热封锁现象

在烹制工艺中，我们有时会遇到这样的情况：有些原料一次性煮（蒸）不熟，待稍凉后再煮（蒸），需要花加倍的时间才能使其成熟，有时甚至不管再加热多长时间，其中间仍然夹生，这种现象就是烹制过程中的热封锁现象。如粽子要一次性煮熟，若一次性煮不熟，待粽子稍凉后再煮，不管煮多长时间，中间仍然夹生；鸡蛋要一次性煮熟，否则未煮熟的鸡蛋稍凉后再煮，需用加倍的时间，才能使热传递到鸡蛋内部逐渐成熟；蒸馒头、煮大块的猪肉牛肉，也会出现类似现象。最明显的例子是扬州千层油糕，必须一次性蒸熟，否则不管怎么蒸也蒸不熟。

造成热封锁现象的主要原因是，原料中所含的淀粉和蛋白质在烹制过程中出现了明显的物理变化，即淀粉吸水膨胀糊化和蛋白质变性。我们知道，在以水或汽作为传热介质时，原料本身热的传递是由外层向内层逐步进行的。热的本质是物质内部的分子运动速度，分子在运动过程中遇到的阻力小，则烹饪原料很容易成熟；如果遇到一定的阻力，热传递的速度减慢，烹饪原料熟的就慢。

在煮粽子过程中，糯米都是由支链淀粉组成的，这些支链淀粉受热后，外层糯米首先膨胀糊化。这种糊层只要不冷却，是不会坚挺的，在一直加热的过程中始终处于一种绵软状态。此糊化层随着加热时间的延长，会逐渐加厚，热的传递逐渐受到越来越大的阻力，所以煮粽子需很长时间焖煮并一次性成熟。若粽子未煮熟，一旦冷却，糊化层就会变成坚挺的溶胶，成为传递热的最大障碍，粽子四周形成了一个完整的屏障，阻碍着热的传递，因而产生了热的封锁现象。

煮鸡蛋过程中，鸡蛋清外层受热变性，在继续煮制的过程中，这种变性蛋白虽然不会坚挺，仍处于一种柔软的状态，但对热的传递会有一定阻碍。只要一次性加热至鸡蛋熟，这种阻碍不会对热的传递出现太大的问题；若鸡蛋煮至半熟，捞出，用冷水一淋（或自然冷却）再煮，就将花费成倍的时间。这是蛋白质对热的传递形成的封锁现象。大块肉、整鸡、整鸭，若用大火煮制，热量首先过早地使外层的蛋白质急剧变性，也使小脂肪过早溢出，蛋白质变坚挺，一定程度上阻碍了热的传递，出现热封锁现象，则欲速不达。若用小火以长时间加热，使蛋白质的变性始终处于一种对热传递十分有利的状态，则会收到事半功倍的效果。

在烹制过程中，防止热封锁现象发生主要有三种方法：一是要正确运用火候，力求一次性成熟；二是选用蒸汽蒸笼、夹层锅、高压锅之类的烹饪器具，压力增加，加热介质水的温度相应提高，使热的传递加快及穿透原料的能力加强；三是采用现代化的烹制手段，如微波烹制，改变传统的传热方式（微波传热，绝不会出现外熟里不熟的现象）。

四、烹调原料在加热过程中的变化

原料在加热过程中会发生种种物理变化和化学变化，研究这些变化，对选择传热介质、掌握火候，以最大限度地保持食物中的营养成分，制成色、香、味、形质俱佳的菜肴意义很大。

原料在锅中加热，其变化随原料与加热方式不同而异。一般来说，加热对原料产生如下几方面作用。

（一）分散作用

破坏原料的组织结构，属于物理变化，包括吸水、膨胀、分裂、溶解四个阶段。生蔬菜或新鲜水果，细胞中充满水分，细胞间起连结作用的植物胶素硬而饱满。加热时胶素软化与水温合成胶液，同时细胞破裂，里面一部分包含物，如矿物质、维生素等溶于水中，整个组织变软。所以，蔬菜加热后锅中出汤汁，这些汤汁中含有丰富的矿物质及维生素，是菜肴营养的重要组成部分。果品中所含果胶较多，加热时加入少量水、可以制成各种果酱、果冻和蜜汁菜。

烹调加热中，淀粉的变化是典型的分散作用。天然淀粉由直链和支链淀粉组成，不溶于冷水，但在60～80℃时直链淀粉形成稳定的溶胶，支链淀粉粉粒氢键断裂向水中扩散，扩散中粉粒吸水膨胀50～100倍形成立体网络，而直链淀粉的溶胶则分散在网络中，这就是淀粉的糊化。烹调上的辅助手段挂糊、上浆、勾芡就是利用糊化的原理。在天然淀粉中，直链与支链淀粉的比例有所不同，含支链淀粉多的天然淀粉糊化能力强，如马铃薯淀粉的支链含量高于玉米淀粉，因此，勾芡时马铃薯淀粉吸水较多，糊化的能力也就高于玉米淀粉。

（二）水解作用

水解作用是使原料中的营养成分在水的作用下发生分解，属化学变化。如蛋白质水解为肽段和氨基酸，脂肪水解为甘油和脂肪酸。水解作用能使结缔组织中的纤维分裂，令肉质柔软酥烂。在各种烹调技法中，制汤是水解作用的典型应用。

（三）凝固作用

凝固作用是指加热过程中，原料中蛋白质空间结构遭到的破坏，属物理变化。如卵蛋白质在煎煮时的凝固、瘦肉在加热时的收缩变硬、汤中的盐使蛋白质沉淀析出等。

原料中蛋白质变性后，许多性质发生改变，如质地变硬、色变暗、生物活性丧失等。变性后的蛋白质易于被身体中的酶水解，消化吸收率提高。原料中的酶同样具有蛋白质的性质、酶变性后失去催化功能，可防止原料腐败。几乎所有的蛋白质在加热时都会出现变化凝固现象，一般温度在45℃时便可觉察到变性，在55～70℃是变性凝固的正常温度。

（四）酯化作用

酯化作用是指醇类物质与有机酸共同加热产生具有芳香气味酯类的化学反应。如原料中的氨基酸、核酸、脂肪酸以及食醋中的乙酸与料酒中的乙醇共热均可不同程度地发生酯化反应，生成芳香性酯类物质。因此，许多菜肴在烹制时都离不开料酒和食醋这两种调味品，尤其在做鱼时更不可缺少。

（五）氧化作用

氧化作用是一种化学反应。在烹调加热时食用油脂及维生素最易发生这种反应。油脂的使用是在空气中进行的，并且是在高温下连续反复使用的，在这种状态下油脂与空气中的氧在高温下直接接触，所发生的反应是高温氧化反应（这与常温下油脂的自动氧化是有区别的），高温氧化下所产生的某些醛、醇、酸及过氧化物对人体危害很大，所以烹调加热使用的油脂要经常更换。维生素与空气接触氧化更快。可以说，原料在烹调时损失最大的就是维生素，其中尤以维生素C最甚。所以在烹调时，对蔬菜的加热时间不宜太长，不宜放纯碱（碳酸钠）、小苏打（碳酸氢钠），也不宜用铜锅、铜铲等。

（六）其他作用

原料在加热中还会发生其他变化，如鸡蛋黄中的铁与蛋的硫化反应、肉类蛋白在无水高温下的美拉德反应、糖类物质的焦糖化反应及糊精反应等。这些反应互为基础，互为影响，既增添了成品菜肴的特色，又为研究和掌握这门技术增加了难度。

第三节 烹制基本方式

烹制基本方式是构成各类热处理技法和烹调方法的基础。根据直接传热介质和传热方式的不同，烹制方式一般可分为水烹方式、油烹方式、汽烹方式、固体烹方式和辐射烹方式等几种。

一、水烹方式

利用水或汤汁为主要传热介质，通过锅、水（汤汁）、原料之间的对流换热，将热源产生的热量传递给烹饪原料，使其受热成熟的烹制方式，称为水烹方式。水烹适合于多种烹调方法和预熟处理技法，是最基本的烹制方式之一。

（一）水烹性能

1．导热均匀迅速

水一经加热，热量就会靠对流作用迅速而均匀地传递到各处，形成均匀稳定的温度场。原料置身于这样的温度场中，其感受的是一种均衡的立体温度，原料各点接受相同的热量，使原料受热均匀。同时，由于水的比热容高、导热系数大，使受热原料迅速成熟。

2．渗透力较强

水的分子小、黏度低，所以具有很强的渗透能力。在水烹过程中，水在热力和渗透压差的作用下可以说是“无孔不入”。如果原料含水量低，水就会进入原料内部，促使原料吸水，膨胀后达到细嫩、软烂的目的。水的渗入不仅改变了原料的质感，也为调味品的渗入创造了条件。

3．溶解力强

水具有良好的溶解能力，其溶解力随温度的升高而增强。在水烹过程中，原料中的许多营养成分和呈味物质，如水溶性蛋白、氨基酸、糖类、维生素和无机盐等溶于水中；某些不能溶解于水的成分，如胶原蛋白、果胶物质、淀粉、脂肪等，也能分散在水中形成胶体溶液或乳状液。利用水的溶解力还可以去除原料中某些不良气味物质，例如植物性原料的萝卜、笋经焯水可除去辣味和苦涩味；动物性原料的牛、羊肉及内脏等焯水可排出血污，除去腥膻气味。

4．无污染

水的化学组成比较简单，化学性质稳定并无色、无味。因此，在烹制范围内，水不会因加热而产生有害人体的物质，也不会污染环境。但烹制加热所用的水，一定要符合国家卫生标准，长期使用硬水也会对健康不利。

（二）水烹方式的类型

根据原料受热时间的长短，水烹方式又可分为一次供热水烹、短暂供热水烹和持续供热水烹3种类型。

1. 一次供热方式

一次供热水烹是指主要依靠水或汤液一次携带的热量加热，原料在水中瞬时受热即可达到烹制要求的方法。如烹调方法中的汤爆、氽、涮，预熟处理技法中的沸水锅焯水等。它适用于对热特别敏感的原料，如猪肝、猪腰、鸭胗、鸡胗、某些叶茎类蔬菜等。通常情况下，为了保证熟化程度，一般要将原料切成薄片或剞上花刀，以缩短热传导时间。

2. 短暂供热方式

短暂供热水烹是指将原料置于一定温度水（或汤液）中，作短暂加热处理。在烹制过程中，传热介质虽然可以不断地从热源获取补充热量，但为了保证热源供热量与原料吸热量瞬间平衡（尽量不使温度降低），不但要求热源供热量要大，而且要求介质有足够的数量，以保证有较大的热容量，可以缓冲原料吸热引起的介质降温作用。至于原料在介质中停留时间的长短，则可根据烹制工艺的目的和原料对热的敏感程度而定。

3. 持续供热方式

持续供热方式是指将原料置于一定温度的水（或汤液）中，持续供热，使原料不断从热源获取热量直至符合烹制的要求。它主要通过调节水沸腾汽化速度来适当控制水温。因为液体汽化时，需要吸收大量汽化热。如果外界不能及时供热，液体就可依靠降低自身温度来支出热量。所以对于大块动物性原料，为了防止外表蛋白质过早高温变性凝固，阻止汤液向原料深层渗透对流传热，水沸后要采用较小的火力加热，使汤液处于微沸状态，利用汽化热的消耗，控制汤液相对较低温度，尽快使大块原料内外均匀熟透。而对于某些菜肴的烹制，则应用大火持续供热，使汤液猛烈汽化，造成密闭加热空间局部水蒸气高压，适当提高水的沸点。同时，汤水的剧烈沸腾对强化强制热对流过程和乳浊汤液的形成都会产生有益的作用。

（三）水烹方式的成品特征

1. 汤汁醇美

用水烹方式制作菜肴时，原料中的营养成分和风味物质会溶解或分散在水中，从而形成醇美的汤汁。

2. 味透肌理

水是各种呈味物质进行扩散与渗透的良好介质，因此水烹能使原料的滋味互相调和，调味品的滋味也容易渗入烹饪原料内部，从而使成品具有味透肌里的特点。

3. 酥烂、水嫩

以水作为主要导热体，烹制时原料浸没于水中，原料脱水较少，能较好地保持原汁原味。对于鲜嫩细小的原料，成菜后具有柔软水嫩的特点；老韧的原料则可以酥烂脱骨。

二、油烹方式

利用各种食用植物油或动物脂作为传热介质的烹制方式称油烹方式。油烹适合于多种烹调方法和原料，是一种比较复杂的烹制方式。

（一）油烹性能

1．比热容大，烟点高，温阈宽

常用食用油的比热容在1.8～2.0J/（g·℃），烟点一般均在200℃左右，色拉油产生油烟的温度在220～240℃。所以它可以贮存很高的能量，促使原料很快成熟。另外，油烹方式还具有宽温阈的特点，从0～200℃（甚至更高）这样广阔的温度区间，可使菜肴形成不同的风格特点。

2．导热性能好，可形成均匀的温度场

油经加热后，由于对流作用，可使热量迅速传递到各处，从而形成均匀的温度场，使投入其中的原料从各个方向受热均匀。但这个温度场的上限温度很难界定，它会在持续加热中不断升高，是一个不稳定的温度场。因此，运用油烹方式时，油温的鉴别十分重要。

3．有利于提高菜肴的营养价值

油烹方式可以不同程度地提高菜肴的营养价值。一方面，油本身就是一种营养物质，含有人体需要的各种脂肪酸和某些维生素、磷脂等，能帮助脂溶性维生素的吸收；另一方面，在高温作用下，原料中的蛋白质降解为肽段和氨基酸，糖类分解为醇、酸、羰基化合物，这些变化对提高原料中营养成分的消化吸收率意义很大。此外，由于蛋白质变性会失去生理活性，致使原料中含有的各种有害的酶及蛋白质性的有害因子，如豆类中含有凝集素（有毒），豆类、谷物、马铃薯等植物中含有抗胰蛋白酶和抗淀粉酶，鸡蛋中含有抗生物因子、抗胰蛋白酶等，在加热时失活，有利于人体健康。

4．造成部分维生素损失，易产生有害物质

油烹方式有很多优点，但也有一些不足之处：首先，油烹方式会使一些脂溶性的维生素溶于油中，造成损失；其次，如果反复高温加热，还会产生有害物质，危及健康。

（二）油烹方式的类型

油烹方式根据其传热机制和用油量的多少，可分为大油量、小油量和薄层油量3种类型。

1．大油量烹制方式

大油量的油烹方式，是指油量要充分浸没原料，能对原料表层同时均匀加热的烹制方式，具体可分为中油温的滑油（或划油）和热油温、高油温的走油（或过油）两种具体运用方式。在大油量烹制方式中，保持足够的油量（从而保持足够的总热容量）和控制合适的温度是很重要的。

2．小油量烹制方式

小油量烹制方式是指油脂量一般仅够浸没原料厚度的1/4至1/2，原料同时接受油脂对流传热、贴锅底层油脂的传导传热以及上表面暴露于灼热空气中的气—固热传导传热三个不同温区的加热，属于温度不均匀、不稳定的加热方式。

3．薄层油量烹制方式

薄层油量烹制方式主要应用于炒、贴等工艺。它主要依靠薄层油脂传导导热，所以温度极不均匀、极不稳定，必须不断翻动原料，使其两面均匀受热；而且只宜处理片、丝、丁、条类小型原料，必要时还要先经过焯水、滑油等初步熟处理过程。

（三）油烹方式的成品特征

1. 口味干香

油的含水量极低，属于干性物质。极低的含水量能防止水溶性物质流失，确保烹饪原料原本的风味。同时，烹饪原料中的蛋白质、脂类、糖类、核酸等许多香气前体物质，在油烹中发生美拉德、焦糖化等化学反应，生成了醛、醇、酮、呋喃、低级脂肪酸、糊精等香气物质，使菜肴香气四溢。

2. 质地丰富多彩

油烹方式的成品质感是丰富多样的，有滑、嫩、爽、脆、酥、松、软等，其形成主要取决于油温和其他工艺处理。比如炸法中的具体烹调技法，往往以特定的质感作标示：脆炸（脆感）、酥炸（酥感）、松炸（松感）、软炸（软感）等。

3. 色泽亮丽诱人

油烹方式对制品色泽的形成有重要作用。蔬菜类原料，如青菜、菠菜等经油热处理，色泽会更加鲜艳、光润；油炸类制品，由于焦糖化褐变作用，可得到悦目的色泽。

4. 形成优美造型

油的疏水性和油温对制品的成型具有重要作用。原料经过油处理后，形成较致密性的保护层，原料内部成分不易溶出，使菜肴形态饱满。“菊花鱼”、“爆墨鱼”、“松鼠鱼”等象形菜，必须依靠较高或高油温的定型处理，才能形成立体感强的自然造型。

三、汽烹方式

汽烹是指以水蒸气作为传热介质，利用水蒸气的热对流烹制烹饪原料的方式。

（一）汽烹性能

1. 加热均匀迅速

在设备完好、操作规范的情况下，汽烹方式能形成稳定均匀的温度场，对原料迅速加热。这是因为水蒸气的加热温区要比水宽阔，其比热又比水小，导热十分迅速。水蒸气除靠自身降温对原料供热外，主要靠水蒸气冷凝时释放出大量的冷凝热。水蒸气黏度又特别小，可以很方便地将热量有效地传至原料的每个角落，加热非常均匀。

2. 不具有水的渗透性

水蒸气是雾化了的水分子，不具有水的渗透性，因而也就不具有携带调味品向原料中渗透的功能。在汽烹过程中，蒸屉内的湿度处于饱和状态，压力较高，调味品不容易进入原料内部，所以通过汽烹方式制作菜肴时，原料一般要经过烹前调味或烹后调味。

3. 卫生条件好

水蒸气无色、无味，因而汽烹方式对环境无污染，不产生有害物质，卫生条件好。

（二）汽烹方式的类型

汽烹的主要方式，根据蒸汽压力及其相互温度的不同，分为低压汽烹、常压汽烹和高压汽烹三种。

1．低压汽烹

低压汽烹是利用水在低温（＜100℃）蒸发状态下形成的水蒸气与空气混合物共同满足1个大气压（101325Pa），而其中水蒸气分压低于1个大气压状态下，对原料传递热量的。它温度较低（＜100℃），通常用来加热细嫩易老、不耐高温的原料，如蛋糕、肉糜、虾片等。为此，应控制住热源供热总量，使其基本满足水转变为同温度水蒸气时所需的蒸发热（在数量上等于冷凝热，符号相反），但不能超出太多，以免形成蒸发空间水蒸气过分不饱和程度，引起原料失水、起孔、变老、跑味及变色等。

2．常压汽烹

常压汽烹即所谓的“沸腾状态的蒸”，主要利用水在常压下沸腾所产生的100℃饱合水蒸气传热，其传热温度和总供热量都大于低压水蒸气传热。为了排除空气组分的干预，保证蒸制空间水蒸气分压也为1个大气压。常压水蒸气传热，要求在一定封闭空间进行（笼屉要加盖）；同时要控制热源供热，勿使过量，以能满足水在沸腾状态下正常产生水蒸气为原则。

3．高压汽烹

在汽烹时，如果出现提高供热强度和增加密闭程度两个条件，就会在蒸发空间造成水蒸气过量积累，形成一定程度的高压水蒸气。由于与之平衡的水的沸点可随压力增大而升高，所以高压水蒸气的温度都高于100℃。在旧式笼屉蒸制条件下，温度可达105～110℃，在一般高压锅内可达到124℃，大大提高了水蒸气传热强度。由于这时蒸制空间内外压力差较大，蒸汽从缝隙处压出时速度较快，使人产生所谓“蒸汽冲力大”的印象。

（三）汽烹的成品特征

1．原汁原味

在汽烹时，由于蒸屉内的相对湿度处于饱和状态，所以烹饪原料中所含的水分不会蒸发流失，能够保持烹饪原料中原有的营养成分和呈味物质，使成品具有原汁原味的特点。

2．保色保形

水蒸气是一种无色的气体，原料在水蒸气作用下受热成熟，一般不会改变原来的色泽。由于水蒸气是在预热过程和饱和蒸汽压下形成的等温场，它使原料免受水烹或油烹时液体对流对原料产生的撞击，所以汽烹通常能较好地保持原料固有的形状。许多花色菜肴就是利用汽烹方式来完成的。

3．鲜嫩爽口或酥烂脱骨

水蒸气是一种良好的传热介质，能改变原料中的结构物质。蒸锅（蒸箱、蒸笼）中高密集的水蒸气能使原料充分吸水，从而极大地保持成品质地的鲜嫩度。当用旺火沸水长时间汽蒸（或高压汽蒸）时，原料与蒸汽的对流换热频繁，热能浸入原料过多，致使原料内的肌纤维组织松散，进而形成某些菜品酥烂脱骨的特征。

四、固体烹方式

固体烹方式是指利用固体介质将热源的热能直接传导给原料的加热方式。但是在地球引力场内，单纯的热传导只能在结构紧密的固体中进行。因在液体和气体中，只要有温度差存在，液体分子的移动和气体分子的扩散就不可避免，从而产生对流现象。所以，在固体烹方式中，也伴随着液体和空气的对流。

（一）金属锅具传热

金属锅具作为传热介质，在烹制工艺中有着广泛的用途，如煎、贴等烹调方法。通常情况下，以金属锅具作为传热介质时，其锅面都布有少量的油，一方面是为了获得良好的色、香、味，另一方面是为了增大整个传热系统的热阻。因此，严格地说在这种情况下传热介质并不是单纯的金属，而是金属与油。油的导热系数很小，热阻变大，减少了锅面向原料表面的导热量，防止了原料表层升温过度，以免脱水碳化。

（二）盐或砂粒传热

盐或砂粒均属固体物质，当与加热的锅面接触时，通过热传导从锅面获得热量。由于盐、沙粒的导热系数大于水、油、蒸汽和空气，所以吸收一定热量后，自身温度升高较快，与此同时又把自身的热量传递给烹调原料。

五、辐射烹方式

辐射烹方式是通过热源向烹饪原料发射可见或不可见的射线来传递热量，使烹饪原料成熟的烹制方式。

（一）普通热辐射

普通热辐射是指利用敞口的火炉、火盆或电炉作为热源，通过柴、炭、煤等燃烧时产生的热能或电炉通电时产生的热能，以光子的形式辐射到烹饪原料上，使其变性成熟的烹制方式。这种方式实际就是传统的烤制法。

1．普通热辐射方式的特性

（1）设备简单，方便易行，易于掌握火候。

（2）火力分散，属于不均匀温度场，通过转动（翻动）原料，才能使其受热均匀，成熟度一致。

2．成品特征

（1）普通热辐射常伴随着热空气的对流热换，原料表面水分吸收足够的热量后，迅速汽化，其表皮往往处于脱水或半脱水状态，结成一层硬膜，使原料内部的水分难以向外扩散，所以大多数烤制品的特点是皮脆而酥，肉鲜而嫩，外酥脆，里鲜嫩。

（2）香味醇浓一般的烤制品都具有诱人的香气。

（二）远红外线辐射

红外线是一种人看不见的电磁波，波长介于可见光和微波之间，由于它位于可见光的红端以外，所以称红外线。用于加热的远红外线，通常是指波长为30～1000 μm的电磁波，它能被各种气体（包括水蒸气）分子及固体微粒所吸收，并转化为原料内部基本粒子微观运动的动能——热能。随着原料对远红外线吸收量的增多，温度逐渐上升，致使原料成熟。

1．远红外线加热的特性

（1）热效率高　一般的热辐射仅能加热原料表面，对原料内部没有多少直接作用，而远红外线除了加热原料外面之外，还能深入到原料内部去，使原料分子吸收远红外线发生谐振，达到加热的目的。此外，远红外线所产生的温度一般在300～400℃，远远高于其他传热介质。因此，远红外线加热具有热效率高、加热迅速的特点。

（2）便于大规模生产　远红外线加热时间便于控制，加热均匀，适合机械化和自动化大生产。

2．成品特征

用远红外线辐射方工烹制的菜肴，具有色泽黄红、外焦里嫩和香气浓郁的特点。

（三）微波辐射方式

微波辐射方式是利用微波辐射烹饪原料，由其内部分子本身产生的摩擦热，里外同时快速加热烹饪原料的。

1．微波辐射方式的特性

（1）加热均匀，控制方便　微波具有较强的穿透能力，能深入到物体内部，使其受热均匀，不会发生外焦里生的情况。微波发生器在接通电源后便能立即产生交变电场并进行加热，一断电就立即停止加热，因此能方便地进行瞬时控制。

（2）营养破坏少　微波炉能最大限度地保留烹调原料中的维生素，保持食品原来的颜色和水分。此外，微波还具有低温杀菌作用。

（3）加热快、热效率高　由于食品的热传导性通常都比较低，采用一般加热方法使物体内、外温度趋于一致需较长时间。采用微波加热则能使原料里外同时受热，所以加热速度快、热效率高。

（4）清洁、方便　用微波炉烹调食品过程中，没有汁水流出，不会使厨房气温升高，而且对放在餐具内的烹调原料直接加热，出炉后不必更换餐具，节省时间。

2．成品特点

微波辐射方式不通过水、油等介质即可进行快速烹制，因此成品可以保持原料的色彩、形状和风味。

第四节　火候及其调控

一、火候的概念和要素

（一）火候的概念

火候就是根据烹饪原料的性质、形态和烹调方法及食用的要求，通过一定的烹制方式，在一定时间内使烹饪原料吸收足够的热量，从而发生适度变化后所达到的程度。对于火候的定义，我们需要从以下几方面理解。

首先，一般情况下所说的火候，指的是“最佳的火候”，即把烹饪原料烹制到最理想的程度。所谓理想的程度，有内外两层意思：就外在来说，就是多少原料需要多少热量，达到多高的温度，才能烹熟烹饪原料，这一程度是可以精确计算出来的，如现在的微波烹饪、红外线烤箱烹饪等都可如此；至于内在的程度，则是指通过加热，把烹饪原料烹制得鲜美香嫩、恰到好处，这是烹制工艺的最高要求，也是最难把握的。

其次，烹调中的火候有三个层次的意义，它们分别由热源、传热介质和烹饪原料三者通过一定的表现形式（外观现象或内在品质）呈现出来。对热源而言，火候就是热源在一定时间内向原料或传热介质提供的总热量，它由热源的温度或其在单位时间内产生热量的大小和加热时间的长短决定；对传热介质而言，火候就是传热介质在一定时间内产生的总热量，它由热源及传热介质的种类、数量、温度和对原料的加热时间所决定；对烹饪原料而言，火候就是原料达到烹调要求时所获得的总热量，它由热源、传热介质、原料本身的状况及其受热时间所决定。

其三，对于一定种类、一定数量的烹饪原料，或一个菜肴来说，它的烹制质量预先都有一个标准（由于存在主观因素，但至少应有一个范围），因此，其应达到的"火候"就是一个定值。一般情况下，加热时间长，热源（或传热介质）的温度（火力）就应低（小）；反之，热源（或传热介质）的温度高（或火力大），加热时间就短。火候的掌握关键是找出时间与热源温度（火力）的比例关系。

其四，火候是以原料感官性状的改变而表现出来的，火候的表现形态是人们判断火候的重要依据。因为原料在受热的过程中，内部的各种理化变化都会由色泽、香气、味道、形状、质地的改变所反映，其中最核心的是口感（质感）的变化程度。原料受热口感的变化是一个动态的过程，从生到刚熟、再到成熟、到熟透以至于发生解体、干缩、焦煳。不同的菜肴，火候要求不同，每类菜肴都有自己的标准，如炒爆一类的菜，口感要求脆爽、细嫩；烧菜、蒸菜、卤菜要熟软，这些特点在制作中应通过经验判断和感官鉴别体现出来。

（二）火候的要素及相互关系

1. 火候的要素

从火候的定义可以看出，火候的运用和把握离不开热源在单位时间的发热量、热媒温度和加热时间，这三者是构成火候的基本要素。

（1）热源发热量　热源发热量既包括炉口火力（即燃料燃烧时在炉口或加热方向上的热流量），也包括电能在单位时间内转化为热能的多少。炉口火力的大小受燃料的固有品质、燃烧状况、火焰温度以及传热面积、传热距离等因素的影响，火力的大小仍然主要靠经验判断。电能转化为热量的多少则主要由加热设备所控制，可以通过设备上的调控部件来调节。

（2）热媒温度　热媒温度即原料在烹制时受热环境的温度。热源释放的能量通常要通过热媒的载运才能直接或转换后作用于原料，要使原料在一定的时间内获取足够的热量而发生适度的变化，一般都要求热媒必须具有适当高的温度。如上浆原料的滑油，油温要求保持在90～140℃，否则不是脱浆，就是原料表层发硬、质地变老。但微波加热不需要热媒，而是取决于微波所载电子能的多少，这是一个特例。

（3）加热时间　原料在烹制过程中受热能或其他能量作用的时间长短，也是火候的要素之一。热媒温度的高低，能够决定热媒与原料之间传热时热流量的大小，而不能确定原料吸收热量的多少。一定温度的热媒或微波只有经过一定的加热时间，才能保证原料获取足够的热量而达到规定的火候。

2．火候各要素之间的相互关系

火候三要素在烹制工艺中相互联系，相互制约，构成若干种火候形式，不同的火候形式又具有不同的功效。如果把它们粗略地划分为三个档次，热源发热量分为大、中、小，热媒温度分为高、中、低，加热时间分为长、中、短，那么从理论上讲就可得到27种不同的火候形式，也就是27种不同的火候功效。在实际烹制工艺中，火候各要素的档次划分远不止三个，按原料性状和烹调要求的不同，所组成的火候形式简直难以数计。这就是我国烹调的火功微妙之处。

二、炉口火力的调控

（一）炉口火力的种类及特征

目前以燃料（如煤气、液化石油气、柴油等）燃烧为热源（即明火）的加热方法仍十分普遍，对这类热源火候的控制主要是依靠经验来判断其炉口火力的大小和加热时间的长短。

所谓的炉口火力，主要是指炉内燃料燃烧时在炉口发出的热流量（即在单位时间里，通过一定面积的热量）的大小。当燃料处于剧烈燃烧状态时，炉口的火力就大；反之，炉口的火力则小。炉口火力的从小到大或从大到小其间是一个无级系列，很难划定等级界限。在实践操作中，人们通常根据火焰的颜色、光度、形态、辐射热等现象，把炉口火力粗略地划分为旺火、中火、小火和微火4种（见表5–1）。

表5–1　炉口火力的种类及特征

种类	别称	含义	形态	颜色	光度	温度	应用
旺火	武火、大火、猛火、烈火、急火	炉口最强的一种火力。燃气（油）灶的闸阀和气阀开到最大限度，燃料处于剧烈燃烧状态，火势喷射猛烈，并有“呼呼”的响声	火焰全部升起	黄白色	耀眼	热度逼人	急速烹制菜肴，能使菜肴脆嫩爽口，如爆、炒、烹、氽、蒸
中火	文火、武火	仅次于旺火的一种火力。燃气（油）灶的闸阀和气阀开到较大程度，火势喷射不急不慢，火焰高低适中	火焰高而稳定	黄色	明亮	热度较强	快速烹制菜肴，使菜肴鲜脆软嫩，如炸、熘、蒸等
小火	文火、慢火、温火	炉口火力中较小的一种。燃气（油）灶的闸阀和气阀开到较小程度，火势较弱，火力较轻，火苗达不到锅底	火焰较低，时而上下跳动	黄红色	发亮	热度较弱	速度稍慢的烹制菜肴，使菜肴酥软入味，如煎、贴等
微火		燃烧度最弱的一种火力。燃气（油）灶的闸阀和气阀刚刚启开，火势微弱	火苗很低，时起时落	蓝紫色	暗淡	热度较小	速度最慢，适合煨、炖等

以上是各种炉口火力的基本特征。当然，对于不同规格、种类的炉灶设备来说，炉口的火力强弱是不同的。

（二）影响炉口火力的因素

炉口火力的大小由燃料燃烧时在单位时间内产生热量的多少来决定，因此影响炉口火力大小的因素与影响燃烧的因素密切相关。而影响燃烧的因素主要是燃料的种类和数量、燃料氧化的程度以及燃烧的速度。

（三）各种火力的作用与综合运用

1. 各种火力的作用

火力是燃料燃烧时在炉口发出的热流量。炉口火力的改变，热源在单位时间内传给传热介质或烹饪原料的热量也随之改变，从而影响到烹饪原料本身温度的上升速度和成熟状况。所以，不同的火力具有不同的作用。

（1）旺火在单位时间内携带的热量多，因而可以缩短烹制的时间，减少营养成分的损失，并保持某些菜肴的鲜美脆嫩。旺火一般适用于炒、爆、烹、炸等快速烹制的菜肴，如炒豆芽、爆鱿鱼卷等，也适用于烹制量比较大的汤、羹类菜肴。使用旺火烹制时，各种烹制的手法也应随之加快，如翻锅、搅拌和取用油料、调料的动作要迅速、敏捷、准确、熟练。只有这样，才能与旺火密切配合，达到理想的效果。

（2）中火一般适用于扒、烧、煮、烩、煎、贴等烹调方法，或炸制体大、质坚的烹饪原料，如清煎鱼、香槟排骨、脆皮童子鸡等。上述菜肴的烹制若用旺火，则容易出现外焦里生甚至焦煳的现象。

（3）小火通常适用于用软炒、炖、焖、煲、煎、窝贴等烹调方法烹制的菜肴，如三不沾、炒鲜奶、大良燕窝盏、窝贴鱼等。因为这些菜肴的原料质地鲜嫩易熟，成菜时又要求色泽素洁雅观，若火力过大，不仅会使原料失去鲜嫩的特色，也会损坏成菜的色泽。

（4）微火，由于其供热微弱，一般不大适用于烹调菜肴，主要作为烹调中的补助性加热方法。如有些用熬、炖、煲、焖等烹调方法制成的菜肴，必须预先制好，以便随时上桌供客人食用。这些菜肴一般上桌前要在微火上保持温度，使其处于似滚非滚状态。另外，有些要求质地特别酥烂的菜肴，有时也采用微火加热的方法。

2. 不同火力的综合运用

不同的炉口火力有不同的用途，它们分别适用于不同的烹饪原料或不同的烹调方法，但对于同一种原料或同一种烹调方法来说，并不一定只适用于一种火力加热。在实际烹调中，有的菜肴只需用1种火力，如清炖狮子头，必须用小火，否则就不能达到质量要求。有的菜肴则需用两种或两种以上的火力，如清炖牛肉，先中火，后微火；再如余鱼圆，先小火，后中火。更多的是两种或两种以上的火力综合交替使用，其方式有递增式、递减式、波浪式等。如干烧鱼，先用旺火热油炸制，再用中火、小火烧制，后用旺火收汁，这其中无穷的变化与加热时间有着紧密的联系。恰到好处地转变火力，或增或减，掌握好时间是菜肴制作的关键。

（四）控制炉口火力的操作方法

1. 烹调器具移动法

此法属基本操作技能。烹调时，炒锅上火加热后锅热，若需降温，则可将锅离开灶口。

2. 主火、副火换位法

凡是有主火、副火装置的炉灶均可用此方法。一般主火火力大，副火火力小。实际工作中，可双锅双火同时运用，交替使用。一锅主火烹制炒爆菜，另一锅副火烧炖制菜，待副火的菜品即将成熟时，可将其移上主火，用收汁或勾芡方法完成此菜。

3. 启动能源开关控制火力法

现代化烹调加热装置多用启动开关控制火力大小，如电器炉具、天然气灶具等。

三、传热介质的温度调控

温度是描述发热体发热激烈程度的标志，属于热能的强度因素。准确地测知并控制好传热介质的温度，对烹制工艺中火候的掌握至关重要。

（一）水温的分类和调控

1. 水温的分类

在烹制工艺中，通常根据用途不同，将水温划分为冷水、温水、温热水、热水四种类型（见表5-2）。

表5-2 水温的划分与应用

种类	温度范围/℃	适用的烹调方法	主要用途
冷水	0～30		初加工原料清洗，冷冻原料解冻，体小、质软的干货水发，碱发后原料的去碱，油发后原料的水发，干货涨发后的成品保存等
温水	31～50		初加工原料清洗干货水发、碱发后原料除碱等
温热水	50～80		冷水难发好的干货原料的涨发，碱发、半油半水发的碱水配制，油发干货原料的水发及去油质，禽类宰杀后的浸烫褪毛，甲鱼、白鳝等无鳞鱼的去污膜，禽、畜去爪或嘴的皮、壳，舌头去苔等
热水	＞80	水爆、水汆、煮、烧、烩、扒、炖、焖、煨、卤、酱等	杀菌消毒，初加工动植物性原料焯水，质地坚硬的干货原料的泡、煮、焖、涨发等

应当注意，这里对水温的划分，有别于人们的习惯。如同为20℃的水，冬天人们感觉它暖，称之为温水，夏天感觉凉，称之为凉水。开水也是这样，人们习惯认为沸水，而由于水的沸点，随海拔的不同而不同。所以这里讲的沸水一定是开水，而开水未必是沸水（高原地区除外）。

2. 水温的调控

在烹制工艺中，水温对菜肴的影响很大。如在预热工艺中往往因焯水温度偏低，而使维生素损失；杀鸡因水温度高而烫破皮，或因水温低毛拔不下来；制汤撇沫以95℃左右为好，而制汤下料宜原料与冷水一起下锅同煮，若不这样，汤的质量就有影响。做鱼圆下锅成熟的水温以40℃左右为宜，而成熟时的水温又以90～95℃为好。

水温的高低要根据原料的性质和烹调的要求来调控。原料本身含水量大、质地鲜嫩、块形小，烹调时水温要高，加热时间短，所耗用的水和原料吸收的水就少。而质地较老、加工块形大、含水量也少的原料，烹调时加热时间长，相对加热温度也高，原料吸水量也大，在烹调加水时就要多一些。一般来说，一定的水量就有与之相适应的温度和加热时间，它们是相辅相成的。科学地控制加热时的水温，是水烹菜肴的关键。

（二）油温的识别和调控

1. 油温的识别

目前厨房对油温的识别主要是靠感官凭经验，即把油加热时的状态及投料后的反应与油温联系起来。如无烟、无响声、油面较平静的油温为70～100℃；若油面有烟或微有青烟，油从四周向中间翻动，油温为10～170℃；若油面有青烟、油面较平静，用手勺搅时有响声，油温在180～220℃。

当然，油温的测定最好使用带测温功能的器具（测温锅、测温勺、测温铲等）、一些炉具上附有的温度指示表等。

2. 油温的划分与应用

根据烹制用途的不同，油温通常可划分为温油、热油、高热油等几种类型（见表5–3）。

表5–3 油温的划分与应用

种类	温度范围/℃	适用范围	主要用途
非成熟油温	0～60		制冷菜；制酥炸糊；加入上浆原料等防粘连
成熟油温（非实用范围）	60～90		在此范围内原料也能成熟，但实际使用时油温偏低，火候难以控制，易引起脱浆或不熟，应用较少
温油温	90～100	滑炒、松炸、滑熘、油氽	油发、半油水涨发干制原料时的焐油；初步熟处理中的滑油；芙蓉类菜肴的油氽；松炸、油浸等菜肴的制作等
热油温	140～180	炸、烹、焦熘、煎、贴	干制原料的热油涨发；初步熟处理的走油、走红；炸、煎、贴菜的制作等
高热油温	180～230	炸、油爆、油淋	油发干货的重油涨发；走红、炸、烹、焦熘、油爆、油淋等方法
极高油温	230～250	炸、油淋	可用于酥炸、挂糊炸、焦熘的重油、油淋等。由于油的高温劣变，产生有毒物质，有害人体健康，营养成分破坏，所以不提倡使用，而以高油温替代，个别传统菜肴应改进操作方法
油温禁区	>250		250℃以上油温在烹调中失去应用价值，一般烹调方法都不适用，它使油的质量产生严重劣变，故为油温禁区

3. 油温的调控

油温的调控，除了要准确地鉴别油温外，还需要根据火力大小，原料的性质、形状、数量，油的种类、数量、使用次数等灵活掌握。

（1）根据火力大小调控油温　在旺火情况下，原料下锅时油温应低一些；在中火情况下，原料下锅时油温应高一些。因为用中火加热，油温上升较慢，尤其对挂糊上浆的菜肴，如果在火力小油温低的情况下下锅，则易出现脱浆、脱糊等现象。

（2）根据原料性质调控油温　原料质地老的，下锅时油温应高一些；原料质地嫩的，下锅时油温应低一些；含水量大的，下锅时油温高一些；含水量小的，下锅时油温应低一些。

（3）根据原料形状大小调控油温　原料形状大的，下锅时油温应高一些；原料体积小的，下锅时油温应低一些。

（4）根据油量与原料的比例大小调控油温　油量多原料少时，原料下锅时的温度应低一些；油量少原料多时，原料下锅时的温度应高一些。

（5）根据油的性质调控油温　油的精制程度、使用次数的多少、含水及杂质的量和热劣化程度等都会对油的温度产生一定的影响。

（三）蒸汽的温度和压力调控

在烹制工艺中，蒸笼内温度的调控制应根据原料和烹调的不同需要而定。

1．旺火沸水圆汽的强化控制

即运用旺火将水加热至猛烈沸腾，汽化迅速，温高压强，使蒸汽有力地在笼上喷泻，加强笼的密封性，减少蒸汽的外泄量，将烹饪原料在短时间内迅速蒸成。这是蒸制鱼类菜最为典型的方法，时间一般为5～15min，菜品质地鲜嫩。

2．中火沸水圆汽的普通控制

即运用中、小火将水加热至沸，使汽量满足，但不猛烈喷泻，这样蒸笼里的温度不至于太低，但压力明显减弱，能保持蒸制的时间较长。主要适用于禽畜肉类原料，成品酥烂。

3．中火沸水放汽的限制控制

即运用中火将水加热至沸，微启笼盖，限制蒸时的汽量、温度和压力，使蒸笼内的温度保持在一定平衡的水平上（80～90℃），这样能防止某些烹饪原料因气流和温度的影响而起孔老化。主要运用于对软嫩质地的肉糜状原料和蛋制品原料的蒸制，蒸制的时间较短，一般为5～10min。

4．微火沸水持气保温控制

即利用微弱的火力加热，使水保持微沸状态，而蒸笼的热汽温度保持在50～60℃。主要用于对食品的保温，不能产生制熟的效果。

四、加热时间的调控

不同的菜肴加热时间不同。如旺火烹炒爆制的菜肴瞬间完成，其时间短的多以分秒计算；慢火煨焖烧制的佳肴，其加热时间较长，时间长的则以小时衡量。烹制菜肴时加热时间的长短，既与具体原料的热容量有关，也和实际操作设施的热传递方式、热源的热效率（即热能利用率）以及原料的形状、炊具的材质有关。在烹制工艺中，加热时间的长短要根据烹饪原料的性状差异、菜肴制品的不同要求、热传介质的不同、投料量的多少、火力的大小、烹调方法的差异等可变因素灵活调控。其中，火力与加热时间的运用是相互配合、相辅相成的，其特点多为反比，火力大则加热时间短，火力小则加热时间长。火力的大小与加热时间的长短应根据具体情况具体运用。

五、火候调控的基本原则

（一）根据原料在加热前的性状特点调控火候

不同菜肴所使用的原料性能不尽相同（包括品种、部位、形态、耐热性、含水量、一次投料量等情况），在加热时必须选择与之相适应的条件（传热介质、受热方式、火力变化等），才能达到预期效果，满足成菜后该菜品的特色要求。

（二）根据传热介质的传热效能调控火候

不同的传热介质，其传热效能各不相同，而传热效能直接影响原料的受热情况和成熟速度，所以火候的调控要根据传热介质的不同区别对待。

（三）根据不同的烹调方法调控火候

传热介质不同，菜肴的烹调方法也不同；既使传热介质相同，由于其数量多少、温度高低、加热时间长短等因素的不同，也会形成不同的烹调方法。而不同的烹调方法有不同的火候要求，因此火候的调控还需要根据不同的烹调方法来掌握。

（四）根据原料在加热中的变化情况调控火候

火候的调控是否恰到好处，取决于烹饪原料在加热中所发生的物理、化学变化是否达到最佳的程度。原料在加热过程中的火候掌握，通常要根据其所产生的各种现象及其变化（如颜色、质感、声音、气味等的变化）进行调控。如调味前、中、后的变化，焯水、过油、汽蒸前后以及中途的变化，汤芡汁运用中的变化，原料的软硬度、色泽度、浓缩度、断生度、生熟度的变化等；尤其是瞬间的变化更为重要。比如拔丝菜中的炒（熬）糖工艺，其看火候的方法一般就是看色、看起花现象。有经验的烹调师可以通过操作时持手勺的手感来判断火候。此外，还可以借助工具体察观看火候，比如将鸡（鸭、鱼、肉）煮后或蒸后用筷子戳，察看其断生度、软硬度、成熟度、老嫩度。

（五）根据菜肴的质量要求和人们的饮食习俗、需求调控火候

不同的菜肴有不同的质量要求，如有的要求脆鲜、有的要求酥烂、有的要求色黄、有的要求色白等，所以火候的调控必须要以菜肴的质量要求为准绳。但有3条是最基本的，即食用安全、营养合理、适口美观，这是火候调控的首要原则。不论采取什么样的火候加热，都必须要保证杀菌消毒彻底，原料成熟适度，不产生有害物质，营养损失较少，同时要保证菜肴的质感可口，色泽美观，香气浓郁，入味充分，形态美观。

菜品烹制的最终目的是供食客食用，因此食者对菜品质量的要求（包括火候）应当是第一位的。中外宾客百里不同风，十里不同俗，各地区、各民族、各个年龄段的食客对于菜品的火候要求，对于原料加热后的断生度、成熟度的感受与标准，往往是不相同的。故而火候运用，应以人为本、因人而异。

第五节　初步熟处理工艺

一、初步熟处理的作用和方法

（一）初步熟处理的意义

初步熟处理也称前期热处理、加热预处理、初步热处理、预熟处理或初熟制备，是指在正式烹调之前，把经过加工整理的烹饪原料放入水（卤）锅、油锅、蒸锅、熏烤炙炉等不同的传热媒介中进行初步加热，使其成为半成品，以备正式烹调之用的加工过程。前面讲过的部分干料的涨发工艺也属于初步熟处理。

烹饪原料的初步熟处理是烹调工艺中的一个环节，具有较高的技术性，它属于半成品烹调工序，直接关系到成品菜肴的质量。对烹饪原料进行合理的初步熟处理，是许多菜肴烹调前的必备条件和实现菜肴色、香、味的重要因素。

（二）初步熟处理的作用

1．缩短正式烹调的加热时间

对用量较大的烹饪原料进行初步熟处理，作为半成品或预制品在一定时间内储备待用，可以使正式熟处理过程快捷方便，以避免厨房工作的忙乱现象。

2．调整同一菜肴中主辅料的成熟速度

不同的烹饪原料，因其比热容不同，所以热容量不同，加上料块大小和用量多少的差异，因此在同一加热条件下，其生熟程度也是不同的，故而不可能同时出锅。为了保证成菜的质量，只有将难熟的原料用预熟的方法先行处理，达到半熟或接近成熟，然后在正式制熟时，与其他易熟原料同时下锅，最后一起出锅，保证其生熟程度和风味特色的均匀一致。

3．增加和保持原料的色泽

在初步熟处理过程中，许多烹饪原料自身的组成成分会起变色反应（美拉德反应、焦糖化反应）而使原料的色泽增加，如许多烹饪原料在高温油炸使之形成的金黄色。

4．除去原料的异味

大多数动物原料常具有膻、腥、臊、臭等不良气味，如果不在正式烹调前除去它们，将会严重影响菜肴成品质量；而一些植物性原料，也常有酸、涩、腥等异味成分影响菜肴的口味，也必须在正式烹调前除去它们。

5．使原料保持一定形状，在正式烹调时不变形，同时又方便原料进行刀工处理

有时初步熟处理是为了使原料在正式烹调前有固定的形状，如将樱桃肉用水加热定形后再剞刀，可使其在以后的加热中不再变形，更有利于最后定形。各种禽蛋带壳预熟，也属于这个目的。

6．保存某些容易变质的烹饪原料

烹饪原料中的细菌活动的旺盛温度为4～60℃，因此为了保持烹饪原料的卫生条件，既可以在4℃以下冷藏，也可以经60℃以上中温处理杀死细菌后存放。例如鳝鱼肉便可以经60℃油炸后存放备用。

（三）初步熟处理的原则

对原料进行初步熟处理是正式烹调前的一个必需准备阶段，进行初步熟处理时都应遵从一定原则，违背了这些原则就会影响菜品的质量。

（1）根据原料的性质，菜肴的要求，正确地采用不同的熟处理方法，控制好加热时间的长短，原料的成熟度。

（2）在初步熟处理过程中，对不同性质、不同种类、不同用途的原料，应分别进行熟处理，以防止串味，以及因受热程度不一致而造成的生熟不均。

（3）避免或减少在熟处理过程中营养素的损失，对有些原料在熟处理后的汤汁要加以利用。

（四）初步熟处理的种类

在烹调工艺中，用于初步熟处理的方法（见图5-2）主要是用水、油或蒸汽作为传热介质的加热方法，以热空气、盐、沙等为介质进行初步熟处理的也有，但不多。如米粉蒸肉所用的糯米粉，先行干炒预熟，成菜的口感改善。

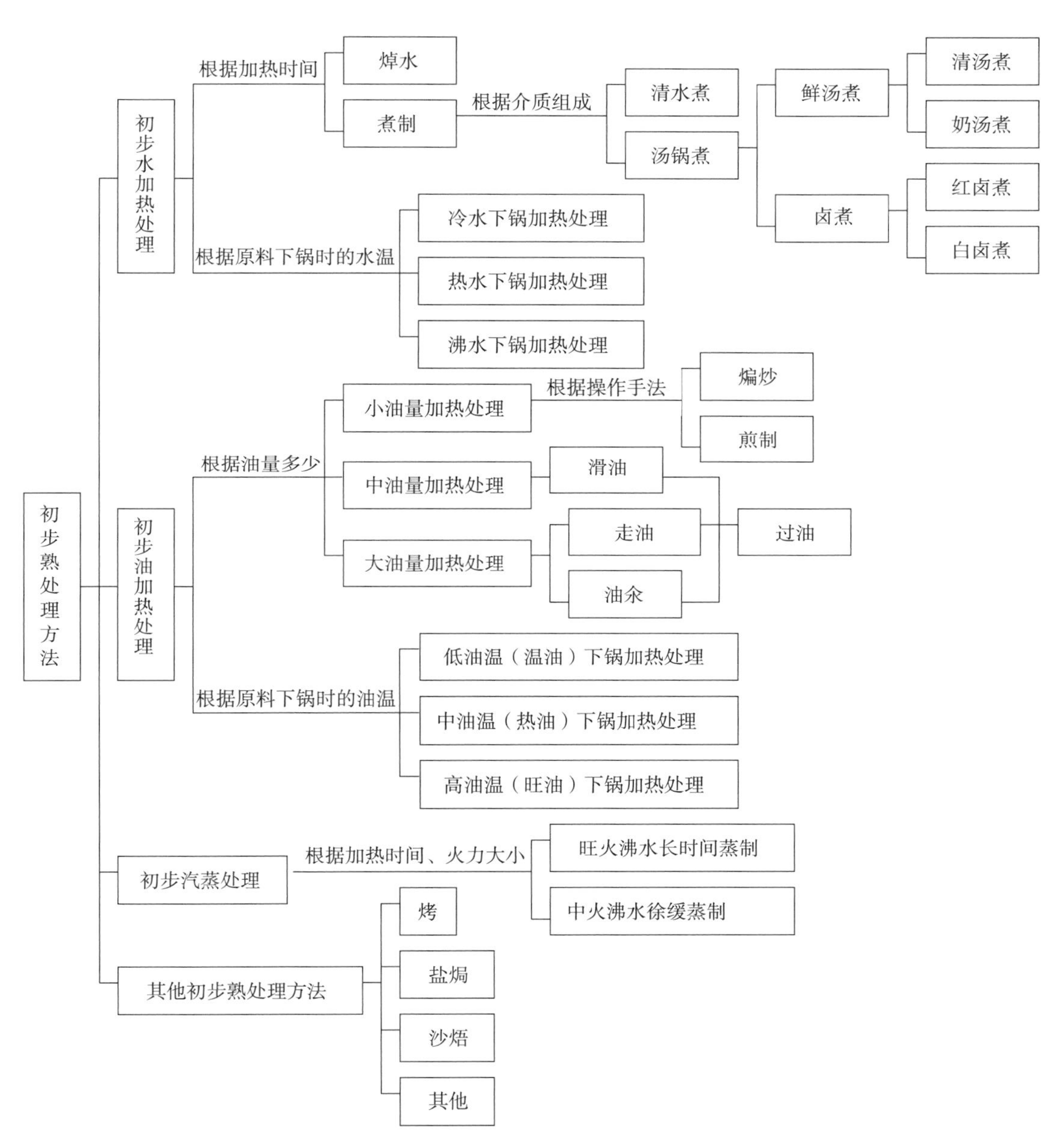

图5-2 初步熟处理方法分类

二、初步水加热熟处理工艺

初步水加热熟处理工艺是指把经过初加工后的烹饪原料，根据用途放入不同温度的水

（汤）锅中加热到至一定状态，以备进一步切配成形或正式烹调之用的初步熟处理工艺。初步水加热熟处理工艺是将固体物料在水（汤）中加热后取出待用，汤水弃之不用，它和制汤的目的显著不同。

（一）初步水加热熟处理的方法

1. 焯水

焯水是指把经过初加工后的烹饪原料，根据用途放入开水锅里短时间加热就拿出来以备进一步烹调之用的热处理方法。焯水适用于需要保持色泽鲜艳、味美鲜嫩的蔬菜原料，如菠菜、莴笋、绿豆芽等，或腥膻臊异味小的动物性原料，如鸡、鸭、蹄髈、方肉等。一般工艺流程见图5-3。

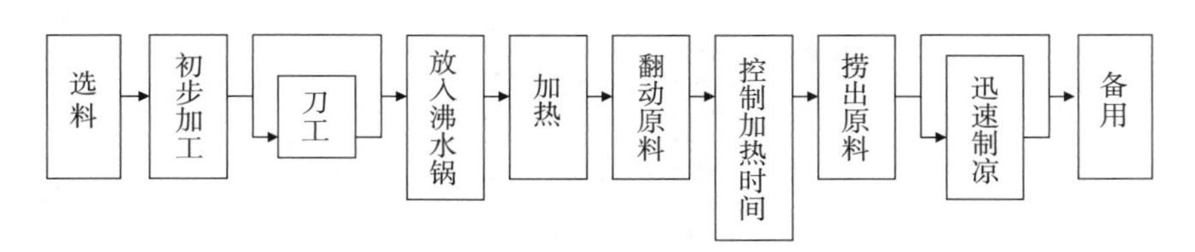

图5-3　焯水工艺流程

焯水的技术要领如下：

（1）焯水前要洗净原料表面的血污，去除杂质。

（2）必须做到沸水下料，水量要大；火要旺，焯水时间不能过长，以保持原料的色泽、质感和鲜味。

（3）蔬菜类原料焯水后要捞出迅速用冷水冲凉或透凉，直到完全冷却为止。鸡、鸭、蹄髈、方肉等原料焯水后要从水沸处捞出，其汤汁不可弃去，去掉浮沫后可作制汤之用。

2. 煮制

煮制是将整只或大块原料在焯水后或直接投入不同水温的水锅加热至所需的成熟程度，为正式烹调做好准备的热处理方法。一般适用于牛、羊、猪、鸡、鸭、兔肉及其内脏等动物性原料，或体积较大、质地坚实的蔬菜，如笋类、芋头、萝卜、马铃薯、慈姑、山药等。在水煮过程中可加入适量姜葱，能除腥、膻、臊等异味，增加鲜香味。一般工艺流程见图5-4。

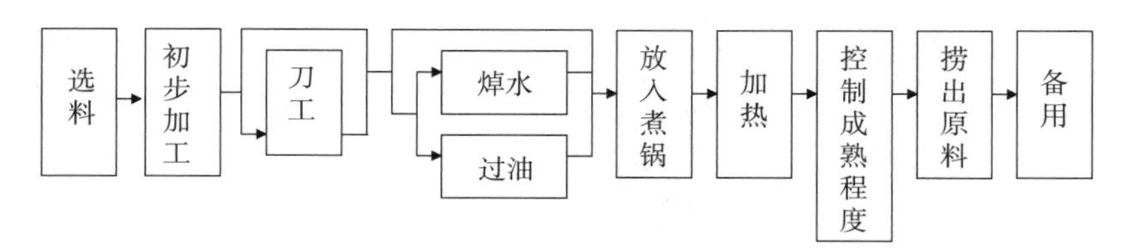

图5-4　水煮一般工艺流程

煮制的技术要领如下：

（1）掌握好水量，一次性加足，中途不宜加水，水量以淹没原料为度。

（2）原料在入锅前，需要水煮的原料，一般都应先经焯水后再煮制，新鲜又基本无异味的原料，如新鲜的鸡肉、猪肉等也可洗净后直接煮熟。

（3）腥膻味重、血污多的动物性原料，如牛肉、羊肉及动物的内脏等，要冷水下锅。

（4）火候的掌握应适当，一般情况都是旺火煮沸后，撇去浮沫，改用小火，使内外成熟一致，防止外烂内不熟。火力过大容易造成皮烂肉生的现象，应保持锅中汤汁微沸为好。在煮制过程中，应不时翻动原料，使各部分受热均匀。

（5）根据原料的性质和切配、烹调的要求，控制好成熟程度，并根据烹调需要，适时捞起原料。

（6）应在原料入锅煮沸后撇尽浮沫，如果短时间内不撇尽浮沫，则变成絮状的杂质，影响原料的色、形和汤汁质量。

（7）充分利用煮后的汤汁。在煮制过程中，无机盐的溶解、蛋白质的水解、脂肪的酯化等因素，使多种营养素溶入汤中，汤汁呈乳白色，故煮后的汤不能倒掉，要很好地利用。血污较多的动物性烹饪原料还可以通过焯水的方法去除血污。

在煮制时，如果先将原料焯水或走油，然后再将其放入红色的调味汁中加热，使原料上色并初步成熟的方法，行业中一般称为“卤汁走红”，或酱锅、红锅。卤汁走红一般适用于鸡、鸭、鹅、方肉、肘子等烹饪原料的上色，以辅助用烧、蒸等烹调方法制作菜肴，如“红烧全鸡”、“九转大肠”等。其一般工艺流程见图5-5。

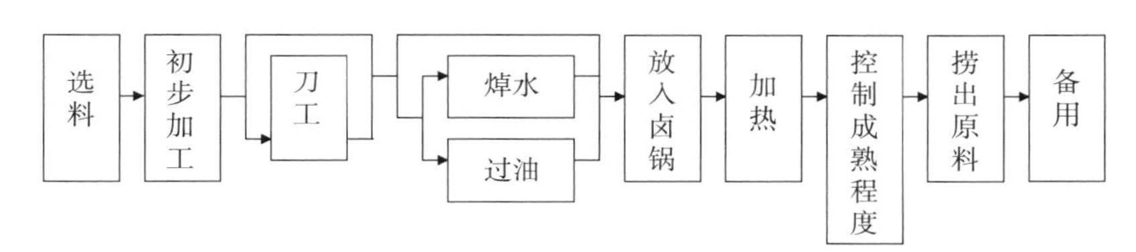

图5-5　卤汁走红的一般工艺流程

卤汁走红时，应按成品菜肴的需要掌握有色调料用量和卤汁颜色的深浅。要先用旺火将卤汁烧沸，再转用小火加热，旨在烹饪原料表层附着上颜色，卤汁的味道能由表及里地渗透至烹饪原料内。为防止烧焦，可在锅底垫上竹箅，避免烹饪原料与锅底接触，并且要控制好加热时间。

（二）初步水加热熟处理的原则

（1）根据原料的质地掌握加热时间，选择适宜的水温。原料有大小、粗细、厚薄、老嫩、软硬之别，热处理时应区别对待，控制好时间，使之符合烹调的需要。一般新鲜原料要沸水下锅，有异味、血污的原料要冷水下锅。

（2）用同一锅水处理多种烹饪原料时，要注意它们在颜色、气味、荤素等方面的差别。一般来说，无色的、无味的和植物性原料先下锅加热；有色的、有味的和动物性原料后下锅加热；最好有特殊气味的原料应与一般原料分别处理，深色原料与浅色原料应分开处理。

（3）注意烹饪原料在受热过程中的营养和风味变化，尽可能不要过度加热，因为正式熟制时还要加热。

三、初步油加热熟处理工艺

初步油加热熟处理工艺又称过油、油锅，是指在正式烹调前以食用油脂为传热介质，将加工整理过的烹饪原料制成半成品的初步熟处理过程。它对菜肴色、香、味、形、质、养的形成起着重要作用。

（一）初步油加热处理的方法

1. 滑油

滑油又称划油、拉油等，是指用中油量、温油锅将加工整理的烹饪原料滑散成半成品的一种过油方法。滑油的油温一般控制在五成以下。有的烹饪原料需要采用上浆处理，旨在保证烹饪原料不直接接触高温油脂，防止原料水分的外溢，进而保持其鲜嫩柔软的质地。滑油多适用于炒、熘、爆等烹调方法，一般工艺流程见图5–6。

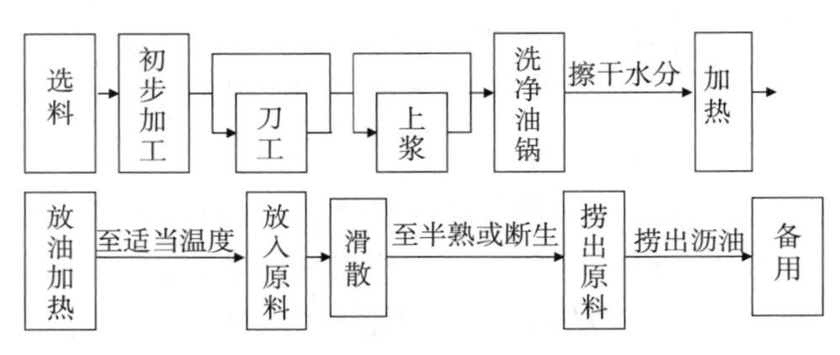

图5–6　滑油一般工艺流程

技术要领如下：

（1）炒锅要洗净、炙好，油脂要新鲜干净。否则会发生粘锅，或成菜的色泽及味感受影响的现象。

（2）上浆的原料应分散下锅，未上浆的应抖散下锅，防止原料相互粘连。

（3）掌握好油量、油温。滑油的油量一般控制在原料的3～4倍，油温控制在2～5成热的范围内。

（4）成品菜肴的颜色要求洁白时，应选取干净的油脂，以确保烹饪原料的颜色符合成菜标准。

2. 走油

走油又称为跑油、油炸等，是指用大油量、热油锅将原料炸成半成品的一种初熟制备方法。走油时，因油温较高，原料内部或表面的水分迅速蒸发，从而达到定形、上色、酥脆或外酥肉嫩的效果。一般工艺流程见图5–7。

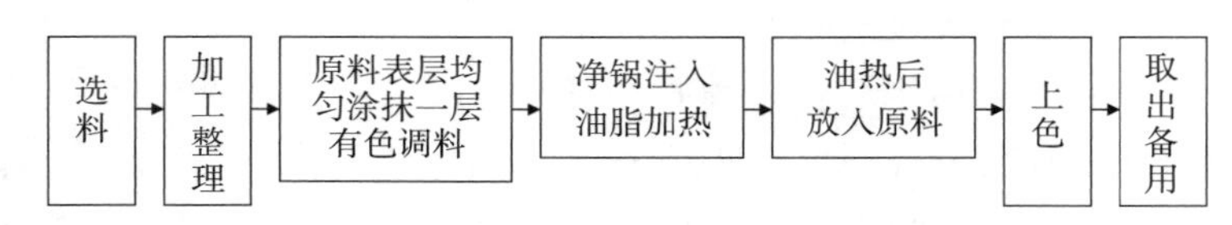

图5–7　过油走红的一般工艺流程

技术要领如下：

（1）应视烹饪原料的多少和形状大小，合理调控好油的温度和数量。走油必须用多油量的热油锅，锅内油量需多，要淹没原料，让原料能自由滚动，使其受热均匀。

（2）原料应分散下锅，火力要适当，防止外焦而内不熟。

（3）根据原料的特点和初步熟处理的质感要求进行油炸。

（4）注意安全，防止烫伤。

在走油时，将经过焯水等预热处理后的半成品，揩去皮面的水分，然后均匀地涂抹上饴糖或酱油、料酒、蜂蜜等调料，再皮向下放入热油锅中炸制上色的方法，在行业中一般称为“过油走红”。过油走红一般适用于鸡、鸭、方肉、肘子等原料的初熟与表面上色，以辅助用红烧、红焖、蒸、卤等烹调方法制作菜肴，如“虎皮肘子”、“梅菜扣肉”等。一般工艺流程见图5–7。

值得注意的是，原料在走红前涂抹的料酒、酱油、饴糖等调料要均匀一致，否则，原料走红后的颜色不均匀；此外，要掌握好油温，油温一般应控制在180～210℃，才能较好地达到上色目的。

（二）初步油加热熟处理的原则

（1）选择适宜的加热方法　不同的原料，不同的烹调方法，在初步油加热处理时所适用的具体方法不完全相同，如有的适宜于滑油，有的适宜于走油；有的适宜于煸炒，有的适宜于油煎。因此要根据原料的具体性质和烹调方法的要求，来选择适当的油加热预处理方法。

（2）正确把握火候　用油对原料初加热时，要根据原料的质地，调整好火力的大小、油温的高低、加热时间的长短，以保证初步熟处理的质量标准。如油温的高低，直接影响原料的质感。凡是原料质地老的、形体大的，油温要高一些；凡质感细嫩柔软的、形体小的，应用低油温；凡质感外酥内嫩的原料，应用热油温；凡下锅原料多且形体大的，可运用重油方法达到过油的效果；相反，下锅原料少且体形又小，油温可低一些。

（3）掌握好投料数量与油量大小的关系　投料的数量与油量的大小呈正比。原料多，油量应多；原料少，油量也应少一些。这样在走油时，才能保证原料受热均匀、火候一致。

四、初步汽蒸工艺

初步汽蒸工艺也称蒸汽预熟法或汽锅、蒸锅，就是将加工整理过的烹饪原料放入蒸锅（蒸箱）中，以普通常压蒸汽或过热高压蒸汽为传热介质对烹饪原料进行初步熟处理。可适用于形体较大或质地老韧的原料，如鱼翅、干贝、整只鸡、整块肉、整条鱼、整个肘子等，也可适用于鲜嫩、易熟的烹饪原料以及经加工制成的半成品，如黄蛋糕、白蛋糕、鱼糕、虾肉卷等。一般流程见图5–8。

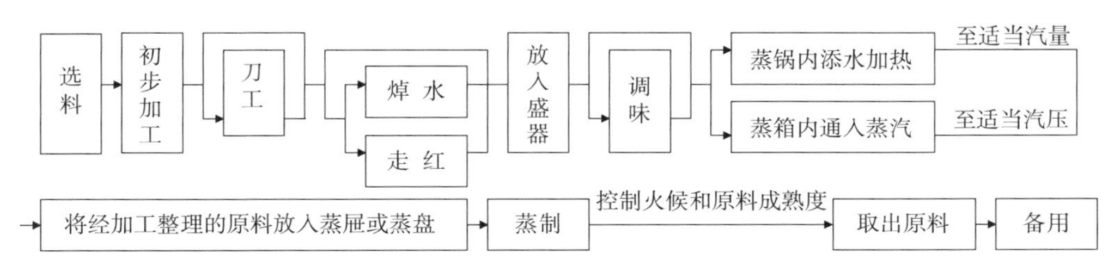

图5–8　汽蒸工艺流程

技术要领如下：

（1）注意与其他初步熟处理的配合　许多烹饪原料在汽蒸处理前还要进行其他方式的热处理，如过油、焯水、走红等。各个初步熟处理环节都应按要求进行，以确保每一工序都符合要求。

（2）调味要适当　汽蒸属于半成品加工，一般进行加热前的调味；但调味时必须给正式调味留有余地，以免口重。

（3）要防止烹饪原料间互相串味　烹饪原料不同、半成品不同，所表现出的色、香、味也不相同。因此，多种烹饪原料同时采用汽蒸时，要选择最佳的方式合理放置烹饪原料，防止串味、串色。味道独特、易串色的烹饪原料应单独处理。

（4）掌握好蒸制时的火候　汽蒸时，要根据原料的质地和蒸制后应具备的质感，采用旺火沸水猛汽蒸（大火汽足）或中火沸水缓汽蒸（中小火汽弱）。

关键术语

（1）勺工（2）火候（3）初步熟处理（4）焯水（5）过油（6）滑油

问题与讨论

1. 勺工操作的基本要求有哪些？勺工包括哪些技法？其基本原理是什么？
2. 什么是烹制过程中的热封锁现象？举例说明。
3. 简述火候的要素及其相互关系，并说明如何调控火候。
4. 烹制的基本方式有哪些？各有什么特点？
5. 什么是初步熟处理？焯水、过油、汽蒸、走红的操作关键是什么？

实训项目

1. 勺工基本姿势实训
2. 小翻勺技法实训
3. 大翻勺技法实训
4. 出锅装盘技法实训
5. 滑油、走油、焯水、汽蒸等初步熟处理技法实训

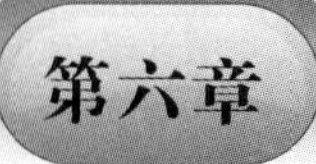

第六章 调和工艺

教学目标

知识目标：

（1）了解调和工艺的概念、意义、内容和作用

（2）理解调味工艺、调香工艺、调色工艺和调质工艺的原理、方法、原则和要求

（3）掌握调味、制汤、制蓉以及上浆、挂糊、拍粉和勾芡的操作要领

能力目标：

（1）能准确调配常用味型

（2）能独立制作出合格的清汤和奶汤

（3）能合理上浆、挂糊、拍粉和勾芡

情感目标：

（1）培养对专业的热爱，树立学生的民族自豪感

（2）追求五味调和的和谐美，领略中国“和”思想的博大精深和源远流长

教学内容

（1）调味工艺

（2）调香工艺

（3）调色工艺

（4）调质工艺

案例导读

五味调和

“和”是中国哲学思想的精髓，也是中国烹饪艺术所追求的最高境界。

“和”具有和谐、和平与调和等多种概念。中国儒家思想中“中庸”的概念，即是对最佳平衡与和谐的不懈追求。此外，中国传统文化在感官意识方面，也是追求“和”的境界。例如在听觉方面，《周语·郑》就说：“和六律以聪耳”。在烹饪方面，最早提出这个概念的可追溯到周代。如《周礼》“内饔，掌王及后、世子膳羞之隔烹煎和之事”，《左传·昭二十年》：“和如羹焉。水火醯醢盐梅以烹鱼肉，燀之以薪，宰夫和之，齐之以味，济其不及，以泄其过。君子食之，以平其心，君臣亦然。”这段话的意思就是说，“和”就像烹制羹汤一样，用水、火和各种佐料来烹制鱼肉，掌管膳食的人去调和，再努力去达到适口的味道。味道淡了，或味浓了，随时调和，君子吃了就会感到满意，大到君臣治国，也是这个道理。所以古人常常用“调和鼎鼐”一词来形容治国，鼎鼐就是煮肉的器皿。这里且不去管它引申的含义，起码在烹饪方面，远在2000多年前，我们的祖先就知道“和”的道理。

“和”的概念在饮食文化上，又是对和谐与完美的追求。甘、苦、酸、辛、咸各有其味，单一的味道给人的感受并不尽善尽美，五味要经过调和，才能取长补短，相互作用，达到适口和芳香，鱼肉蔬菜也要通过适当的搭配，去其有余，补其不足，才能荤素和谐，令人回味无穷。在烹饪过程中，水、火的运用也要追求“和”的境界。例如我们今天烹调中讲究的火候，就是对不同菜肴、不同原料做到适宜的处理，既不欠火，也不过火，追求一种最佳状态，这也是对“和”的追求。

在烹饪艺术中，对色彩视觉的追求也是非常重要的。我们常讲“色、香、味”，“色”是第一印象，是最初的感官直觉，但是，无论哪种色泽，都要给人以美感。这种美感要因材制宜，例如新鲜蔬菜的烹调，要追求一种有光泽的翠绿。绿有多种，如同色标，可以展示20余种不同的深浅色泽，而给人最佳感受的绿色，完全要看厨师的水平。

一个菜肴在视觉、嗅觉和味觉三个方面达到了“色、香、味”的最佳境界，就是“和”在多方面的运用，包括选材、刀功、调味、火候等各个方面。《尚书·顾命》曾称巧匠为“和”，厨师也可以说是巧匠，“和”的实践即是技巧，而烹调艺术本身就是这种实践过程。

"和"不仅反映在一个菜肴的烹制上，也可以延伸到一桌宴席的调配上。一桌好的宴席并不是多种美味珍馐的堆砌，而是要做到海陆杂陈，荤素得当，五味调和，浓淡有致。即使在上菜的程序上，也要做到起伏错落，主次分明；时而奇峰突兀，时而小桥流水。这不但要在原材、烹制方法方面来精心安排，还要有色彩和美学意识，实际上，也是对最佳平衡与和谐的追求，对于相对完美的追求。

我们说，中国烹饪是一种文化，是一门综合性的艺术，是一点也不过分的。

从营养角度讲，原料经过加热成熟后就可食用，但还不完全具备人们所需要的那种丰富多样的口味，客观地给营养素的摄取带来一定影响。只有经过调和工艺，菜肴才能具备美食的本质，才能给人愉悦、增加食欲、提高营养效果。

所谓调和工艺，是指在烹调过程中，运用各类调料和各种手法，使菜肴的滋味、香气、色彩和质地等风味要素达到最佳效果的工艺过程。通过调和工艺，可以使菜肴的风味特征（如色泽、香气、滋味、形态、质地等）得以确定或基本确定。在本质上，调和工艺是对菜肴原料固有的口味进行改良、重组、优化的过程，目的是去除异味、调和美味、适应口味，直接为饮食审美服务。

第一节 调味工艺

"民以食为天，食以味为先"，人们对食物的选择和接受，关键在于味。味是中国菜肴的灵魂，也是评价菜肴质量的一个重要因素。调味工艺是指运用各种调味原料和有效的调制手段，使调味料之间及调味料与主配料之间相互作用、协调配合，从而赋予菜肴一种新的滋味的过程。调味是调和工艺的中心内容。

一、调味工艺的意义和作用

（一）味和味觉

1. 味的含义

"味"字顾名思义，即是说，不知道的食品经过口即有了"味"。这就告诉人们，味的主体是人，只有人才赋予食品各种各样的感受，即产生了"五味调和百味香（鲜）"、"以味媚人"、"食无定味，适者为珍"、"民以食为天，食以味为先，味以香为范"、"心以味为乐"、"目以色为食，耳以声为食，舌以味为食"、"味乃食品之呈形"、"千人千味"，"百人百味"、"不同的人有不同的味"等令人心旷神怡的格言。

"味"的含义广泛而深远，这里所指的"味"主要是指菜肴在人口腔内的感觉。据统计，味的种类多达5000余种；但概括起来，不外乎两大类，即单一味和复合味。单一味又称单纯味或母味，是最基本的滋味。从味觉生理的角度看，公认的单一味只有咸、甜、酸、苦4种。现在有人证实，鲜味也是一种生理基本味。我国习惯上把食物在口腔内引起的与味觉相关联的辣与涩也作为单一味。从烹调的角度看，一般有咸、甜、酸、鲜、辣、麻6种。涩和苦，人们通常不太喜欢，在调味中应用不多或根本不用，所以排除在外；麻，在菜肴滋味中时有出现，故将之列入。

复合味，也称多样味，是指两种或两种以上的单一味组合而成的滋味。复合味是菜肴的根本味道，每一款菜肴都是复合味的充分体现。

2．味觉及其特性

味觉又称味感，是某些溶解于水或唾液的化学物质作用于舌面和口腔黏膜上的味蕾所引起的感觉。近代生理科学研究指出：菜肴的各种味感都是呈味物质溶液对口腔内味感受体的刺激，通过收集和传递信息的神经感觉系统传导到大脑的味觉中枢，经大脑综合神经中枢系统的分析处理而产生的。

味觉具有灵敏性、适应性、可融性、变异性、关联性等基本性质。它们是控制调味标准的依据，也是形成调味规律的基础。

（1）味觉的灵敏性指味觉的敏感程度，由感味速度、呈味阈值和味分辨力3个方面综合反映。

（2）味觉的适应性是指由于持续某一种味的作用而产生的对该味的适应，如常吃辣而不觉辣、常吃酸而不觉酸等。味觉的适应有短暂和永久2种形式。

（3）味觉的可融性是指数种不同的味可以相互融合而形成一种新的味觉。

（4）味觉的变异性是指在某种因素的影响下，味觉感度发生变化的性质。所谓味觉感度，指的是人们对味的敏感程度。味觉感度的变异有多种形式，由生理条件、温度、浓度、季节等因素所引起。此外，味觉感度还随心情、环境等因素的变化而改变。

（5）味觉的关联性是指味觉与其他感觉相互作用的特性。在所有的其他感觉中，嗅觉与味觉的关系最密切。

（二）调味工艺的作用

调味就是把组成菜肴的主、辅料与多种调味品恰当配合，在不同温度条件下，使其相互影响，经过一系列复杂的理化变化，去其异味、增加美味，形成各种不同风味菜肴的工艺。调味是菜肴制作的关键技术之一，只有不断地操练和摸索，才能慢慢地掌握其规律与方法，并与火候巧妙地结合，烹制出色、香、形、味俱好的佳肴。调味工艺的作用主要表现在以下方面。

1．确定和丰富菜肴的口味

菜肴的口味主要是通过调味工艺实现的，虽然其他工艺流程对口味也有一定的影响，但调味工艺起着决定性作用。各种调味原料在运用调味工艺进行合理组合和搭配之后，可以形成多种多样的风味特色。

2．去除异味

有些原料带有腥味、膻味或其他异味，有些原料较为肥腻，都必须通过调味才能除去或减少菜肴的腥与腻等。如一般用姜、葱、芹菜及红辣椒等除去鱼的腥味，用葱、姜、甘草、桂皮、料酒等去除羊肉的膻味。

3．提鲜佐味

有的菜肴原料营养价值高，但本身并没有什么滋味，除用一些配料之外，主要靠调味料调味，使之成为美味佳肴。

4．杀菌消毒

调味料中有的具有杀灭或抑制微生物繁殖的作用。如盐、姜、葱等调味料，能杀死微生物中的某些病菌，提高食品的卫生质量；食醋既能杀灭某些病菌，又能保护维生素不受损失；蒜头具有灭杀多种病菌的功能和增强维生素B_1功效的作用。

二、调味工艺的方法和原理

（一）调味工艺的方法

调味方法是指在烹调工艺中，通过调味品作用于烹饪原料（半成品），使其转化成菜肴的途径和手段。

1．根据调味的时机不同划分

（1）原料加热前的调味　原料在加热前的调味又称基本调味，其目的主要是使原料在加热前就具有一个基本的滋味（即底味），同时改善原料的气味、色泽、硬度及持水性，一般多适用于加热中不宜调味或不能很好入味的烹调方法制作的菜肴，如用蒸、炸、烤等，一般均需对原料进行基本调味。

（2）原料加热中的调味　原料加热中的调味又称定型调味，其特征为调味在原料加热容器内进行，目的主要是使菜肴所用的各种主料、配料及调味品的味道融合在一起，并且配合协调统一，从而确定菜肴的滋味。所以，此阶段是菜肴的决定性调味阶段，它主要适用于水烹法加热过程中的调味。常用的调味方法有热渗法、分散法、裹拌法、粘撒法等。

（3）原料加热后的调味　原料在加热后的调味又称辅助调味，是菜肴起锅后上桌前或上桌后的调味，是调味的最后阶段，其目的是补充前两个阶段调味的不足，进一步增加风味，使菜肴滋味更加完美。很多冷菜及不适宜加热中调味的菜肴，一般都需要进行辅助调味。此阶段常用的调味方法有浇拌法、粘撒法和跟碟法等。

2．根据调味的次数划分

（1）一次性调味法　是指在烹调过程中一次性加入所需要的调味品就能完成菜肴复合味的调味方法。

（2）多次性调味法　是指在烹调过程中需要在烹制前、中、后进行多次调味才能确定菜肴口味的方法。如油炸菜肴在加热前调定基本味，在加热后补充特色味。

3．按照调味品作用于原料的不同形式划分[①]

（1）纯物理作用的调味方法　借助调味品的呈味作用，通过对原料（半成品）吸附、粘裹、渗透等方式，达到改善原料固有的滋味，使之成为菜肴的一类调味方法。调味时，

① 丁志培．挑战定论——兼对烹调工艺学中几个传统观点的质疑．四川烹饪高等专科学校学报，2008，3：17～20.

将配制好的调料（不必加热）直接作用于经过一定加工的原料（包括生、熟两类），调味品之间、调味品和原料之间都不需共同受热。这类调味方法多属于一次性调味，只适用于少数类别菜肴的调味，如拌、淋、泡、腌等类。

（2）理化作用相结合的调味方法　此种调味方法在调味时需借助于加热。菜肴新滋味的形成，主要靠调味品和原料之间受热发生的化学变化——分解与合成。这种变化受到诸多因素影响，如不同传热介质的性能差别以及加热时间长短、调味品对原料的效果等，属于多次性调味。有些菜品在加热前需借助物理方式，用调味品作用于原料，使其渗透入味；加热中，使原料与调味品之间发生分解合成等反应，从而形成特定滋味；加热结束后，有的菜肴还要进行补充调味——吸附、粘裹。其中，加热前和加热后的调味属于物理性的调味方法，加热中的调味则属于化学变化的调味方法。上述几个环节中，使用的调味手段既可以一次完成，也可以分两步完成，有些菜肴三个阶段都需要。

4. 根据烹调工艺中原料入味（包括附味）的方式不同划分

可分腌渍、分散、热渗、裹浇、粘撒、跟碟等几种方法。这些方法可以单独使用，但更多的是根据菜肴的特点将数种方法综合应用。

（1）腌渍调味法　是将调味品与主辅料拌和均匀，或者将主辅料浸泡在溶有调味品的溶液中，经过一定时间使其入味的调味方法。所用调味品主要有食盐、酱油或蔗糖、蜂蜜、食醋等。腌渍有两种形式：一种是干腌渍，即将调味品干抹或拌揉在原料表面使其进味的方法，常用于码味和某些冷菜的调味；另一种是湿腌渍，即将原料浸置于溶有调味品的溶液中腌渍进味的方法，常用于花刀原料和易碎原料的码味以及一些冷菜的调味和某些热菜的进一步入味。

（2）分散调味法　是将调味品溶解并分散于汤汁中的调味方法，多用于水烹菜肴的调味。对于糜状原料仅靠水的对流难以分散调味品，还必须采用搅拌的方法将调味品和匀，有时要把固态调味品事先溶解成溶液，再均匀拌和到肉糜原料之中。

（3）热渗调味法　是在加热过程中使调味品中的呈味物质渗入到原料内部中去的调味方法。此法常与分散调味法和腌制调味法配合使用。热渗调味需要一定的加热时间做保证，一般加热时间越长，原料入味就越充分。

（4）裹浇调味法　是将液体状态的调味品裹浇于原料表面，使其带味的方法。按调味品黏附方法的不同可分为裹制法和浇制法两种。裹制法是将调味品均匀裹于原料表层的方法，在菜肴制作中使用较为广泛，可以在原料加热前、加热中或加热后使用。从调味的角度看，上浆、挂糊、勾芡、收汁、拔丝、挂霜等均是裹制法的应用。浇制法是将调味品浇散于原料表面的方法，多用于热菜加热后及冷菜切配装盘后的调味，如脆熘菜及一些冷菜的浇汁等。浇制法调味不如裹制法均匀。

（5）粘撒调味法　是将固体状态的调味品黏附于原料的表面，使其带味的方法。通常是将加热成熟后的原料，置于颗粒或粉末状调味品中，使其粘裹均匀；也可将颗粒或粉末状调味品投入锅中，经翻动使原料裹匀；还可将原料装盘后再撒上颗粒或粉末状调味品。此法适用于一些热菜和冷菜的调味。

（6）跟碟调味法　是将调味品盛入小碟或小碗中，随菜一起上席，由用餐者蘸食的调味方法，多用于烤、炸、蒸、涮等技法制成的菜肴。跟碟上席可以一菜多味（上数种不同滋味的味碟），由用餐者根据喜好自选蘸食。跟碟法较之其他调味方法灵活性大，能同时满足不同人的口味要求。

（二）调味工艺的原理

1．溶解扩散原理

溶解是调味过程中最常见的物理现象，呈味物质或溶于水（包括汤汁）或溶于油，是一切味觉产生的基础；即使完全干燥的膨化食品，它们的滋味也必须等人们咀嚼以后溶于唾液才能被感知。溶解过程的快慢和温度相关，所以加热对呈味物质的溶解和均匀分布是极为有利的。

有了溶解过程就必然有扩散过程，所谓扩散就是溶解了的物质在溶液体系中均匀分布的过程。扩散的方向总是从浓度高的区域朝着浓度低的区域进行，而且扩散可以进行到整个体系的浓度相同为止。在调味工艺中，码味、浸泡、腌渍及长时间的烹饪加热中都涉及扩散作用。调味原料扩散量的大小与其所处环境的浓度差、扩散面积、扩散时间和扩散系数密切相关。

2．渗透原理

渗透作用的实质与扩散作用颇为相似，只不过扩散现象里，扩散的物质是溶质的分子或微粒，而渗透现象中进行渗透的物质是溶剂分子，即渗透是溶剂分子从低浓度溶液经半透膜向高浓度溶液扩散的过程。在调味过程中，呈味物质通过渗透作用进入原料内部，同时食物原料细胞内部的水分透过细胞膜流出组织表面，这2种作用同时发生，直到平衡为止。加热可以提高呈味物质的扩散作用，机械搅拌或翻动可以增加呈味物质的扩散面积，从而使渗透作用均匀进行，达到口味一致的目的。

3．吸附原理

吸附是指某些物质的分子、原子或离子在适当的距离以内附着在另一种固体或液体表面的现象。在调味工艺中，调味品与原料之间的结合，有很多情况就是基于吸附作用，诸如勾芡、浇汁、调拌、粘裹，甚至撒粉、蘸汤、粘屑等，几乎都和吸附作用有一定的关系。当然，在调味工艺中，吸附与扩散、渗透及火候的掌握是密不可分的。

4．分解原理

烹饪原料和调味品中的某些成分，在热或生物酶的作用下，能发生分解反应生成具有味感（或味觉质量不同）的新物质。例如，动物性原料中的蛋白质，在加热条件下有一部分可发生水解生成氨基酸，能增加菜肴的鲜美滋味；含淀粉丰富的原料，在加热条件下，有一部分会水解生成麦芽糖等低聚糖，可产生甜味；某些瓜果蔬菜在腌渍过程中产生有机酸，使它们产生酸味等。另外在热和生物酶的作用下，食物原料中的腥、膻等不良气味或口味成分有时也会分解，这样在客观上起到了调味的作用，也改善了菜肴的风味。

5．合成原理

在加热的条件下，食物原料中的小分子量的醇、醛、酮、酸和胺类化合物之间发生合成反应，生成新的呈味物质，这种作用有时也会在原料和调味品之间进行。合成时涉及的常见反应有酯化、酰胺化、羰基加成及缩合等，合成产物有的会产生味觉效应，更多的是嗅觉效应。

三、调味工艺的原则

调味工艺的原则，就是在调味过程中应遵循的规律。烹调之妙在于“有味者使之出，无味者使之入”。调味之调贵在调和。调味的原则是针对不同的菜肴、不同的原料、不同的季节，将调味品、调味手段、调味时机巧妙结合有机运用。

（一）适时适量，准确投料

调味适时主要包括两方面的含义：一是调和菜肴风味，要合乎时序，注意时令。因为季节气候的变化，人对菜肴的要求也会有改变。在天气炎热的时候，人们往往喜欢口味清淡、颜色雅致的菜肴；在寒冷的季节，则喜欢口味浓厚、颜色较深的菜肴。在调味时，可以在保持风味特色的前提下，根据季节变化，灵活掌握。另外，各种原料都有一个最佳的食用时期，其他时期滋味自然会不如此时。菜肴的色香味形质等要因季节而变化。二是烹调中投放调味品和原料要讲求时机和先后顺序。如煮肉不宜过早放盐、烧鱼一般要先放些醋、易出水的馅料要先拌点油、菜肴出锅时放味精等，都是有先后顺序的，颠倒了就达不到应有的调味效果。

适量是指调味品的用量合适和比例恰当（见表6–1）。用量合适就是根据原料的数量来确定调味品的用量，大件投料多，小件投料少，做到味的轻重浓淡不变。比例恰当，就是根据菜肴的滋味要求，来确定各种调味品之间的比例，严格控制调味品组合，保证每次调配同一种菜肴时滋味变化不大。适时指投放调味品的顺序正确，时机得当。顺序正确，就是根据调味品的性质确定谁先谁后，要井然有序，并使主料、辅料、调味品、加热、施水等密切配合。时机得当，就是看火下料，瞅准锅中的变化情况，不迟不早地果断投入调味品，使菜肴滋味鲜美，又免受不利影响。

表6–1　常见调味品的一般投放时机和用量参考

调味品	投放时机	用量参考
咸味	根据具体菜品而定，如腌制菜品一般盐应最先放入原料中，而腌制的时间则根据菜品要求灵活掌握；蓉胶菜品待蓉胶的吃水量达到饱和后再加盐拌匀，并立即挤成圆状制熟，才能达到细嫩而有弹性的质感；制汤时盐应该在最后投入	从口感效果来看，食盐水溶液的浓度在0.8%～1.2%时较为重口。不同的烹调方法，用盐的比例也有一定的差异，一般腌鱼、腌肉时，食盐量应占20%以上。汤菜用盐的比例为0.8%～1.0%，炒蔬菜的用量是1.2%，烧煮菜为1.5%～2.0%
酸味	一般菜品用醋时都是在起锅前加入，但有的菜因某种需要可在中途加入，例如红烧鱼，由于醋能溶解动物骨刺，加速成熟时间，减少维生素的损失，特别是有去腥增香作用，所以应在中途添加，出锅前再淋少量的醋起香，行业中有暗醋、明醋、底醋之说	一般糖醋味、酸辣味醋酸含量在0.1%以内。其他炒菜、烧菜用醋的量就更小，一般不超过1%
甜味	除单纯的甜味菜肴可以提前加入甜味以外，其他大多数用糖的菜肴一般都在成熟后期投放。因为糖可以加强卤汁的黏稠度，过早加入使卤汁提前浓稠，不利于原料的成熟，也不利于原料继续入味。另外，糖还不耐高温，加热时间过长易发生焦糖化反应，颜色发黑，口味变焦。虽然也有一些菜品需要提前投入甜味料，但主要目的是为了调色而不是调味	对单纯表现甜味的甜菜，如蜜汁、甜姜等，糖的用量一般在20%左右。糖醋味型、荔枝味型的用糖量为5%～10%。红烧菜、卤酱菜、红焖菜用糖量一般控制在1%～2%为宜，其中红烧、卤酱菜的用糖稍重一点，红焖菜要稍轻一点

续表

调味品	投放时机	用量参考
鲜味	味精是鲜味剂的代表，虽然在一般加热条件下，对谷氨酸钠没有多大的影响，但在强酸及碱性条件下或长时间高温加热，会使谷氨酸钠分解，影响味精的呈鲜效果，所以味精一般都在菜品成熟后投入，但必须趁热，否则鲜味的效果也会受到影响	鲜味的使用以含盐量为标准，烹调中在制作清汤菜肴时，最低使用量为食盐的10%。在酸味较重的菜肴中，如糖醋菜、酸辣菜，因醋不能溶解味精的鲜味，所以不必加入味精增鲜。在单纯的甜味菜品中，也不宜添加味精。另外，投放味精还应根据原料的质量以及味精本身谷氨酸钠含量的高低来决定投放量的多少。总之味精投放量不宜太多，否则会产生近似涩味的不良口感，一般味精用量与菜品风味的浓烈程度呈反比
香辛味	大多数香辛调料的使用一般都在加热初始阶段投入，例如，葱、姜、蒜的炝锅；对于茴香、丁香、草果等一些干制的香料来说，更应在加热初期投入。但对加工成粉末的香料来说，一般在起锅前投入，如花椒粉、桂花粉、胡椒粉等。调味酒的应用一般也在加热初始阶段投入	

（二）按规格调味，保持风味特色

我国的烹调技艺经过长期的发展，已形成了许多各具风味特色的名菜佳肴，各个菜系也形成了不同的调味特色（见表6-2）和相对固定的味型。味型主要由滋味来体现，如鱼香味型、宫保味型、荔枝味型、麻辣味型、家常味型等。在烹调时要按照相应的规格要求调味，保持风味特色。

表6-2　不同菜系的主要调味特色

菜系	调味特色
鲁菜	讲究调味纯正，口味偏于咸鲜，具有鲜、嫩、香、脆的特色。十分讲究清汤和奶汤的调制，清汤色清而鲜，奶汤色白而醇。 崇尚原味，讲究纯正，多以汤来增加鲜味。比较注重咸、鲜、味醇并兼酸甜、香辣等味的综合运用。其味型有鲜咸、酸辣、咸麻、香咸、咸辣，特别善于用清汤、奶汤提味，侧重于使用葱、姜、蒜、老虎油、葱椒油、花椒油、米醋、胡椒、糖等
川菜	味型多样。辣椒、胡椒、花椒、豆瓣酱等是主要调味品，不同的配比，化出了麻辣、酸辣、椒麻、麻酱、蒜泥、芥末、红油、糖醋、鱼香、怪味等各种味型，无不厚实醇浓，具有“一菜一格，百菜百味”的特殊风味，各式菜点无不脍炙人口。 所用的调味品既复杂多样，又富有特色，尤其是号称“三椒”的花椒、胡椒、辣椒，“三香”的葱、姜、蒜，醋、郫县豆瓣酱的使用频繁及数量之多，远非其他菜系能相比。特别是“鱼香”、“怪味”更是离不开这些调味品，如用代用品则味道要打折扣。川菜有“七滋八味”之说，“七滋”指甜、酸、麻、辣、苦、香、咸；“八味”即是鱼香、酸辣、椒麻、怪味、麻辣、红油、姜汁、家常
淮扬菜	特别注重咸鲜味和咸甜味的调配，虽然调味品种不太复杂，但强调层次分明，有的先甜后咸，有的先咸后甜，有的甜咸交错、回味微辣，再加上葱、姜、蒜的配合，就形成了清淡平和、咸甜适中的风味特色，最大限度地保持了原料的本味。淮扬菜的另一个调味特色是注重用汤：一种是注重本味汤，就是突出某种单一原料的原汁原味；另一种是复合汤味，选用火腿、鸡肉等原料一起炖焖成浓汤，使汤味更浓并集多味于一体

续表

菜系	调味特色
粤菜	口味上以清、鲜、嫩、脆为主，讲究清而不淡、鲜而不俗、嫩而不生、油而不腻。时令性强，夏秋力求清淡，冬春偏重浓郁。味尚清鲜，油而不腻。爱用鱼露、沙茶酱、梅糕酱、红醋等调味品。 粤菜用料广博，调料丰富，除了一些共同使用的常用调味品之外，粤菜中的蚝油、鱼露、柱侯酱、咖喱粉、柠檬汁、沙茶酱、豉汁、西汁、糖醋、煎封汁、老抽、生抽、酸梅酱、珠油、果皮等都独具一格，为其他菜系所无。这些调味品对粤菜的独特风味有举足轻重的作用

（三）五味调和，适口者珍

味的调制变化无穷，但关键在于“适口”。所谓“物无定味，适口者珍”，其最重要的在于五味调和。所谓“正宗”，只是相对的，不存在绝对的“正宗”，正宗还要以适口为前提。人的口味受着诸多因素的影响，如地理环境、饮食习惯、嗜好偏爱、宗教信仰、性别差异、年龄大小、生理状态、劳动强度等，可谓千差万别，因此菜肴的调味要因人而异，以满足不同人的口味要求。但对于某一类人来说，在很多方面是相同的。所以，在调味时应采取求大同、存小异的办法。

把握适口原则，可以从两方面开发菜肴口味：一是通过消费群体对菜肴风味需求引导菜肴风味的变化，不能死搬硬套；二是开辟新的味源，通过“炒作”引导消费群体接受新的口味。此外，菜肴的质地、温度等都应当遵循适口原则。根据实验结果报告，冷菜的最佳适用温度在10℃左右，热菜在70℃以上，汤、炖品在80℃以上，砂锅、煲菜在100℃①。

四、调味工艺的一般要求

菜肴的调味工艺，除了应掌握调味的原则，根据原料性状、菜肴特点和烹制方法合理安排调味的程序，恰当运用调味方法外，还必须掌握以下几点要求。

（一）了解调味品的种类和特点

调味品是形成菜肴滋味的物质基础，其种类越多，所调配的复合味就越丰富；其品质越优，所调配的菜肴滋味就越纯正。因此，调味前必须要先备调味品，对调味品的要求不仅要各味俱全，而且要求每一味调味品还应有较多的品种，同时每一品种应选品质最优者。

（二）掌握味觉的特性及其相互影响

在调味工艺中，要了解各种味觉的特性。如咸味为“百味之本”，除甜味外，其他所有味觉都是以咸味为基础，然后再进行调和；甜味是甜味菜肴的基础味，是调整风味、掩蔽异味、增加适口性的重要因素，对菜肴风味起协调平衡作用，在低浓度时对于某些菜肴还具有增鲜的作用。味觉之间的相互影响见表6–3。

① 伍福生．餐馆实用调味．中山：中山大学出版社，2005.

表6-3 味觉之间互相作用的基本类型

类型	含义	实例
对比增强效应	将两种或两种以上不同味觉的呈味物质以适当的浓度调和，使其中一种呈味物质的滋味增强的现象	在蔗糖溶液中加少量食盐，糖会更甜；在味精中添加食盐，其鲜味增强
相乘增强效应	将同一种味觉的两种或两种以上呈味物质互相混合，其呈味效果大大超过单独使用任何一种时的现象	味精和肌苷酸钠的混合；甘草酸钠的甜度是蔗糖的50倍，当将其与蔗糖共用时，可使其甜度增至蔗糖的100倍
消杀减弱效应	将两种或两种以上不同味觉的呈味物质以适当比例混合后，使每一种味感都有所减弱的现象	蔗糖对食盐的咸味和醋的酸味都能起减弱的作用，同时又没有甜味的感觉
转换变调效应（变味现象）（转化效应）	某些呈味物质对其后续呈味物质的味觉类型产生明显的影响	喝了浓盐水之后，再喝淡水反而有甜的感觉；大量摄食甜食后，再吃酸的食物，觉得酸味特强；咀嚼酸涩的青橄榄果，随后反而有甜的感觉
复合转化效应	将两种或两种以上的呈味物质以适量的比例均匀调和，调和的方式可以是细粉末混合，也可以是在水中同时溶解，则可以产生一种新的味道	粉状物混合的实例如用胡椒、姜黄、番椒、茴香、陈皮等粉末配制的咖喱粉，又如用多种呈味物质调成的怪味料等。而酸甜味、糖醋味、鱼香味、荔枝味等复合味则是在液体状态下形成的
迟钝现象（适应现象）	连续进食单一味觉的食物，随着时间推移此种味觉越来越不敏感，需要不断加大浓度方可感知	品尝家进行口味品评时，常需用水经常漱口，就是为了防止味觉迟钝

（三）根据烹饪原料的性质，掌握好调味

一是新鲜原料，调味不宜太重，以免影响原料本身的鲜美滋味。例如新鲜的鸡、鸭、鱼、虾、肉类、蔬菜等，调味时不宜太重；否则，原料本身的鲜美滋味会被浓厚的调味品所掩盖。过分地咸、甜、酸、辣，都将是“喧宾夺主”。如贵州传统名菜“三把鸡”、山东名菜“活吃鲤鱼”、河南名菜“生鲜蒸鱼”等，要求烹调的时间极短，一只活鸡、一条活鱼几分钟内就变成席上佳肴，吃的就是鲜味。

二是带有腥膻味的原料，要酌加去腥膻的调味品，以解除腥膻气味。例如牛羊肉、鸡、鸭、鱼和动物内脏，腥膻气味较大，在烹调时要酌加料酒、醋、葱、姜、蒜、糖等。有的腥膻原料，还可用焯水的办法，解除一些原料本身的腥膻气味。

三是原料本身无显著滋味的，调味时要适当增加滋味。有些原料本身不具有鲜味特性，如豆腐类原料、海参、鱼翅、燕窝等，都是淡而无味的，如不加调料则不好吃，调味时应适当增加滋味。海参、鱼翅、燕窝之类珍贵原料，需要用经调味烹制的鸡汤、肉汤或其他鲜汤煨汤后，才能使鲜味浸入，成为席上佳肴，如不加鲜汤等调味品，还不如一般蔬菜。对豆腐、粉皮之类原料，则要全靠调味品调味，使之成为美味佳肴。

此外，我国厨师还非常讲究原汁原味，凡能保持原汁原味的菜肴，一般应采取“清蒸、清炖”的烹调方法和调味手段，尽量保持原汁原味。

（四）根据烹调工艺和菜肴的不同要求，采取不同的调味方法

不同的烹调工艺和不同的菜肴，需要经历的调味阶段不同，适应的调味方法也不同，有的甚至要经过多道调味工序。因此，要做到随菜施调，同时保证各种菜肴的滋味层次分明且交融协调，风味特色突出。

五、菜肴味型的种类及其调制

菜肴的味型是指用几种调味品调和而成的、具有一定规格特征、相对稳定而约定俗成的菜肴风味类型，主要由滋味来体现。菜肴味型主要借助调味品的调和，当然也有主、辅料的本味和火候运用等方面的辅助作用。

我国菜肴以味型丰富著称，常见的有咸鲜、咸甜、香咸、咸麻、香糟、椒盐、五香、酱香、荔枝、酸辣、麻辣、酸甜、怪味、蒜泥、姜汁、芥末、甜香、烟香、陈皮、椒麻、红油香、家常等，多达20余种（见表6–4）。各种味型之间有差异，各有特色，这反映了我国菜肴调制的精妙细微。

表6–4 常见菜肴味型种类

味型	基本调味品及其调法	口味特点	备注
咸鲜	以精盐、味精为主调味品，根据不同菜肴的风味酌加酱油、白糖、香油及姜、胡椒粉等，形成不同的格调	咸鲜清香，突出鲜味，咸味适度	咸味适度，突出鲜味
香咸	与咸鲜味相似，但调香料如葱、椒等用量要适当增加	以香为主，辅以咸鲜，醇厚浓郁	如梅菜扣肉、把子肉等
椒麻	精盐、花椒、香葱、酱油、味精、麻油、冷鸡汤等。以优质花椒，加盐与葱叶一同碾碎	椒麻为主，咸香鲜为辅	多用于冷菜的调拌
椒盐	精盐、花椒。先将花椒去梗去籽，然后与精盐按1∶3混合，入锅炒至花椒壳呈焦黄色，冷却后碾成细末即成	香麻咸鲜	椒盐混合物不宜久放，可加入少量味精
咸甜	精盐、白糖、料酒，也可酌加姜、葱、花椒、冰糖、糖色、五香粉、醪糟汁、鸡油等变化其格调。各地的风味不同，咸甜两味比重有差异	以咸甜两味为主，鲜香味为辅，咸中有甜，甜中鲜香	视盐、糖用量，或咸甜并重，或咸中带甜，或甜中带咸
糖醋	白糖和食醋，也可辅以精盐、酱油、姜、葱、蒜等。一般分为3种：① 酸大于甜的“酸甜味型”；② 甜大于酸的“甜酸味型”；③ 酸甜味基本对称，或称为酸甜适中的糖醋味型	甜酸适口，回味咸鲜	以适量的咸味为基础，但需重用糖醋，突出酸甜味
荔枝	精盐、食醋、白糖、酱油和味精，并酌加姜、葱、蒜，但用量不宜多，仅取其辛香气味	酸甜似荔枝，突出甜、酸、咸、香，清淡而鲜美	要有足够的咸味，醋要略重于糖
咸辣	精盐、辣椒、味精及蒜、葱、姜等	以咸辣两味为主，鲜香味为辅，咸中有辣、辣中香鲜	如京菜“辣子里脊”、川菜“红油子鸡”等

续表

味型	基本调味品及其调法	口味特点	备注
麻辣	辣椒（可选郫县豆瓣、干辣椒、红油辣椒、辣椒粉等）、花椒（可选粒、末、面等）、精盐、味精、料酒、葱等	麻辣两味为主，咸鲜香味为辅，麻辣鲜香、醇厚浓郁	有时可酌加白糖、醪糟汁、豆豉、五香粉、麻油等。调制时应注意辣而不燥，显露鲜味
家常	豆瓣酱、精盐、酱油、味精、葱、姜、花生油等	咸鲜微辣，回味略甜；咸辣清香	调制时常酌加辣椒、料酒、豆豉、甜酱等
鱼香	泡红辣椒、精盐、酱油、白糖、醋、葱、姜、蒜等	咸甜酸辣兼备，葱、姜、蒜香气浓郁	通常用于热菜。用于冷菜时，调料不下锅，不用芡，醋应略少，盐要略多
红油	以特制红油加酱油、白糖、味精调制而成，有些地区还加醋、蒜泥或麻油。烹制红油应现用植物油将葱姜段炸出香味，离火适时倒入辣椒丝（或面），干辣椒要先浸泡一下	咸辣香鲜，回味略甜。其中辣味比麻辣味型轻，甜味比家常味型略重	辣味不要太重，多用于冷菜
酸辣	精盐、醋、胡椒粉、味精和料酒，对于不同菜肴，又有所变化	以酸辣两味为主，鲜香味为辅，一般酸大于辣，浓郁鲜香	以咸味为基础，酸味为主体，辣味相辅助
糊辣	川盐、干红辣椒、花椒、酱油、醋、白糖、姜、葱、蒜、味精、料酒调制而成	香辣咸鲜，回味略甜	辣香是重点。这种辣香是将干辣椒在油锅里焙，使之成为煳辣椒壳而产生的味道
蒜泥	蒜泥、盐（或酱油）、味精、麻油等调制而成，有时也酌加醋或辣油等	蒜香显著，咸鲜微辣	
姜汁	姜汁、精盐、酱油、味精、醋、麻油等	姜汁浓香，咸鲜微辣	
芥末	芥末酱，辅以精盐、醋、酱油、味精、麻油等	芥辣冲鼻，咸鲜酸香，解腥去腻	
怪味	精盐、酱油、红油、花椒面、白糖、醋、芝麻酱、熟芝麻、芝麻油、味精等多种调料调制而成，有时还要加姜米、蒜末、葱花	咸、甜、辣、酸、鲜诸味兼备，麻香气味并存	各味调料要比例适当，互不消杀

六、制汤与制卤工艺

在传统的烹调技术中，汤和卤都是制作菜肴的重要辅料，是形成菜肴风味特色的重要组成部分。汤和卤的制作在烹调实践中历来都很受重视，许多菜肴只有用汤或卤来加以调配，味道才更加鲜美。

（一）制汤工艺

中国烹调工艺自古重视制汤技术，尤其是在味精没有发明以前，菜肴的鲜味主要来自于鲜汤。即使在味精大行其道的今天，鲜汤的重要地位也从来没有受到根本动摇。尤其是在制作那些名贵的山珍海味时，仍然要使用高级鲜汤来提味和补味。

1．制汤工艺的原料选择

（1）必须选用鲜味充足、异味小、血污少、新鲜的原料　在动物性原料中，牛肉、羊肉因含有大量的低分子挥发性脂肪酸，从而带有特殊的气味，因此，除非用于烹制牛肉、羊肉菜肴，一般不应该使用牛羊肉作为制汤的原料；鱼肉中含有谷氨酸、肌苷酸、琥珀酸、氧化三甲胺，滋味非常鲜美，但是其放置时间稍久，氧化三甲胺在还原为气味浓烈的三甲胺的同时还会分解出一些有腥味的有机化合物，因此除了鱼类菜肴可以使用鲜鱼汤外，其他菜肴一般不用鱼汤。

（2）原料中应富含鲜味成分　制汤的原料中应富含鲜味成分，如核苷酸、氨基酸、酰胺、三甲基胺、肽、有机酸等。这些成分在动物性原料中含量最为丰富，所以制作鲜汤的原料应当以动物性原料为主。在动物性原料中，首选原料是肥壮老母鸡，并以“土鸡”为好。鸭子应选用肥壮的老母鸭，但不宜选择太老的鸭子，也不宜选用嫩鸭和瘦鸭。猪瘦肉、猪肘子、猪骨头，一般宜从肥壮阉猪身上选用，不宜选用种猪肉。在选择火腿、板鸭时，以选用色正味纯的金华火腿和南安板鸭为好。冬笋、香菇、竹笋、鞭笋、黄豆芽等都是制作素菜汤的理想原料。

（3）不同性质的汤，选料不同　制作奶汤的原料需要具备以下条件：含有丰富的动物性蛋白质，这是鲜味之源；要有一定的脂肪，这是奶汤变白的一个重要条件；要有能产生乳化作用的物质，即要有一定量的骨髓原料；要有含有一定量的胶原蛋白的原料，使奶汤浓稠，增加味感和辅助乳化作用，使水油均匀混合。

制作清汤的原料要具备以下条件：一定要选择陈年的老母鸡，保证清汤充足的鲜味；所选原料不能含有过多的脂肪，防止使清汤变色；要选用含胶原蛋白少的原料，避免汤汁混浊[①]。

2．鲜汤的种类（见图6-1）

按制汤的原料种类不同，鲜汤可分为荤汤和素汤两大类。荤汤中按原料品种不同有鸡汤、鸭汤、鱼汤、海鲜汤等；素汤中有豆芽汤、香菇汤等。

按汤料的多少不同，鲜汤可分为单一料汤和复合料汤两种。单一料汤是指用1种原料制作而成的汤，如鲫鱼汤、排骨汤等；复合料汤是指用两种以上原料制作而成的汤，如双蹄汤、蘑菇鸡汤等。

按汤的色泽和透明度不同，鲜汤可分为清汤和白汤两大类。清汤的口味清纯，汤清见底；白汤口味浓厚，汤色乳白。白汤又分一般白汤和浓白汤，一般白汤是用鸡骨架、猪骨等原料制成的，主要用于一般的烩菜和烧菜；浓白汤是用蹄髈、鱼等原料制成的，既可单独成菜，也可用作高档菜肴的辅料。

按制汤的工艺方法不同，鲜汤可分为单吊汤、双吊汤、三吊汤。单吊汤是一次性制作完成的汤；双吊汤是在单吊汤的基础上进一步提纯，使汤汁变清、汤味变浓；三吊汤则是在双

① 尹宝星．制汤技术关键．中国烹饪，2003，（10）．73～74.

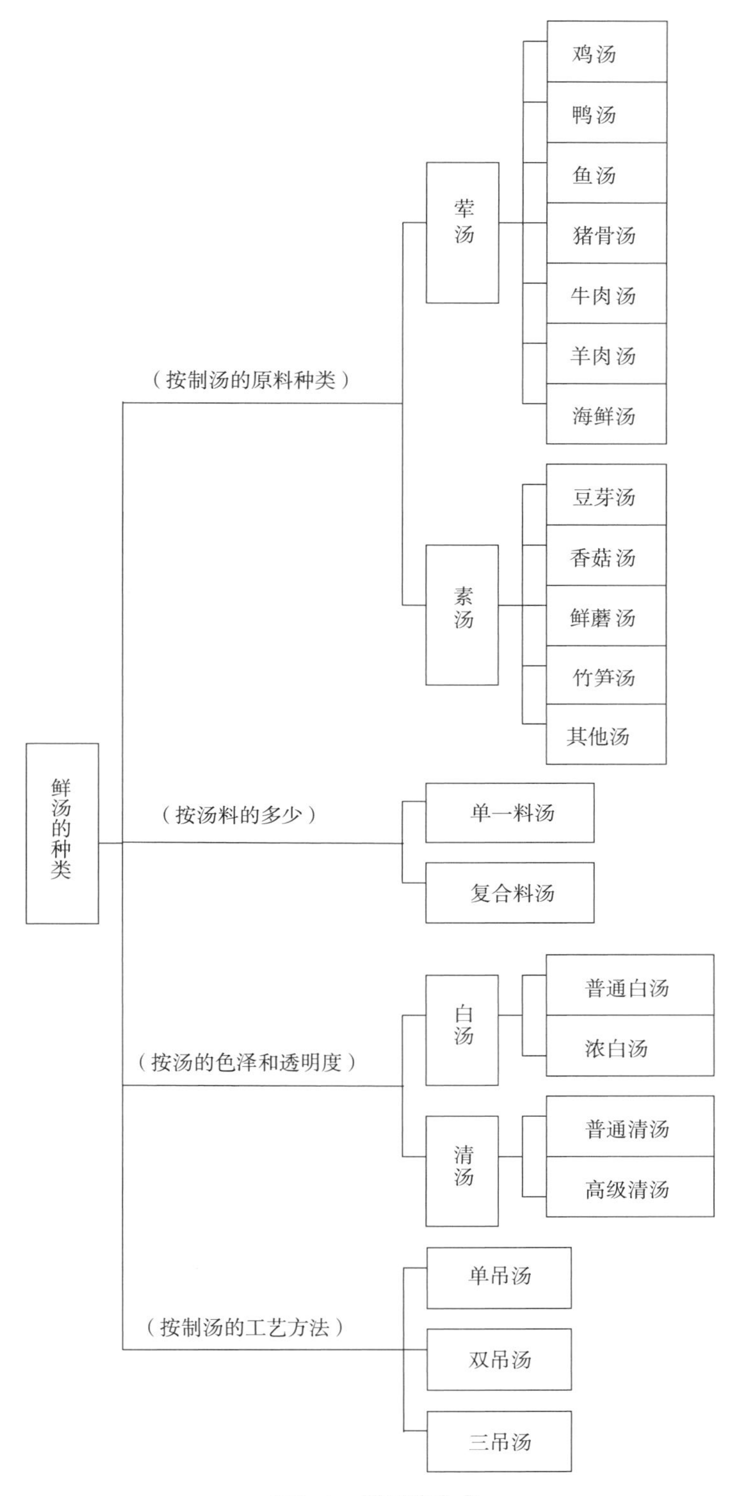

图6–1　鲜汤的种类

吊汤的基础上再次提纯，形成清汤见底、汤味纯美的高汤。

3. 制作工艺

鲜汤种类虽然很多，但其一般制作工艺却基本相同（见图6–2）。下面是几种常用鲜汤的制作方法。

（1）普通白汤（毛汤）将鸡、鸭、猪等的骨架，焯水去异味洗净后，加葱、姜、黄酒、清水烧沸后，控制在沸腾的状态下维持数小时甚至更长时间，汤液呈乳白色，有时也用制高汤后的原料再加水煮2～3h，所得之汤也作毛汤使用。此汤多用于一般菜肴制作。

（2）浓白汤（奶汤）将原料焯水洗净后放入冷水锅内，加足量水加热煮沸，除去汤面的血污浮沫，然后加葱、姜和料酒，加热迅速煮沸，再降低加热强度，使液面保持沸腾状态，直至汤汁变浓呈乳白色为止。用此法制得的浓白汤，可用于煨、焖、煮、炖等技法烹制菜肴的汤汁，尤其适宜无味的烹饪原料增味之用。

（3）普通清汤　熬制普通清汤的原料多为老母鸡，早在袁枚的《随园食单》中就有明确记载。现代也有用老母鸡与瘦猪肉同煮者。具体制法都是先将原料焯水去除血污杂质，然后另加冷水与原料同煮沸，再度除去浮沫，加入葱、姜和料酒，立刻转入微火加热，保持汤面不沸腾状态，3h左右即成。注意掌握火候，如果强热使汤水沸腾，则

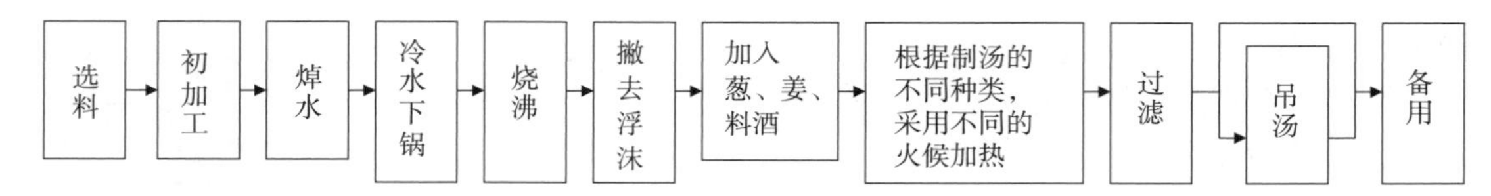

图6-2　鲜汤的制作工艺

会使汤水变混或变成乳白色；如果温度过低，则呈味物质很难溶出，汤味寡淡。

（4）高级清汤　也称高汤、上汤、顶汤，是在普通清汤的基础上，利用“吊汤”技术加工而成。高级清汤制作的具体工序如下：①先制得普通清汤，设法除去汤中的脂肪和微粒悬浮物（可将汤液放冷至0℃时静置，使其中分散的脂肪液滴凝聚浮出水面撇去，再用纱布、或汤筛、或专用滤纸将普通清汤过滤除去杂屑、骨渣等直径较大的颗粒），继而在汤液中加少量食盐。②取新鲜鸡腿肉（也可用鸡脯肉、瘦猪肉等）斩成肉糜，并加入葱、姜、料酒和清水，浸泡出血水。将血水和鸡腿肉糜一起倒入滤过的清汤中，立即迅速加热，控制火候使之微沸，加热强度不宜过大，仅保持微沸5～10min左右，捞出浮在汤表面的鸡肉糜，除去悬浮物，即得高级清汤，行业中称为“一吊汤”。③再将新的鸡脯肉糜加姜、葱、料酒和清水浸泡出血水，除去血水后倒入凉透的“一吊汤”中，一边加热一边轻轻搅拌，待肉糜上浮后捞出，所得清汤称为“双吊汤”。④重复②、③，可得“三吊汤”。

4．技术关键

（1）原料的选用及初步加工　所用原料一定要新鲜，否则原料中的异味将被一起带入汤中，影响汤的质量。制汤的原料必须经过初步加工处理，以除去原料上的污物和尾上腺，避免制成汤后出现异味。

（2）焯水处理　在制作清汤和高级奶汤时原料必须经过焯水处理，以除去原料中的血污和异味，确保清汤和高级奶汤的鲜美滋味。

（3）掌握好水、料的比例　制汤的最佳料水比在1∶1.5左右。水分过多，汤中可溶性固形物、氨基酸态氮、钙和铁的浓度降低，但绝对量升高；水分过少，则不利于原料中的营养物质和风味成分浸出，绝对浸出量并不高。但清汤与浓汤的料水比也有一定的区别，一般清汤的比例可以大于1∶1.5，浓汤的比例可以略小于1∶1.5。

（4）制汤的原料都应该冷水下锅，且中途不宜追加冷水。

（5）恰当地掌握火力和加热时间　制作奶汤一般先用旺火烧开，然后改用中火；使汤面保持沸腾状态，一般需要3h左右，但可根据原料的类别形状和大小而灵活掌握。在制作清汤时，先用旺火烧开，水开后立即改用中小火；使汤面保持微弱、翻小泡状态，直到汤汁制成为止。

（二）制卤工艺

制作“卤水”的工艺称为制卤工艺。“卤水”是卤制菜肴必备的传热物料和复合调料，大部分卤水都是厨师自己熬制而成的。卤制成品风味质量好坏，卤汁起着很重要的作用。

1．制卤的种类

卤水主要包括有“白卤水”、“一般卤水”、“精卤水”、“潮州卤水”、“脆皮乳鸽卤水”和“火膛汁”等。

2．制卤的用料

各地卤水用料不一，主要包括花椒、八角、陈皮、桂皮、甘草、草果、沙姜、姜、葱、生抽、老抽及冰糖等。对卤汁质量影响最大的是香料、糖、盐和酱油的用量。香料过多，药味大，卤菜成品色黑；香料过少，成品香味不足。糖过多，成品“反味”；糖过少，品味欠佳。食盐过多，除影响口味外，还会使成品紧缩干瘪；食盐过少，则成品的鲜香味不突出。酱油过多，成品色黑难看；酱油过少，则口味达不到要求。

3．制作工艺

原卤的一般工艺是：把煮的鸡骨、猪骨汤放入锅中，加入香料和调味品，先用大火烧开，再用小火煮1h左右即成（卤汁也可事先不煮，而与原料同时下锅，这样可以避免料酒中的酒精和香料的香气白白地挥发掉，并可节省燃料的时间）。

卤汁第一次现配，用后保存得当，可以继续使用。反复制作卤制品并保存好的卤汁，称为老卤（又称老汤）。再次使用时，适当添加水、香料和其他调味品，一次次使用下去。凡用老卤卤制，又称套卤，制品滋味更加醇厚，有些老店甚至保存有百年以上的老卤。

（1）白卤水　八角30g，沙姜15g，草果30g，花椒30g，甘草30g，桂皮30g，清水5000g，精盐150g。将上述各种香料放入一个小袋中，扎好袋口，加清水煮沸后，再用小火慢熬约1h，最后加入精盐即可。特点是色泽浅，气味芳香。

（2）精卤水　八角（大茴香）75g，丁香25g，桂皮100g，甘草100g，草果（草豆蔻）25g，沙姜25g，陈皮25g，罗汉果1个，花生油200g，姜块100g，葱条250g，生抽5000g，绍兴花雕酒2500g，冰糖2000g，红曲米150g，清水10000g。将八角（大茴香）、丁香、桂皮、甘草、草果（草豆蔻）、沙姜、陈皮、罗汉果等香料一并装袋扎口，红曲米另用汤料袋包裹。用中火把瓦煲烧热，下花生油，加姜块和葱条烹至产生香味，放入清水、生抽、冰糖、绍兴花雕酒、香料袋及红曲米袋一同烧到微沸后，转用小火煮30min，捞出姜、葱，撇去面上浮沫即可。特点是色泽深棕，口味芳香清甜，常用于制作名贵高级卤味菜肴。

（3）潮州卤水　八角15g，桂皮5g，沙姜15g，花椒10g，丁香5g，大茴香10g，草豆蔻10g，砂仁15g，草果25g，小茴香10g，良姜10g，陈皮20g，柱侯酱2瓶（500g），郫县豆瓣150g，沙茶酱250g，咖喱粉25g，泰国鱼露50g，醪糟250g，红辣椒干50g，干葱150g，生姜150g，洋葱150g，西芹100g，味精50g，生抽王600g，红曲米150g，糖色50g，加饭酒250g，冰糖400g，芝麻油50g，老抽王10g，杂骨汤10000g，花生油300g。

制法：① 生姜用刀拍松，干葱切段，洋葱切块。

② 炒锅上火，下花生油150g将八角、桂皮、沙姜、花椒、丁香、茴香、草豆蔻、砂仁、草果、良姜、陈皮（陈皮用水稍泡）炒出香味，出锅装入香料袋内，袋口收拢扎紧。

③ 炒锅重新上火，下花生油150g，将生姜、洋葱、西芹、炒香，出锅装入香料袋内，并将醪糟、郫县豆瓣、沙茶酱、咖喱粉、红曲米也装入香料袋内，然后将袋口收拢扎紧。

④ 将杂骨汤放入不锈钢深卤锅中，加入锅篦子（防憨锅），将两个香料袋悬于半空中，加入冰糖、味精、生抽王、老抽王、芝麻油、柱侯酱、泰国鱼露、加饭酒、精盐等烧开，即可放入经过焯水处理好的待卤制原料。

特点：色红，香味浓郁醇厚，口味鲜咸。

4. 技术关键

（1）异味较重的原料，如牛肉、羊肉、动物内脏等，不要生卤，否则易串味坏卤。原料入锅前应先进行过油、焯水等初步熟处理，尽量除去原料本身的血污及异味。

（2）调味香料的比例要恰当，不可投放颜色太黑或产出香味太浓的超量香料制卤。水和料的比例适宜。

（3）熬卤的盛器以不锈钢为佳，卤时要掌握好不同原料品种的成熟度和质量要求。

（4）卤汤以使用时间较长的老汤为好，新制的卤汤以熬制时间长一些的为佳，最好加入一些老卤，以增强成品的醇厚感。随着卤汤使用时间的延长及次数的增多，应急时添加调料和更换料包，以保证卤汤的味道醇厚。

（5）卤汤熬好后不立刻使用时应冷却后盖严，以防异物或生水混入引起卤汤变质，并且要定时加热老卤。

第二节 调香工艺

调香工艺是指运用各种呈香调味品和调制手段，在调制过程中使菜肴获得令人愉快的香气的过程。调香工艺对菜肴风味的影响仅次于调味工艺。通过调香工艺，可以消除和掩盖某些原料的腥膻异味，可配合和突出原料的自然香气。此外，调香工艺还是确定和构成菜肴不同风味特色的因素之一。

调香工艺是菜肴风味调配中一项十分重要的技术。尽管有时调香与调味、调色或调质交融为一体，但绝不等于调香工艺可由调味、调色或调质工艺来包容和代替，调香工艺有其自己的原理和方法。

一、气味与嗅觉

气和味总是联系在一起。气是一个载体，味是气的一种附着物，气飘到哪里，味就跟到哪里。气味是嗅觉所感到的由空气传播的各种各样的味道。

嗅觉是挥发性物质刺激鼻腔嗅觉神经而在中枢神经引起的一种感觉，它比味觉更敏感、更复杂。嗅觉具有以下基本特性。

（一）敏锐性

人的嗅觉相当敏锐，从嗅到气味物到产生感觉，仅需0.2～0.3s的时间。一些嗅感物质即使在很低的浓度下也会被感觉到，正常人一般能分辨3000～3500种不同的气味。

（二）易疲劳、适应和习惯

人们久闻某种气味，易使嗅觉细胞产生疲劳而对该气味处于不灵敏状态，但对其他气味并未疲劳，当嗅体中枢神经由于一种气味的长期刺激而陷入反馈状态时，感觉便会受到抑制而产生适应性。并且人在长时间感受同一高浓度的同样的呈香物质时，人的感知程度会大大降低。另外，当人的注意力分散时会感觉不到气味，时间长些便会对该气味形成习惯。疲劳、适应和习惯这三种现象会共同发挥作用，很难有明显区别。

（三）个体差异大

不同的人对嗅觉敏感程度的差别很大，即使嗅觉敏锐的人也会因气味而异。这是由遗传产生的。研究发现，女性的嗅觉比男性敏锐，青年人的嗅觉比老年人灵敏。

（四）阈值会随人体状况变动

当人的身体疲劳或营养不良时，会引起嗅觉功能降低。人在生病时会感到食物平淡不香，女性在月经期、妊娠期或更年期可能会发生嗅觉减退或过敏现象等，这都说明人的生理状况对嗅觉有明显的影响。

二、菜肴香气的来源及香型

（一）菜肴香气的来源

气味的种类极多，对气味进行准确分类也非常困难。人们通常将产生令人喜爱感觉的挥发性物质称为香气，而产生令人厌恶感觉的挥发性物质称为臭气。

菜肴的香主要来源于原料的天然香气及其在烹调过程中产生的香气（见表6–5），并非由某一种呈香物质所单独产生，而是多种呈香物质的综合反映。呈香物质种类繁多，但含量极微，其中大多数属于非营养性物质，而且耐热性很差。

表6–5　菜肴香气的来源

种类		含义	举例
原料的天然香气	辛香	有刺激性的植物性天然香气	葱香、香、花椒香、胡椒香、八角香、桂皮香、香菜香、芹菜香等
	清香	清新宜人的植物性天然香气	芝麻香、果仁香、果香、花香、叶香、青菜香、菌香等
	乳香	动物性天然香气，包括牛奶及其制品的天然香气以及其他类似香气	奶粉、奶油、香兰素等香气
	腥膻异香	一种令人厌恶的动物天然气味	鱼腥气、牛脂香、羊脂香、鸡油香、各种植物油的香气等
烹调过程中产生的香气	酱香	酱品类的香气	酱油香、豆瓣香、面酱香、腐乳香等
	酸香	包括以醋酸为代表的香气和以乳酸为代表的香气	各种食醋香、泡菜、腌菜香等
	酒香	以酒精为代表，各种酒精发酵制的香气	料酒香、米酒香、白酒香等
	腌腊香	经腌制的鸡、鸭、鱼、肉等所带有的香气	火腿香、腊香、肉香、香肠香、风鸡香、板鸭香等
	烟熏香	某些物质受热生烟产生的香气	茶叶烟香、樟叶烟香、糖烟香、油烟香等
	加热香	某些原料本身没有什么香味，经加热可产生特有的香气	煮肉香、烤肉香、煎炸香等

（二）菜肴的香型

常见菜肴的香型见表6–6。

表6-6　常见菜肴的香型

香型	基本调料	特点
酱香	甜酱、精盐、酱油、味精和麻油，也可酌加白糖、胡椒面和葱、姜，有时可加辣椒	酱香浓郁，咸鲜带甜，多用于热菜
麻酱	芝麻酱、芝麻、精盐、味精或浓鸡汁，有时也可酌加酱油或红油。调制时，芝麻酱要先用麻油调散	酱香咸鲜，多用于冷菜
酒香	烹调时加入白酒或黄酒、啤酒。白酒用于一些特殊的菜品，如醉虾、醉蟹等。以黄酒香气为主的菜品主要有醉鸡、醉鹅掌、醉鸭舌等凉菜，也有酒焖肉等一些热菜。啤酒一般用于煮焖的菜品，但投放时不要过早，应在原料快成熟时投入锅中，再继续煮焖至完全成熟；有时也可代替水用于挂糊上浆工艺中	闻其酒香，不食酒辣
香糟	香糟汁（或醪糟）、精盐、味精和麻油，也可酌加胡椒粉或花椒、冰糖、姜、葱等	糟香醇厚，咸鲜回甜，冷、热菜均可
烟香	视菜肴风味需要，选用锅巴屑、茶叶、香樟叶、花生壳、食糖、稻壳、锯木屑（木材种类要选择）等做熏料，利用它们不完全燃烧时产生的浓烟，熏制已经过腌渍的食物原料，使其形成烟熏香味	烟香独特，冷、热菜均可
五香	五香并非只有5种调香料，而是泛指用花椒、八角、桂皮、丁香、小茴香、甘草、豆蔻、肉桂、草果、山柰、荜拔、陈皮等20～30种植物香料，或加水溶解成卤水卤制；或与盐、料酒、姜、葱等腌渍或直接烹制食物。香料组分视菜肴的实际需要酌情变化选用	浓香，口味咸鲜，广泛用于冷菜，热菜也可用
陈皮	陈皮、精盐、酱油、醋、花椒、干辣椒节、姜、葱、白糖、红油、醪糟汁、味精、麻油等，白糖和醪糟汁用于提鲜，用量以略带回甜为度。陈皮用量不宜过多，否则回味带苦	芳香、麻辣回甜，冷、热菜均可
乳香	主要用料是饮用乳、奶油、黄油、乳酪、炼乳等。特别是一些煎、炸、焗、烤的菜品，经常添加或蘸食乳制品，用来丰富和改善菜品的香味	乳香浓香。主要应用于口味清淡的菜品中，在一些麻辣、红烧或甜香味型的菜品中添加乳制品也可以收到较好的风味效果
茶香	绿茶与菜肴配合使用时也不宜加热时间过长，一般在菜肴成熟时投茶汁或茶叶，既可保持绿色的淡雅，又可保存清鲜的茶香。红茶使用时主要是取其茶汁，如将嫩鱼片放在烧开的茶叶中涮食，不但去腥解腻，而且茶香浓郁	不同的茶类都有各自独特的香气
花香	新鲜的花叶，一般色彩鲜艳，香味清鲜淡雅，常用的品种有荷叶、粽叶、菊花、荷花等	如荷叶鸡、荷叶粉蒸肉、粽叶鱼片、炸荷花盒等
甜香	白糖或冰糖，佐以食用香精、蜜饯、水果、干果仁、果汁等，糖桂花、木樨花等也常用	滋味以甜为正，辅以格调不同的香气

三、调香工艺的时机和方法

（一）调香工艺的时机

菜肴调香的时机和调味一样，也分加热前调香、加热中调香和加热后调香3个阶段。各阶段的调香作用及所用方法均有所不同，从而使菜肴的香呈现出层次感。

1．原料加热前的调香

原料加热前的调香多采用腌渍的方法，有时也采用生熏法。其作用有两个：一是清除原料异味；二是给予原料一定的香气。前者是主要的。

2．原料加热中的调香

原料加热中的调香，是确定菜肴香型的主要阶段，可根据需要采用加热调香的各种方法。其作用也有两个：一是原料受热变化生成香气；二是用调味品补充并调和香气。加热过程中的调香，香料的投放时机很重要。一般香气挥发性较强的，如香葱、胡椒粉、花椒面、小磨麻油等，需要在菜肴起锅前放入，才能保证浓香；香气挥发性较差的，如生姜、干辣椒、花椒粒、八角、桂皮等，需要在加热开始就投入，有足够的时间使其香气挥发出来，并渗入到原料之中。此外，还可以根据用途的不同灵活掌握。

3．原料加热后的调香

原料加热后的调香，即在菜肴盛装时或装盘后淋入麻油，或者撒一些香葱、香菜、蒜泥、胡椒粉、花椒面等，或者将香料置于菜上，继而淋以热油，或者跟味碟随菜上桌。此阶段的调香主要是补充菜肴香气之不足或者完善菜肴风味。

（二）调香工艺的方法

调香的方法，主要是指利用调味品来消除和掩盖原料异味，配合和突出原料香气，调和并形成菜肴风味的操作手段。其种类较多，根据调香原理和作用的不同，可分为如下4类。

1．腌渍调香法

腌渍调香法，即在加热前用食盐、食醋、料酒、生姜、香葱等调味品和有异味的原料拌匀后腌渍一段时间（动物内脏常用揉洗的方法），使调味品中的有关成分吸附于原料表面，渗透到原料之中，与其异味成分充分作用，再通过焯水、过油或烹制，使异味成分得以挥发除去的方法。此法适用范围很广，兼有入味、增香、助色的作用，在调香工艺中经常使用。

2．加热调香法

加热调香法，就是通过加热使调味品的香气大量挥发，并与原料的本香、热香相交融，形成浓郁香气的调香方法。调味品中的呈香物质在加热时迅速挥发出来，或溶解在汤汁中，或渗入到原料内，或吸附在原料表面，或直接从菜肴中散发出来，从而使菜肴带有香气。此法在调香中运用甚广，几乎各种菜肴都离不了它。加热调香法具体操作形式有炝锅助香、加热入香、热力促香、醋化增香等。广义上，加热调香还应包括原料本身受热变化形成的香气。

3．封闭调香法

封闭调香法属于加热调香法的一种辅助手段。调香时，呈香物质受热挥发，大量的香气在烹制过程中散失掉了，存留在菜肴中的只是一小部分，加热时间越长，散失越严重。为了使香气不至于在烹制过程中严重散失，将原料保持在封闭条件下加热，临吃时启开，可获得非常浓郁的香气。封闭调香的手段主要有容器密封、泥土密封、纸包密封、面层密封、糨糊密封、原料密封等。

4．烟熏调香法

烟熏调香法是一种特殊的调香方法，常以樟木屑、花生壳、茶叶、谷草、柏树叶、锅巴屑、食糖等做熏料。把熏料加热至冒浓烟，产生浓烈的烟香气味，使烟香物质与被熏原料接触，并被吸附在原料表面，有一部分还会渗入到原料表层之中去，使原料带有较浓的烟熏味。

四、调香工艺的原则

（一）充分利用原料中的天然呈香物质

呈香物质都具有一定的挥发性，对那些极易挥发的呈香物质，要控制好火候和调香时间，防止香气过早挥发；对那些在常温下不易挥发的呈香物质，可在加热条件下使用，或者碾成粉末助其挥发；对于那些在水中溶解度极低的呈香物质，可通过炝锅、熏制等方法，使香气溶于油中或吸附在原料表面，或者制成乳状液，加入肉糜等半成品中，增强其呈香效果。

（二）利用制熟加热过程，合成新的呈香物质

在制熟加热过程中，许多呈香物质前体分解为呈香物质。例如焙烤烘炒多种食物原料所产生的吡嗪类呈香物质，都是从α－氨基酸转化来的；油炸食品香气一部分来自煎炸油自身的分解；熟肉制品的香气，大都来自蛋白质和核酸的受热分解；多种烧炒蔬菜的香气，源于含硫氨基酸的分解和转化；至于美拉德反应等，更是众所周知。

（三）除腥抑臭，排除不良气味

对于烹饪原料中的腥膻等不良气味的去除，通常有四种办法：一是加入易挥发物质，降低具有不良气味物质的蒸汽分压，使它们在受热时迅速逃逸；二是利用酸碱中和原理，使不良气味物质分解或转化；三是加入气味浓烈的呈香物质，掩盖不良气味；四是利用焯水、过油等预熟手段，溶解或破坏不良气味。

第三节　调色工艺

调色工艺就是根据原料的性质、烹调方法和菜肴的味型，运用各种有色调味品和调配手段，调配菜肴色彩，增加菜肴光泽，使菜肴色泽美观的过程。调色工艺是菜肴风味调配工艺的关键技术和保证菜肴品质的重要手段。

一、菜肴色泽的来源

菜肴的色泽主要来源于三个方面：原料固有的色泽、加热形成的色泽、调味品调配的色泽。

（一）原料固有的色泽

原料固有的色泽，即原料的本色。菜肴原料大都带有比较鲜艳、纯正的色泽（见表6–7），在加工时需要予以保持或者通过调配使其更加鲜亮。

表6-7　菜肴原料固有的色泽特征

色泽	菜肴原料	菜肴调料
白色	白萝卜、绿豆芽、莲藕、竹笋、银耳、鸡（鸭）脯肉、鱼白肉等	蛋清、乳制品
黄色	蛋黄、口蘑、韭黄、黄花菜等	蛋黄、酱油
绿色	绿色蔬菜、青椒、蒜薹、蒜苗、四季豆、莴笋等	绿叶菜汁
红色	火腿、香肠、午餐肉、腊肉（瘦）、胡萝卜、红辣椒、番茄等	糖色、番茄酱、红乳汁
紫红色	红苋菜、紫茄子、紫豆角、紫菜、肝、肾、鸡（鸭）肫等	着酱品、酱油
黑色或深褐色	香菇、海参、黑木耳、发菜、海带等	红醋

（二）加热形成的色泽

加热形成的色泽，即在烹制过程中，原料表面发生色变所呈现的一种新的色泽。加热引起原料色变的主要原因是原料本身所含色素的变化及糖类、蛋白质等的焦糖化作用、羰氨反应等。

（三）调味品调配的色泽

调味品调配色泽包括两个方面：一是用有色调味品调配而成；二是利用调味品在受热时的变化来产生。用有色调味品直接调配菜肴色泽，在烹制中应用较为广泛。调味品与火候的配合也是菜肴调色的重要手段。如烤鸭时在鸭表皮上涂以糖醋，可形成鲜亮的枣红色；炸制畜禽肉及鱼肉前码味时放入红醋，所形成的色泽会格外红润，这些都是利用了调味品在加热时的变化或与原料成分的相互作用。

二、调色工艺的方法

（一）保色法

保色法就是利用有关调味品来保持原料本色和突出原料本色的调色方法。如绿色蔬菜的保色，一般可采用加油、加碱、加盐、水泡等措施。红色鲜肉的保色，可加入亚硝酸钠等发色剂腌渍，但此类发色剂有一定毒性，目前我国已禁止餐饮服务单位及个人购买、储存、使用亚硝酸盐。

（二）变色法

变色法就是利用有关调味品改变原料本色，使之形成鲜亮色泽的调色方法。此法所使用的调味品本来不具有所调配的色彩，而需要在烹制过程中经过一定的化学变化才能产生相应的颜色。此法多用于烤、炸等干热烹制的一些菜肴。按主要化学反应类型的不同，变色法有焦糖化法和羰氨反应法两种。

（三）兑色法

兑色法就是利用有关调味品，以一定浓度或一定比例调配出菜肴色泽的调色方法，多用于水烹制作菜肴的调色。常用的调味品是一些有色调味品，如酱油、红醋、糖色、番茄酱、红糟、甜酱、食用色素等。

（四）润色法

润色，即增加菜肴色彩的明亮程度。润色法就是在菜肴原料表面涂抹一层薄薄的油脂，使菜肴色泽油润光亮的调色方法。此法的操作过程是和制熟过程同时进行的，主要有淋、拌、翻等手法。

以上四种方法主要是根据它们的原理和作用不同来划分的，在实际操作中，往往是几种方法同时使用，甚至和调味、调香等过程协同进行，这样才能使菜肴达到应有的色泽要求。

三、调色工艺的基本要求

（一）要了解菜肴成品的色泽标准

在调色前，首先要对成菜的标准色泽有所了解，以便在调色中根据原料的性质、烹调方法和基本味型正确选用调色料。

（二）正确选料，先调色后调味

根据原料的性质、基本味型和烹调方法正确选用调色原料和调料。添加调色料时，要遵循先调色后调味的基本程序。这是因为绝大多数调色料也是调味料，若先调味再调色，势必使菜肴口味变化不定，难以掌握。

（三）控制好火候，讲究时机

对于采用烹调生色的菜肴，火候的控制很重要。当烹调需要长时间加热时，影响生色的各种成分浓度会发生变化，要注意调色的时机。油炸、油煎不要过火，否则色泽过深；酱油等在长时间加热时会发生因糖分减少、酸度增加使颜色加深的现象，过早加入酱油，到菜肴成熟时色泽就会过深，应在开始时调至七八成，在出锅前调色，才能获得满意的色泽。

（四）护好色，充分利用原料的自然色

菜肴烹调的原料大多有很好的自然色，利用自然色调色，更赏心悦目，也是发展的趋势。黄瓜、青椒等可以用食盐护色；藕、红薯、马铃薯、苹果、梨等削皮后放在水中可以减轻褐变，维持本色；用油膜隔绝空气，避免蔬菜叶绿素的氧化可以护色；焯开水短时处理可以给绿色蔬菜护色。但这些方法的护色时间都不能过长。

（五）要符合人的生理和安全卫生需要

调色要符合人们的生理需要，因时而异。同一菜肴因季节不同，其色泽深浅要适度调整，一般夏天宜浅，冬季宜深。同时还要注意尽量少用或不用对人体有害的人工合成色素，保证食用的安全性。

第四节　调质工艺

调质工艺是指在菜肴制作过程中，用一些调质原料来改善菜肴原料质地（即质构）和形态的过程。调质实际上是指对菜肴质地的构建和调整。

一、菜肴的质地与口感

（一）菜肴质地的含义

菜肴的质地是决定菜肴风味的主要因素，它以口中的触感判断为主，但是在广义上也应包括手指以及菜肴在消化道中的触感判断。菜肴的质地是由菜肴的机械特性、几何学特

性、触感特性组成的（见表6–8），它与菜肴的温度、大小、形状、各成分的含量，特别是大分子物质的含量和种类等有关。

表6–8　　食品质地的组成

食品质地的特性			内涵	备注
机械特性	第一感觉因子	硬度	指物体变形所需的力	
		凝结性	构成形态的内部结合力	
		黏性	指在单位力作用下的滚动程度	
		弹性	外力消失后，恢复变形前后状的性质	
		附着力	克服物体间表面附着力所需的力	
	第二感觉因子	脆性	凝结性和硬度构成的，破坏物体所需的力	由第一感觉因子组合构成
		咀嚼性	凝结性、硬度和弹性构成的，嚼咀物体达到吞咽程度时所需的能量	
		胶性	较大的凝结性和较小的硬度构成的，咀嚼半固态物体达到吞咽时所需的能量	
几何特性			指与构成食品颗粒大小、形态和微粒排列方向有关的性质，颗粒大小和形态是食品的重要标志	
触觉特性			是与食品水分、含油率、含脂量以及蛋白质和多糖类的含量及相互之间的比例有关的性质	

（二）菜肴质地的种类

菜肴质地的种类很多，烹饪行业中通常把菜肴的质地即“质感”划分为单一型质感和复合型质感两大类（见图6–3）。单一型质感简称单一质感，是烹调专家和学者为了研究上的方便而借用的一个词，以作为抽象研究的一种手段，实质上不是菜肴质地的存在形式。复合型质感简称复合质感，细分又有双重质感和多重质感。双重质感由两个单一质感构成，多重质感由三个以上的单一质感构成。复合性是菜肴质感的普遍特征。

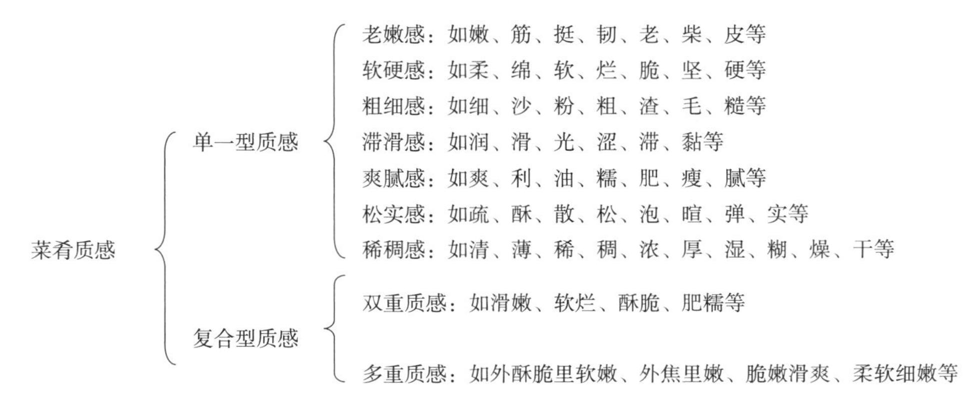

图6–3　菜肴质感的基本类型

以上这些概念只是一种行业习惯语，并没有科学的界定。近代食品科学从研究食品的力学特性出发，按硬度、脆度、耐嚼性、胶弹性、黏着性和黏性等几个方面，规范了一批食品质感的评价语言，使之成为国际通用的学术语言（表6–9）①。

表6–9　国际通用的食品质感评价用语

类型	质感评价用语	英文	内涵
一般概念	结构、组织	structure	表示物体或物质各组成（分）结合的性质
	质地（质构）	texture	它是物理性质，包括大小、形状、数量、力学、光学性质、结构情况的感觉表现（包括触觉、视觉、听觉）
与压缩、拉伸有关的表现用语	1.硬	irm=hard	表示受力时，对变形抵抗较大的性质（触觉）
	2.软	soft	表示受力时，对变形抵抗较少的性质（触觉）
	3.坚韧	tough	表示对咀嚼有较强的和持续的抵抗，与柔嫩反意，近似于质地用语的凝聚性（cohesiveness）。坚韧一词在我国不常用于食品，用于表现此意的是“咬不烂”、“嚼不烂”一类俗语（触觉）
	4.柔嫩	tender	表示对咀嚼的抵抗较弱，多用于对肉类的形容（触觉）
	5.柔韧、耐嚼、嚼不碎	chewy	像嚼口香糖那样对咀嚼有较持续的抵抗（触觉）
	6.酥松	short	表示一咬即碎的性质（触觉）
	7.弹性	spring	去掉作用力后变形恢复的性质（视觉）
	8.可塑性	plastic	去掉作用力后变形保留的性质（视觉）
	9.胶黏	sticky	表示咀嚼时对上颚、牙齿或舌头等接触面黏着的性质（触觉）
	10. 黏糊、黏的	glutinous	与黏稠（thick）及胶黏（sticky）往往可以视为同义语，常用来形容糯米年糕、汤米团那样的感觉（触觉）
	11.松脆	brittle	形容加作用力时，几乎没有初期变形而断裂、破碎或粉碎的感觉（触觉与听觉）
	12.易成碎渣的	crumbly	形容一用力或一碰便易成为小的不规则碎片的性质，如面包屑常形容易掉渣的糕饼（触觉和视觉）
	13.嘎嘣脆	crunchy	兼有松脆（brittle）和易碎渣（crumbly）的性质，常用来形容咬锅巴、萝卜之类嘎吱嘎吱响的感觉（触觉、视觉和听觉）
	14.酥脆、脆嫩、脆生的	cirspy	用力时伴随脆响而屈服或断裂的样子，常用来形容吃鲜苹果、芹菜、黄瓜、脆饼干、油炸脆片等的感觉（触觉和听觉）
	15. 黏稠	thick	常用来形容粥饭糊酱（触觉和视觉）
	16.稀薄的、稀的	thin	作为黏稠的反义词，有清淡、爽口之感（触觉和视觉）

① 李里特．食品物性学．北京：中国农业出版社，1998.

续表

类型		质感评价用语	英文	内涵
与食品组织有关的表现用语	构成粒子的尺寸形状	1.滑腻	smooth	表示组织中感觉不出颗粒的存在、均匀细腻的质感，多用来形容冰淇淋的柔软滑爽、汤汁的爽口（触觉和视觉）
		2.细腻	fine	组织构成的粒子或纹理非常细小而均匀的样子（触觉和视觉）
		3.粉状的	powdery	颗粒很小的粉末状，或易碎成粉末的性质（触觉和视觉）
		4.砂状的、砂质感	gritty	形容小而硬颗粒的存在感（触觉和视觉）
		5.粗糙的	coarse	形容组织颗粒较粗，有较大粒子存在（触觉和视觉）
		6.多团块的、疙瘩状的	lumpy	形容组织中含有不规则团块的样子，例如没有拌匀的面糊，含有疙瘩块；冲调乳粉中有团块的样子（触觉和视觉）
	组织的排列和形状	7.层片壮、薄片状	flaky	容易剥落的层片状组织（触觉和视觉）
		8.纤维状的	fibrous	形容可感到纤维状的组织，且纤维易分离（触觉和视觉）
		9.多筋的，纤维粗的	stringy	形容纤维较粗硬的组织（触觉和视觉），如老芹菜、筋多的老牛肉等
		10.打成浆的果肉样，烂浆状的、软糊状的	pulpy	形容柔软而有一定可塑性的湿纤维状物料构造，有时也用来形容果肉丰满多汁的感觉（触觉和视觉）
		11.蜂窝状的、细胞结构的	cellular	主要指具有较规则的孔状构造（触觉和视觉）
		12.蓬松的、膨胀的	puffed	形容涨发得很暄腾的样子（触觉和视觉）
		13.结晶状的	crystalline	形容砂糖、食盐那样结晶的群体组织（触觉和视觉）
		14.玻璃状的	glassy	形容脆而透明的固体，觉察不出组织纹理结构的样子（触觉、视觉和听觉）
		15.凝胶状的	gelatinous	形容具有一定弹性的固体，觉察不出其组织纹理结构（触觉、视觉和听觉）
		16.泡沫状的	foamed	主要形容许多小的气泡分散于液体或固体之中的样子（触觉和视觉）
		17.海绵状的	spongy	形容有弹性的蜂窝状结构（触觉和视觉）
与口感有关的词语		1.口感	mouth feel	表示口腔对食品质地感觉的总称
		2.浓稠感、重厚感	sody	是质地的一种口感表现，类似于我国俗语中的“瓷实”等
		3.干的	dry	口腔对游离液少的感觉
		4.潮湿的	moist	口腔中的游离液的感觉既不觉得少、又不感到多的样子
		5.水灵的，水的	wet	口腔中的游离液有增加的感觉

续表

类型	质感评价用语	英文	内涵
与口感有关的词语	6.水的	watery	因含水多而有淡薄、味淡的感觉
	7.多汁的	juicy	咀嚼中口腔液体有不断增加的感觉
	8.油的、油腻	oily	口腔中有易流动，但不易混合的液体存在的感觉
	9.肥腻的、油腻的	greasy	口腔中有黏稠而不易混合液体或脂膏样固体的感觉
	10.蜡质的	waxy	口腔内有不易溶混的固体的感觉
	11.粉质感、粗粉状、干面的	mealy	口腔内有干物质和湿物质二者混在一起的感觉，如吃蒸熟马铃薯或表面有粉的柿饼的感觉
	12.粘滑的	slimy	口腔中的滑溜感
	13.奶油状的	creamy	口腔中黏稠而滑爽的感觉
	14.收敛感	astringent	口腔中皮肤收敛的感觉涩
	15.烫	hot	口腔过热的感觉
	16.冰冷	cold	口腔对低温的感觉
	17.清凉	cooling	像吃薄荷那样，由于吸热而感到的凉爽

（三）菜肴质感的形成特征

菜肴质感的形成特征比较复杂，概括起来，主要包括以下几点：

1．菜肴质感的规定性

菜肴质感的规定性，是对菜肴质感形成的方式、方法、工艺流程、质量标准等方面的具体要求。

传统菜特别是已被现代厨师继承下来的传统菜，其名称、烹饪方法、味型、质感及其表现该菜特征的一系列工艺流程等都必须是固定的，不能随意创造或改变；否则，便不能称为传统菜，至少不是正宗的传统菜。新潮菜具有很大的灵活性与随意性，但总的要求是必须得到食客的认可，其工艺流程和菜肴形成特征也就应当在一定时间、范围和条件下予以固定。显然，作为菜肴属性之一的质感同样也应当具有规定性。

2．菜肴质感的变异性

菜肴质感的变异性，是指菜肴受生理条件、温度、浓度、重复刺激等因素的影响引起的质地感觉上的差异与变化。

3．菜肴质感的多样性和复杂性

由于原料的结构不同、烹调加工的方法不同以及人对菜肴质感要求不同，使菜肴的质感也多种多样。如有的菜肴可能以“脆”为主、“嫩”为辅；有的菜肴则可能以“嫩”为主、“脆”为辅；还有的可能在以某一种或几种质感为主体的同时，还带着更多辅助质感。

4. 菜肴质感的灵敏性

质感具有灵敏性，这是客观存在的，它来自于菜肴刺激的直接反馈，主要由质感阈值和质感分辨力两个方面来反映。食品科学界通过研究已经证实："触觉先于味觉，触觉要比味觉敏锐得多"。

5. 菜肴质感的联觉性

菜肴质感与味觉、嗅觉、视觉等都有不可分割的联系，这种联系表现为一种综合效应从而满足深层次的审美需求。其中，质感与味觉的联系最为密切，质感既可直接与味觉发生联系，也可通过嗅觉的关联与味觉发生关系。例如本味突出或清淡的菜肴，质感或滑嫩、或软嫩、或脆嫩，浓厚味的菜肴多酥烂、软烂等。

二、调质工艺的方法

根据具体原理和作用不同，调质工艺一般可分为致嫩工艺、膨松工艺、增稠工艺等几种。

（一）致嫩工艺

致嫩工艺就是在烹饪原料中添加某些化学品或施以适当的机械力作用，使原料原先的生物结构组织疏松，提高原料的持水性，从而导致其质构发生变化，表现出柔嫩特征的工艺过程。致嫩工艺主要针对动物肌肉原料。

1. 物理致嫩

物理致嫩即对烹饪原料施以适当机械力作用而致嫩的方法，如敲击、切割、超声振动分离和断裂肉类纤维，对牛肉采用挂的方法等。

2. 无机化学物质致嫩

无机化学物质致嫩即在食物原料中添加某些无机化学物质而致嫩的方法，如食碱致嫩、食盐致嫩、水致嫩等。

3. 酶致嫩

酶致嫩即在食物原料中添加某些酶类制剂而致嫩的方法。餐饮业常把一些蛋白酶类制剂称为嫩肉粉，常见的如菠萝蛋白酶、无花果蛋白酶、胰蛋白酶、木瓜蛋白酶、猕猴桃蛋白酶、生姜蛋白酶等植物蛋白酶类。这些酶能催化肌肉蛋白质的水解，促进肉的软化和嫩度的提高。

4. 添加持水性强的其他原料致嫩

（1）淀粉致嫩　原料上浆和制缔时需要加入适量的淀粉，淀粉受热发生糊化，起到连接水分和原料的作用，达到致嫩的目的。淀粉致嫩要注意两点：一是要选择优质淀粉；二是要控制好淀粉用量，使其恰到好处。

（2）蛋清致嫩　原料上浆常用鸡蛋清。鸡蛋清富含可溶性蛋白质，是一种蛋白质溶胶，受热时蛋白质成为凝胶，阻止了原料中水分等物质的流失，使原料能保持良好的嫩度。

（3）油脂致嫩　油脂具有很好的润滑、保水、保原作用，上浆时放入适量的油脂，能保持或增加原料的嫩度。上浆时原料与油脂的比为20∶1，一般500g原料放油25g。放油应在上浆完毕后进行，切忌中途加油，否则不能达到上浆目的。另外，油浸也是很好的致嫩方法。

（二）膨松工艺

膨松工艺就是采用各种手段和方法，在烹饪原料中引入气体，使其组织膨胀松化成孔洞结构的过程。在烹调工艺中主要是前面讲到的干料涨发中的油发和盐发，以及一些糊的调制。

（三）增稠工艺

增稠工艺是在烹调过程中添加某些物质，以形成菜肴需要的稠度、黏度、黏附力、凝胶形成能力、硬度、脆性、密度、稳定乳化等质构性能，使菜肴形成希望的各种形状和硬、软、脆、黏、稠等质构特征的工艺过程。增稠方法主要包括勾芡增稠、琼脂增稠、糖汁增稠、动物胶质增稠、酱汁增稠等。

三、调质工艺的基本原则

（一）充分了解原料的质构特点

前面已经提到过，菜肴的质地与原料的质构是密不可分的，原料的质构状况往往影响甚至决定菜肴的质地特点。要使调质恰到好处，就必须充分了解原料的质构特点，这是前提条件。

（二）合理调控菜肴质地

任何菜肴，都应当有特定的质地标准，按照这种标准进行合理调控，是调质的核心原则。为此，应注意三点：一是传统名菜有固定的质地标准，应当将这种标准展现到极致；二是现代新潮菜具有明显的区域文化特点，调控其菜肴质地应入乡随俗，灵活变通；三是严格控制工艺流程，严格把握调配菜肴质地的原材料比例，不可随心所欲，不可滥用替代品，并严格控制好火候。

（三）注意保存菜肴的营养价值

追求菜肴质感丰富多彩，是中国烹调的一大特色，这其中也渗透着鲜明的养生思想。无论菜肴质地怎样演变和调配，都必须适应养生的需要，切忌因一味追求完美的质地而导致营养物质的损失；否则，调质失去意义，菜肴也没有生命力。

四、蓉泥调制工艺

（一）蓉泥制品的概念及意义

蓉泥制品，是指将动物性原料的肌肉经破碎加工成糜状后，加入调辅料（2%～3%的食盐、水等），再经搅拌成高黏度的肉糊。各地区对此称谓不同，如北京称“腻子”、山东称“泥子”、江苏称“缔”或“缔子”、湖南称“料子”、四川称“糁”、广东称“胶”、陕西称“瓤子”、河南称“糊子”……而“蓉泥制品”可作为烹调工艺的规范标准名称。蓉泥制品在烹调工艺中应用广泛，既可以独立成菜，也可作为花色菜肴的辅料和黏合剂。

（二）蓉泥调制的工艺流程

蓉泥制品的品种很多，其一般工艺见图6-4。

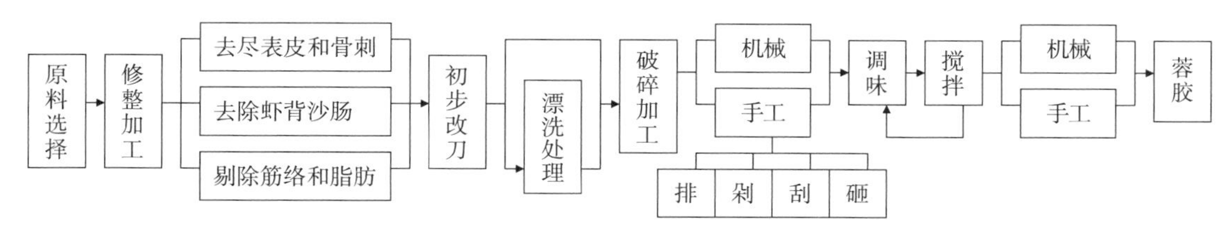

图6-4 蓉泥调制的一般工艺

1. 原料选择

制作蓉泥制品的原料要求很高，选择的原料应是无皮、无骨、无筋络、无淤血伤斑的净料，原料质地细嫩、持水能力强。如鱼蓉泥制品制作，一般多选草鱼、白鱼等肉质细嫩的鱼类，虾蓉泥制品一般选用河虾仁，鸡蓉泥制品的最佳选料是鸡里脊肉，其次是鸡脯肉，鸡腿肉不能作为蓉泥制品的原料。

2. 漂洗处理

漂洗处理的目的是洗除色素、臭气、脂肪、血液、残余的皮屑及污物等。鱼蓉泥要求色白和质嫩，需要充分漂洗。漂洗时，水温不应高于鱼肉的温度，应力求控制在10℃以下。鸡脯肉一般也需放入清水中泡去血污，猪肉、牛肉、虾肉则不需此操作。

3. 破碎处理

（1）机械破碎　绞肉机、搅拌机的使用范围最为广泛，特点是速度快、效率高，适于加工较多数量的原料。但肉中会残留筋络和碎刺，而且机械运转速度较快，破碎时使肉的温度上升，使部分肌肉中肌球蛋白变性而影响可溶性蛋白的溶出，对肉的黏性形成和保水力产生影响。因此应特别注意在绞肉之前将肉适当地切碎，剔除筋和过多的脂油，同时控制好肉的温度。

（2）手工排剁　速度慢、效率低，但肉温基本不变，且肉中不会残留筋络和碎刺，因为排斩时将肉中筋络和碎刺全部排到了蓉泥制品的底层，采用分层取肉法就可将杂物去尽。用手工排剁的方法时，也应根据具体菜品的要求采用不同的方法。

4. 调味搅拌

一般可加入盐、细葱、姜末、料酒（或葱姜酒汁）和胡椒粉等调味品，辅料有淀粉、蛋清、肥膘、马蹄等。盐是蓉泥制品最主要的调味品，也是蓉泥制品上劲的主要物质。对猪蓉泥制品来说，盐可以与其他调味品一起加入；对鱼蓉泥制品来说，应在掺入水分后加入。加盐量除与主料有关外，还与加水量呈正比。

加盐后的蓉泥通过搅拌使蓉泥黏性增加，使成品外形完整、有弹性。搅拌上劲后的蓉泥应置于2～8℃的冷藏柜中静置1～2 h，使可溶性蛋白充分溶出，进一步增加蓉泥的持水性能。但不能使蓉泥冻结，否则会破坏蓉泥的胶体体系，影响菜品质量。

五、糊浆工艺

糊浆工艺是指在加工成型的原料表面上用不同的技法粘上以淀粉、面粉等原料为主体的糊浆的工艺过程。经过糊浆处理的原料，在不同的媒介中和不同的温度下加热，会起到改善菜品质感和形态的作用，是调质工艺的具体应用。

（一）上浆工艺

上浆又称抓浆、吃浆，广东称“上粉”，是指在经过刀工处理的原料表面黏附上（或融入）一层薄薄的浆液的工艺过程。上浆的原料经加热后，能使制品达到滑嫩的效果。

1．上浆的佐助原料及调味品

主要有精盐、淀粉（干淀粉、湿淀粉）、鸡蛋（全蛋液、鸡蛋清、鸡蛋黄）、油脂、小苏打、嫩肉粉、水等。

2．浆的种类及调制

根据浆料组配形式的不同，浆大体可分为水粉浆、蛋粉浆两种基本类型。此外还有酱品粉浆以及在基本浆的基础上加入不同调味品的特殊粉浆，如苏打浆等（见表6-10）。

表6-10　　浆的种类及调制

种类		浆料构成	调制方法	用料比例	适用范围	制品特点
水粉浆		淀粉、水、精盐、料酒、味精等	将主料用调味品（精盐、料酒、味精）腌入味，再用水与淀粉调匀上浆。浆的浓度以裹住烹饪原料为宜	主料500g，干淀粉50g，加入适量冷水（应视原料含水量而定）	肉片、鸡丁、腰子、肝、肚等，多用于炒、爆、熘、汆等	质感滑嫩
蛋粉浆	蛋清浆	鸡蛋清、淀粉、精盐、料酒、味精等	①先将主料用调味品精盐、料酒、味精拌腌入味，然后加入鸡蛋清、淀粉拌匀即可；②用鸡蛋清加湿淀粉调成浆，再把用调味品腌渍后的主料放入鸡蛋清粉浆中拌匀即可。上述2种方法都可在上浆后加入适量的冷油，以便于主料滑散	主料500g，鸡蛋清100g，淀粉50g	爆、炒、熘等	柔滑软嫩，色泽洁白
	全蛋浆	全蛋液、淀粉、精盐、料酒、味精等	与蛋清浆相同。①全蛋粉浆需要更加充分地调和，以保证各种用料相互溶解为一体；②用全蛋粉浆浆制质地较老韧的主、配料时，宜加适量的泡打粉或小苏打，使主料经油滑后松软而嫩	与蛋清浆基本相同	炒、爆、熘等菜肴及烹调后带色的菜肴	滑嫩，微带黄色
	蛋黄浆	水、盐、料酒、蛋黄、淀粉等	与蛋清浆相同	与蛋清浆基本相同	炒、爆、熘等菜肴及烹调后带色的菜肴	滑嫩，黄色
特殊浆	苏打粉浆	鸡蛋清、淀粉、小苏打、水、精盐等	先把主料用小苏打、精盐、水等腌渍片刻，然后加入鸡蛋清、淀粉拌匀，浆好后静置一段时间使用	主料500g，鸡蛋清50g，淀粉50g，小苏打3g，精盐2g，水适量	质地较老、肌纤维含量较多、韧性较强的原料，如牛肉、羊肉等。多用于炒、爆、熘等	鲜嫩，滑润
	酱品粉浆	酱品（黄酱、面酱、辣酱等）或酱油和淀粉	将主料用调味品（精盐、料酒、味精）腌入味，再用酱品（黄酱、面酱、辣酱等）或酱油和淀粉调匀	主料250g，绍酒10g，黄酱30g，湿淀粉10g	炒、爆、熘等菜肴及烹调后要求是酱色的菜肴	滑嫩，酱色

在水粉浆、全蛋粉浆、蛋清粉浆中还可加入不同的调味品，如胡椒粉、嫩肉粉、吉士粉、食油等。

调浆时应注意：浆的稀稠度应根据烹饪原料水分含量的多少来定，以浆能够均匀地将原料包裹为度，不可过稀或过稠。此外，还应当考虑淀粉本身的性能，吸水力强、糊化程度高的淀粉要控制用量。

3．上浆所用主料的选择

上浆所用的主料宜选用鲜嫩的动物性原料，如猪精肉、鸡脯肉、牛肉、鱼肉、虾仁、鲜贝和内脏，刀工处理以加工成片、丝、丁、粒（米）、花刀形为主。

4．上浆的工艺流程和一般方法

上浆的一般工艺流程见图6–5。

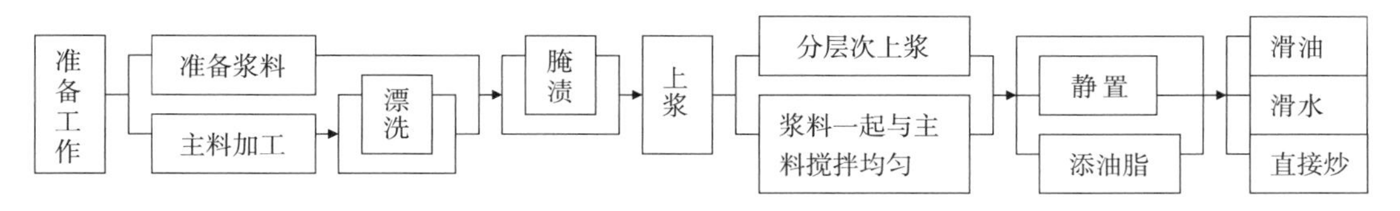

图6–5　上浆的一般工艺流程及应用

5．上浆的技术关键

（1）灵活掌握各种浆的浓度　在上浆时，要根据原料的质地、烹调的要求以及原料是否经过冷冻等因素决定浆的浓度。

（2）恰当掌握上浆过程中的每一环节　上浆过程一般包括三个环节：一是腌制入味，一般在原料中加少许精盐、料酒等调味品腌渍片刻，浸透入味；二是用鸡蛋液拌匀，即将鸡蛋液调散（但不能抽打成泡）后加入原料中，将鸡蛋液与原料拌匀；三是调制的水淀粉必须均匀，不能存有渣粒，浆液对原料的包裹必须均匀。

（3）必须达到吃浆上劲　在上浆时必须抓匀抓透，一方面使浆液充分渗透到原料组织中去，达到吃浆的目的；另一方面充分提高浆液黏度，使之牢牢黏附于原料表层，达到上劲的目的，最终使浆液与原料内外融合。但在上浆时，对比较细嫩的原料如鸡丝、鱼片等，抓拌要轻，用力要小，既要充分吃浆上劲，又要防止断丝、破碎情况的发生。

（4）根据原料的质地和菜肴的色泽选用适当的浆液　要选用与原料质地相适应的浆液，如牛肉、羊肉中结缔组织较多，上浆时宜用苏打浆或加入嫩肉粉，这样可取得良好的嫩化效果。另外，菜肴的色泽要求不同，也要选用与之相适应的浆液。成品颜色为白色时，应选用蛋清浆；成品颜色为金黄、浅黄、棕红色时，可选用全蛋浆、蛋黄浆等。

（二）挂糊工艺

挂糊是根据菜肴的质量标准，在经过刀工处理的原料表面适当地挂上一层黏性糊的工艺过程。挂糊的原料都要以油脂作为传热介质进行热处理，加热后在原料表面形成或脆、或软、或酥的厚壳。

1．调制粉糊的原料

调制粉糊的原料主要有淀粉（干淀粉、湿淀粉）、面粉、鸡蛋、膨松剂、油脂等，也可加入一些辅助原料，如滚粘的原料（如面包渣、芝麻、核桃粉、瓜子仁等）、吉士粉、花椒粉、葱椒盐等。不同的用料具有不同的作用，制成糊加热后的成菜效果有明显的不同。

2．糊的种类及调制

糊的种类很多，常用的有水粉糊（也称硬糊、淀粉糊）、蛋清糊、蛋黄糊、全蛋糊、蛋泡糊、发粉糊、脆皮糊等，其用料及调制方法见表6-11。

表6-11　　糊的种类及调制

种类	用料构成	调制方法	用料比例	适用范围	过油后的制品特点
水粉糊	淀粉、冷水	先用适量的冷水将淀粉懈开，再加入适量的冷水调制成较为浓稠的糊状	淀粉与冷水的用量为2∶1	厚片、块或整形料，以炸、溜为主	外焦脆、里软嫩、色金黄
蛋清糊	鸡蛋清、淀粉（或面粉）、冷水	打散的鸡蛋清加入干淀粉，搅拌均匀	鸡蛋清与淀粉（或面粉）的用量为1∶1	刀口一般为条、块，多用于炸、熘等方法	质地松软，呈淡黄色
蛋黄糊	淀粉（或面粉）、鸡蛋黄、冷水	用干淀粉（或面粉）、鸡蛋黄加适量冷水调制而成	鸡蛋黄与淀粉（或面粉）的用量为1∶1	多用于炸熘类菜肴	外层酥脆香、里软嫩
全蛋糊	淀粉（或面粉）、全蛋液	打散全蛋液加入淀粉（或面粉），搅拌均匀即可，切忌搅拌上劲	全蛋液与淀粉（或面粉）的用量为1∶1	多用于炸及炸熘类菜肴	外酥脆、内松嫩、色金黄
蛋泡糊	干淀粉、鸡蛋清	用蛋抽子（筷子或电打蛋器）将蛋清抽打成泡沫状态（以可以立一只筷子而不倒为度），而后加入干淀粉或面粉或兼而有之，调和均匀即成	鸡蛋清与干淀粉的用量为2∶1	鲜嫩、软嫩、柔软的原料，刀口为丁、条、片、球、块等，多用于松炸类菜肴	外形饱满、质地松软、色泽乳白
发粉糊	面粉、冷水、发酵粉	面粉先加少许冷水搅匀，再加适量冷水继续将粉糊懈开，然后放入发酵粉拌匀静置20min即可	面粉350g，冷水450g，发酵粉15g	多用于炸类菜肴	涨发饱满、松而带香、色泽淡黄
脆皮糊 用老酵面	面粉、淀粉、老酵面、油脂、精盐、水、食用碱面等	老酵面加水懈开，放入面粉、淀粉和适量精盐搅拌均匀，静置3～4h，使粉糊发酵，以粉糊中产生小气泡且带酸味为准。临用前20min放入碱面水加入油脂搅匀	面粉380g，淀粉60g，老酵面70g，清水500g，食用碱面水10g，适量精盐，油脂100g	适用于脆炸类菜肴	外松脆、内软嫩、色泽金黄
用干酵母	面粉、干淀粉、干酵母、油脂等	干酵母用少许水稀释后，再加水、面粉、淀粉调成稀糊，静置25min左右进行发酵，待糊发起后加油脂调匀	面粉350g，淀粉150g，水500g，干酵母10g，油脂100g		

3．适宜挂糊的原料选择

挂糊的原料以动物性原料为主，也可选择蔬菜、水果等；原料形状可以是整形的、大块的，也可是其他形状的。

4．挂糊的方法

（1）先将糊调好，再蘸（或拖、拌、裹）糊。即先将粉状原料（如淀粉、面粉）和其他着衣糊料（如鸡蛋）、调味品调和均匀制成糊，而后再把加工好的原料（多为主料）放在糊中挂粘、裹匀、拖过的操作技法。

（2）将糊料和主料一起抓拌均匀。

5．挂糊的技术关键

（1）要灵活掌握各种糊的浓度（同上浆）。

（2）恰当掌握各种糊的调制方法。在制糊时，必须掌握“先慢后快、先轻后重”的原则。

（3）挂糊时要用糊把主料全部包裹起来。在挂糊时，要用糊把主料的表面全部包裹起来，不能留有空白点；否则在烹调时，油就会从没有糊的地方浸入主料，使这一部分质地变老、形状萎缩、色泽焦黄，影响菜肴的质量。

（4）根据主、配料的质地和菜肴的要求选用适当的糊液。

（三）拍粉工艺

拍粉又称粘粉、上粉，是在加工成型的原料表面均匀地粘挂一层粉状原料的操作技法（传统上称拍粉为干粉糊）。拍粉常用的粉料有淀粉、面粉、米粉（大米粉、玉米粉、糯米粉）等。

1．拍粉的种类和方法

（1）按其用料品种的多少，可分为两种。① 单一粉料使用法：是指只使用1种粉状原料作为拍粉料。比如单用面粉或单用淀粉等；② 复合粉料使用法：是指使用两种或两种以上的粉状原料调拌均匀作为拍粉料，比如“松鼠鱼”的拍粉料可用淀粉与面粉按7∶3的比例调匀拌制而成。

（2）按其操作方法分，常用的有三种。① 滚料粘法：将原料在拍粉料中滚动而粘上粉料，比如莲子就是用滚粘法拍粉；② 粘料抖动法：将原料粘上拍粉后，用手抖动原料，使粉料里外粘裹均匀，比如“松鼠鱼”的拍粉加工。③ 粘料拍制法：将原料粘上粉料后，用刀背拍一拍，比如中式牛排的拍粉工序。

2．拍粉的操作关键

拍粉时要注意现拍现炸，这是因为粉料非常干燥，拍得过早，则原料内部水分被干淀粉吸收，经高温炸制后菜肴质地会发干变硬，失去外酥脆、里鲜嫩的效果，影响菜肴的质量；同时，粉料吸水过多也会结成块或粒，造成表面粉层不匀，炸制后外表不光滑美观，也不酥脆。所以，拍干粉时，现拍现炸为宜。

在烹制“松鼠鳜鱼”、“菊花鱼”等菜肴时，原料剞花刀后，要腌渍调味，然后再拍粉油炸。原料经过多种液体调味品腌渍，使剞开的原料表面水分增大，黏性增强，干粉不易粘挂均匀，所以要边拍粉边抖动，防止炸制后，结成一团，花纹呈现不出来，影响卤汁的粘挂和吸收，失去酥松香脆的口感。

（四）特殊粘挂方式

粘挂是指在加工好的原料表面粘挂上粒、米、肉糜等细小形态的着衣物料的操作技法。粘挂方法按其原料本身的生熟程度划分，有生料粘挂和熟料粘挂两类方法；按粘挂前原料形状或表层处理方式的不同，有上浆挂糊后粘挂、卷包工艺后粘挂、肉糜制品上粘挂三种形式。

1．上浆挂糊后粘挂

一般多用此法粘挂原料，其中以在拍粉托蛋糊的基础上粘挂原料最为常见，此法用糊又称面包屑糊或拍粉托蛋面包屑糊。其工艺流程是：原料液渍→拍粉→拖蛋液→粘挂面包屑（或鲜面包粉）。除粘挂面包屑以外，还可以粘挂其他着衣粘料，如芝麻、松子、栗子、花生、腰果、夏果、椰蓉、馒头渣、窝头渣等，其刀口多为粒、米、糜状。挂粘时要轻轻按实，以防止粘料在炸煎中脱落。

2．卷包工艺后粘挂

（1）卷包　先将主料加工成馅料，并进行调味，然后用薄皮形态的原料将其卷制或包制成方形、圆形、半圆形、菱形、三角形等不同形状的半成品。薄皮的原料主要有油皮（豆皮、腐皮）、豆腐皮、鸡蛋皮（用鸡蛋液煎摊吊制成的薄皮）、菜叶、煎饼、江米等。

（2）挂粘　先用鸡蛋液或水与面粉调和均匀制成糊，然后将卷包好的原料在糊中拖过或粘挂，再粘挂粘料，如面包屑、桃仁等。

3．肉糜制品上粘挂

肉糜制品的粘挂法一般分为以下两种。

（1）先将肉糜制品酿（瓤）在或镶嵌在原料上，而后在肉糜上面粘挂粘料，比如面包屑（鲜面包粉）、松子、椰蓉等；

（2）先将肉糜制品（馅料）搓成丸子状，而后串在扦子上，再在粘料上滚粘即可。

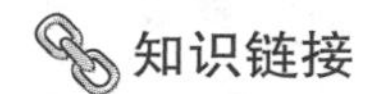

打荷

"荷"字是由"河"转化而来，"河"，有流水的意思，所谓"打荷（河）"，即掌握流水速度，协助炒锅师傅将菜肴迅速、利落、精美的完成。

打荷的主要任务有挂糊、上浆、拍粉，检查成品菜品的质量和装饰盘边，协调上菜顺序等。（1）根据不同的菜肴和菜肴原料选择挂糊的种类，达到菜品的最佳效果。原料不同，其质地也不同，所以选择的糊浆种类也不同。一般挂糊的菜肴都为炸制品，糊浆调制的好坏直接影响其美观。（2）一般肉类菜品都需要上浆，打荷人员一定要掌握好蛋清与水生粉的比例和上浆的效果，浆上的好，成品光亮如丝。（3）在烹任中有许多菜品需要拍粉，有些宜拍面粉，有些需拍其他粉状物质。要求打荷者根据不同的原料性质正确选择所需的拍粉种类。（4）要时刻注意检查成品菜肴的质量（色、香、味、量），一般有视觉检查和感觉检查两种方法，检查菜品的目的是避免杂物混入菜品里面，监督炒锅厨师的工作责任心。（5）盛器的装饰（俗称围边点缀）是美化菜肴的基本特点，是打荷者的基本技能之一，盛器装饰的质量直接影响到食客的食欲，但是不要每个盛器都要进行装饰，每桌2～4个装饰盘就可以。

打荷的人员配置因炒锅师傅的数量而定，一般1个炒锅师傅配备1个打荷，大型酒楼的打荷会多一、两个，作为机动人员便于调配。按工作能力，打荷也是依次分为：头荷、二荷、三荷直至末荷。

六、勾芡工艺

勾芡是根据菜肴制作的特定要求，在烹制的最后阶段加入芡液，使菜肴汤汁具有一定的浓稠度的调质工艺，实质上是一种增稠工艺。勾芡也称拢芡、着芡、打芡、走芡，广州一带俗称“打献”，潮州一带则俗称“勾糊”。勾芡不仅能直接影响菜肴的滋味，而且还关系到菜肴的色泽、质地、形状等方面。

（一）勾芡工艺的作用

1. 浓稠汤汁

一般地说，菜肴原料在烹调时总要加入一些鲜汤、液体调味品或水，原料受热后也有一些水分流出来，这些汁水汇合形成了汤汁。由于汤汁过于稀薄而不能附着于原料上，因而给人“不入味”的感觉。在汤汁中勾芡后，淀粉的糊化作用增加了菜肴汤汁的黏稠度和浓度，从而形成了菜肴的芡汁。这些芡汁不但能较多地包在菜肴原料上，而且还使菜肴的滋味鲜美。

2. 融合汤、菜

汤汁较多的汤羹类菜肴，主配原料往往会离析于汤汁之中，使汤、菜分离。如果在汤汁中勾芡，使汤汁变成芡汁，其浓度增加，就会与主配原料很好地交融在一起，达到保鲜增味的目的。比如酸辣汤、烩三鲜等汤菜，若不勾芡，主料则沉于汤底，见汤不见菜，以致影响菜肴的风味质量和客人的饮食心理。此时只要采用勾芡的手段，使汤汁浓度提高，黏性增强，汤菜就会融合在一起，部分原料还会显露于整个菜肴表面，突出了主料。

3. 改善口感

勾芡能使菜肴的汤汁黏度增大，从而形成一种全新的口感。不同菜式的汤汁多少差异较大，有的很少，甚至没有，有的却又很多。不经勾芡，汤汁少者易感糙滞，无汤汁者易感干硬，汤汁多者易感寡薄。勾芡之后口感就不同了，一般无汤汁者因芡汁包裹菜肴原料，口感变得嫩滑；汤汁少者因芡汁较稠且与菜肴原料交融，口感变得滋润；汤汁多者因芡汁较清水黏稠，口感变得浓厚。

4. 添色增亮

菜肴的芡汁有红色、黄色、白色、黑色、青色等，这些芡汁包裹于菜肴原料外表，使菜肴的色泽五彩缤纷。此外，淀粉本身具有旋光性，糊化后这种特性更加明显，这就使菜肴的芡汁具有较好的透明性和光泽度。

5. 减少养分损失

菜肴的芡汁，一般是菜肴原料在加热过程中所形成的汤汁经勾芡后形成的，溶于汤汁中的各种营养物质，随着糊化的淀粉一起黏附在菜肴原料的表面，使汤汁中的营养成分得到比较充分的利用，减少了损失。

（二）勾芡工艺使用的粉汁及其调制

这里所说的粉汁，是指在烹调过程中或烹调前临时调剂用于勾芡的汁液。根据其组成和勾芡方式的不同，大体可分为单纯粉汁和混合粉汁两种。

1. 单纯粉汁

单纯粉汁又称水粉芡、单纯粉汁芡，有些地方也称之为跑马芡，即是用湿（或干）淀粉加水调匀而成不加调料的粉汁。这种粉汁的适用范围很广，主要用于烧、扒、焖、烩等烹调方法。因为这些烹调方法以水为主要导体，加热时间较长，在加热过程中可以有足够的时间将调味品逐个投入，使原料入味。所以应预先把调味品陆续加入，待菜肴口味确定并即将成熟时，再将水粉芡汁淋入锅内即可。

2．混合粉汁

混合分汁又称调味粉汁、兑汁芡、碗汁芡，是在烹调前（或烹调过程中）先把某个菜所需要的各种调味品和湿淀粉、鲜汤（或水）放入一个碗中调好的粉汁，多用于爆、炒、熘等烹调方法。因为这类烹调方法多采用旺火速成，如果将各种调味品在菜肴原料加热过程中逐一下锅，势必影响操作速度，而且口味也不易调准。如果预先将制作菜肴所需的各种调味品及粉汁放在一起调匀，一并投入，就可达到既快又好的要求。

（三）勾芡工艺的步骤和手法

1．下芡

下芡就是将调好的粉汁（单纯粉汁或混合粉汁）下入锅内的过程。具体手法主要有以下两种。

（1）倒入法　一般适用于混合粉汁，即根据烹调的需要，将调好的混合粉汁一次性倒入（或泼入）底油锅中或正在加热的菜肴原料上。

（2）淋入法　一般适用于单纯粉汁，即将调好的单纯粉汁缓缓淋入锅内正在加热的菜肴原料或汤汁中。在运用这种方法时，要注意下芡的位置要准确。一般情况下，宜让原料在锅的中央，下芡汁的位置应在菜肴的边缘、离锅心1/3的地方。如靠近锅边勾芡，由于锅边温度太高，糊化后的淀粉发生焦煳；如在锅心勾芡，因其温度太低，淀粉糊化缓慢，导致菜肴加热时间延长，使菜肴出现老化现象。

2．上芡

上芡是指将粉芡下入锅后，采用一定的手法使经过糊化的芡汁均匀裹在菜肴原料上或使芡汁、汤菜很好融合的过程。常用的手法有以下4种。

（1）翻拌法　即通过翻锅或拌炒，使芡汁均匀地粘裹在菜肴原料上的方法，一般适用于爆、炒、熘等芡汁较少的菜肴。

（2）晃勺法　即通过晃勺，使锅内芡汁均匀糊化，并裹在原料表面的方法，多用于扒菜。

（3）推搅法　即用手勺推动或搅动，使锅内芡汁和原料融合的方法，多用于烩、烧等烹调方法。值得注意的是，上芡时要待淀粉完全糊化后，方可用炒勺推动菜肴，然后迅速起锅装盘。如果芡汁一下锅就推动，淀粉尚未完全糊化，易出现脱芡现象，影响菜肴口感。另外，勾芡后不宜用手勺在锅中无规则的乱搅动。

（4）浇（泼）芡法　这是一种特殊的上芡法，即先把烹制好的菜肴原料出锅装盘，然后将另起底油锅爆好的滚烫的芡汁泼浇于原料上的方法，适用于需要均匀裹芡又不能入锅翻拌的菜肴原料上芡。

3．包尾油

在烹调工艺中，通常在勾芡之后还要紧接着往芡汁里加些油，使成菜达到色泽艳丽、润滑光亮的效果，这种技法一般称为包尾油。包尾油与勾芡的程序紧密相连，也可以说它是勾芡的补助方法，对菜肴的质量也有重要影响。

包尾油所用的油脂也称明油，明油既有动物油也有植物油。动物油如猪油、鸡油等；植物油如花生油、芝麻油等；此外，还有一些风味油，如辣椒油、花椒油、葱油、蒜油等。根据烹调方法和菜肴的不同要求，尾油按温度还有热油、温油和凉油之分，但这些油都必须是经过熟炼且没有特殊异味的油。

包尾油的方法一般有两种：一是底油包尾；二是浇（或淋）油包尾。底油包尾也称底油发芡，就是在净锅内加适量底油烧热，再将在另外一个锅中爆好的芡汁倒入，使芡汁发起且更加明亮的方法；浇（淋）油包尾是指在菜肴汤汁勾芡后，再根据需要浇（淋）入适量一定油温的油脂，使芡汁达到标准要求的方法。在实际中，底油包尾和浇（或淋）油包尾往往结合在一起使用。

（四）勾芡的技术关键

1. 掌握好勾芡粉汁的浓度和用量

一般来说，勾芡所用粉汁的浓度和用量要视锅中原料的多少与种类而定。原料少，芡汁的浓度小且量要少；原料多，芡汁的浓度大而且量要多。在同一菜肴中，用不同的淀粉勾芡，用量也是不同的。一般的规律是勾芡时淀粉用量与原料数量、含水量呈正比，与火候的大小及淀粉的黏度、吸水性呈反比。

2. 准确地把握勾芡的时机

勾芡必须要在菜肴原料即将达到火候要求时进行，勾芡过早或过迟都会影响菜肴的质量。勾芡过早，菜肴原料还未成熟，继续加热，原料在锅中停留过久，粉汁就容易焦苦变味，失去光泽；勾芡过迟，菜肴原料已完全成熟，勾芡后还要因等待粉汁糊化而继续加热，势必造成菜肴原料受热时间过长变得老硬，失去脆嫩质感。

3. 恰当控制勾芡的火候

在勾芡过程中，由于粉汁的加入，使锅内菜肴汤汁的温度下降，要使淀粉颗粒达到糊化完全，就必须提高锅内的温度。因此，粉汁入锅后，一定要及时升温，并辅以搅拌或摇推等手段，使淀粉颗粒在菜肴汤汁中分散均匀，受热平衡，并使芡汁达到糊化后均匀包裹在菜肴原料上，或使汤菜交融。

4. 要把握好锅中的油量

在菜肴勾芡时，锅内菜肴的油量不宜过多，否则勾芡后菜肴的卤汁不易包裹住原料，菜肴的汤汁也不易完全融合。对于某些菜肴因制作上的需要而加入亮油（或称明油）的，可以等锅内淀粉完全糊化以后，再沿着锅边加入适量的油脂即可。

5. 要根据烹调方法和菜肴的质量要求，灵活运用勾芡技术

勾芡有不同的手法，如下芡有泼入法、淋入法，上芡有翻拌法、晃勺法、推搅法、浇汁法等，这些方法都分别适用于不同的烹调方法。一般情况下，泼入、翻拌法用于炒、爆菜，而淋入法、翻拌法用于烧、焖菜，淋入晃勺法适于扒制菜，淋入推搅法适于烩制菜。

勾芡虽然是改善菜肴口味、色泽、形态的重要手段，但并不是每种烹调方法或每个菜肴都必须勾芡。有些烹调方法根本就不勾芡，如清炒、芫爆、烹、干煸、干烧、油焖等；有些菜肴也不需要勾芡，如果勾了芡，反而降低了菜肴的质量，如炒豌豆苗、炒绿豆芽等要求口味清淡脆嫩的菜肴，勾了芡便失去其清新爽口的特点；菜肴原料所含的胶质多、汤汁能自然稠浓的菜肴也不需要勾芡，如红烧鲫鱼、红烧蹄膀等；菜肴中已加入黏性调味品

的（如豆瓣酱、甜面酱、蜂蜜等），也不需要勾芡，如回锅肉、酱爆鸡丁等；各种冷菜要求清爽脆嫩、干香不腻，如果勾芡反而会影响菜肴的质量。

6．勾芡的质量标准

（1）均匀一致　菜肴各部分的芡汁要稠稀均匀、浓度一致，不能有的地方稠，有的地方稀，更不能出现粉疙瘩现象。

（2）稀稠适度　芡汁的浓度要根据不同的烹调方法和具体的菜肴来确定。如有些菜肴的芡汁属于厚芡，而有些菜肴的芡汁则属薄芡，但不论哪种芡，都要达到稠稀适度的标准。如果芡汁太稠，口感发腻，影响菜肴形态；如果芡汁太稀，裹不住原料也起不到芡汁应有的作用。

（3）数量适宜　芡汁的数量多少对菜肴的质量影响也很大。通常情况下，爆菜、炒菜的芡汁要少些，要求芡汁紧紧包裹在原料上；烧菜、扒菜的芡汁要多些，吃完菜后盘底尚要留有余汁；烩菜的芡汁则更多，为半汤半菜，或芡汁多于菜料。

（4）色、味准确　芡汁的色泽、口味是否准确也是衡量菜肴芡汁质量的重要指标之一。由于菜肴品种的丰富性，菜肴芡汁的色泽和口味也是多种多样的。如有的是咸鲜味型、有的是酸甜味型、有的是鱼香味型等；有的是白芡、有的是红芡、有的是黄芡等。所以芡汁的色泽、口味也要符合菜肴的整体要求，做到准确、恰当。

（5）明亮光洁　菜肴的芡汁要与明油融合，相映成辉，达到“明油亮芡”的效果。

菜肴的芡汁，是指在烹调过程中形成的具有一定浓稠度的菜肴汤汁。菜肴芡汁的种类很多，不同的芡汁有不同的特点和用途，但也有共同的质量标准。

关键术语

（1）风味（2）调和（3）菜肴味型（4）调味工艺（5）调香工艺（6）调色工艺（7）调质工艺（8）制汤工艺（9）上浆工艺（10）挂糊工艺（11）菜肴芡汁（12）勾芡工艺（13）自来芡（14）包尾油

问题与讨论

1．如何理解“味”这一概念？为什么说“味”是中国菜的灵魂？

2．如何理解中国烹调工艺中的“和”文化？

3．如何理解“口之于味，有同嗜焉”和“物无定味，适口者珍”这两句话？

4．“制作一般清汤和高级清汤的基本工艺相同，只是高级清汤的加热时间更长。”你认为这种观点对吗？为什么？

5．在烹调时，为什么会出现“脱糊”或“脱浆”的现象？

6．清汤鱼圆的成品要求是：鱼圆色白细嫩、光滑而有弹性，汤汁纯厚，汤色清澈见底。在烹调时有时会出现以下现象：鱼圆色泽发暗、口感粗老；鱼圆下沉、弹性不足；汤汁混浊、口味不纯。请分析其原因。

7．讨论肉蓉胶成型的原理。

实训项目

1. 糖醋汁、鱼香汁、怪味汁、西汁的调制实训
2. 一般清汤、高级清汤、一般白汤、高级奶汤的调制实训
3. 猪肉蓉胶、鸡肉蓉胶、鱼肉蓉胶、土豆泥的调制实训
4. 蛋泡糊、发粉糊的调制实训
5. 挂糊、上浆、勾芡技法实训

热菜烹调工艺

教学目标

知识目标：

（1）了解热菜烹调工艺的分类

（2）掌握每种烹调工艺的概念、流程、成菜特点及代表菜

（3）弄清各种热菜烹调方法的异同

能力目标：

（1）掌握各种热菜烹调工艺的操作技巧和技术关键

（2）能熟练运用各种热菜烹调方法制作符合质量标准的菜肴

（3）能够举一反三，掌握各类烹调工艺的基本规律

情感目标：

（1）树立自信心，养成刻苦学习、钻研专业知识和技能的习惯

（2）培养高度安全意识和良好服务意识，养成规范严谨的操作习惯

（3）体会学习热菜制作的乐趣，培养热爱烹饪的情感

教学内容

（1）炒爆工艺

（2）炸煎工艺

（3）熘烹工艺

（4）烧扒工艺

（5）氽炖工艺

（6）蒸烤工艺
（7）蜜汁、拔丝工艺
（8）其他热菜烹调工艺

案例导读

那远去的烹调方法

随着社会节奏的加快，食客的餐饮需求也随之演变加快，洋快餐的“快捷”、会所级的“意境”、社会餐馆的“便利”，都使以前最传统的烹调方法给予了“提速”。“提速”的背后是各种调味品的滥用及“食品添加剂”的横行。总之，违背了传统的烹饪，它是没有生命力的。

“烹饪”堪称中国的国粹，与“戏曲”一样，是一门综合性艺术。烹饪中的“煎、炸、烹、炖”如同戏曲中的“唱、念、做、打”，而这些都是由传统的派系及地域系演变而来的。例如：鲁菜又分北京菜、山东菜等，而北京菜又分为宫廷菜、官府菜等；山东菜又分为济南菜，胶东菜等。既然有了派系及地域系之分，那么，其传统烹饪方法肯定是不同的，也充分反映了前辈厨师的创造性才华。

记得前些日子，我参加了淄博市烹饪协会主办的“鲁菜烹饪大师菜品演示活动”，其中，鲁菜泰斗颜景祥老先生的“侉炖鱼头”、“火爆燎肉”、“坛子肉”等传统菜式的演示，对我的启发很大。简单的一个“炖”法，也许现今许多的厨师就不知道它的技法独到之处了。“炖”又分“隔水炖”、“侉炖”、“混炖”、“蒸炖”等技法。其中，“侉炖鱼头”的质感要求酥嫩，那么，炖品的菜式怎样能让它口感酥嫩，原汁原味呢？这就是传统烹调方法“侉炖”的独到之处。其关键在于“侉炖鱼头”要滚蘸淀粉挂鸡蛋糊，用七、八成热油炸过，而后放入炒勺内加热，葱、姜炝锅，并加肉片煸炒后烧，用中火较短时间的炖，一般20min，这样既保证了鱼头的原形，又使原味没有流失太多。而“坛子肉”则采用“混炖法”，除了小火长时间加热外，其他差别更大。先将带皮肉方在火上燎皮，呈焦黄色，再用刀刮去焦皮，洗净后切较大肉方（一般为八分见方的块），然后下热油锅内煸炒，至外皮紧缩，肉稍变色，再加入调味品，如料酒、酱油、白糖、桂皮、八角等烧至上色，最后倒入大坛子内，加水，用大火烧开，加盖密封，移至小火，炖至汁浓酥烂。所以“坛子肉”在风味特色上表现为色泽酱红、卤汁稠干、汪油包汁、酥烂味厚，它与传统的“清炖”为特色的炖法，没有丝毫相同之处。因此，有的厨师并不把它看作“炖”法而是列入焖法的范围。如果从“炖”的全部特点来看，“侉炖”和“混炖”都不能属于炖法范围，特别是“混炖法”，但它们又具有炖法的一部分特点，在一些地区，仍然把它列入炖法的范围，并且习以为常。

另外，“九转大肠”中的煨、㸆技法，“火爆燎肉”中的“燎”技法，“挂霜丸子”的挂霜技法，“八宝鸡”、“八宝鸭”中的“隔水”炖法……这些都是作为一名厨师必修的基本功，犹如戏曲传统艺术中的技艺一样，留住那些远去的烹调技艺，这是每一位在这“国粹”艺术道路上前行者的灵魂所在。

资料来源：张鹏.饭店世界.2013，3：33.

前面学习的几章都是烹调工艺流程中的一些主要工序，如初加工、分割及刀工成形、组配、烹制、调制等，这些工序只有通过有机的组合，才能制作出符合标准的菜肴。在烹调工艺中，通常把经过初加工和切配成形的原料，通过加热、调味等手段的综合或分别运用，制成不同风味菜肴的操作方法，称为烹调方法，它处在整个烹调工艺流程的最后阶段。

烹调方法是我国烹调工艺的核心和灵魂，是劳动人民几千年来烹调实践经验的科学总结。正确掌握、熟练的运用各种烹调方法，不仅可以对成千上万的菜肴分门别类、执简驭繁，还可以举一反三、触类旁通，在继承传统的基础上不断创新，创造出更多的菜肴。

我国烹调方法的种类众多，地方性强，具有灵活性，分类的方法也众说纷纭。本教材将其分为热菜烹调方法和冷菜烹调方法，本章学习热菜烹调方法，即热菜烹调工艺。

热菜是指食用温度要求明显高于人体温，制好后必须及时趁热食用，才能表现其品质的一类菜肴。热菜的烹调方法按照直接传热介质的不同，主要可分为以油为主要传热介质的烹调方法、以水为主要传热介质的烹调方法、以气为主要传热介质或辐射导热为主的烹调方法、以固态物质为主要传热介质的烹调方法等。这几类烹调方法中的每一种具体烹调方法都有与之相对应的相对固定的传热方式（或传热介质），称之为基本烹调方法。此外，还有一些烹调方法没有固定的传热介质，本书把它们归入特殊烹调方法或特殊烹调形式（见图7–1）。

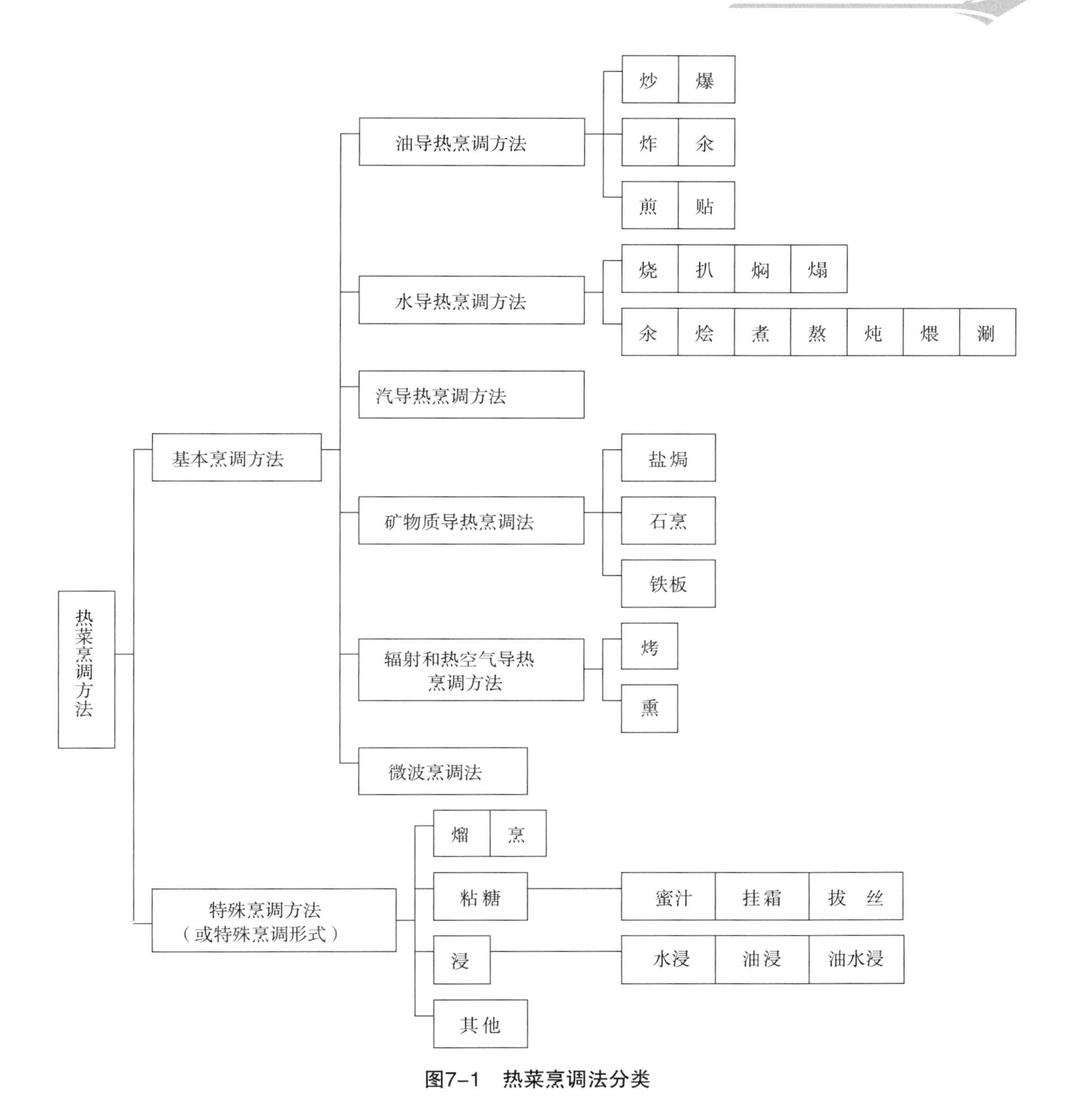

图7–1　热菜烹调法分类

第一节　炒爆工艺

一、炒

炒是中国烹调工艺的特征技法，是地道的国粹，其出现和铁锅的广泛使用有直接关系。从文献记载看，“炒”法首见于《齐民要术》；从文物考古看，目前发现最早的铁锅是汉代遗物。在现实生活中，人们往往把厨师称为“炒菜的”，“炒菜”似乎成了我国烹调行业和中国菜的代用词。

（一）定义

炒是将经过加工的鲜嫩小型的原料，以油（小油量）与金属（炒锅）为主要导热体，用旺火在短时间内加热、调味成菜的一种烹调方法。炒的主要标志：一是油量少；二是油温较高；三是被加热的原料形状小，如丝、丁、片等；四是加热时间短，翻炒菜肴的频率快。从动作来看，炒法是没有方向性的翻拌。

（二）工艺流程

炒制工艺一般要经过选料、刀工、上浆（或不上浆）、滑油（或不滑油）、底油翻拌等工序，一般工艺流程见图7-2。

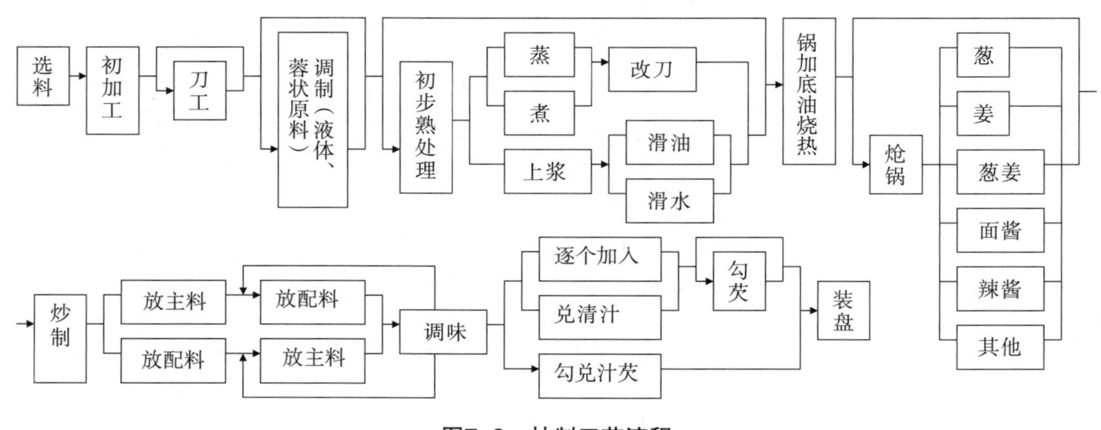

图7-2　炒制工艺流程

（三）技术关键

（1）刀工要精细　炒制菜肴的操作时间短，所以原料要加工成小的形状，要求粗细相等、大小薄厚一致。

（2）操作时，要先将锅烧热，再放油。锅要滑，以防原料粘锅。

（3）要旺火急速烹制，但火力的大小和油温的高低要根据具体原料和菜肴而定。

（四）成菜特点

（1）汤汁少　炒制菜肴一般都是紧汁，食完后，盘底只留有薄薄的油汁。

（2）质地滑、嫩、脆。

（3）口味鲜美，以咸鲜为主。

（4）主配料互相配合。

（五）分类

炒制法有多种类型，按照不同的分类标准，可分为不同的种类（见图7-3）。

1．生炒

（1）概念　生炒是将加工成薄片或丝、丁状的生料，直接用旺火热锅热油快速翻拌成熟并调味而制成菜肴的烹调方法。其所用的主料（无论是动物性原料还是植物性原料）是生的，不经过熟处理，也不腌渍、不挂糊、不上浆、不拍粉，起锅时不勾芡。

（2）工艺流程　选料→初加工→切配→锅烧热用油滑锅→放油烧至五六成热（160℃

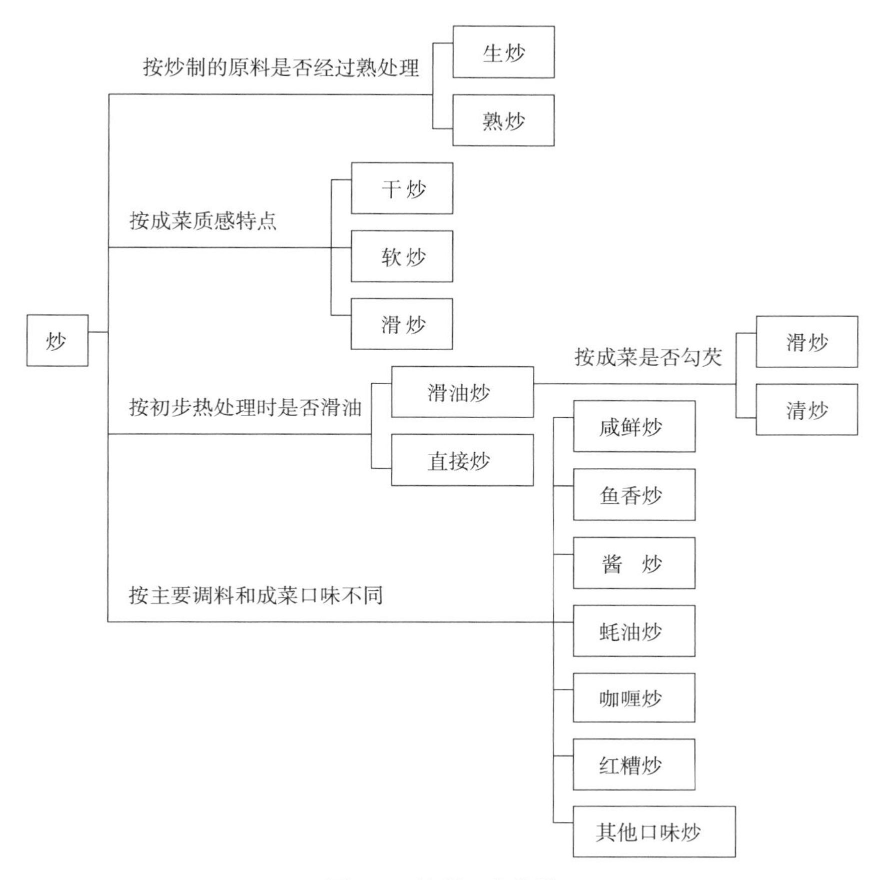

图7–3 炒制工艺分类

左右）→投入原料炒散→加放调味品→炒至断生起锅装盘。

（3）原料要求 生炒的选料范围较窄，只限于禽畜鱼肉的细嫩部位和鲜嫩蔬菜的茎、根、叶，还要加工成丁、片、丝等细小形状。

（4）操作要领

① 要注意三个“不”：原料事先不经过调味拌渍，不挂糊（上浆、拍粉），起锅时不勾芡。

② 刀工是生炒的一大关键，不但要求刀口整齐，规格划一，而且还要根据不同原料部位和不同菜肴的要求，采用不同的刀法，否则就无法保证生炒质量。

③ 锅（勺）应先烧热，而后用油滑一下，再将油倒出，使锅滑润，锅（勺）油光明亮。

④ 掌握好投料的顺序。单一品种菜肴的烹饪原料可一次入锅，两种或两种以上的原料，要根据原料的质地、口味等先后下锅烹制。一般有以下四种情况：一是先放主料法。油热后先放主料，不停地快速翻炒，而后再放入配料以及葱、姜、蒜等小料。二是先煸小料法。火力不大时，放主料之前先用油煸蒜、姜、葱等。三是将主料炒至半熟时，放入小料法。四是同时煸主料、配料、小料法。将主料、配料和小料同时下锅煸数下后再放入调

味品炒几下即可。

⑤ 生炒的最大关键在于火候，即在生炒的整个过程中，锅内都要保持高温，包括生料下锅后，温度也不能下降，否则，就难以保证生炒菜肴的脆嫩。在实际操作中，生炒的技巧可概括为“活”、“快”、“准”、“轻”四个字。“活”指手法灵活、配合默契，“快”指出手快，“准”指下调料准，“轻”指出手要轻、用力要匀。

⑥ 出锅盛装要及时，菜肴的汤汁要少。

（5）成菜特点

① 汁与主料交融在一起，吃完菜，盘中只有淡淡的一层薄汁。

② 口味咸中有鲜。如主料是植物性的，含有蔬菜的清鲜香味；如主料是荤素相配的，它又有肉类的醇香，清爽利口。

③ 质地脆、嫩。

（6）代表菜品　如粤菜“蒜蓉炒通菜”，川菜“生炒盐煎肉”，上海菜“生煸草头”，淮扬菜“炒鳝背”，北京宫廷菜“炒黄瓜酱”、“炒肉末”，清真菜“炒甘肃鸡”、“酱炒笋鸡”等。

2．熟炒

（1）概念　广义的熟炒是指以前期热处理的全熟或半熟的烹饪原料做主料，经过刀工处理成为丁、片、条块等刀口状态，再用旺火或中火进行炒制成菜的烹调方法；狭义的熟炒只是指主料经水焯、水煮（也可酱或蒸）前期热处理后再炒制的方法，一般不包括经上浆滑油、挂糊油炸等其他前期热处理后再炒制的方法。下面所指的主要是后者。

（2）工艺流程　选料→初步处理→切配→滑锅下料→熟炒烹制→装盘。

（3）操作要领

① 选料　熟炒菜肴主要适用于已加工成熟或半熟的动物性原料，原料成形要比生炒菜大。调料多用酱类，如甜面酱、黄酱、豆瓣酱、酱豆腐等；配料多用含有芳香气味的蔬菜，如芹菜、蒜薹、青蒜、大葱、青椒等。

② 主料原料在进行初步熟处理时，要根据菜肴质量标准，恰当掌握原料的成熟度，以保证菜肴的口感。不易迅速成熟的辅料（如笋和茭白等），也可进行熟处理。

③ 原料在熟处理前，需根据成形要求，修整成利于切片的形状。熟处理后原料的改刀要注意，猪肉的片略厚一些，牛羊肉的片相对薄一些。所切的片、丝、条，不但长短、厚薄要一致，而且片不宜薄、丝不宜细、条不宜粗。

④ 熟炒时以中火为主，如数量多，也可用旺火。油温一般掌握在五六成热（150～180℃）为宜。原料下锅，要反复翻炒至出香味，及时出锅。若使用甜面酱、豆豉、郫县豆瓣酱等一类调味品，必须炒出香味，以保证菜肴质量。

⑤ 一般不勾芡，也有勾薄芡的，使菜肴略带卤汁。

（4）成菜特点

① 口味咸鲜爽口，醇香浓厚，有特殊芳香气味。

② 质地柔韧，嫩烂。

③ 见油不见汁。

（5）代表菜品 如山东菜“炒樱桃肉”，江苏菜“清炒蟹粉”、“炒鳝糊”，四川菜“麻辣鸭肠胰”，北京菜“炒肚片”、“烹白肉”，清真菜“酱炒鸡块”，湖南菜“东安鸡”等。

3. 干炒

（1）概念 干炒，又称干煸，是用少量热油把原料内部的水分煸干，再加入调味品（大多数为辛辣味料，如豆瓣酱、花椒、胡椒等）煸炒，使调味品充分渗入原料内部的一种烹调方法。在干炒过程中，原料的由生变熟，更多的是依靠铁锅（金属）传热，油只起润滑、调味和减少维生素C损失的作用。

（2）工艺流程 一般有三种。

① 主料经刀技加工后，不挂糊，用部分调味品先拌渍，入油锅旺火迅速煸炒，加配料，再加调味品炒尽汤汁即可。

② 主料经刀技加工后，用少许淀粉上浆，然后入旺火热底油锅煸炒，加配料、调味品，收尽汤汁即可（此种方法炒出的菜肴比第一种要嫩一点儿）。

③ 主料经刀技加工后，用调味品拌渍，然后上浆，滚面粉，入四五成热的油锅稍炸一下。原勺加底油，炝锅，加配料和调味品，收尽汤汁即成。

（3）操作要领

① 干炒菜的主料，一般在炒前先用调味品略腌一下。

② 应该注意火候。干炒菜所用的火力，应先大后小。火力旺，原料内部水分来不及蒸发，会形成外焦里还不透的现象；火力过小，原料水分不能大量蒸发，会韧而不酥。

（4）成菜特点

① 其色多为深红色。

② 口味以咸鲜为主，略带麻辣。

③ 干香酥脆，不带汤汁。

（5）代表菜品 如干煸牛肉丝、干煸鱿鱼、干煸冬笋、干煸鳝鱼丝、干煸黄豆芽等。

4. 软炒

（1）概念 软炒是指将经加工成流体、泥状、颗粒的半成品原料，先与调味品、鸡蛋、淀粉等调成泥状或半流体，再用中小火热油迅速翻炒或滑油后再炒制成菜的烹调方法。

软炒与其他炒法有很大的区别：① 其他炒法处理的原料一般为固体，如各种肉类、蔬菜等，而软炒则以蛋液、牛奶等液体或半固体为原料，因而它能处理其他炒法所不能处理的原料，从而使更多的原料适用于炒制，扩大了原料的使用范围。② 炒的结果不同：一般的固体原料，炒时只需炒熟即可，可挂糊或不挂糊，可是对于液体原料的软炒，则要通过炒，把液体变成固体，方才达到目的。③ 成菜的特点不同：一般炒法成菜与软炒菜肴相比，没有质嫩味香的质感以及色白、似棉絮状的外观。

（2）工艺流程 选料→原料加工→组合调制→滑锅过油或直接推炒均匀→炒制成菜→装盘。

（3）操作要领

① 软炒所用的主料，一般是液体或糜状原料，通常以牛奶、鸡蛋和剁成细泥的鸡脯肉、净鱼肉里脊肉等为主，也可以是一些小型无骨肉料（如鲜虾肉、牛肉、鸡肝、

火腿等）。

② 部分软炒的主料，如鸡肉和鱼虾等，都需剔净筋络，刮肉捶砸成细泥状，或经熟软后（如豆和薯类），压制成细肉糜才能使用。辅料均切成小片、菱形片或颗粒状。

③ 软炒的原料入锅前，需预先组合调制，根据主料的凝固性能，掌握好鸡蛋、淀粉、水分的比例，使成菜后达到半凝固状态或软固体的标准。部分不需组合的菜肴（如豌豆泥、蚕豆泥、土豆泥等），也要同时配好辅料（荸荠、蜜饯等）。

④ 在火候上要注意先用旺火烧锅，下油滑锅后，要转入中小火。主料下锅后，要立即用手勺急速推炒，使其全部均匀地受热凝结，以免挂锅边。发生挂锅边的现象时，可顺锅边点少许油，再进行推炒至主料凝结为止；但也不可过分推炒，以免原料脱水变老。

⑤ 掌握好成菜的色泽和口味，油脂和淀粉应选择白色、无异味的。此外，还要考虑到辅料、调味品和蜜饯等对菜肴色泽、口味的影响。甜香味软炒菜肴，一定要待原料酥香软烂后，再按菜肴要求加入白糖和油脂，待糖与油脂完全融化后，及时出锅，成菜才会有甜香、酥糯、油润的效果。不能使白糖炒焦变色，还要防止糖受热后溶为液态而影响菜肴的稀稠度。咸鲜味软炒菜肴，口味宜清淡、鲜嫩、不腻，要控制好油脂的用量。

（4）成菜特点

① 软炒菜无汁，形似半凝固状或软固状。

② 口味主要有咸鲜、甜香两种，清爽利口。

③ 质地细嫩滑软或酥香油润。

（5）代表菜品　如北京菜“三不沾”、山东菜“炒芙蓉鸡片”、广东菜“炒鲜奶”、河北菜“白玉鸡脯”等。

5．滑炒

（1）概念　滑炒，是将加工成小型的原料，先上浆滑油，再用少量油在旺火上急速翻炒，最后用对汁芡或单纯粉汁勾芡的一种烹调方法。

滑炒和熟炒相似，都要经过两次加热，都是生炒的发展和创新，但经过演变，在做法和风味上又有很大差异。例如滑炒所用原料，都是加工成片、丝丁、条等细碎小料，而熟炒在开始时则要用大块料和整条料；滑炒原料要用蛋清、淀粉等上浆，熟炒原料则既不上浆，又不挂糊；滑炒第一次加热，要用温油拉滑方法，而熟炒第一次加热，主要是用旺火、沸水、白煮（有些品种也用蒸熟、烧熟、炸熟的方法）；滑炒第二次加热是直接下锅，而熟炒第二次加热前，原料要晾凉透，灵敏度刀切成薄形片、条状，其规格比滑炒的要大要薄；滑炒第三次加热，原料和调味品一起下锅，颠翻几下，即应出锅，锅内时间停留很短，长了变老，而熟炒则是原料先下锅，反复煸炒，炒透之后，才下调味品入味；滑炒菜肴卤汁紧包，质感以柔嫩爽滑为主，熟炒则略带卤汁，风味以醇香浓厚为主。所以，滑炒和熟炒虽然皆源出生炒，但已形成做法、风味不同的两大流派。

（2）工艺流程　选料→初加工→切配→码味、上浆→兑好芡汁→锅烧热用油滑锅→放入主料滑油→锅加底油烧热→炝锅→煸炒辅料→放入主料→倒入兑好的芡汁→待淀粉糊化淋明油→出锅装盘。

（3）操作要领

① 选料与加工：滑炒的原料要求鲜活、细嫩、无异味，多选用猪、牛、羊肉和鸡、鱼、虾等的净料，如肉类选用里脊和细嫩的瘦肉，鸡类选用鸡脯肉，鱼虾以鲜活的为佳。刀工成形以细、薄、小为主，如薄片、细丝、细条、小丁、粒、米等，自然形态小的原料如虾仁，才用原形，较大较厚的要剞上花刀。

② 码味、上浆：应先码味后上浆，码味的调味品主要是盐、料酒等，浆料主要是淀粉或蛋清、淀粉。浆的厚薄及浆后吸浆时间长短，要根据原料的质地、性能而定。

③ 滑炒时要求火力旺，操作速度快，成菜时间短，因此需事先或操作时在碗内兑好芡汁，以确定菜肴最后的复合味。

④ 滑油要得当：将锅烧热，用油滑锅后下油，一般油温应控制在五成热（约150℃）以下，迅速划散，待原料转色断生捞起，倒净油。

⑤ 回锅调味要迅速：回锅调味是滑炒的最后一道工序，其作用有两个：一是再加一次热，使原料完全成熟；二是调味，确定最后口味。滑后回锅调味，与一般生炒方法大体相同，但速度要快，不能在锅内停留过长，否则也会变老。为争取时间，调味汁必须事先兑好。当原料滑好回锅时，要立即倒入，迅速颠翻几下，使调味汁稠浓，均匀裹在原料上，即可出锅。

（4）成菜特点

① 汁紧油亮。

② 色泽以白色为主，也有其他色泽，如深红、鲜红、金黄、浅黄等。

③ 口味多样，如鲜咸、鱼香、茄汁、酱香、宫保、蚝油等。

④ 质地柔软滑嫩，清爽利口。

（5）代表菜品　如北京菜“滑炒两鸡丝”，浙江菜“莼菜炒肉丝”，江苏菜“冬笋鸡丝”，广东菜“碧绿鲜带子”、“七彩牛肉丝”等。

6. 清炒

（1）概念　清炒，是将加工成小型的原料，经上浆滑油后，以清汁（即不勾芡）翻炒的一种烹调方法。清炒与滑炒极为相似，只是无配料（个别亦加配料）、不用芡汁而已。

（2）工艺流程　选料→初加工→切配→码味、上浆→对好清汁→锅烧热用油滑锅→放入主料滑油倒出→原锅加底油烧热→炝锅→放入主料→倒入兑好的清汁颠翻→出锅装盘。

（3）操作要领

① 清炒菜因大多数无配料相衬，所用主料必须新鲜细嫩。

② 刀工要求整齐划一，不可粗细不等、薄厚不匀。

③ 清炒菜原料多应上浆（也有不上浆的），经滑油之后，要清爽利落，故火候要运用得当。

（4）成菜特点

① 清炒菜多为白色（也有红色的）。

② 口味咸鲜，清爽利落而不黏糊。

③ 质地鲜嫩。

④ 食后，盘底无汁，只有一层薄油。

（5）代表菜品　如北京菜“清炒里脊丝”，广东菜“清炒荷兰豆”，山东菜“炒生鸡丝”，淮扬菜“清炒蝴蝶鳝片”、“清炒虾仁”等。

二、爆

爆与炒比较相似。在清代，“爆”还属于炒法的范围，称之为“爆炒”。据考证，“爆”作为一种烹调方法出现在菜名中，始于黄河流域的北方。在南方，“爆”只是个外来词，这就像南方完整的“炒”的概念对于北方来说也只是外来词一样。在较早出版的菜谱中，北方菜谱“炒”字极少出现，南方菜谱则几乎没有“爆”字。当然，这并不说明南方就没有爆菜，只是没有以“爆”字命名的而已。后来随着南北交流，南方归纳了北方爆菜的特点，引进了“爆”这一概念，把一些以前勉强归在炒或其他烹调方法中的菜归进爆，这样爆便有了区别于其他烹调方法而独立存在的意义。所以说，爆是在炒的技法上发展而来的，炒是爆法之源，爆是炒法之流。

（一）定义

爆最初的意思是烧和热，后逐渐扩展成火烧、火烫、炸裂，在烹调中用来比喻一些原料在很短的时间被烫爆成菜。烫爆的导热体温度必高，温度高，时间短，原料必小。

中国传统烹调工艺中，“爆”有汤爆、水爆和油爆之别。本教材中将“爆”定义为：某些特定的动物性原料以油作为主要导热体，在旺火热油（中等油量）中快速烹调成菜的一种烹调方法。特定原料主要指鱿鱼、墨鱼、海螺、肚尖、肫、猪腰等成熟后呈脆性的原料，鸡肉、鸭肉、瘦猪肉、牛肉等鲜嫩原料不在本范围。

（二）工艺流程

爆的一般工艺流程见图7–4。为了缩短烹调时间、保证菜肴的脆嫩和掌握合适的口味，爆菜的调味品可预先调制成味汁。

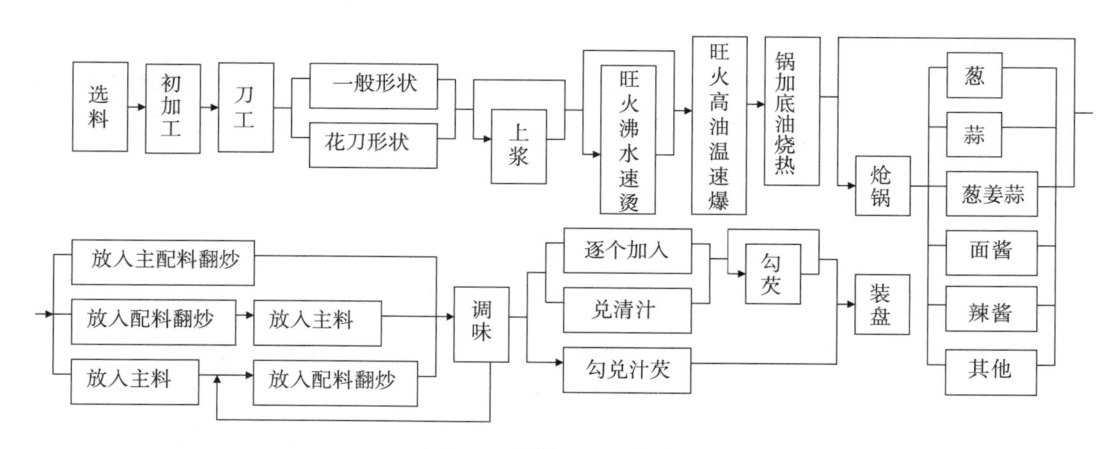

图7–4　爆的一般工艺流程

（三）技术关键

1．刀工是做好爆菜的前提条件

爆菜的刀工要求十分严格，这是由旺火、加热时间短而决定的。爆菜原料成形除少数薄片外，一般都必须剞花刀。改刀时，刀距要均匀，刀纹要深而不透。

2．火候决定爆菜的质感

爆的全部烹调过程要分为“焯”（有的叫烫、飞水）、炸（有的叫爆、过油）、“炒”3个步骤。3个步骤要连续操作，一气呵成。有人把厨师做爆菜比作摄影师拍照抢镜头，其实厨师做爆菜的技术难度更大，因为在一瞬间，要连抢“水焯”、“油炸”和“颠炒”3个火候，使菜肴达到脆嫩程度。

（四）成菜特点

卤汁紧包原料（紧汁芡，食后盘底只有薄油一层，而无汁）；味清淡爽口，以咸鲜为主。

（五）分类

根据主要调配料和成菜口味的不同，爆一般可分为油爆、芫爆、酱爆、葱爆、蒜爆、火爆等。

1．油爆

（1）概念　油爆就是将加工好的小型原料用沸水稍烫（至四成熟，但也有不烫的），捞出沥干水分，随即再在沸油锅内爆至七成熟，捞出沥油，加入配料，倒入兑好的调味芡汁（葱、姜、蒜末、麻油、盐、味精、料酒、湿淀粉、鲜汤等），迅速颠翻几下即成菜肴的一种烹调方法。

（2）操作要领　① 油爆的全部烹调过程要连续操作，一气呵成。特别是水焯和油炸，时间更短，都不超三、五分钟。所以观看厨师制作爆菜时，锅勺飞舞眼花缭乱，转眼之间，菜肴已成。如果工夫不到家，动作稍慢，出锅稍迟，菜肴就会发“皮”（即发艮、发韧）、变老，咬嚼不动，失掉爆法“脆嫩爽口”的独特风味。② 要掌握好火候：油爆的火力，要冲要旺，火力一小，无法爆制，而且每道工序都是如此。如：焯要旺火开水，炸要旺火沸油，“三旺三热”是油爆的根本条件。油炸的油量要相当原料2～3倍，即属于中等油量，油量不足，也会影响爆菜的风味。

（3）成菜特点　口味以鲜咸为主（糖和醋的用量极少，不能盖没主味，具有加糖不甜、用醋不酸的特点。放醋可以增其脆性）；卤汁紧包，色泽均匀，油分极少，食后盘内无汁；油爆菜料主料多为本色，并有葱姜蒜的香味，食之脆嫩，清爽不腻。

（4）代表菜品　如油爆鱿鱼卷、油爆双脆、油爆肚仁、油爆墨鱼花、油爆海螺片、油爆鲜带子、油爆爽肚、黑木耳爆螺肉、青椒爆鹅肠等。

2．芫爆

（1）概念　芫爆是以芫菜为主要配料的一种油爆法。它的制作方法与油爆基本相同，不同的是：① 主要配料必须是香菜段；② 芫爆调味用清汁，不用混汁。

（2）操作要领　芫爆的操作要领与油爆基本相同，不同的是：① 芫爆必须用芫荽（香菜）梗做配料，芫荽、蒜末要待到菜肴成熟时再放，以使其口味浓郁；胡椒粉要放到汁中；② 由于是清汁，调味要重一些，汁要少一些。

（3）成菜特点　芫爆菜多用主料的本色，不外加色，又以芫荽为配料，白绿相间，色调雅致，主料味鲜而清爽，有浓郁的芫菜味，食之别有风味。

（4）代表菜品　如芫爆二条、芫爆鱿鱼丝、芫爆鱿鱼卷、芫爆散丹、芫爆乌鱼条、芫爆牛肚、芫爆腰条等。

3．酱爆

（1）概念　酱爆，就是以炒熟的甜面酱、黄酱或酱豆腐爆炒主料、配料的一种烹调方法。其操作方法与油爆基本相似，不同的是：一是将过油后的原料放入炒好的面酱中颠翻裹匀；二是调味品除用酱外，还需加少许糖，而不再放醋。

（2）操作要领　烹制酱爆菜的关键是把酱炒好，酱的数量一般以相当于主料的1/5为宜，炒酱用油的数量以相当于酱的1/2为好，油多酱少，则包不住主料，油少酱多则易巴锅。油和酱的比例不是绝对的，可视酱的稀稠而增减油的用量，一般是酱稀用油多些，酱稠用油少些。要把酱炒熟炒透，炒出香味来，不可有生酱味。

烹制酱菜放糖不可过早，一般是在菜即将熟时放糖，这样既能增加菜的甜美味，又能增加菜的光泽。如用酱豆腐做酱菜的调料，有烹酱豆腐汁的、有在浆主料时放酱豆腐汁的、也有用红曲卤调和菜色的。

（3）成菜特点　酱爆菜多为深红色，油光闪亮；味咸而有浓郁的酱香味；质地脆嫩爽口。

（4）代表菜品　如酱爆墨鱼、酱爆鱿鱼、酱爆鸭舌、酱爆螺花、酱爆蛏肉等。

第二节　炸煎工艺

一、炸

炸需要大量的热油，因此在植物油大量使用之前，此法不可能普遍采用。中国植物油榨制的历史在明代才有确凿的工艺记载，虽然在《齐民要术》中已有食用植物油（如苏子油）的记述，但用于像“炸”法这样需要大量油的场合还不可能，特别是早期使用的植物油如苏子油、麻油等，勉强用于低温油炸还可以，用于高温油炸则因其烟点太低并不理想。清代，《随园食单》中明确称“炸”的菜肴只有“炸鳗”一款，在类似的技法语言中多以“灼”表示，如“油灼肉”。直到清朝同治光绪年间，夏曾传作《随园食单补证》时，炸法才普遍使用。

（一）定义

炸是将经过加工整理的烹饪原料基本入味后，放入大量油的热油锅中进行加热，使成品达到焦脆或软嫩或酥香等质感的烹调方法。油在炸制的过程中，既是传热介质，又起着去异味、增香味调味的作用。炸菜无汤汁、无芡汁，成品一般需要附带辅助性配料配食，即佐餐调料（料碗或味碟）。

（二）工艺流程

炸制法的一般流程是：将主料经过刀工加工后，用调味品拌渍入味，再挂糊（有的挂硬糊，有的挂软糊，也有的不挂糊），放入旺火热油中加热制熟，捞出沥尽油分，装盘（如果是大块整形原料，还要改刀），随带辅助调味品上席即可（见图7–5）。

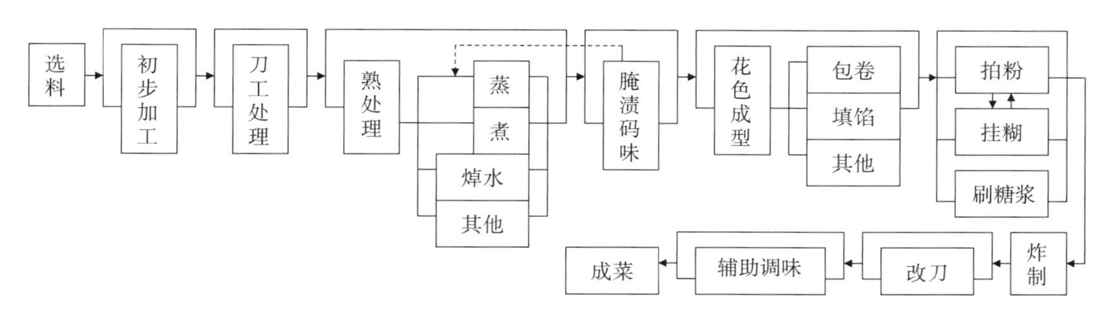

图7–5 油炸工艺基本流程

（三）技术关键

（1）在一般情况下，炸制菜肴所用的油量应是原料的三、四倍为最好，过多过少都会影响菜肴的质量。

（2）油温掌握 油温过高，原料炭化变黑发苦；油温不足，就不能形成炸制品的各种特色。各种类型的油温要根据不同的技法和原料的不同性质来掌握。

（3）原料下锅后，要根据不同的情况掌握好“复炸”、“隔炸”、“浸炸”等 “复炸”就是原料下锅后，先炸到一定成熟度（有的五六成熟，有的七八成熟），捞出来，重新调节油温，再放回复炸一下，以达到炸的应有效果；“隔炸”一般指的是油温高了即将油锅离火，油温低了再上火，这也是调整油温保证炸制品质量的重要方法；“浸炸”即要在适当火候（一般是烈油）下锅，立即端离火口，密切注视锅内原料炸的情况，适可取出。因此在炸的过程中，除了善于鉴别火力大小外，还要目光敏锐，能观察出原料的色泽变化，手头利落，动作快而及时才能适应火候的不同情况。

（四）成菜特点

（1）质感焦脆或软嫩或酥香。

（2）色泽金黄或黄红。

（3）口味咸鲜，带有特殊的油香和清香味。

（五）分类

炸制法按成菜质感不同，可分为干炸、软炸、酥炸、脆炸等；按原料表层处理方法的不同，可分为清炸、挂糊炸、挂浆炸等；按加热方式不同，可分为油泼、油淋、油浸等；按油温不同，可分为高温油炸（热油炸）、中温油炸（温油炸）、低温油炸等（见图7–6）。

1．清炸

清炸是将原料经过刀工处理后，不挂糊不上浆，只用调味品码味浸渍，直接用旺火热油加热成菜的一种烹调方法。

一般工艺流程为：选择原料→初加工→刀工处理→码味浸渍→油锅炸制→辅助调味

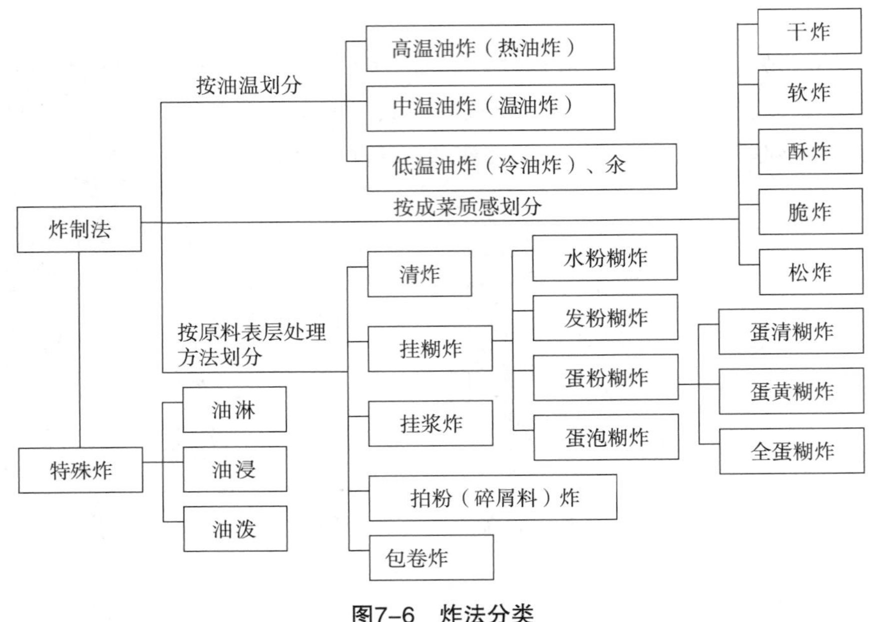

图7-6　炸法分类

（一般要用花椒盐、辣酱油、甜面酱等佐食，有时还配有各种爽口的蔬菜）。

成菜外酥里嫩，口味清香。代表菜品有京菜“炸佛手”、“清炸鸭胗肝”、“清炸小黄鱼”、“清炸仔鸡”，鲁菜“清炸里脊”，川菜“清炸猪排”等。

2. 干炸

干炸又称焦炸，是主料经刀工处理后用调味品拌渍，然后拍粉或挂水粉糊，下油锅炸成内外干香而酥脆的一种烹调方法。干炸与清炸基本相似，只是原料在干炸前通常经过拍粉或挂糊、蒸等处理方法。

成菜颜色较深；质地外香脆、里鲜嫩；口味咸鲜，干香可口。代表菜品如淮扬菜“干炸刀鱼”，粤菜“干炸虾筒”，鲁菜“干炸赤鳞鱼”，京菜“干炸墨鱼卷”、“干炸里脊”，浙菜“干炸黄雀”、“干炸响铃”等。

3. 软炸

软炸是将加工好的主料挂软糊（通常将鸡蛋和淀粉或面粉调成的糊称软糊，包括蛋黄糊、全蛋糊、蛋清糊或拍粉拖蛋糊等；将水和淀粉或面粉调成的糊称硬糊），再用油将其加热制成软嫩或软酥质感菜肴的烹调方法。

一般工艺流程为：选择原料→初加工→刀工处理→码味浸渍→挂软糊→过油炸制→盛装→辅助调味。

代表菜品如京菜“炸香椿鱼”、“软炸大虾”、“炸冰淇淋”，粤菜“软炸时蔬”，浙菜“软炸鲈鱼柳”，川菜“软炸鸡块”，北京清真菜“炸卧虎饼”、“炸羊尾”等。

4. 酥炸

酥炸是将加工好的主料挂酥炸糊炸制或煮酥或蒸酥之后，直接或挂糊炸制使成品具有酥香质感的烹调方法。

一般方法有两种：① 生料挂酥炸糊的炸制。酥炸糊有两种：一种是发粉糊，挂发粉糊炸的也称胖炸、面托炸，发粉糊有涨发作用，能使菜肴形成特殊的风格；另一种是香酥糊，用鸡蛋、面粉（也可加入淀粉）、油、水和其他调味品（盐、胡椒面等）调制而成，其中油、鸡蛋有起酥的作用。② 原料煮酥或蒸酥后炸制。主料经汽蒸（先用调味品腌渍）或卤制等进行前期热处理将其制熟后，再用油直接炸制，或挂糊炸制。挂糊的大都是出骨原料，不挂糊的大都是不出骨的原料。所挂的糊一般有全蛋糊、水粉糊和蛋清糊等。

酥炸成菜色泽淡黄或金黄、深黄；味美可口，香气扑鼻。生料挂酥炸糊的菜表层涨发饱满，松酥香绵；煮酥或蒸酥后炸制的菜质地肥嫩，酥烂脱骨。代表菜品有京菜“酥炸鸭筒”、“酥炸黄鱼”、“香酥羊肉”，苏菜“香酥鸡”，粤菜“脆皮炸鲜奶”、“酥炸墨鱼柳”、“炸凤尾虾”，鲁菜“炸脂盖”，川菜“炸糟米鸡”等。

5．脆炸

脆炸是指主料与配料加工后一起调味，用皮状的菜肴原料如豆皮、油皮（腐皮）、网油等包卷裹制后，直接入油锅中炸制或外面挂一层水淀粉糊（或蘸一层干淀粉）再炸制，或者在带皮的整形主料，如鸡、鸭等（这些原料不宜过老，以当年的为好）表层涂饴糖或蜂蜜后进行炸制的烹调方法。

具体方法一般有两种：① 主配料用皮状原料包裹后炸制。将鲜嫩无骨的原料加工成片、条、丝状或剁成糜状，加调味品拌和，腌渍入味后，再用不同的外皮包裹成或卷成不同的形态（有的成形后还要挂糊或上浆，然后再炸，这类情况另当别论），投入油锅炸制成熟即可。根据成形方法的不同也可分为包炸和卷炸两种。② 带皮的主料表层涂饴糖或蜂蜜后炸制。将经过刀技加工的原料先用卤汤（白卤）浸煮（促使外皮收缩绷紧）之后，刷上一层饴糖或蜂蜜，待其表皮干后放入油锅，不停翻动，并向腹内浇油，使之外皮香脆、内里鲜嫩即可。

成菜色泽金黄或枣红；口味鲜咸、干香；质地外脆而内鲜嫩。代表菜品有鲁菜的“茅菜鱼卷”，京菜“炸鹅脖”、“炸卷肝”，粤菜“脆皮鸡”、“脆炸糟米鸡”、“脆炸鸡翅”，淮扬菜“炸网油鸭卷”，川菜“腐皮虾卷”等。

6．拍粉（碎屑料）炸

拍粉（碎屑料）炸是将刀工处理过的主料经腌渍、拍粉、蘸蛋液，再粘挂上碎屑料品或粉状物品（如面包屑、面包粉），而后入油锅炸制的烹调方法。常用的原碎屑料品有面包、馒头、窝头、核桃、花生、腰果、夏威夷果、芝麻、栗子等。这些原料的特点是含水量少、呈固体状、可粘性强、炸后可呈香脆质感。粘挂面包粉的一般称面包粉炸，也称板炸、吉利炸；粘挂芝麻、核桃仁、果仁、松仁、榛子仁等的一般称香炸，也可以所粘挂的碎料命名，如芝麻仁炸、核桃仁炸等。

一般工艺流程为：刀工处理→腌渍→拍粉→拖挂蛋液→粘挂碎屑料品→炸制。

成菜色泽金黄；外表松酥，主料鲜嫩；味咸而鲜美。代表菜品如珍珠炸鸡排、珍珠虾排、吉利鸭排、吉利鲜虾丸、核桃羊排、芝麻鱼排等。

二、煎

在历史上，煎是金属炊具发明之后就有的烹调方法，在火候概念产生之前，煎熬就是中餐制熟或加热的专业术语。煎的方法近似于炸。炸是大油量的加热方法，而煎是小油量加热的方法，一般煎的制品，原料紧贴锅面，利用锅底的热度和油温直接加热原料。另外，煎的方法受到原料的限制。

（一）定义

煎是将原料经刀工处理后（多为扁平状），用部分调味品拌渍入味，再进行挂糊（拍粉、拍粉拖蛋糊）或者不挂糊，然后放入烧热的底油锅中，用中小火加热，使原料两面金黄色并成熟，再根据烹调的要求，倒入调味品或食用时再蘸调味品，或直接成菜的一种烹调方法。适用于鲜嫩无骨的动物性原料（如鸡、虾、鱼、肉、蛋等）及部分植物性原料（如豆腐、番茄等）。煎以浅层油或薄层油作为传热介质，实际传热方法主要是金属锅底的热传导作用。

（二）工艺流程

煎的一般工艺流程见图7–7。

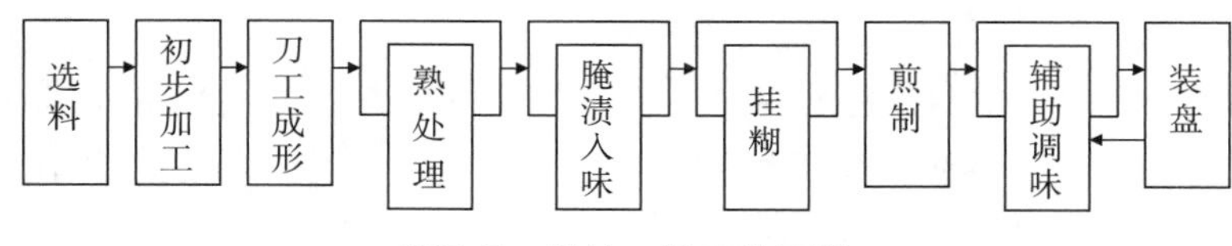

图7–7　煎的一般工艺流程

（三）技术关键

1．原料加工

要根据原料的不同性质，采用不同的刀法。一些肉类原料如煎猪排、煎牛排等，下锅煎制后，因原料结缔组织的收缩，使肉质坚韧，不容易嚼碎且又妨碍消化，因此原料在刀工处理时，应该用刀背将肉捣打拍敲或剞刀，使结缔组织离散，即将肉内的那些小筋斩断后进行制作；煎制鱼类制品时，因鱼肉的结缔组织较少，而且肉质松散，加工时不需要捣打拍敲，一些较大的原料需去骨去皮，一些原料如小鱼或带鱼不需去皮；一些蔬菜类制品的煎制，大都将原料切成夹形，两片薄料不切断，在中间瓤入拌好的馅心。

2．腌制和挂糊

煎制菜肴原料大多数须先经调味腌制和挂糊。腌制调味要根据菜肴的特点和原料的不同进行。挂糊一般应挂蛋粉糊，也可沾面粉、拖鸡蛋或蛋清糊。不论挂何种糊，都要均匀，保证菜肴成熟一致，色泽均匀。

3．掌握好火候

原料下锅时，锅面要光滑，因煎类菜肴原料多数质地软嫩、易散碎，所以应先用中火将勺烧热加油晃均匀后，再将原料两面煎至金黄色。由于金属的传热性能好，用煎法易出现局部过热现象，所以实际操作时要翻锅。但最忌还没煎好时就翻动，这样很容易把煎的原料翻坏，要等一面煎好时，再翻过来煎另一面。煎制时，要注意火候的控制，可随时加油。煎菜的用油量，不可淹没主料，油少时还可随时点入，并随时晃动锅，使所煎主料不断转动，一防巴锅；二防上色不匀。

4．调味装盘

调味的方法有3种：一是原料煎好后，沥去油脂，淋芝麻油装盘，配椒盐、生菜等上桌；二是原料煎好装盘，浇上烹调好的复合味汁；三是原料煎好，锅内留油少许，倒入事先兑好的调味汁，颠锅装盘。

（四）成菜特点

（1）主料单一　煎的原料，只有单一主料，一般没有配料。

（2）质感外酥香，里软嫩，甘香不腻；色泽金黄、黄红。

（3）无汤汁，制品出锅后直接就可食用，有的在制品上撒椒盐或其他调味品。

（五）分类

根据煎制菜肴原料所挂糊的不同，可分为清煎和软煎两种。

1．清煎

清煎也称干煎，是把加工成形的原料用调味品腌渍后，直接用油煎或蘸一层面粉再用油煎制成菜的方法。清煎菜肴适宜质地鲜嫩的原料，如里脊、外脊、上脑、鸡脯、鱼、虾等。煎时油温不要过高，煎的时间不要过长，以免成品干焦，但一定要煎熟煎透。

2．软煎

软煎也称蛋煎，是原料经过刀工处理后，用调味品腌渍入味，蘸上面粉，再裹一层鸡蛋（或鸡蛋糊）入油锅煎至成菜的方法。软煎适宜于质地鲜嫩的原料，如鱼、虾、鸡脯、里脊等，也可以加工一些熟料和一些蔬菜。由于软煎菜肴表层裹着鸡蛋，这样可使主料保持较多的水分。另外，表层的鸡蛋虽经加热，也不会结成硬壳，仍然比较软，所以使软煎菜肴具有鲜香软嫩的特点。操作时应注意面粉鸡蛋不要沾得过多，但要均匀；煎制时油温要适宜，油温过高，鸡蛋易煳；油温过低，鸡蛋易脱落。

三、贴

贴源于面点的制作，把生料贴在锅上煎一面称为贴。北方锅贴是指把湿面粉团（发酵与不发酵的）按扁贴在烧菜锅的一边，菜熟了，锅贴也熟了，这种锅贴锅底是不抹油的。南方的锅贴是包馅的饺子贴在平锅底用油煎的，一称煎饺，一称锅贴饺。用此法烹调菜肴，往往是用几种原料叠层迭加的，所以加热时不便于翻动，只能单面加热。

（一）定义

贴是一种特殊的煎制法，是把几种经刀工成形的原料加调味品码味后粘合在一起，成饼状或厚片状，再放入有少量油的锅中煎一面，另一面不煎或稍煎（由于此法往往是用几种原料叠层迭加的，加热时不便于翻动，常单面加热），使成菜一面酥脆、另一面软嫩的一种烹调方法。主料一般用新鲜细嫩的猪里脊肉、鸡脯肉、牛羊肉、鱼肉、虾肉等。刀工成形一般是长方片或肉糜状。底层原料传统用熟猪肥膘肉，现在也可用面包片。

贴与煎不同：① 贴必须使用两种以上的原料同时制作，其中主料随需要而异，而辅料一般采用熟猪肥膘肉，也可用面包片；② 贴只煎一面，一般不翻动；③ 贴制品一面焦黄香脆，一面本色软嫩，也是区别于两面金黄、外脆内嫩的煎制品的一个明显标志。

（二）工艺流程

贴制工艺一般要经过选料、切配加工、码味、粘合成形、装饰图案、贴制煎熟、装盘成菜等工序，其基本流程见图7-8。

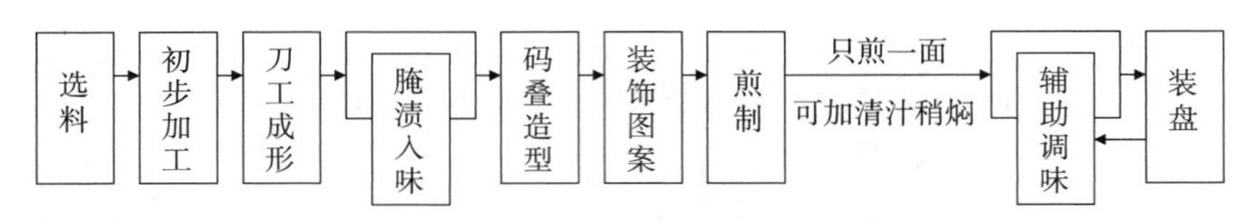

图7-8 贴制一般工艺流程

（三）技术关键

烹制贴菜时，往往需加些油，但加油量只能淹没主料厚度的一半，不能全部淹没。待主料成熟后，滗去油，可加调味清汁稍焖（一方面借助于调料汁中水的汽化传热，另一方面又防止加热过程中升温太快，使食物焦煳，这种发汗式的降温方法从原理上讲是非常科学的）。

（四）成菜特点

（1）色泽一面呈金黄色，另一面多为白色，黄白相间，非常明显（但也有的主料经过淋浇和翻煎呈浅黄色，也有的保持原料的本色）。

（2）质感上，一面酥脆，一面软嫩，清鲜可口，肥而不腻。

（3）成品无汤汁，味咸鲜，并有浓厚甘香风味，成熟以后直接食用，不再回锅调味。

（五）分类

根据菜肴坯形加工方法的不同，贴可分为夹贴、包贴、卷贴等。

（六）代表菜品

如京菜“锅贴肉”，鲁菜“锅贴鸡签”、“锅贴鱼盒”，川菜“锅贴鸡塔”、“锅贴鹑蛋”，粤菜“果汁锅贴虾”、“锅贴海鲜盒”，苏菜“锅贴金钱鸡”、“锅贴鳝鱼”，还有“锅贴鱼”、“锅贴鸡”、“双色锅贴豆腐”、“锅贴鸽蛋”等。

第三节 熘烹工艺

在我国众多的烹调方法中，还有一类方法没有相对固定的传热介质，如熘制法，可炸、煎、炒、煮、蒸；烹制法，可炸、煎、炒。但这类方法的调味方式却基本相同，我们称之为特殊烹调法或综合烹调法。

一、熘

熘是我国烹调技法中一种具有特色的技法。人们运用这种烹调技法，创造出了许许多多享有盛誉的名菜，如杭州的“西湖醋鱼”、苏州的“松鼠鳜鱼”、河北的“金毛狮子鱼”、安徽的“葡萄鱼”、广东的“咕噜肉”、北京的“焦熘里脊”等。

（一）定义

熘是原料用某一种基本烹调方法加热成熟后再包裹上或浇淋上即时调制的芡汁而成菜的一种综合性烹调方法。所用基本烹调方法和加热成熟措施有炸、蒸、煮、滑油，成菜口味特殊，往往是三四种以上的复合味。

（二）工艺流程

一般来说，熘的技法，要经过两个步骤和三种熘法（见图7–9）。第一步是把原料经刀工处理后，用油炸、煎或者蒸、汆、煮等方法进行初步熟处理，成为半熟或全熟状态，为熘做准备；第二步为熘的阶段，一般是另起油锅，调制各种相应的卤汁，运用不同的方法，挂在处理好的原料上。其通常有三种方法：① 浇汁熘法，即是把熟处理后的原料盛在盘中，以卤汁浇于表面，适用于整块、整料、大条等不易在卤汁中翻拌的原料；② 淋汁熘法，即是经过熟处理的原料尚未熟透，再投入锅内加热，淋上芡汁，颠翻拌匀，适用于块形原料；③ 拌汁熘法，即是将经过熟处理的原料，迅速投入到卤汁中翻拌，适用于块、片、丁、丝等碎料。

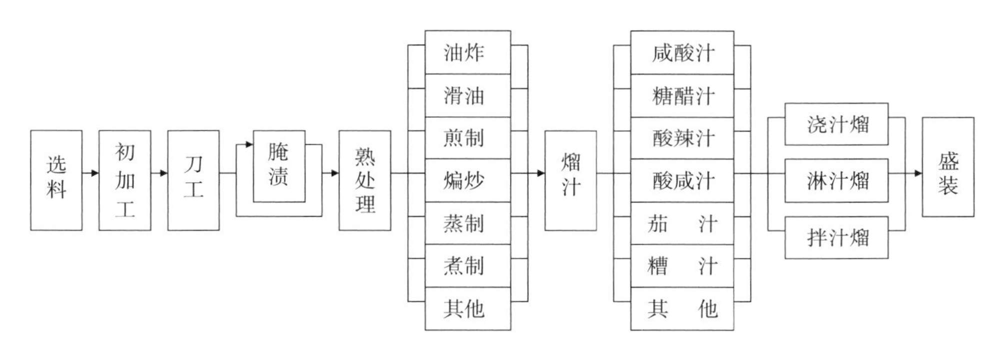

图7–9　熘制工艺流程

（三）技术关键

1．选料

应选用质地鲜嫩的原料制作。这些原料结构均匀、含水多且吸水力强，如猪里脊肉、鸡脯肉、兔肉、鱼肉等。用之制作熘菜，才能体现出滑嫩的特色。

2．刀工

应根据初步熟处理和菜肴的具体要求而定。用于炸制或滑油的大都是块、丁、片、丝等小料，如果是较大形状的原料，则必须剞上花刀，用于煮或蒸制的则可用整料。

3．调味

在初步熟处理前一般要先码味，即刀工处理后的原料，加入水与盐之后，在渗透作用下，使原料吸收水分，又有了基础味。通常，猪、兔、鸡等原料码味先放盐后加水，而鱼肉要先加水后放盐，这是由内部结构密度有差别的原因。在用调味品腌渍时，只能入味二、三成，因为初步熟处理之后还要熘汁，才能完全够味。所以主料的口味要和芡汁的口味配合好，汁的浓度必须适宜，汁过稀，主料挂不上而不够味，汁过稠，又会腻口。

4．初步熟处理

熘法初步熟处理的方法有油炸、煎、蒸、汆、煮等，一定要掌握好色泽和成熟度。需要挂糊的原料，糊的稠稀要适度。

5．火候掌握

熘菜一般都是旺火速成，火候极为重要，所以，两个步骤、三种熘法都要密切配合，协调操作。基本上两个步骤同时进行，即一边炸、蒸、汆、煮等处理原料，一边调制卤汁，原料处理好，卤汁调制成，就进行熘制。

（四）成菜特点

熘菜表面的芡汁一般都比炒、爆菜多，使主料与配料在明亮的芡汁中交融在一起。成菜色泽丰富，有银白、金黄、黄红等；口味多样，而以糖醋、香糟、麻辣、香酸等较多；质地各不相同，有的外焦里嫩、有的滑软、有的鲜嫩。

（五）分类

熘制法的分类见图7-10。

1．炸熘

炸熘也称焦熘、脆熘，是将切配成形的原料，经码味、挂糊或拍粉放入热油锅中炸至外香脆、里鲜嫩，然后浇淋或粘裹芡汁成菜的一种烹调方法。成菜色泽金黄、黄红，油亮艳丽；口味以咸鲜微酸、酸甜咸鲜为多；质感外焦香酥脆，里鲜嫩可口。代表菜品如京菜“焦熘鱼片”、“菊花松子鱼”，“菠萝咕噜肉”，冀菜“金毛狮子鱼”，津菜“罾蹦鱼”，豫菜“糖醋鲤鱼焙面”，徽菜“葡萄鱼”，苏菜“松鼠鳜鱼”，香港菜“柠汁脆皮鱼”等。

一般工艺流程是：选料→原料初加工→切配→码味→挂糊→定型炸制→复炸→兑汁熘制→成菜装盘。

2．滑熘

滑熘是将加工成片、丁等鲜嫩无骨原料，先经过调味腌浸，挂上蛋清糊，投入温油锅中滑散滑透，捞出后再粘裹芡汁成菜的一种烹调法。成菜明汁亮芡（包汁芡）、滑嫩鲜香、清淡醇厚。代表菜品如津菜“滑熘鸭肝”、粤菜“蚝油牛仔柳”、山西菜“过油肉”、京菜“滑熘鱼片”等。

一般工艺流程是：选择原料→洗涤切配→码味上浆→锅烧热滑锅→下油烧至三四成热（100～120℃）→放料滑散烧至断生→倒出油，将兑好的调味品入锅熘制→下料推匀→装盘。

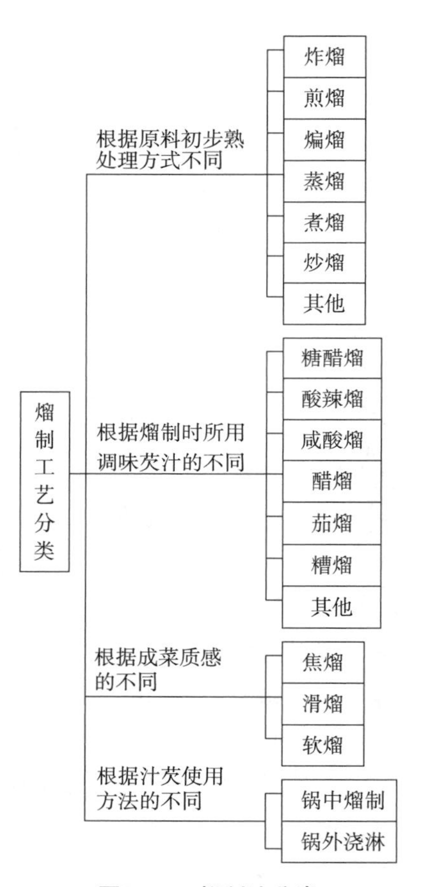

图7-10　熘制法分类

3．软熘

软熘是采用质地软嫩或加工的浆状原料，先经蒸熟、煮熟、汆熟，再粘裹芡汁成菜的一种烹调方法。成菜口味以清淡为主，没有大甜、大辣或怪味，卤汁稍多；质感突出软嫩。代表菜品如浙菜“西湖醋鱼”、闽菜“软熘鲤鱼”、津菜“软熘鱼扇”、淮扬菜“软熘鸭心”、浙菜“软熘鲈鱼”等。

一般工艺流程是：选择原料→初加工→刀工处理→水中汆熟或蒸、煮熟→捞出装盘→调制芡汁熘制→淋浇在原料上。

4. 煎熘

煎熘是将主料先经挂糊或拍粉拖蛋，下锅煎制（也可以直接下锅），然后再浇淋或粘裹芡汁成菜的一种烹调方法。煎熘可适用于动物性原料，如肉类、鸡脯、鱼虾等，也可适用于植物性原料，如豆腐等，其形状一般为片状。在煎制时要注意用油量不可淹没主料，油少时可随时点入，并随时晃动锅，使所煎主料不断转动，一防巴锅；二防上色不匀。另外，主料必须要煎熟、煎透。代表菜品如“煎熘豆腐”，“糟煎鳜鱼”、“鱼香虾饼”等。

5. 炒熘

炒熘就是将经过刀技加工的原料，先煸炒，然后再粘裹芡汁成菜的一种烹调方法。煸熘菜肴一般以脆嫩的植物性原料为主，如嫩白菜帮、菜薹等。成菜特点是质地脆嫩，口味多样。代表菜品如“醋熘白菜”、“鱼香菜薹”等。

二、烹

烹之本意指水烹，在后代有广义、狭义和转化义之分。广义的烹，即指的烹饪；狭义的烹，指煮制，这是烹的本意的演化。近代烹法，则比古代多了些操作程序，指先将原料在器中油炸（多为荤料）或焯水（多为蔬素）一遍（这是古之烹法），再将容器中原料之液体沥去，加调味汁（烹制之菜肴，调味汁不用淀粉勾芡），旺火急炒（这是古烹法的发展）。

（一）定义

烹是指将切配后的成形原料用调味品腌制入味，挂糊或拍干淀粉，用旺火热油炸（或煎、炒）制成熟再加入调味清汁的一种特殊烹调方法。

（二）工艺流程

烹制法一般工艺流程见图7-11。

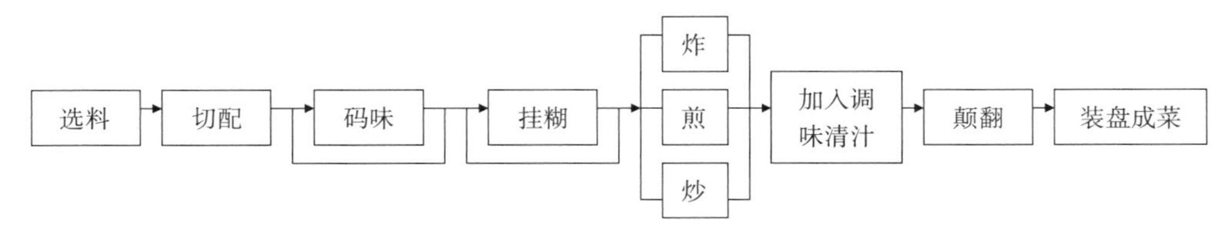

图7-11 烹制法一般工艺流程

（三）技术关键

1. 选料与加工

烹制法的原料大都是单一净料，一般不配辅料。通常不上浆不挂糊，也有的拍些干粉或上少许水粉浆。不挂糊的原料要选择好形态，如大虾要大小相等。挂糊油炸的原料要掌握好糊的厚薄程度，拍粉要均匀。

2. 掌握好火候

烹菜是旺火速成的菜肴，熟处理时要掌握好火候。油炸时油量要多，最好用清油（即没有炸过东西的油）油要热，一般在八成热左右。

3. “清汁”的调制与使用

“清汁”是指调制碗汁时只用调味品，不加淀粉。其调味品的组成一般以料酒、酱油、白糖、醋、味精、盐及葱姜蒜为基本调味品。调味汁的数量和味感的浓淡要掌握恰当，以主料能将汁吸尽、汤汁将主料全部包住为好。

（四）成菜特点

口味清香爽口，以鲜咸为主，微有汤汁。

（五）分类

根据原料初步加热方式的不同，可将烹分为炸烹、煎烹、炒烹3种。

1. 炸烹

炸烹是将原料经炸制后，再加入液体调味清汁，迅速颠翻成菜的一种烹制法。即主料经改刀成片、段、块等形状，腌渍入味后，用旺火热油炸熟，再经葱姜炝锅后，放入主料，倒入碗汁，出勺即可。炸烹的原料有上一层薄浆或糊的，如北京的“炸烹大虾”、浙江的“烹鹌鹑”、黑龙江的“炸烹狍肉”等；也有的不上浆、糊，直接炸制烹汁，如河南的“干烹仔鸡”、“烹汁八块”等。成菜外焦里嫩，清香适口。

2. 煎烹

煎烹是先将原料煎熟后，再加入液体调味清汁，迅速搅拌成菜的一种烹制法。其一般制法是：主料先经细加工腌渍入味后，挂糊、拍粉或拖蛋液煎熟（有的只腌渍入味即可，煎烹菜肴切忌拖汁带芡，粘糊一团），再入旺火热锅中用液状调味汁裹之。如河南的“煎烹段虾”、北京的“煎烹鱼片”等。

3. 炒烹

炒烹是将改好后的主料入少量底油锅煸炒后，倒入碗汁成菜的一种方法。这种方法一般适用于脆嫩的蔬菜原料，如烹掐菜、烹马铃薯丝、烹青椒等。

第四节　烧扒工艺

一、烧

我国先秦典籍中提到的烧，意为火焚，或通于燔。用于烹饪，今则有广、狭两义，广义之烧，即是烹制之代称，用任何加热烹饪之法均可曰烧，如“这位厨师烧得一手好菜”；狭义之烧，则是指某一种干加热或湿加热的烹饪技法。

烧，作为一种烹饪法的概念古义今义不同，本义与引申义也有别。烧，本是一种最古老、最原始的烹饪法，是一种直接上火的干加热法，利用火的辐射热烹制食物。

我国古代，与烧法相近或相通但又有所发展的干加热法有多种，如炮、炙、烤、烘等。后来，这种干加热的烧法已发展为多种新法，以烹制工具来划分有锅烧、炉烧、叉烧、铁板烧法等；因调味品不同，有酒烧、盐酒烧、油烧、酱烧、葱烧、蒜烧等；因原料有别，有生烧、半熟烧、熟烧、假烧、熏烧等。除此之外，后世有称烹煮之法为烧者，主要为湿加热法，即以水为主要传热介质的一种烹调方法。在此，我们指的是后者。

（一）定义

烧是将经过初步熟处理（炸、煎、煸、煮或焯水）的原料加适量汤（或水）和调料，先用旺火加热至沸腾，改中、小火加热至熟透入味，然后再用旺火收汁成菜的一种烹调方法。在广东、福建一带也称为㸆。

（二）工艺流程

烧的一般工艺流程见图7-12。

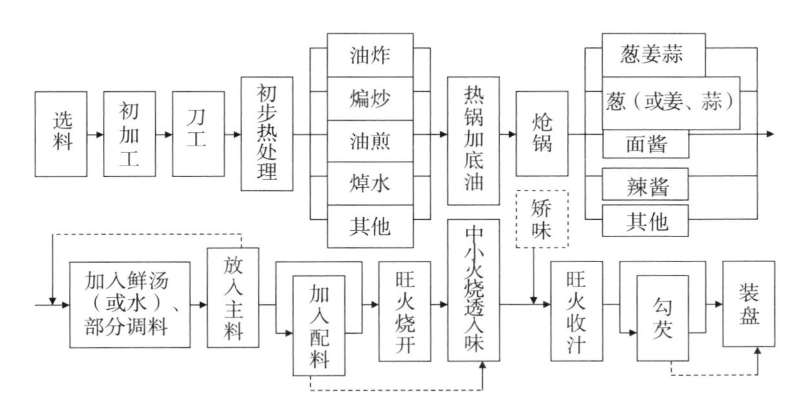

图7-12　烧制工艺流程

（三）技术关键

1. 初步熟处理

所有原料都要经过煸炒或煎、炸、蒸、煮、酱、卤等预制过程，再进入烧的环节，完成菜肴的烹制。初步熟处理时要掌握好色泽和成熟度。

2. 掌握好汤水的量

烧制时加汤水要适量，一次加足。汤多味淡，汤少原料不宜烧透，也易巴锅。切忌烧制过程中添加汤水或舀出原汤，一般汤汁以平原料为度，用火力来控制汤汁的损耗量。

3. 掌握好火候

火力一般先旺火，后中、小火，再旺火或中火收稠卤汁。通常要求烧至断生脱骨，恰到好处，软嫩味鲜，因此用中小火烧的时间不能太长。

4. 调色和收汁勾芡

运用酱油、糖色等有色调料时，宁可色淡，不可色深。即将成菜时注意汤汁的多少与浓度，并适时勾芡，起锅前淋明油以保证菜肴光泽。但如果干烧，一般应将汤汁全部收干。

（四）成菜特点

（1）烧菜的质感，一般以断生脱骨为恰到好处。但因原料不同，质感差异也很大，如肉类以酥烂为主，菜类以脆嫩为主，鱼类则又以软嫩为主。

（2）口味多样，鲜、咸、甜、麻、辣、酸、香，应有尽有。如红烧咸鲜，干烧香辣。

（3）一般都带有汤汁，但有多有少，红烧的汁较多，干烧只见油不见汁。在芡汁上，有的勾芡，有的“自来芡”，有的不勾芡，以勾芡的居多。

（4）色泽丰富，红、黄、绿、紫、白、黑俱全，红烧的酱红，干烧的红亮，煸烧的金黄。乌参烧得黑里透亮，菜心烧得翡翠欲滴，虾仁、烂糊白菜烧得色泽白净，诱人食欲。

（五）分类

烧的种类繁多，分类方法见图7-13。

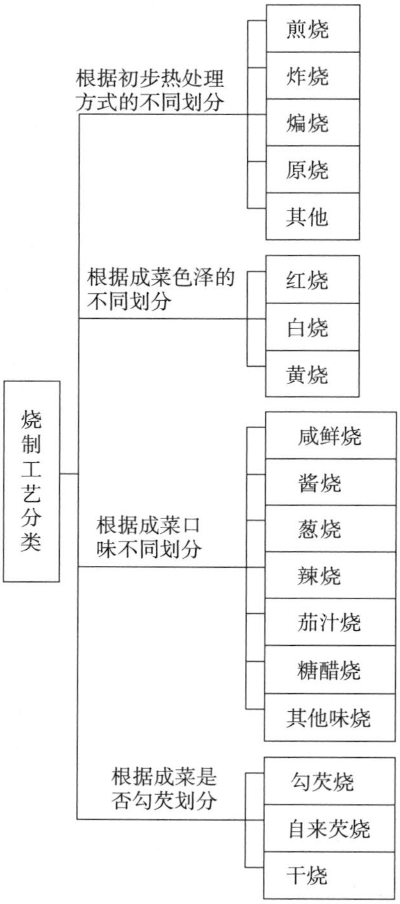

1．红烧

红烧是指成菜芡汁为红色的烧制法。有些地方将经过汽蒸、焯水的原料先用有色的调味品煮上色，然后添汤烧制成菜的方法称为软烧，如河南“软烧肚片”、北京“软烧羊肉”、山东“软烧豆腐”等。

一般工艺流程是：选料→切配→初步熟处理（炸、煎、煸、煮等）→炝锅→加入汤和调味品（有色调味品如酱油、糖色等），放入主料烧制→收汁勾芡→装盘成菜。

红烧时，要恰当选用糖色、酱油、豆瓣辣酱、料酒、葡萄酒、面酱、番茄酱、糖等提色原料，要将菜肴的色泽层次与味感浓淡结合起来。下调味品（如酱油、糖色等）调色时，宜浅不宜深，调色过深，会使成品颜色发黑、发暗而味发苦。

红烧菜肴具有汁宽芡浓、色泽红润、酥软柔嫩、鲜味醇厚、明油亮芡的特点。代表菜品有湘菜“红烧肉”，鲁菜“红烧鱼”，京菜“红烧牛尾”、“红烧鲍鱼”，浙菜“梅干菜烧肉”，淮扬菜“红烧水鱼”等。

烧制工艺分类
- 根据初步热处理方式的不同划分：煎烧、炸烧、煸烧、原烧、其他
- 根据成菜色泽的不同划分：红烧、白烧、黄烧
- 根据成菜口味不同划分：咸鲜烧、酱烧、葱烧、辣烧、茄汁烧、糖醋烧、其他味烧
- 根据成菜是否勾芡划分：勾芡烧、自来芡烧、干烧

图7-13　烧制工艺分类

2．白烧

白烧是指成菜汤汁为白色的烧制法。白烧的做法与红烧基本相同，不同的是白烧不加糖色、酱油等有色调味品，以保持原料自身的颜色，用芡宜薄，以既能使原料入味、又不掩盖其本色为好。

一般工艺流程是：选择原料→切配→初步熟处理（煮、焯水等）→炝锅→加入汤和无色调味品，放入主料烧制→收汁勾芡→装盘成菜。

白烧宜选用新鲜无异味、色泽鲜艳、质地细嫩、滋味鲜美的原料，如鱼肚、鱼翅、菜心、菜花等。原料熟处理的方法以煮、氽、滑油等为主。成菜芡汁色白素雅，味道咸鲜清

爽，质感滑嫩。代表菜品有江苏“白烧白脊鱼”、河南“烧二冬”、北京“烧素四宝”，还有“浓汁烧鱼肚”、“鸡汁烧鱿鱼”、“雪花海参”、“白汁酿鱼”、“蟹肉烧白菜”、“云片烧猴头”等。

3．干烧

干烧是将原料经较长时间的小火烧制，使汤汁渗入主料之内，不勾芡，成菜后见油不见汁的一种烹调方法。

一般工艺流程是：选择原料→初加工→刀工处理→初步熟处理→调味烧制→收汁→装盘成菜。

干烧的烹制方法与红烧大体相近，不同的是干烧原料在初步熟处理时多用油炸法；调味多用辣椒（四川泡辣椒）、豆瓣酱等；油大味厚，色泽红亮；干烧汁紧，不勾芡，淋明油见油不见汁。代表菜品有川菜“干烧岩鲤”、京菜“干烧冬笋”、鲁菜“干烧鲳鱼”、粤菜“干烧牛腩”、淮扬菜“干烧紫鲍”、豫菜“干烧冬笋”等。

4．酱烧

酱烧是调味品以酱（甜面酱、黄酱、酱豆腐）为主的烧制法，即用热锅温油把酱炒出香味，再加调味品和适量的鲜汤炒匀，然后放入经过初步熟处理的原料，烧至成菜的一种烹调方法。

一般工艺流程是：选择原料→初加工→刀工处理→初步熟处理→炝锅（甜面酱、黄酱、酱豆腐）→加入汤和其他调料，放入主料烧制→收汁→装盘成菜。

炒酱必须炒透，炒出香味，大火烧开定色定味，小火缓缓烧至汤汁浓稠，成熟入味。有些菜品直接收汁不匀芡，有些收汁后勾芡。成菜色泽酱红，酱香味浓，咸中带甜，酥软柔嫩。代表菜品有京菜“酱汁鱼”、粤菜“柱侯烧鸭子”、淮扬菜“腐乳烧肉”、闽菜“南乳烧肉”、鲁菜“酱汁中段”、冀菜“酱汁瓦块鱼”等。

5．葱烧

葱烧是原料经焯水等初步熟处理后加入炸或炒黄的葱段及其他调味品烧制成菜的方法。葱烧与红烧工艺基本相同，不同的是葱烧菜的调味品中葱的用量较大，约占主料的1/4或者1/3。炒好葱，是做好葱烧菜的关键。炒葱应用小火，如火太旺，易出现焦煳现象。葱烧菜的葱，以老葱为好。成菜色泽红润，葱味浓郁，质地软嫩，咸鲜醇厚，明油亮芡。

代表菜品有京菜“葱烧海参”、鲁菜“葱烧蹄筋”、川菜“葱烧煳辣鸡”、淮扬菜“葱烧肥肠”、东北菜“葱烧肘子”等。

6．辣烧

辣烧是先用热油将辣椒酱或干辣椒炒出香味和红油，然后加入汤水、调味品、原料旺火烧开后，改中小火烧至成熟入味，勾芡成菜的一种烹调方法。辣烧和红烧基本相同，不同的是辣烧菜调料中辣椒酱占的比重较大。成菜醇浓鲜烫，色泽红亮，以辣味为主。

炒好辣椒酱，是做好辣烧菜的关键。辣酱中多含有蚕豆瓣，炒时易巴锅，故炒时，要多放些油，要勤用手勺推动。辣烧菜的色泽，以红艳油亮者为好，所以下调味品（酱油、熏醋等）一定要适当，以防色过重而发暗。代表菜品有川菜“家常豆腐”、淮扬菜“辣味烧羊肉”、京菜“辣味烧牛头”等。

二、扒

“扒”为“趴”之同音借代，今则只见“扒”而不见“趴”。趴为动物俯伏之状，故多用整畜整禽或整块之大料，如扒鸭、扒烧猪头、红烧扒蹄等。扒菜的特点除多用整料外，烹制程序亦有其异——用已烹制成熟之整料（不用生料），用原汤汁勾芡，用大翻锅之法，整料装盘上桌。扒菜由于菜形美、选料精，制成菜肴多为宴席上的上乘名馔，在国内外享有很高的声誉，如高雅名贵的席上珍品“红扒熊掌”、清白如玉的“白扒猴头”、清香素雅的“奶油扒凤尾笋”、构思新颖的“白扒鸳鸯”等，都是扒菜中的精品。

（一）定义

扒是将加工整理的原料整齐地放入锅中，加入适量汤水和调料，用中小火加热，待原料熟透入味后，通过晃勺、勾芡和大翻勺而成菜的一种烹调方法。

（二）工艺流程

一般工艺流程见图7-14。

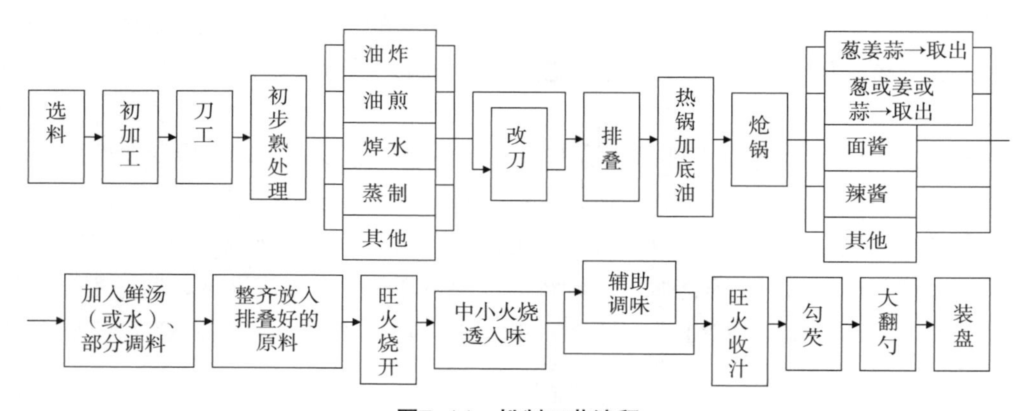

图7-14　扒制工艺流程

（三）技术关键

1．造型

扒菜注重外型整齐美观。它的造型不像花拼及一些花色菜的操作那么复杂，但也需要一定的刀工技术和拼配技术。扒菜原料一般改成长条或大刀，某些原料改刀后仍保持原形，如扒白菜。两种以上原料，如鸡腿扒海参、海参扣肉等，要讲究拼摆艺术。

2．勾芡

扒菜的芡汁有很严格的要求。芡汁过浓，对大翻勺造成一定的困难；芡汁过稀，对菜肴的调味、色泽有一定的影响，味不足，色泽不光亮。通常扒菜的勾芡手法有2种：一种是菜肴出锅前淋芡，边旋转勺边淋入勺中，使芡汁均匀受热；另一种是将做菜的原汤勾上芡或单独调汤后再勾芡，浇淋在菜肴上。关键要掌握好芡的多少、颜色和厚薄等。

3．大翻勺

大翻勺是扒菜成败的关键因素之一，要求动作干净利索、协调一致。在进行扒菜大翻时要晃勺，使炒勺光滑好用，防止菜肴粘勺而翻不起来。大翻勺时需要旺火，左手腕要有力，动作要快，勺内原料要转动几次，淋入明油，即可大翻勺。

4. 出勺

扒菜出勺的技法有很多种，常用的有拖倒。在出勺之前将勺转动几下，顺着盘子自右而左地拖倒，这样做的目的为了保持原料的整齐和美观，如蟹黄扒素翅。另外，还有的将勺内原料摆在盘中呈一定的形状和图案，最后淋上芡汁。

（四）成菜特点

形态美观，排列整齐；口味醇厚，芡汁明亮。

（五）分类

扒有多种分类方法（见图7–15），通常根据成菜芡汁色泽不同分为白扒、红扒等。

1. 白扒

白扒是菜肴经烹制后，成菜色泽白亮清爽的一种扒制法。在原料的选择上多以色淡清爽的鱼肚、猴头蘑、鱿鱼、鱼翅以及各种时鲜蔬菜为主，不用糖色、酱油等有色调味品，以保持原料的本色。成菜乳白油亮，味道醇厚，美观大方。代表菜品有香菇扒菜心、扒三白、扒全菜、白扒猴头、扒鲍鱼芦笋、白扒鸡条、白扒目鱼条、白扒蟹黄鱼肚、白扒鹿筋等。

2. 红扒

红扒是菜肴在烹制时使用酱油等有色调味品，使成菜呈红色的一种扒制法。有的先用卤水将原料煮至上色，然后再以卤水或者老抽（以卤水为主，老抽只起到适当调色的辅助作用）加盐等调味品扒制，菜品色泽红亮、浓香可口，属浓香型菜品。也有的红扒加入番茄汁、红曲米、糖色等红色调味品，颜色更加鲜艳诱人。代表菜品有葱扒海参、扒金针素翅、海参扒鸡脯、虾子扒海参、红扒鱼翅、红扒鲨鱼唇等。

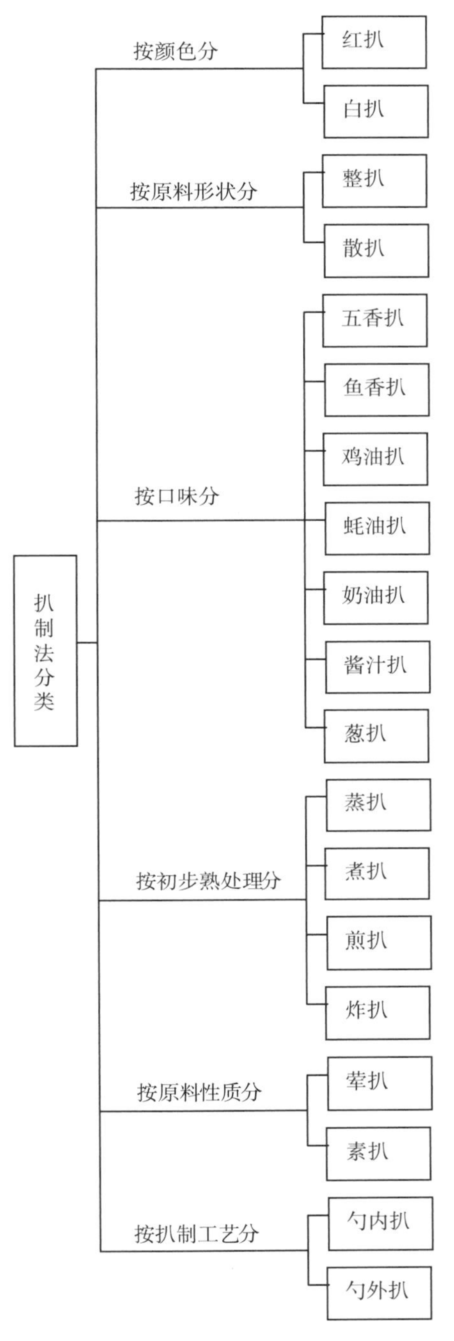

图7–15　扒制法分类

三、焖

江南曰焖，闽粤曰火闷、炆，皆小火密盖缓慢加热之法。《新华字典》上说：焖就是盖紧锅盖，用微火把饭菜煮熟。焖法有的用陶瓷炊具，焖时要加盖，并须严密，有些甚至要用纸将盖缝糊严，密封以保持锅内恒温，促使原料酥烂，故有“千滚不抵一焖”之说。

（一）定义

焖是将经初步热处理的原料加汤水及调味品后盖严锅盖，用中、小火较长时间加热至酥烂入味而成菜的一种烹调方法。

（二）工艺流程

一般工艺流程见图7-16。

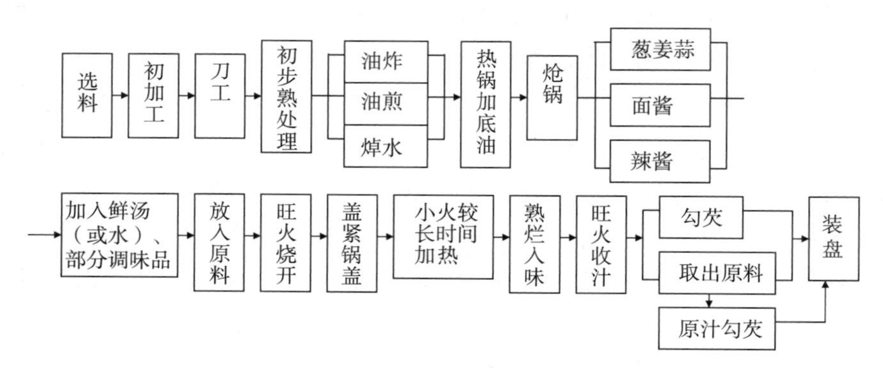

图7-16　焖制一般工艺流程

（三）技术关键

1．初步热处理

焖制菜肴的原料一般要采用炸、煎、炒等方法进行初步熟处理。熟处理时，要掌握原料上色的深浅或保色的效果。

2．控制好焖制的时间和添汤量

火力的大小要根据原料成品的质感来掌握。对于易熟的原料，可用中火焖制；反之，应小火焖制。要正确估计焖制的成熟时间，盖严锅盖（不使走汽，以便原料尽快酥烂，并能保持原汁原味），尽量减少揭锅盖的次数，以保证焖制菜肴的色、香、味。汤水要一次加足并调好色和口味，添汤量以淹没原料为宜。如焖制时间较长，可适当增加汤量；反之，则相反。切勿在中途加汤。

焖菜的原料一般形状较大，在加热过程中一般不宜颠翻搅动。但要注意晃锅，防止煳锅，也可于焖前在锅底码放一层葱姜，或者垫竹箅子。

3．掌握好成菜的色泽与口味

焖菜色泽主要以深红（红焖菜）、浅黄（黄焖）为主，还有黄中透红、金黄色（干焖）等。在用色上，一般用酱油，有的菜肴需加少量红曲米水增色，还可根据不同的季节略加变化，秋季较淡，如“黄焖栗子鸡”色棕黄光亮，冬季较深，如“酒焖肉”则呈棕红色。在口味上，一般黄焖以醇厚香鲜的咸鲜味为主，红焖以浓厚微辣的家常味为主，油焖以色泽油亮、清香、鲜美的咸鲜味为主。

4．收汁装盘

焖菜的汤汁不可多。虽然有些菜肴在装盘前可以勾芡，但勾芡粉汁的数量不宜过多，汁浓主要应依靠小火长时间加热形成，否则会影响菜肴的口味。以家禽、家畜为原料的焖菜，在装盘时可清炒一些绿叶蔬菜垫底，这样既可增加菜肴的清香味，又可减少菜肴的油腻感。

（四）成菜特点

成菜形态完整，不碎不烂；明油亮芡，汁浓味醇，软嫩鲜香。

（五）分类

焖制法的分类见图7–17。

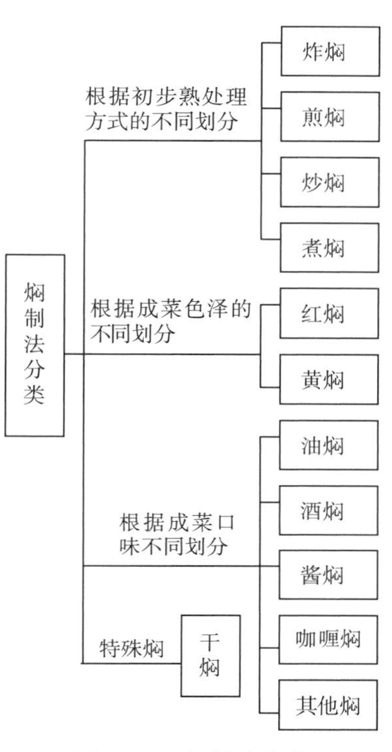

图7–17　焖制法分类

1．红焖

红焖是主料经过加工处理，用热油煸炒或炸后，炝锅加鲜汤和酱油等调味品，用小火焖制成菜的一种焖制法。成菜色泽金红，汁浓味醇，质地酥烂。代表菜品有红焖肘子、红焖牛肉、干菜焖肉等。

2．黄焖

黄焖是以酱油（或糖色）为主要调味品，菜肴焖制后呈黄色的一种焖制法。黄焖与红焖基本相同，只是调味品的用量多寡不一，红焖所用的糖色或酱油比黄焖的多，故红焖菜为深红色，而黄焖菜为浅黄色。黄焖的原料有2类：一类是高档原料，如大肉翅等，不挂糊；另一类是鸡、鸭和畜类的肌肉，一般要求挂全蛋糊。成菜色泽金黄透亮，质地酥烂。代表菜品有黄焖鸡块、黄焖栗子鸡、黄焖兔、黄焖甲鱼、黄焖鳝鱼、黄焖鱼头、黄焖鱼翅等。

3．酒焖

酒焖是在菜肴烹制时，用酒量较大的一种焖制方法。酒焖的一般制法与红焖相同。成菜一般为红色或金黄色，酒香浓郁，酥烂入味。代表菜品有百花酒焖肉、陈皮酒焖鸡、酒焖全鱼、贵妃鸡翅等。

4．干焖

干焖是一种比较特殊的焖制法，即菜肴无汤汁，不勾芡。其一般做法是：将比较精细的主料切成小丁或末或泥子等形状，放入调味品（盐、味精、料酒）搅拌均匀。底油锅放入油，将拌好的原料倒入，呈扁平形状，厚度在0.5～1cm，盖上盖，改慢火焖至两面成金黄色时出锅改刀（一般成象眼块），按原样装盘。代表菜品有焖黄菜、干焖虾脯等。

四、㸆

㸆者靠也。原料之汤汁通过烹制，慢火熬制，水分逐渐蒸发，汤汁稠浓靠在主料上，㸆制即成功了。从表面上看，㸆法的技术内容与烧法大致相同，有人认为它是用“红烧”起锅，再用火把汤汁㸆浓；有人认为它基本上与干烧一样。有些地区不承认它是一种独立的技法，而把它纳入“烧”法之中。而另一些地区特别是北方地区，不但认为“㸆”是一种独立的技法，而且还是一种独具特色的技法，它选料精细，操作复杂，加工讲究，注重火候，更是高档原料烹调的最佳技法。很多高级宴席都离不开色、香、味、形俱佳的㸆菜。㸆法与红烧、干烧，虽有许多相似之处，但有着本质的区别。

（一）定义

㸆是将经过初步熟处理的原料放入锅内，加适量汤水和调料，烧开后改用中火和小火加热至原料软烂入味时，再改用旺火收汁，留少许汤汁成菜的烹调方法。这种技法是以实现原料适度软烂，味汁浓稠、粘附原料为烹调目的。

（二）工艺流程

㸆制法一般工艺流程见图7-18。

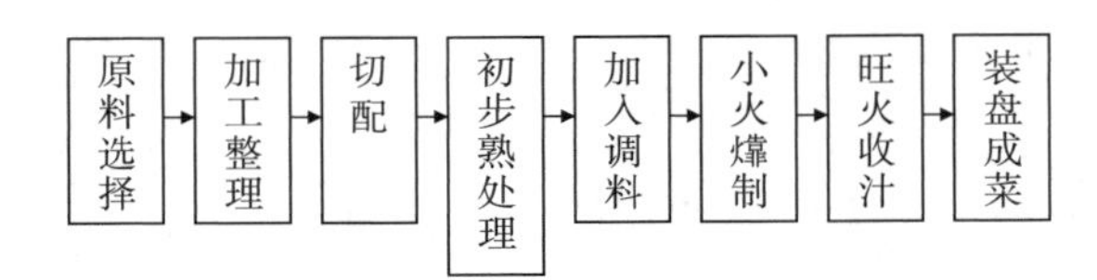

图7-18　㸆制法一般工艺流程

（三）技术关键

1．选料

不是任何原料都能㸆制的。一般来说，用于㸆的原料要求体形完整无损，表皮光鲜，肌肉组织坚实，富有弹性，通常加工切配成大块、厚片、条及自然形态，要求大小均匀，以使原料成熟一致。

2．刀工

做㸆菜时，刀工要讲究，运用不当，就会影响成菜的质量。如制作“㸆加吉鱼”时，鱼的两面要剞刀，剞的刀口距离要大些，深度要到贴骨处（即深度达到80%左右），这样可以使鱼均匀受热和入味，㸆制收缩后的刀纹清晰，美观大方。

3．上色

常用的手段之一是利用油的高温产生焦糖化反应实现增色，如“㸆鸡块”的增色处理。但同样是油炸，嫩鸡直接炸就能上色，而老鸡则必须先经过开水焯烫一下，让表皮毛孔张开，去除表皮部分脂肪，再抹少许酱油，然后油炸，才能取得预期的理想色泽。有的原料不适宜使用过油增色，就要以调味品上色。这种增色方法多用于根茎蔬菜，如山药经过焯烫后，其所含的糖和淀粉部分溶于水中。在㸆的时候加些“糖色”，就能取得较好的效果；采用油炸方法也可使之上色，但在过油时容易煳边，㸆时就会出现黑色花点，影响菜肴美观，应注意避免。油煎方法也是㸆菜增色常用的一种手段，以煎成金黄色效果为最好。

4．火候

㸆菜的烹调过程，一般是原料下锅后，加好调味品和鲜汤，用旺火烧开后改用中火㸆制，待汤水减少到一定程度时，才用小火㸆汁。㸆法的关键就在于小火㸆汁的火候，讲究火力和㸆的时间。一般来说，火力越小越好，至于㸆的时间，一方面要根据原料老嫩性质而定；另一方面要看汤汁中水分㸆干的程度。㸆法适用不易成熟的坚韧原料，㸆汁时间一般都较长，少则一两个小时，多则几个小时。以荤料㸆汁为例，如果火候不到，原料中的腥膻气味就排不净，鲜香味就出不来；汤水中的水分也不易蒸发，汤汁既不浓稠，味也不香。

（四）成菜特点

汤汁少而浓或无汁，色泽深黄或酱红，滋味香浓醇厚。㸆菜的质感因原料不同而有很大区别：易熟的嫩料，大都鲜嫩或软嫩；坚韧难熟的原料，大都肥糯或软烂；介于二者之间的原料则是酥软适中。

㸆的味型多样，形成南北两大风味特色：南方㸆菜以甜为主，口味较轻，汁鲜清醇；北方以咸口为主，略带甜头，口味较重，油量偏多，汁浓味厚。但无论南北口味都讲究甜咸适中。

（五）分类

㸆制法的分类见图7-19。

（六）代表菜品

如川菜“蟹黄鲍鱼”、京菜“干㸆鸭子”、鲁菜“酱㸆鱼”、粤菜“南乳㸆肉”、淮扬菜“奶油㸆菜心”、还有㸆海参、㸆鱼翅、㸆大虾、㸆元鱼、㸆鹿筋、酥㸆鲫鱼等。

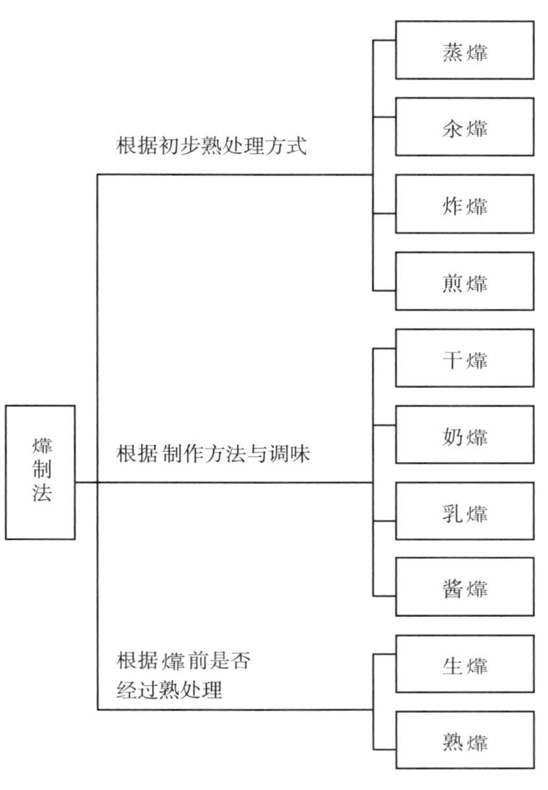

图7-19 㸆制法分类

五、煏

上古无煏字，近古亦无煏字，近古辞书字书亦无煏字，是为榻字之讹写。因凡是煏菜，主料皆成长片，象榻之形，借榻为煏，约定俗成乃为新字。锅煏为鲁菜中独具特色的一种烹调技法。用此法烹调成的“锅煏豆腐”、“拖煏黄鱼”等山东传统名菜，至今享有盛誉。

（一）定义

煏是将已挂糊的原料，先经煎（或滑油、炸）后，加入调味品和少许汤汁，再用小火入味，收干汤汁的一种烹调方法。从煏的概念来看，煏是一种特殊的烧法，只不过加热时间略短，成菜不勾芡并将汤汁收干而已。

（二）工艺流程

煏制法的一般工艺流程见图7-20。

（三）技术关键

（1）煏制方法适合于细嫩易熟无骨的各种动、植物原料。主料一般要加工成片、块、条或其他扁平状；有的原料可拍松后再片成片状，以利于挂糊煏制。

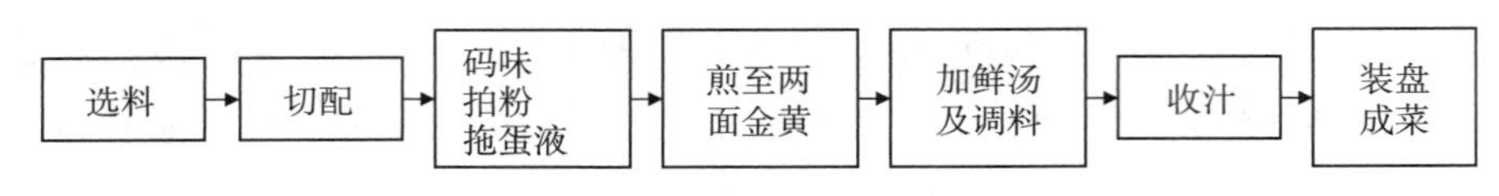

图7-20　煽制法的一般工艺流程

（2）煽菜油量要少一些，最后加入的调味品和少量汤汁，最好事先兑成清汤，但数量不宜太多，以免原料外层的糊因吸水过多而脱落。煽菜一般不勾芡。

（四）成菜特点

成菜无汤汁，色泽金黄或银白，质酥嫩而味醇厚，保持原味。

（五）分类

煽制法的分类见图7-21。

1. 煎煽

煎煽也称锅煽，是将原料加工成扁平状，经初步调味，拍粉或挂鸡蛋液，放入有少量底油的温油锅中煎至料两面金黄色；另起油锅加调味品和鲜汤，放入煎好的主料，用慢火烧透，旺火收汁成菜的方法。成菜色泽金黄，形状整齐；质地酥烂柔嫩；口味鲜、醇、厚。

2. 炸煽

炸煽是原料经加工改刀后喂口，再挂糊入温油中炸至金黄色，然后加少许清汤和调味品煽制成菜的一种方法。炸煽是在煎煽基础上形成的，它可取代煎煽只能少量制作的不足。

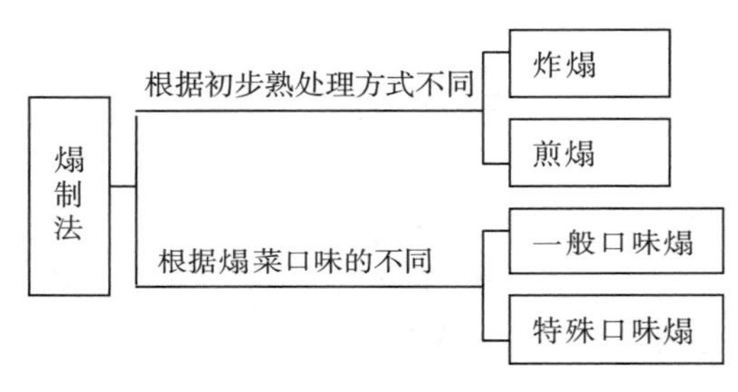

图7-21　煽制法分类

3. 滑煽

滑煽是原料经滑油后再煽制的一种烹调方法。成菜色泽洁白或浅黄；口味清淡、鲜香；质地鲜嫩、滑软。

另外，糟煽、南煽、松煽和香煽，是分别由煽制法派生出的技法，它们之间的区别只在调味品和配料上。糟煽在调味时要加入香糟卤；南煽属于南菜，在调味品的使用上必须放糖，使其成品微甜；松煽是原料外加松子仁，成品鲜香酥嫩，有松子香味；香煽是原料表层撒上一层芝麻仁或炒花生瓣、核桃仁等，成品除松软鲜嫩外，更有浓郁醇香味。

（六）代表菜品

如锅煽豆腐、锅煽鱼香肉片、锅煽金钱里脊、锅煽海鲜盒、锅煽糖酸鱼、锅煽银鱼等。

第五节　汆炖工艺

汆炖工艺包括汆、灼、烩、煮、炖、煨、煲工艺。

一、氽

氽是以水（或鲜汤）为传热媒介的一种烹调技法，在汤菜烹调中占有重要地位。运用这种烹调技法，可以制成风味迥异、丰姿多彩的佳肴，如“氽丸子”、“氽里脊片”、“氽鱼片”、“氽鲫鱼”、“氽散丹”、“奶汤鱼唇”、“雪球银耳”、“鸡蓉鲜蘑汤”、“鸡蓉豆花汤”以及“爆肚”、“连锅汤”等都是很受群众喜爱、有口皆碑的名菜。

（一）定义

氽是一种旺火速成的烹制汤菜的方法，即将质地脆嫩、极薄易熟的原料，下入汤水锅内加热至断生，一滚即成菜的一种烹调方法。

（二）工艺流程

氽制一般要经过原料选择、加工切配、上浆或制泥、氽制、装碗成菜等工序，其工艺流程见图7-22。

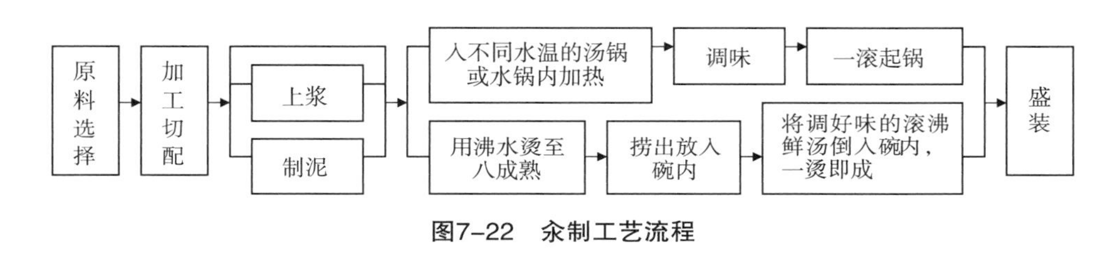

图7-22 氽制工艺流程

（三）技术关键

1. 原料加工

氽的加热时间极短，宜选用质地脆嫩的动、植物性原料或将原料加工成极薄的片、丝或剞花刀，还可将原料制成肉糜和搅拌上劲，挤成圆球状来制。

氽制的原料有的上浆、有的不上浆。上浆主要是动物性原料，也用于植物料，如冬瓜丝（冬瓜燕）。上浆的目的主要是为了使原料更加细嫩，形状不变，色泽更白。

2. 要根据原料的不同种类性质，掌握好原料下锅时的水温

氽是复杂的加热法，可分为沸水氽、热水氽（即水温在80~90℃）、温水氽（水温在50~60℃）、冷水氽等多种。从大多数情况来看，以沸水氽为主。

（1）沸水氽　即将汤烧开，然后投入原料，加入调味品一滚即成。这种氽法，加热时间最短，能保持原料的脆嫩质感。原料可以用鲜汤直接氽（如氽里脊片）；也可以制汤、氽料分别进行，即一锅调制鲜汤，另一锅开水氽料，鲜汤制好，原料氽熟，把料盛入汤碗，浇上制好的鲜汤（如氽双脆）。

（2）热水氽　即原料下锅时，水温只有七、八成热。这种氽法的要领，一是在下料时水不能开，二是在原料下锅后水也不能大开（滚动），否则会冲散菜形，不能形成完美的形状。

（3）温水（或冷水）氽　即原料下锅时，水温要低，继续加热一开即好。如氽鱼丸时，因质地更嫩，丸形更易散碎，所以一定要在冷水（或冷鲜汤）时下料，并用手勺翻动鱼丸，使之均匀受热，当水又开，点些冷水，始终保持水面沸而不腾，至鱼丸表面凝结发

挺，即已汆熟，盛出放入汤碗中。

3．出锅盛装

冬季汆制菜肴时，要把容器先用开水烫一下，再放入汆过的主料，冲开汤，既保温又能保证主料的质量。

（四）成菜特点

汤多而菜少，主要喝汤；质感脆嫩或鲜嫩；口味清鲜爽口，以咸鲜为主，也有酸辣、咸酸的。

（五）代表菜品

如京菜“汆鸡脯”、“奶汤汆鲫鱼”，川菜“豆花鱼片汤”，粤菜“竹荪汆鸡片”，鲁菜“清汆丸子”，淮扬菜“茉莉花汆鸡片”等。

二、灼

灼原是广东特有的烹调方法，近年来流行于我国大江南北各大小饭店、餐馆，成为比较常用的、也是为广大顾客所熟知的烹调方法。

（一）定义

灼是将原料投入沸水或沸汤中加热成熟后装盘，随调好的味碟一起上席；也可水烫之后再回锅快速翻炒后装盘的烹调方法。“灼”字能形象地概括出这类菜肴的特点：灼的时间一定要短，火候一定要猛，而且原料一定要新鲜。

（二）工艺流程

灼制法的一般工艺流程见图7–23。

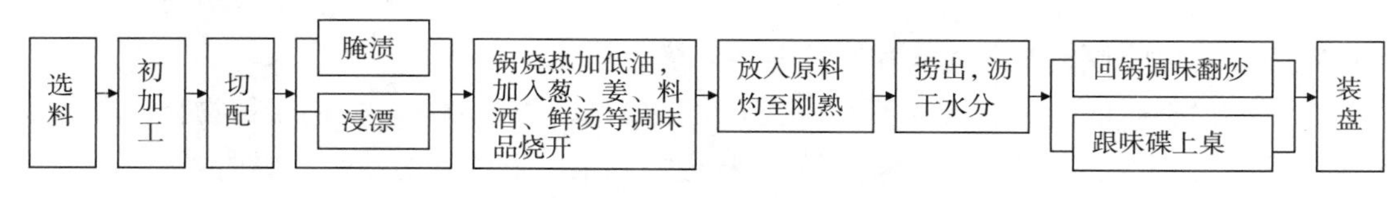

图7–23　灼制法一般工艺流程

（三）技术关键

1．选用鲜嫩原料，掌握火力与水温

鲜嫩爽脆是灼类菜肴的一大特色，要使菜肴具有这一特点，首先必须选用新鲜的、鲜味较浓又较嫩的原料；其次是掌握好灼的火候，即猛火把水烧沸，投料后迅速翻动原料，至刚熟即取出。若火力小、传导介质的温度不足，就会影响菜肴的口感；若慢火长时间烹制，菜品的吃口就会很差。

2．根据菜肴的特点调配适当的作料

灼类菜肴配佐料的作用，一是调和滋味；二是增加香气。应根据原料的性质调制合适的佐料。

（四）成菜特点

突出本味，无汁芡，鲜嫩爽脆。

（五）分类

灼制法根据其操作程序的不同，大致分为2类：一类是原质灼法，另一类是“变质”灼法。原质的灼，物料能保持原有鲜味，广州人常用此法烹制基围虾和菜远。“变质”灼法，务求爽口，灼前要对原料加工处理，如用流动清水浸漂、腌制等，使其变爽，然后才灼。鹅肠、猪腰等常用此法烹制。也有人将灼分为生灼和白灼两大类，生灼是将生料投入用猛火烧沸的盐水（或水）中，加热至刚刚熟，拌以味料或跟佐料成菜的方法。白灼是将经味料腌制后的生料，投入具有香辣味的沸汤中，快速灼至刚熟，再经猛火翻炒，跟佐料成菜的方法。

从两法的烹制中，不难看出它们之间的差别：原料不经预先调味，灼后调味供食为生灼；而原料先经调味品调拌，再行灼制为白灼。从操作程序来看，这两者是有一些差异的。而今，在国内许多饭店、餐馆，厨师们操作与称谓也比较含糊，常把生灼也称为白灼，白灼的菜品常常用生灼法烹制。总的来说，生灼、白灼之法都不十分复杂，没有过多的操作难度。

三、烩

烩制法由汤羹演变而来。羹菜的起源很早，先秦时期羹菜的品种就很多了，那时的羹菜，主要是指熟的肉块、带汁肉或肉汁，也有荤素原料混合烩成羹菜的，主要采用煮的烹调方法制成。到了宋代，羹菜出现了汤料合流的制法，具有了烩的特点。清代，羹菜的制法已正式演变为烩法。

（一）定义

烩是将经刀工处理的鲜嫩小型原料，经初步熟处理后入锅，加入多量汤水及调味品烧沸，勾芡成羹的一种烹调技法。

（二）工艺流程

烩菜的一般工艺流程见图7-24。在具体操作上可分为三种。

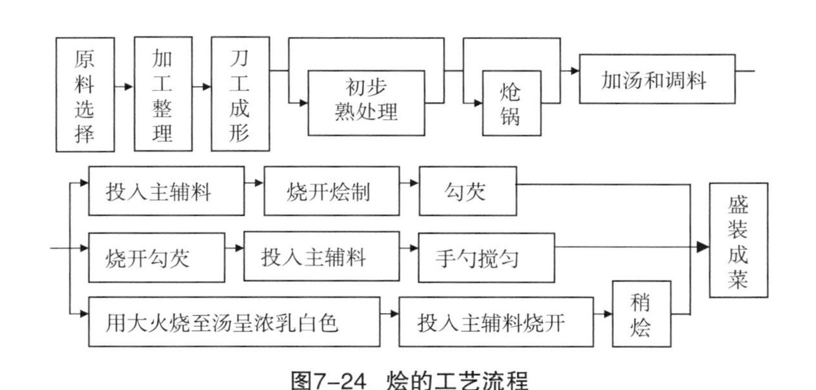

图7-24　烩的工艺流程

1. 先烩制，后勾芡

大多数烩菜都用这种方法。即起底油锅后（分炝锅和不炝锅两种）烧热，下入预制好的鲜汤（或清水）和调味品，待汤开后，撇掉浮沫，调好色味，再依次投入主辅料（大都为预制好的），烧开烩制，稍烩一会，勾芡，待汤菜交融，即可出锅。这种做法，汤色清爽明亮。如山东风味的“烩乌鱼蛋”。

2．先勾芡，后烩制

即起底油锅后，放汤和调味品，开锅时勾芡，待汤汁变黏时，再投入主辅料，用手勺搅匀，即可出锅。如北京名菜“烩鸭四宝”。

3．仅烩制，不勾芡

即锅架火上，放油烧热，葱姜炝锅，下鲜汤和调味品，自始至终，都用大火烧，促使油随热汤滚沸，逐渐水、油融合，混为一体，呈浓乳白色后，再放入主辅料，烧开，稍烩一下出锅。这种做法，汤汁似乳，上有一层白色乳油，口味醇香。

（三）技术关键

1．烩菜对原料的要求比较高

烩菜多以质地细嫩柔软的动物性原料为主，以脆鲜嫩爽的植物性原料为辅，强调原料或鲜嫩或酥软，不能带骨屑，不能带腥异味，以熟料、半熟料或易熟料为主。要求加工得细小、薄、整齐、均匀、美观。

2．烩菜原料均不宜在汤内久煮

对有些本身无鲜味和有异味的原料，如水发海参和鱿鱼等，可先用鲜汤煨制一下；有些不宜过分加热的原料，如番茄、蚕豆、菜心等，可在烩制即将成熟时或起锅前加入。原料焯水或滑油，要控制在刚熟的程度。原料入锅后，一般以汤沸即勾芡为宜，以保证成菜的鲜嫩。

3．烩菜的美味大半在汤

烩菜由于是汤汁较宽的烹调方法，汤占了菜肴的一半，所以关键在于要用好汤，尤其是高档原料更要用高汤。所用的汤有两种，即高级清汤和浓白汤。高级清汤用于求清咸口味，汤汁清白的烩菜；浓白汤用于求口感厚实，汤汁浓白或红色的菜。不要用清水代替。

4．勾芡是重要的技术环节

芡要稠稀适度（略浓于“米汤”）：芡过稀，原料浮不起来；芡过浓，黏稠糊嘴。勾芡时火力要旺，汤要沸，下芡后要迅速搅和，使汤菜通过芡的作用而融合。勾芡时还需注意水和淀粉溶解搅匀，以防勾芡时汤内出现疙瘩粉快。

（四）成菜特点

（1）用料多样，色泽鲜艳。

（2）汤料各半，汤汁微稠，菜汁合一。

（3）清淡鲜香，滑嫩爽口。

（五）分类

根据不同的分类标准可分为不同的类型（见图7–25）。

1．滑烩

滑烩是将主料经过改刀后，上浆（蛋白浆或水粉浆），入热勺凉油锅滑开然后炝锅，投入主辅料，加调味品和鲜汤，出勺前勾芡的一种方法。一般适用于里脊、虾鱼、鸡脯等鲜嫩的原料。成菜具有色泽银白、质嫩、口味咸鲜的特点。

2. 炸烩

炸烩又称烧烩，与滑烩大体一样，只是原料在烩前先经油炸。成菜汤汁浓厚，色稍重。

3. 煮（蒸、氽）烩

煮烩又称普通烩、家常烩，是原料先经煮（肉类、下水类）、蒸（一般蛋糕）、氽（海味干货）后改刀，再用热勺底油炝锅，加调味品、汤，入主料，开锅入味勾芡点香油的一种成菜方法。

（六）代表菜品

如京菜“烩乌鱼蛋”“烩两鸡丝”，鲁菜“烩什锦丁”，川菜“鸡丝烩鱼肚”“口袋豆腐”，淮扬菜“芹菜烩鸡腰”，津菜“玉米全烩”、“鸡丝烩豌豆”、“奶汤烩银丝”等。

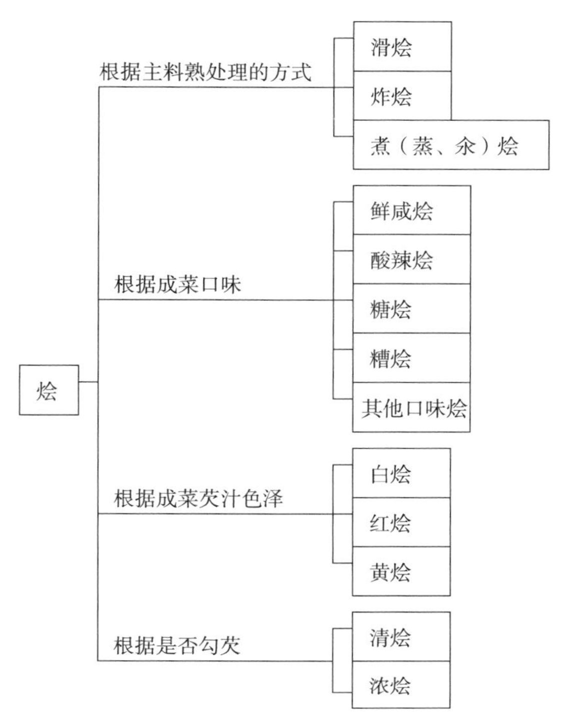

图7-25　烩制法的分类

四、煮

古代煮即烹，包括水煮和油炸，现代煮法专指水煮，有时也称烧，如“煮饭，煮粥、煮鱼”与“烧饭、烧粥、烧鱼”是同一概念。在我国烹调工艺中，煮的用途最广泛：制汤要用它，初步熟处理要用它，冷菜的“酱”“卤”实际上也是煮的方法。在热菜烹调方法中，虽然它所占的地位不高，但也创造了一些名菜，如江苏风味的“大煮干丝”、四川风味的“水煮牛肉”、云南风味的“河水煮金钱鱼”、南京的“鸡汤混饨”、北京的“砂锅羊肉”等。

（一）定义

煮是将初步熟处理的半成品或腌渍上浆的生料放入锅中，加入多量的汤汁或清水，先用旺火烧开，再改用中等火力加热、调味成菜的方法。

（二）工艺流程

煮制一般工艺流程见图7-26。

（三）技术关键

1. 原料的加工整理

如扬州名菜“大煮干丝”，豆腐干切丝后，不能马上烹调，还要经过清洗浸烫、清除异味（豆腥味）的过程。首先把切好的细丝放入清水中浸泡，使丝分开，不粘不连，丝分开后，捞出沥去水分，再放入

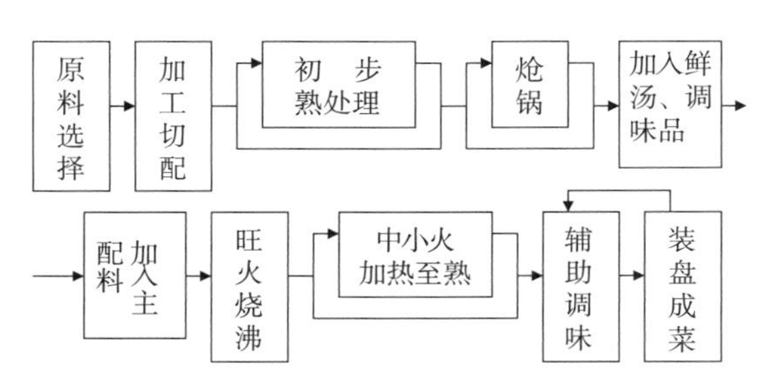

图7-26　煮的工艺流程

开水中浸烫除味。一般要经过三次浸烫，第一次用开水烫约半小时，再换新开水，连续漫烫3次，每次均为半小时。经过三次浸烫，干丝清爽利落，异味除净，挤干水分，才能烹调。四川的“水煮牛肉”，牛肉在煮制前要经过码味上浆。上浆是否适度，一则关系到原料的成菜质感，二则影响成菜芡汁的稠度和口感。因此，给牛肉上浆时一定要稠稀适度，薄厚均匀。

2. 正确添加汤水

在通常情况下，添加汤水的量要明显地多于原料，使原料一入锅就能处在汤水的包围之中，均匀受热，成熟一致。汤水还要注意一次加准，不要中途添加，以免影响成菜风味。至于加汤还是加水要根据具体的原料而定。若要增强原料和汤汁的鲜醇度，就要以鲜汤辅佐；若要突出原料本味，则不要添加鲜汤，强调单纯用水，如煮鱼。

3. 正确掌握火候

煮法的火候直接关系到菜肴的质量。首先，原料应在汤水烧开后入锅，这样可尽量减少原料在汤水中的煮制时间；其次，原料下锅后应用旺火烧开，再改温火加热，使汤汁保持微开状态，以便于菜肴质“嫩”的实现；第三，煮制的时间应视具体原料而定，一般要以原料刚断生为度，防止出现原料老化和夹生现象。

4. 调味要准确

煮制菜肴对口味的调制也十分讲究。口味清淡的菜要遵循“宁淡勿咸”的原则，即食用时不能汤一入口就尝出咸味来，而只是在回味中稍有咸味而已，调味品以精盐、味精、酱油为主。“水煮”系列的菜，以麻辣为主体口味，咸香为基础口味。在调制时，重点在“味厚”这个特点上，调味品以豆瓣酱、干辣椒、花椒为主①。

（四）成菜特点

煮菜为汤菜，成菜汤汁的量较多。成菜的口味以清淡咸鲜为多，但水煮系列的菜，以味重麻辣为特点成菜汤汁的颜色有白、红两种，口味清淡咸鲜的，一般为清白色（如大煮干丝）或乳白色（如奶汤素烩）；口味麻辣咸烫的，一般为红色（如水煮牛肉）。

五、炖

炖由煮法演变而来，至清代始见于文字记载。在东北地区，被人们广泛使用，苏菜系的炖菜，更是风靡全国，其受群众欢迎的程度可与山东菜系的爆炒技法并驾齐驱。

（一）定义

炖是将经过适当加工整理的较大形状的原料，放入特定的盛器中，加入适量的水（或鲜汤）和调味品，采取不同的加热方式使原料酥烂入味，成菜汤料各半的一种烹调方法。在这里，原料“经过适当加工整理”，一指原料（一般要选用肌体组织比较粗老、耐得起长时间加热的大块或整形的鲜料，如鸡、鸭、猪肉等）经初步加工和细加工处理成一定形状；二指原料多经过适当的初步热处理，如焯水、煸炒、炸制等。“特定的盛器”，炖法使

① 冯玉珠. 煮法漫谈. 烹调知识，1997，(7)：10~11

用的炊具（包括感器）是多种多样的，铁器、钢精锅、压力锅、砂锅、海碗、瓷盅、陶罐、竹盅、瓜盅（西瓜盅、冬瓜盅、南瓜盅、椰子盅）等皆可。要根据不同的烹调要求和风味特点分别运用。“不同的加热方式”，炖制时的加热方式不只是一种，根据实际需要，可采取盛器直接上火加热，也可采取将盛器放入水锅中隔水加热或盛器入笼屉以蒸汽加热等，有时在烹制同一炖菜时，还可让其中两种加热方法交替使用。成菜酥烂鲜香，决定了加热的时间较长；至于火力的大小，要依据加热的具体方式和不同菜肴而定。

（二）工艺流程

炖的一般工艺流程见图7–27。

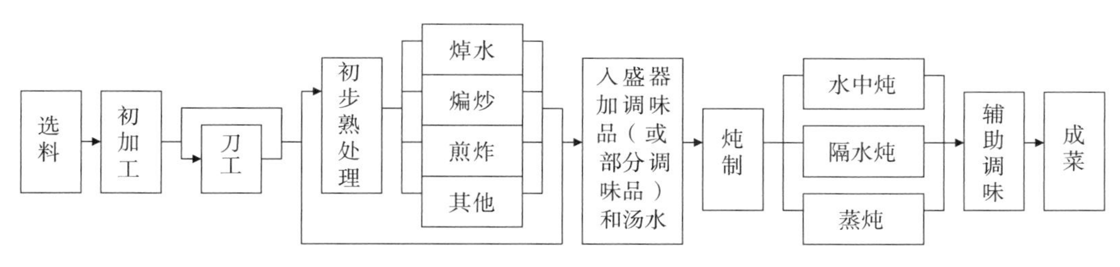

图7–27　炖制一般工艺流程

（三）技术关键

1．初步熟处理

原料放入容器前，都要经过焯烫。动物性原料都带有一些腥味或膻味，如禽畜肉类；一些植物性原料带有苦涩味，如萝卜、慈姑、笋等。这些原料经过焯烫可排出血污，除去腥膻异味。

2．调味

原料放入容器后，只加清除异味的葱、姜、黄酒等，不加咸味调味品，以免影响原料的酥烂。原料炖酥出锅时，才进行简单的调味，要求突出原料本味。此外，清炖不宜多放酒，甚至不放为好，也不宜放大料、桂皮等香料，避免影响菜肴的原味。糖、酱油之类的调味品，要根据成菜特点，酌情投放。炖制菜肴都不需要勾芡。

3．火候

炖制时，要用旺火烧开后，改为小火或微火长时间加热，以保证汤质的澄清；否则，汤汁会变成浓白、混浊，就失掉了炖菜“清鲜”的特点。炖和烧一样，要原汁原味，因此加料要一次加好，不可在烹制过程中零添。炖制时要求盖严锅盖，有的还需要封严锅沿空隙，以防香味散失。

（四）成菜特点

炖菜汤清汁醇，酥烂形整，原汁原味。

（五）分类

炖法有许多种，根据不同的标准有不同的分类体系见图7–28。

1．隔水炖

隔水加热使原料炖制成菜的方法，称为隔水炖。即原料经沸水烫后去血污杂味，再放入陶、瓷之类容器内，加葱、姜、酒等调味品与汤汁（一般不用有色调味品），封口，置于水锅中，隔水烧沸，将原料炖至酥烂的方法。这种方法的最大优点是在整个加热过程中温度比较稳定，原料间接受热，肌体营养缓缓分解，原料的鲜香味不易走失，富有原料原有的风味，而且汤汁澄清。因此，高级炖菜大都采用这种炖法。

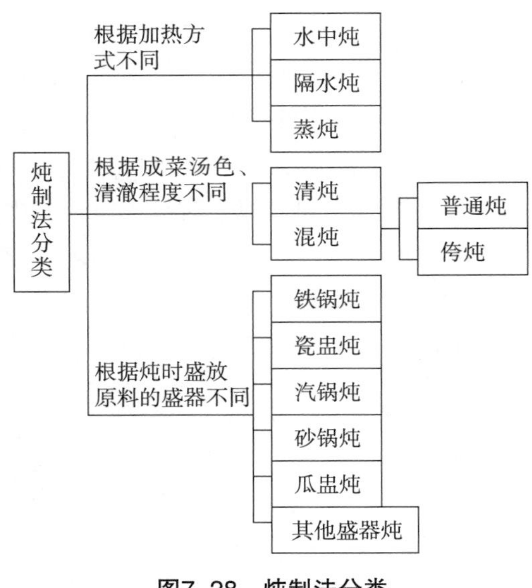

图7-28 炖制法分类

2. 水中炖

水中炖就是原料经焯水后，放入铁锅或砂锅内，加入调味品及略多于原料的水，加盖后大火烧开，撇去浮沫再改小火炖至酥烂的一种方法。这种炖法的优点是，不仅能保持汤汁清鲜，而且还能烹调散碎原料。由于这种炖法直接放火上加热，火候至关重要，烧沸后一是要用微火或小火长时间炖，否则火力一大，汤水沸腾，汤汁发混，呈乳白色，就失掉炖菜清鲜的特色。同时加热时间比隔水炖短，一般以2h左右为宜。

3. 清炖

清炖即原料经沸水烫或焯水后，去掉血污杂味，洗净后，再放入澄清的汤汁（或清水）中，加调味品，慢慢炖至酥烂的方法。这类炖法有汤汁清澈、原汁原味的特点。如清炖鸡、清炖鸭、清炖牛肉、清炖甲鱼、清炖蛇等。

4. 普通炖

普通炖就是生料经过洗涤或改刀后，先下锅煸炒，除净水气，再添汤并加调味品，炖至酥烂的方法。这类炖法有汤汁浑厚、原料酥烂的特色。

5. 侉炖

侉炖也称刮炖，是山东乡村常用的一种炖法，即将鱼肉之类的原料改刀，经挂糊后，下热油中炸制，然后加汤和调味品，慢火炖至酥烂的方法。这类炖法有汁液浑浓、味美香醇的特点。

（六）代表菜品

如鲁菜“侉炖鱼”，苏菜“炖咸鲜”，淮扬菜“炖酥肉”，云南菜“双冬汽锅鸡”，台湾菜“汉宫姜母鸭”，粤菜“北菇凤爪炖鱼胶”，北京宫廷菜“人参炖乌鸡”，京菜“清炖鸡”，东北菜“小鸡炖蘑菇”“乱炖”等。

六、煨

煨的古今概念也不同。古代盆中火曰煨，如煨芋是指将芋头埋在火盆的热灰烬中加热成熟的。由于灰烬中余热一般低于火焰，故此法煨出的食品外皮焦干，内部成熟，保持原味。但后来的煨有了新的含义，就是将食物放在器中加水再靠置火烬或微火上，通过器壁向内传热，缓慢地将食品煨熟。煨制菜肴粥羹多用陶缶瓦钵之类，北方用煨罐，南方用焖钵。烹制猪蹄、烹制莲子等耐火工的菜肴，多用煨制者。现在也有上炉火用铁锅或铝锅煨制的，但风味不及用陶钵瓦罐好。煨制菜肴工序繁杂，时间较长，而且选料精细，火种特殊，煨器考究，在各大菜系中以福建、江苏、上海的煨菜较为有特色。

（一）定义

煨是将经过炸、煎、煸炒或水煮的原料放入锅中，加葱、姜、酒等调味品和多量汤水，用旺火烧沸，再用小火或微火长时间加热至酥烂成菜的一种烹调方法。煨法是加热时间最长的烹调法之一，适用于质地粗老的动物性原料，所制菜品属火工菜。

（二）工艺流程

煨制一般工艺流程见图7-29。

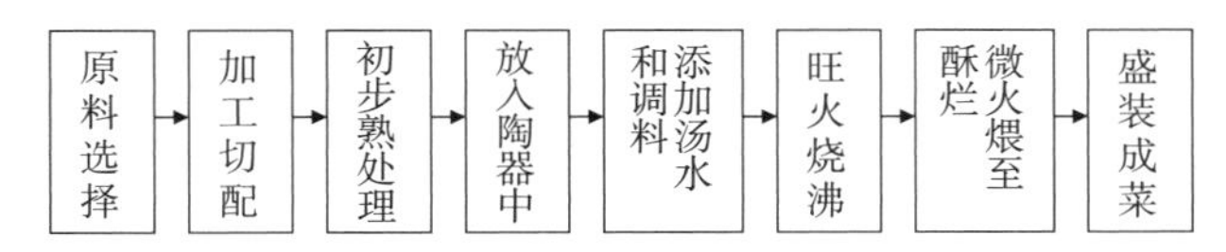

图7-29　煨制工艺流程

（三）技术关键

1. 初步熟处理

所用主料一般都是大块料或整料。在煨制前，不用经过腌渍、挂糊，初步熟处理也比较简单，只要经过开水焯烫一下即可。焯烫中的泡沫一定要撇净，并要清除掉附着在原料上的残渣。由于煨制的加热时间太长，目前有的餐馆把原料焯烫改为预制半成品或准熟品，以缩短煨制时间。也有的将原料先用油煎或煸炒，改为较长时间的预煮，并且还按不同品类采取分别预制的方法，如甲鱼、乌鱼等以切块煎炒预制，老鸡、老鸭、鹅等以油炸预制，猪、牛大块肉则用较长时间的预煮来预制等。预制原料的成熟程度，要根据原料性质，控制在断生、刚熟和全熟等几个层次。这些加工处理上的变化，大都是为缩短煨制时间而采取的措施。

2. 根据原料的具体情况确定下料的次序和时间

在入锅煨制时，凡使用多种原料的，下料时均应做不同处理。性质坚实、能耐长时间加热的原料，可以先下入；而耐热性较差的（大都是辅料），则在主料煨制半熟时下入；有咸味的腌腊制品如火腿等，不宜同主料一起下锅，否则，汤汁的浓度和主料的酥烂程度都将受影响。特别是含水分多、不耐久煨的蔬菜等配料，只能在主料接近软烂或已软烂时下入。

3. 严格控制火力

在小火加热时，要严格控制火力，限制在小火、微火范围内，锅内水温控制在85～90℃，水面保持微沸而不腾。加盖要严，防止香味逸出，最好中途不揭盖。为检查成熟情况而必须揭盖时，也要尽量少揭，以尽可能地保持香气。这种情况与隔水炖相似。总的来看，煨菜的特色、质感以酥软为主，一般都不勾芡。

（四）成菜特点

主料软糯酥烂，汤汁宽而浓，口味鲜醇肥厚。

（五）分类

根据菜肴的色泽的不同，煨可分为白煨和红煨两种。

1．白煨

指菜肴烹制后汤汁为白色的一种煨制方法。一般的制法是：原料经刀工处理后，放入沸水锅中煮一定时间，以清除异味，待汤色较白时，盖好盖，移微火煨制，加葱、姜、料酒、少许精盐调味即可。白煨原料必须用富含胶质的原料，如畜类、禽类、肉类制品（火腿、腊肉）、干制水产品等，并以纤维和结缔组织较为粗老、能耐长时间加热的为佳。一般来说，煨可以用单一主料，也可以用几种以上的大块料；可以加辅料（很多用半成品的植物性原料做辅料），也可不加辅料。成菜汤色浓白、香醇味厚。菜品如煨白汁鸡等。

2．红煨

菜肴烹制后呈现红色的一种煨制法。红煨与白煨的制法相同，不同的是原料初步热处理时一般要炸、煎或炒，调味品一般要用酱油和糖色等。成菜汤色红润、质烂味醇。菜品如佛跳墙、红煨白鳝、红煨方肉、红煨牛肉、红煨八宝鸡等。

（六）代表菜品

如闽菜“佛跳墙”、川菜“辣子羊肉”、粤菜“家乡煨大鸭”、鲁菜“烧煨面筋条”等。

七、煲

早期曰“煲”者，多为广东人，所以它是由广方言转化而命名的。随着广东煲饭、煲粥逐渐盛行，“煲”制烹调法也在全国广泛流传开来。就“煲”字而言，它有2种含义：一为烹调法，用文火煮食物，如煲汤、煲肉；一为炊具，锅子、铫子，如瓦煲、水煲。煲肴为零点、宴席菜，在各大小饭店大行其道，特别是冬春季节，深受广大顾客的欢迎。如毛蟹豆腐煲、虾子什锦煲、鱼香茄子煲、蒜豉河鳗煲、小煲双足跳等。

（一）定义

煲是指使用有盖的器皿（以前多数用瓦煲，现在质地多样），放入清水和原料（即汤码，包括主料和配料），加盖用慢火长时间煮制，并调以味料，使原料质地酥烂、汤水浓香的一种烹调方法。

（二）工艺流程

把原料洗净，经焯水或炒、爆、煎等处理后，按所需汤量加1倍的清水一齐放入煲内，先用大火，后改用小火煲2h以上（至适度），使部分水蒸发，浓缩成汤水鲜美、香浓的菜肴。

（三）技术关键

1．注意选料

在原料选择上，应考虑清鲜、时令及风味特产等因素，动物性原料肥瘦要适当，不要选用太过肥腻的原料。很多煲菜是由两种以上原料搭配烹制的，在制作时，应考虑原料的合理搭配。如用鸡、鸭、鸽子做煲菜，可适当配一些笋类、菌类，以突出其本身的清鲜味；而用猪肉、羊肉等制作煲菜的，因这些原料较肥腻、汤汁浓稠，可考虑配适量的洋葱、蒜、萝卜等，以增香解腻。

2. 巧妙调味

煲菜非常讲究调味，不同的煲菜经过厨师的巧妙调味，可以形成变化多端的口味，其调味方法因原料、季节时令的变化而变异，可适合各方人士的口味需求。总的来看，煲菜的调味，春夏力求清鲜，秋末寒冬偏重浓郁。

3. 注意火力

不同的煲菜，对火力的要求有较大的区别，并不是一成不变的。如将已烹制好的菜肴盛入煲中加热后上席，其火力运用以大火或中火为主，烧热即可；如直接将生料入煲烹制（如煲鸡汤），则以中、小火为宜，以保证原料的成熟和原汁原味，否则用大火急烧会使原料内部水分很快蒸发，往往是汤汁收干了，原料的精华还没出来，甚至粘底煳焦，出现外焦里不熟的现象，坏了整锅的好菜。

4. 掌握好成熟度

煲具有较长时间的耐热保温作用，煲菜在离火上桌时，还有相当一段时间的保热，使原料进一步焐熟。在制作煲菜时，应充分考虑这一因素，根据不同的原料掌握好成熟度。如新鲜鱼类及禽类的嫩组织，切忌过熟，以免影响到原料本身的清鲜味；而畜类、禽类原料做煲菜，就不可过生，以防不易咬嚼，也影响人体消化吸收；多种原料同时入煲加热，焐熟时间大致要相当；而分阶段煲制的，先要下不易焐熟、耐煮的原料，如猪蹄、牛腱子、笋、芋艿等，后下易熟的原料，如鱼片、虾仁、菜心等，以保证煲菜的质量。

（四）成菜特点

煲制菜肴，多是以汤为主、汤码为辅的汤菜，尤以使用瓦煲来煲汤的为佳。通过长时间的加温过程，使主料和配料的滋味溶集在汤水之中，使汤芳香、滋润而味鲜。

（五）分类

广东人煲汤，根据季节安排，一般可分为清煲和浓煲2种。清煲适用于夏秋两季，汤清润，味鲜而不腻；浓煲适用于冬春两季，汤芳香而味浓郁。

（六）代表菜品

如冬瓜鲜荷煲水鸭、虫草花川贝煲象拔蚌、吉祥老鸭煲等。

第六节　蒸烤熏工艺

一、蒸

蒸法，起源于炎黄时期。随着陶器兴起，祖先就发明了衍和甑，说明在4000～5000年前，人们就已懂得用蒸汽作为导热媒介蒸制食物的科学道理，所以就有黄帝“蒸谷为饭”之说。《齐民要术》里，记载蒸鸡、蒸羊、蒸鱼等方法，宋朝以后相继出现了裹蒸法、酒蒸法、蒸瓤法，明清以后有粉蒸法。

（一）定义

蒸是将加工好的原料（一般事先调味）放在器皿中，再置入蒸笼利用一定压力的蒸汽使其成熟的烹调方法。

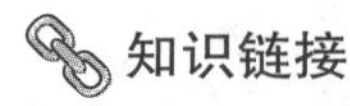
知识链接

有关"蒸"的典故

锦绣山河蒸——乾隆年间杭州著名的美食家兼诗人袁枚（字子才，号随园老人，官至太守）。一日，与友人聚会，席间众人皆笑袁枚只会品不会做。袁枚离席入厨，许久书童端出一幅山水图，云雾缭绕间，山峦重叠，层林尽染，溪流历历可见。这是历史上著名的"锦绣山河蒸"，由21种材料调配造型蒸制而成。如此形意美味，众人一试皆唏嘘不已，慨叹人间美味止于此。由此，"蒸"的技艺已发挥至完美境界。

岭南长寿蒸——在2000多年间，南越王赵陀开创了以"蒸"为主的岭南派饮食养生之道，再造蒸式文化传奇。岭南地处边陲，常年受瘴疠湿毒之气侵害，南越王赵陀心怀民生，一日在白云山顶静修疗养之时，受"竹林晨露，云蒸霞蔚"的启示，恍然悟出"蒸"食可滋补身体达到食疗的原理，于是大量引进中原先进的蒸品技艺，与越地丰富的饮食资源完美糅合，使"飞""潜""动""植"成为蒸品佳肴，最终形成岭南派饮食养生文化。南越王活到101岁，他所创研的蒸品也被称为"岭南长寿蒸"，流传至今，成为华夏一绝。

天下第一蒸——《千鼎集·伊尹蒸考》中有一段关于伊尹蒸雪鹄的记载："……雪鹄不浴而白，一举可致千里，食之益人气力，可利五脏六腑，唯蒸制可存其精要。九蒸九变，可谓精妙到颠毫，其精微之处如同阴阳变化与四时运行，其滋味久而不衰，熟而不烂，甘而不浓，淡而不薄，肥而不腻。"足见，当时蒸的技艺已几近完美。伊尹从烹饪中得出"治大国若烹小鲜"的治国之道，被奉为一代名相。"雪鹄之蒸"也被世人尊为"天下第一蒸"。

蒸汽魔术——20世纪30年代，广东名厨梁园代表中国参加纽约国际烹饪赛会，凭借一道全蒸宴一举夺魁，中国菜首次扬威国际，梁园也荣获"世界厨王"的称号。纽约的食评家纷纷称赞梁师傅的蒸菜厨艺是"蒸汽魔术"，中国蒸菜也被称为"中华一绝"。

（二）工艺流程

一般工艺流程见图7-30。

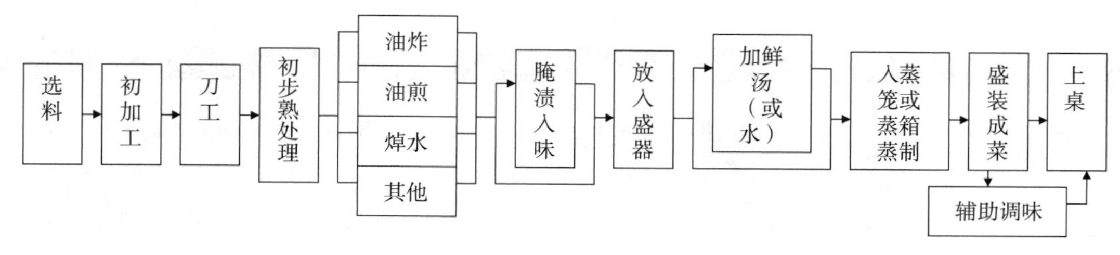

图7-30 蒸制工艺流程

（三）技术关键

1. 蒸制的原料必须特别新鲜

蒸菜对原料要求极为苛刻，任何不鲜不洁的原料，蒸制出来都将暴露无遗。因此蒸菜对原料的形态和质地要求严格，原料必须新鲜、气味纯正。

2. 掌握好火候

通常，对于蒸，火候的掌握非常重要，蒸得过老、过生都不行。经过调味后的食品原料放在器皿中，再置入蒸笼利用蒸汽使其成熟。根据食品原料的不同，可分为猛火蒸、中火蒸和慢火蒸三种。一般来讲，蒸时要用强火，但精细材料要使用中火或小火。

（1）旺火沸水速蒸　这种方法适用于质地较嫩只要蒸熟、不要蒸酥的菜肴。一般应采用旺火沸水，满汽速蒸，加热时间根据原料性质而定，短的4～5min，长的10～15min，最长不超过20min，以断生为度，如清蒸鱼、粉蒸牛肉片等。

（2）旺火沸水长时间闷蒸　凡原料质老、体形大，而又需要蒸制得酥烂的，应采用这种方法。蒸的时间应视原料老嫩而定，短的1～2h，长的3～4h。总之要蒸到原料酥烂为止，保持肉质酥烂肥香，如香酥鸡、粉蒸肉等。

（3）中等小火，沸水徐徐蒸　某花色菜肴经过细致的加工，不宜用旺火急蒸冲散外形，只能用小火徐徐蒸制，保持其形和色的美观，如绣球鱼翅、白雪鸡等。

此外，要根据原料的性质、类别、形态和菜肴的不同要求，可分为低压汽蒸（放汽蒸）、常压汽蒸（原汽蒸）或高压汽蒸。现代蒸柜、蒸箱的蒸汽压可以调控。

3. 放置的上下次序

同时蒸制多种菜肴时，应根据原料的质地、气味、颜色以及汤汁的多少安排好上下次序。

（四）成菜特点

形状整齐，美观大方；质地细嫩，口感软滑；原汁原味，香气浓郁。

（五）分类

蒸制法的一般分类见图7-31。

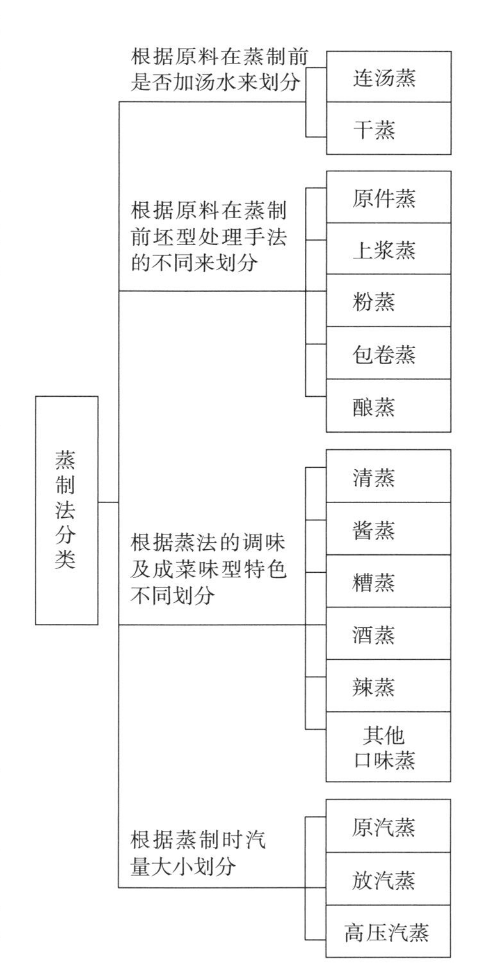

图7-31　蒸制工艺分类

1. 清蒸

清蒸是指单一原料、单一口味（咸鲜味），原料直接调味蒸制，成品汤清味鲜质地嫩的蒸法。不同的地区对“清蒸”有不同的释义：①蒸制中不用酱油等有色调味品，使成品色泽清淡的方法；②指主料不经挂糊、拍粉或煎、炸等处理而直接蒸制的方法；③指不加配料的蒸制方法。

清蒸的方法归纳起来有以下四种：一是蒸后浇芡法，即原料经加工并调味后蒸熟，再浇淋清芡而成菜的方法；二是蒸后浇汁法，即原料一般不调味，只配葱叶、姜片等，蒸熟后再浇淋无粉芡的红汁而成菜的方法；三是调味干蒸法，即加工的原料加精盐等无色调味品腌制后蒸制成菜的方法；四是清汤蒸制法（上汤蒸），即原料经水汆透后，再加清汤和精盐等无色调味品蒸制成菜的方法。

清蒸菜基本为原料本色，汤汁颜色也较浅；口味鲜咸醇厚，清淡爽口；质地松软、细嫩。代表菜品如鄂菜“清蒸鮰鱼”、苏菜“清蒸鲥鱼”、川菜“虫草鸭子”、鲁菜“清蒸全鸡”、京菜“清蒸鳜鱼”、清真菜“生蒸羊肉”、粤菜“清蒸鲩鱼”等。

2．粉蒸

粉蒸是原料调味拌渍后粘裹上一层炒米粉后再蒸的方法。制米粉时，一般将大米用小火炒至微黄（切忌用旺火炒），晾凉再磨成粗粉（有的加五香原料或其他原粉同时搭制）。粉蒸的调味品一般有酱油、芝麻油、豆瓣酱、料酒（白酒）、白糖、葱姜，但南方地区还加入红方腐乳汁。原料均匀地拌上调味品后，再粘附上炒香的米粉入笼蒸制。拌米粉时，要根据原料的质地老嫩、肥瘦比例来确定米粉的用量，一般掌握在1：（0.06～0.10）。拌制的干稀程度要适当，以原料湿润而不见汤汁为准。

粉蒸原料有的用荷叶包起，有的直接蒸制。盛装蒸制时原料必须疏松，不能压紧压实，以免影响疏松度和成熟的一致性。质感细嫩柔软的菜品，以旺火沸水速蒸；质感软烂不散的菜品，以旺火沸水长时间蒸。

粉蒸的代表菜品如鄂菜“粉蒸鲭鱼”、“沔阳三蒸”，浙菜“荷叶粉蒸肉”，川菜“粉蒸牛肉”，清真菜“粉蒸羊肉”等。

二、烤

烤，古称燔炙，可称为人类永恒的烹调法，不论在野蛮时代，还是在文明时代，人们在掌握了相当多的烹饪手段以后，都不曾舍弃过它。这种技法演变到现在，除烤具、操作方法发生了变化以外，更重要的是调味品的丰富。目前烤法的名称各地有很大差异，大体有烤、烧、烘、焗、烧烤等。北方地区流行叫“烤”，南方地区通常叫“烧”，即所谓“南烧北烤”。广东地区有的叫“焗”。有的地区把用低温（在100℃以下）烤制食物称之为“烘”，而另有一些地区只把高温（在200℃以上）烤制食物称之为“烘烤”；还有的“烘”“烤”不分，通称为“烘烤”。

（一）定义

烤是将加工处理好的原料（一般要腌渍入味），置于明火上或各式烤炉中，利用热辐射直接或间接将原料加热成菜的一种烹调方法。

（二）工艺流程

一般工艺流程见图7-32。

（三）技术关键

1．选料

烤适用于形状较大的动物性原料（如鸡、鸭、鹅、鱼、肉等）及一些植物性原料（如

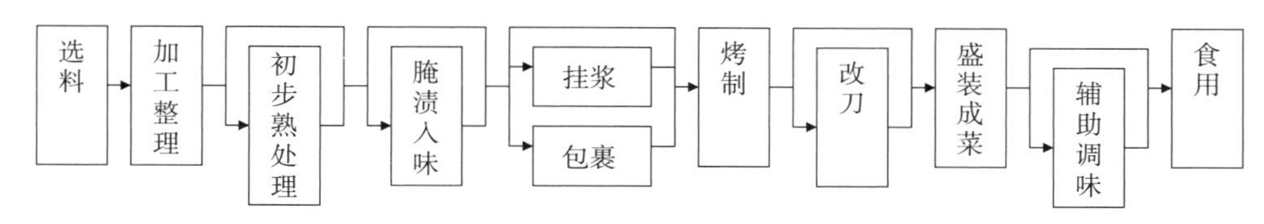

图7-32　烤制工艺流程

马铃薯、红薯等）。这些原料可以生料直接烤制，也可以加工成半熟的坯料进行烤制，还可以完全用熟料烤制。

2. 调味

烤制过程中一般不进行调味，其调味方式有以下几种情况：一是原料在烤前进行码味处理，如叉烤鱼；二是原料在烤制成熟后佐调味品食用，如烤鸭；三是现烤现吃，如烤羊肉串。需要预先腌渍的原料，要掌握好调味品的比例和腌渍的时间。原料表皮需要涂抹饴糖或其他调味品的，必须要涂抹均匀周到，挂置通风处吹干表皮。

3. 火候

烤制时的火力大小和时间长短，必须根据原料的大小、肥瘦、老嫩灵活运用。在开始烤时，一般要使用大火，待原料紧缩，表面呈淡黄色时，改用小火烤；同时将原料不断翻动和浇油，防止烤焦煳。

烤制大块的肉类原料要保证其质鲜嫩，准确判断其成熟度。在烤时可用一根铁扦在原料肉层较厚的部位戳一下，来检验是否成熟。如流出汁水呈鲜红色，说明原料尚未成熟；如果流出的是清汁，说明是恰到好处；如果没有汁水流出来，则说明烤过头了。

炉温要适中。在烤制制品时，绝大多数品种外表受热以150～200℃为宜，即炉温应保持在180～250℃。温度过高原料外壳易焦煳；过低既不能形成金黄色的表面光泽，也不能促使制品内部成熟。

烤制时间要根据品种的体积大小而定。制品体积较薄小，时间要短，厚大的时间要长；要求质地松软的烤制时间要短，质地坚硬的则稍长些。此外，制品特色不同，在烤制中时间、温度上也有差别。烤菜最好现烤现吃，不可久存。

（四）成菜特点

原料经烘烤后，表层水分散发，使原料产生松脆的表层和焦香的滋味。成菜色泽美观，形态大方；香味醇浓；皮酥脆肉嫩。

（五）分类

烤制法的分类见图7-33。

1. 挂炉烤

挂炉烤是将加工处理好的原料（一般抹糖浆）吊挂在大型烤炉内，利用燃烧明火产生的辐射热把原料加热成菜的技法。成菜色泽枣红，外皮松脆，肉质鲜嫩，香气浓郁。

2. 焖炉烤

焖炉烤是将加工处理好的原料置于焖烤炉内，用炉壁产生的辐射热将原料烤制成菜的技法。这是暗炉烤代表性的技法，由于焖烤的菜肴品种不同，焖烤的烤炉也有多种多样。

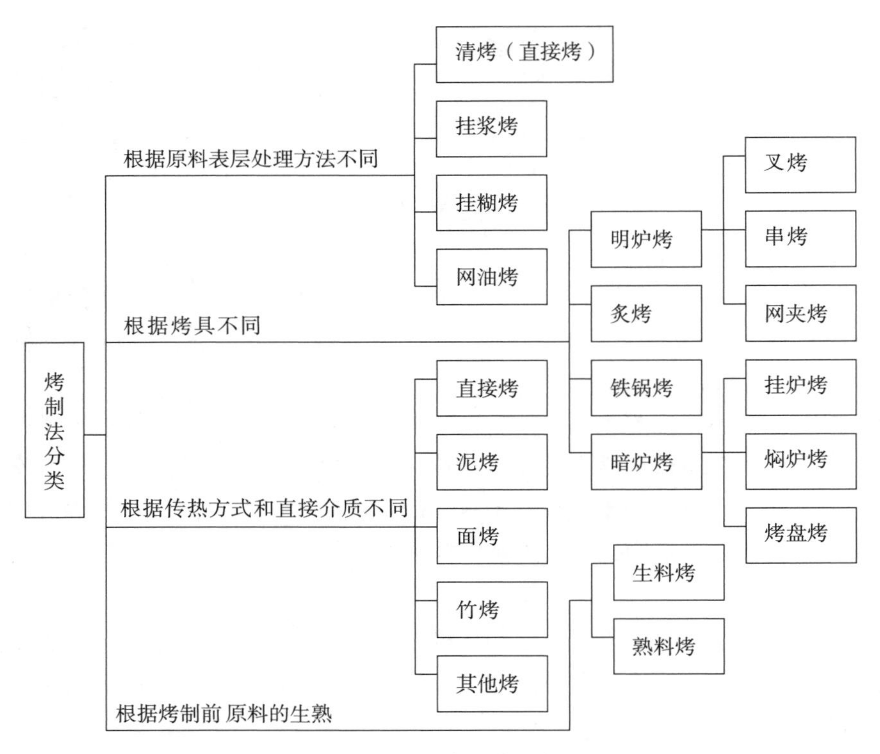

图7-33　烤制法分类

3．烤盘烤

烤盘烤将加工好的原料装入烤盘内，用高温气体进行密封加热成菜的技法。这种技法是从西方引进，又称为“西法烤”。它在西餐馆中使用非常广泛，制成品都是特色风味菜。现在中餐馆用此技法的也在逐渐增多，但没有网夹烤那样多。

4．叉烤

叉烧是将腌渍喂味的原料或抹了糖浆的原料用叉子叉住，或用其他方法固定在叉上，在明火炉具上不断翻动叉子，调整原料与火的远近距离进行加热成菜的技法。这是明火烤中最有代表性的烤法。

5．串烤

所谓串烧，是将原料切成片或取片、块等小型料，经过腌渍（也可不腌），用银、铁、不锈钢或竹制的扦穿成串，放在炉子上或锅内加热至熟的烹调方法。

6．网夹烤

网夹烤是将加工处理好的原料用外皮包好，放在铁丝网夹内夹住，手持夹柄在明火上翻烤，或放入烤炉内用暗火烤成熟的技法。

三、熏

据史料记载，至迟在宋代，烹调中已经有意识地运用熏法。不过熏最初是一种贮藏食品的方法，熏过的食品外部失掉部分水分而干燥，特别是熏烟中所含的酚、醋酸、甲醛等物质渗入食品内部，抑制了微生物的繁殖，所以在保藏鱼、肉等原料时常用烟熏法。但是，烟熏的食品，除了上述作用外，还产生了一种烟熏味，人们从中受到启发，运用到烹调技术领域中来，并不断加以改进，如熏前调味、熏后抹油（香油）、使用不同熏料（如茶叶、香樟树叶、白糖等）、辅以其他技法，创造了这种独特的技法，调制出具有色泽光亮、烟香鲜嫩的特色名菜。如淮扬“生熏白鱼”、四川“樟茶鸭子”、广东“茶香熏鸡”、山东“五香熏鱼”等。

（一）定义

熏是将原料置于密封的容器（熏锅）中，利用熏料的不完全燃烧所生成的热烟气使原料成熟入味的一种烹调方法。熏法常使用的熏料有白糖、茶叶、香料、花生壳、柏枝、稻米、锯末、松针等，从营养卫生角度考虑，一般认为以茶叶、白糖为佳。熏时原料置于熏架上，其下置火引燃熏料，使其不完全燃烧而生烟，烘熏原料至熟。近年来有资料报道，熏制食物含苯并芘、硫化物、砷等有害物质，久食对健康有害。

（二）工艺流程

熏制法的一般工艺流程见图7–34。

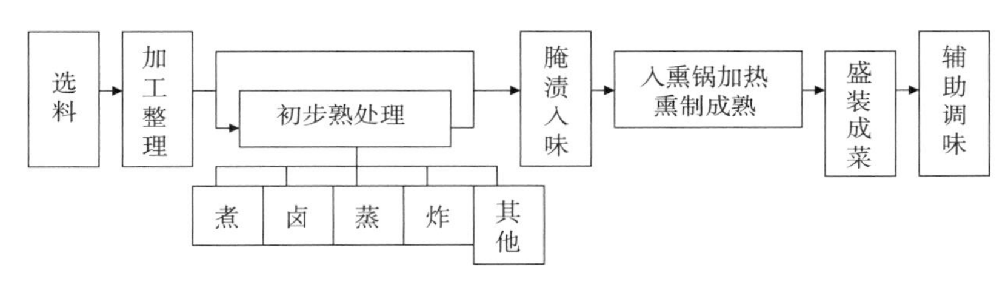

图7–34　熏制工艺流程

（三）技术关键

1. 选料

烟熏原料较广泛，既可以果蔬为主料，也可以畜禽水产品等为主料。一般来说，生熏应选择鲜嫩易熟、体扁薄的原料，熟熏则以整鸡鸭、大块肉品及原来形态的蛋品为多。

2. 腌渍和初步熟处理

主料在腌渍入味或初步熟处理时，着色切不可过重；否则，经烟一熏会变成黑色。

3. 严格控制火候

熏料可以单用一种，也可以几种同时使用，但必须浸湿（无论是茶叶或锯末），不能干熏，这样才能产生蒸汽和浓烟，使原料受到蒸和熏两道加热，原料才能成熟，并且具有肉质嫩、烟味香的特色。熏制菜肴时，应先将燃料在锅中点燃并使之冒烟后，再将熏菜主料放在铁箅子上（原料底部应用葱叶或菜叶垫底，防止原料粘在箅子上），盖严盖以防跑烟。在熏料冒浓烟后，要及时转入小火，避免火力过旺倒使熏料水分耗干着火烧掉，产生煳味。熏制的时间，一般从冒汽后开始，烟熏10min左右即可，生熏时间应略长些。

（四）成菜特点

有特殊的烟熏香味，色泽黄亮，外香酥内软嫩。

（五）分类

熏制方法，因原料生熟不同，有生熏、熟熏；因熏制设备不同，有缸熏（敞炉熏）、锅熏（封闭熏）、室熏（房熏）；因熏料不同，有锯末熏、茶叶熏、糖熏、米熏、甘蔗渣熏、樟叶熏、混合料熏等。在烹调中，熏法主要以生熏、熟熏来划分。

1. 生熏

生熏就是将加工处理好的生料，用调味品浸渍入味一定时间后，放入熏锅里，利用熏料（如木屑、茶叶、甘蔗皮、砂糖等）起烟熏制成熟的一种方法。生熏法大多选用肉质鲜嫩、体扁薄的鱼类作为原料。

2. 熟熏

熟熏就是将经过蒸、煮、炸过的原料再熏制成菜的一种方法。熟熏法大多选用整鸡、整鸭大块肉品及蛋品等原料。

（六）代表菜品

如淮扬“生熏白鱼”、四川“樟茶鸭子”、广东“茶香熏鸡”、山东“五香熏鱼”等。

第七节　蜜汁、拔丝工艺

一、蜜汁

蜜汁的命名，大体有两种说法：一说在调制甜汁中，使用蜂蜜因而得名；另一种说法因所用上等绵白糖、冰糖调制的甜汁，味甜如蜜，故而称为蜜汁。目前多用白糖、冰糖作为甜汁的原料，一般不用或极少用蜂蜜。但冰糖比白糖质好味甜，用冰糖调制甜汁的，大都用在高级主料上，但不称蜜汁，直接冠以冰糖，如“冰糖银耳”“冰糖燕窝”等，从技法上讲，仍属于蜜汁的范围。

（一）定义

蜜汁是将加工的原料或预制的半成品或熟料放入调制好的甜汁锅或容器中，采用烧、蒸、炒、焖等不同方法加热成菜的技法。

（二）工艺流程

蜜汁的一般工艺流程见图7-35。

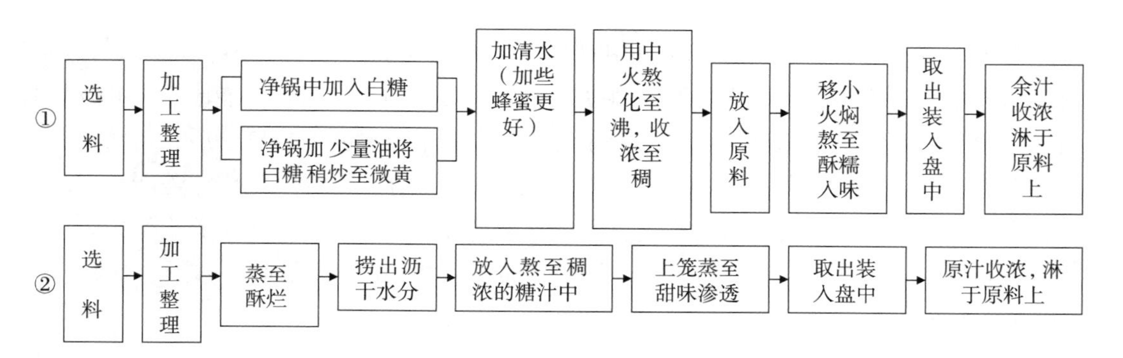

图7-35　蜜汁工艺流程

（三）技术关键

1．选料

蜜汁菜用料广泛，水果（如桃、橘子等）、干果（莲子等）、菜类（莲藕、山药等）、甘薯类（红薯等）、腌腊制品（火腿等）、家畜肉，以及燕窝、银耳、鱼唇、哈士蟆等山珍海味，特别是后一类原料，为高级宴席上的高级甜菜。

2．加工整理

一般来说，所有原料都要根据蜜汁技法的需要进行不同的加工处理，同时注重美化菜形。有的切配成块、片、条、丁等料形；有的选用自然形态；有的使用整料（但这是经过切成块、片拼摆成原样的整料）；也有的在加工成小型料后，组装成各种各样的花式形态。

3．蜜制成菜

蜜汁的调制是先用糖和水熬成入口肥糯的稠甜汁，再和主料一同加热。由于原料的性质和成品的要求不同，所以具体加热方法分为三种。

（1）烧法、焖法　将锅上火，放少许油烧热，放糖炒化，当糖溶液呈浅黄色时，按规定比例加入清水，烧开，放入经加工的原料，再沸后改用中小火烧焖，直到糖汁起泡、黏性增大、呈稠浓状时，主料也已入味成熟时即可出锅。如果主料已经成熟，而糖汁浓度仍然不够时，也可将主料先盛盘内，用旺火将锅内糖汁收浓再浇在主料上。应用烧和焖2种方法也有一定区别：烧法主要是选用易于熟烂的原料，用中小火力，加热时间不宜过长，只要糖汁变浓、主料已熟即可，不一定追求特别烂的程度；焖法所用的原料质地老韧一些，不易熟烂，在焖的过程中，使用小火力长时间加热，直至糖汁肥浓香甜、主料熟透入味酥烂才可出锅。焖法采用的炊具以传热保气性好的砂锅为最好，同时加盖封严，便于热量集中，加快主料酥烂的速度。

（2）蒸法　即将加工的原料与糖、水一起放入容器内，入笼屉，用旺火烧至上汽后，改用中火较长时间加热，蒸至主料熟透酥烂下屉，将糖汁滗入锅内，主料翻扣盘中，再用旺火将锅内糖汁收至稠浓，浇在盘内主料上。

（3）炖法　将糖和适量水放入锅内，烧至糖溶化，然后将预制酥烂的主料放入，再沸后改用小火慢炖，炖至糖汁稠浓，甜味渗入主料内部并裹匀主料时，淋少许熟猪油，拌匀出锅。

（4）炸法　即将预制熟料炸至上色、松脆，将糖汁熬浓浇上即成。但此法较少见。

4．保证特色

无论用何种蜜制法，都必须做到以下两点：一是糖汁肥浓香甜，光亮透明；二是主料绵软酥烂，入口化渣。对于一些要求甜度低的蜜汁菜，由于用糖较少不易熬黏变稠，可采取勾稀芡的方法以增加糖汁的浓度。在熬糖汁时，大多适当加些桂花酱、玫瑰酱、椰子酱、山楂酱、蜜饯、牛奶、芝麻等增味增香的原料，用以丰富口味。

（四）成菜特点

色泽淡雅，光亮透明，形态丰富多彩；甜汁黏稠，风味各异，有的清甜细润，有的浓香肥糯；主料绵软酥烂，入口化渣。

（五）代表菜品

如焖钵湘莲（苏菜）、蜜汁山药饼（鲁菜）、八宝瓤苹果（京菜）、蜜饯银杏（又称蜜蜡银杏，鲁菜）、蜜汁琥珀莲心（苏菜）、蜜汁葫芦（河南菜）。

二、拔丝

拔丝，是一种富有情趣、技术性较强的烹调技法，在饮食行业已成为一个专有名词，在糕点行业则称为“亮浆”。在食用上饮食行业主要用于做菜，是热吃，边吃边拔出丝来，糕点行业则用于制点心，是凉吃，讲究甜脆香嫩。饮食行业也有品种是晾凉后吃的，称为“琉璃菜”。

（一）定义

拔丝，又称拉丝，是将经过油炸的小型原料，粘裹上用白糖熬制的糖浆，用筷夹起能拔出丝的一种烹调方法。

（二）工艺流程

其一般工艺流程见图7-36。

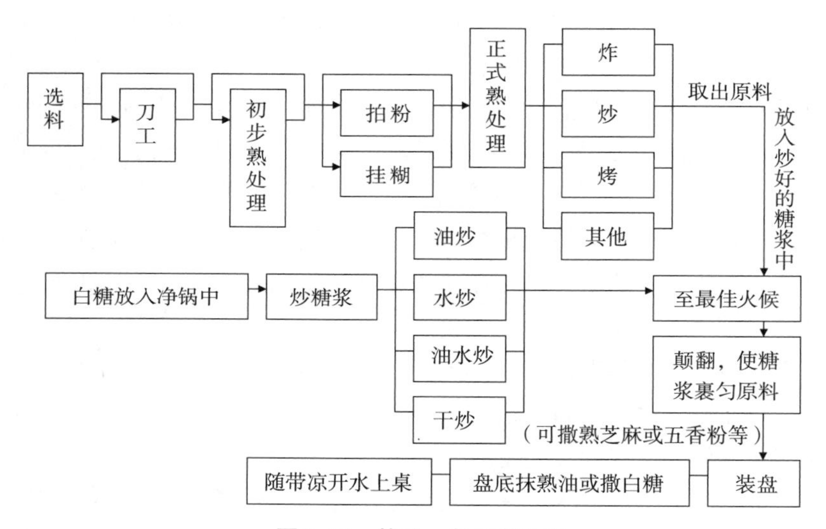

图7-36　拔丝一般工艺流程

（三）技术关键

1．选料

拔丝菜所用的原料，一般是水果、根茎类的蔬菜或去骨的肉类和蛋类。这些原料都事先要加工成小块、小片或制成球、丸等，体积过小的原料，如莲子等就用原来的形态。

2．原料的加工处理

不同的原料加工方法不同。苹果、梨应先去皮、核；西瓜取无籽的瓤，切成小块或挖成球；香蕉、山药、甘薯、马铃薯这些类似于圆柱形的原料，要将其削（剥）去皮后切成滚料块；杨梅与剥去皮的葡萄、橘子，可利用本来的形状，不需做加工处理。

3．挂糊与过油

做拔丝菜时，使用的糊主要有蛋清糊、全蛋糊和蛋泡糊三种。但并不是每一种拔丝菜都需要挂糊，而是根据所用原料的不同性质来决定是否挂糊。一般水果和肉类都需要挂糊，含淀粉多的根茎类蔬菜则不需要挂糊，如甘薯、马铃薯、山药等。一种原料挂什么糊，主要取决于原料的特点和档次以及糊本身所能起到的作用。

过油时所需要的油温，如用蛋清糊或全蛋糊，原料下勺时的油温应掌握在四、五成热之间，炸好捞出时的油温要达六成熟。其目的不仅保证了菜肴的质感，还可以不使半成品浸油，为挂糖浆打下良好的基础。如果是用蛋泡糊，原料下勺时的油温应在三成热左右，炸好捞出时的油温也要达到六成热，其道理如前述。此外，应该注意，挂蛋泡糊的拔丝菜不宜用植物油。用含水分多的水果原料如橘子、苹果、香蕉等做拔丝菜时，如果挂的是蛋泡糊，则必须用动物油烹制，若挂的是全蛋糊，无论用动物油还是用植物油都可以使糖挂得均匀饱满，拔丝效果好。

4．熬糖浆

熬糖浆是做拔丝菜的关键环节，糖炒不好，就会前功尽弃。炒糖浆的方法常用的有5种，即油炒、水炒、油水炒、干炒和油底挂浆。不论哪种炒法，炒糖的目的都是用加热的方法使糖熔化，使蔗糖由结晶状态转化为液态，最后形成无定型的琉璃体。在加热过程中一方面是溶化糖的结晶，一方面是蒸发糖颗粒中的水分使之出丝均匀（蔗糖在加热过程中的变化见图7–37）。

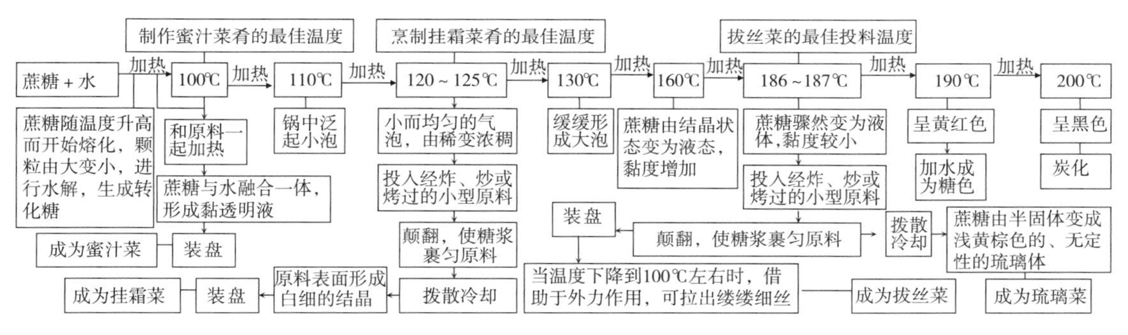

图7–37　蔗糖在加热过程中的变化

（1）油炒法　就是以油为导热介质熔化糖的方法。一般用中小火加热，锅架火上，先放油，油稍热时（100～130℃），放入白糖（糖、油比例为100g糖用油10～15g），用手勺轻轻地慢慢地搅拌熬炒，使糖逐渐溶化（搅拌时要不停手勺，防止被糖粘住结成糖块），当糖被搅拌呈微黄色化为液体状、泡沫变大又多时，就根据火力情况，端锅离火或半离火（所谓离火，即熬糖浆锅全部离火眼；所谓半离火，即将锅端离火眼的一半），使其继续受热至糖浆没有沙粒响声，色泽金黄变稠和出现小泡，并将由稠变稀时，即到了出丝阶段，此时温度180℃以上（如用手勺舀起糖浆流下能成直线不断），这就到了最关键的一刹那，迅速放入主料滚匀糖浆。

此法用白砂糖为宜，因白砂糖含水分较少，炒化时由稠变软，并很快变成糖浆，而用绵白糖，则因含有少量水分，炒制时间稍长些。但无论用哪种白糖，均应炒至糖浆无响声、用手勺舀糖浆有柔和之感、并能在空中落成一线时，方可投入主料。

油炒法的特点是省时，但不易掌握，糖浆附着力较差，没有水炒糖拉出的丝长白亮。油炒糖的用油量不可过多，否则主料脱落，无法拉丝。

（2）水炒法　先用少量油将炒勺冲涮干净（不要用水冲涮，否则勺不光滑，炒时糖浆易煳），然后放入水和糖（糖水的比例为每100g糖25～30g水），将勺置中火上炒制。炒时要用手勺不停地搅动，目的是使糖浆受热均匀。应该注意的是，搅动的频率不可太快，因为搅动时除了能够使糖浆受热均匀外，还可以起到一定的降温作用。很显然，搅动过快就会延长炒糖浆的时间，使炸好的主料因等候时间过长而失去了易于着浆的温度。糖与水受热后，观其变化时，首先出现的是大泡，搅动时的感觉和搅动清水差不多。待炒一会儿后，由于水分的蒸发和糖的溶化，糖浆开始黏稠，搅时略微有阻力，此时，可少滴一点油，以增加润滑，便于搅动。再搅几下，大泡逐渐减少，变成一些小泡并进一步由稠变稀，这时要密切注视糖浆的变化，用手勺舀起糖浆再倒回勺中糖液似断线小珠连绵不断并有清脆的哗哗响声时，温度160～170℃，糖浆即已炒好，马上放入主料。

水炒糖用白砂糖为宜，其特点是色泽白亮、丝细而长，适用于色白清亮的原料（如蛋清、白肉、橘子等）。其缺点是炒糖的时间长。

（3）油水混合炒法　炒勺内先打底油，烧四五成热时，加糖稍炒片刻，再加水同炒（比例为150g糖，5g油，20g水），熬至水分蒸发、糖浆变成黄色即可投入主料。此法对以上2种炒法能起到扬长避短的作用，效果好，易于操作。

（4）干化法　干化糖不加水和油，是将锅放入火上烧热，放糖干炒，要用手勺不断推动（但手勺上尽量不要粘上糖，以免化糖不匀），至糖熔化为糖浆时，即可投入主料。

干化糖时，精力要集中，火候要掌握好。火大，部分糖会过早变色，火小则拔不出丝来。此法以用绵白糖为好，因绵白糖化得快，效果好。干化法省油省时，但要掌握好火候，动作也要干净利落。

5. 成菜装盘

做拔丝菜时，一般应备两只炒锅，一边炒糖，一边炸主料。炸主料和炒糖必须同时完成。如先将主料炸好再炒糖，主料变凉，下锅后易使糖凝固，菜到桌上不易拔出丝来；如后炸主料，则炒好的糖在锅中受锅的余热影响，一则会加深糖色，二则会使糖过火而拔不出丝来。

有的拔丝菜要添加一些辅料增加香气，如桂花、芝麻等，一般是在糖浆出丝时投入（也有的在落盘后撒上），使之均匀裹在主料上。

盛拔丝菜的菜盘，先要均匀抹上一些芝麻油或熟猪油。以免糖凉后巴盘底。拔丝菜肴上桌时要随上一碗凉开水，以便食者用来降低糖的温度，使糖脆甜而不粘牙。

（四）成菜特点

拔丝菜肴能抽出绵绵不断的糖丝，外壳脆而甜，主料清香可口。成菜色泽光亮、黄红。

（五）代表菜品

如拔丝西瓜、拔丝蜜橘、拔丝苹果、拔丝香蕉、拔丝葡萄、拔丝菠萝、拔丝蜜瓜、拔丝湘莲、拔丝栗子、拔丝山药、拔丝马铃薯、拔丝芋球、拔丝金枣等。

第八节　其他热菜烹调工艺

其他热菜烹调工艺主要包括泥煨、盐焗、铁锅炒等工艺。

一、泥煨

（一）定义

泥煨，是将主料先用调味品腌渍后，后用网油、荷叶包扎，再用黄泥裹紧，然后埋入烧红的炭火灰中进行长时间的平缓加热，使之成熟的技法。代表菜是“叫花鸡”，属“一法一菜”。

（二）工艺流程

泥煨的一般工艺流程见图7–38。

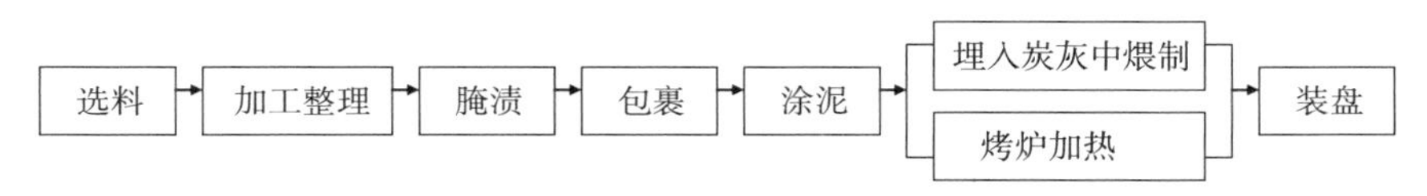

图7–38　泥煨工艺流程

（三）技术关键

1. 选料严格

用于制作“叫花鸡”的主料必须是当年未产过蛋的肥嫩仔鸡，并尽可能选用优良品种，常用的有三黄鸡、浦东鸡、狼山鸡、仙居鸡等。包鸡的泥也不是用一般的黄土加水调成，而是用封过绍兴黄酒坛坛口的泥。

2. 加工处理精细

将鸡宰杀洗净后，使用各种调味品和香料辅渍入味、增香，然后进行包扎。一般需包扎4层，分别是猪网油、油皮、荷叶、粽子叶。糊泥的程序也非常讲究。

3. 掌握好火候

选用的柴草或炭火堆应具有中等火力，温度应控制在120～150℃。用这样的火堆加热，既避免糊泥崩裂，又使原料得到成熟的热量。在加热的过程中，应每隔15min翻动一次，一边检查有无破裂，一边使原料适当移位，使其均匀受热。近年来，各地餐馆制作这道菜时为加快出菜速度，把用草木灰加热改用烤炉加热，不仅原有风味特色未变，而且大大缩短了出菜时间，操作方便卫生，并可批量制作，从此成为名副其实的烤制。

与泥煨十分相似的还有面烤和竹筒烤两种技法。

（四）成菜特点

表皮略脆，肉质软嫩，汁液不失，原香不散，原汁原味，浓香四溢。

二、盐焗

（一）定义

盐焗，也称盐焗、盐煨，就是将生料或半熟的原料经过腌渍，晾干后用薄纸包裹，埋入灼热的盐粒中加热成熟的一种烹调方法。代表菜是“盐焗鸡”，属“一法一菜”。

（二）工艺流程

盐焗的一般工艺流程见图7-39。

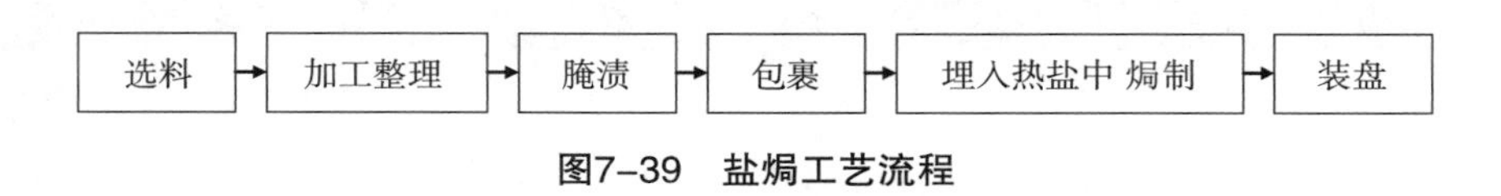

图7-39　盐焗工艺流程

（三）技术关键

1. 选料

所用的鸡，一定要用当年未下过蛋的“三黄”肥嫩母鸡。这种鸡是优良品种，毛黄、嘴黄、脚黄，俗称“三黄”。它头小体壮，肉质细嫩，滋味鲜美。

2. 包裹

在包裹工序中最关键的是封包的纱纸必须细薄，能耐高温且透气性好，否则原料不易焗透。包裹时要包紧包匀，不能太松。

3. 焗制

盐焗的用盐量要适当，不可太少，必须能把整只鸡完整地埋住。一般来说，每只鸡用4kg左右的盐为宜。炒盐时要炒够温度，一般要炒至盐发出啪啪响声、呈现红色、温度在120℃以上才符合标准。炒制时切忌混入油渍、异味，否则会严重影响菜肴质量。盐焗时，最好用砂锅，先放部分热盐垫底，摆上原料后，撒上大量热盐，再加上盖。为防止盐温过快下降，可把沙锅放在小火上，每隔10min左右翻身一次，如发现盐温不足时，可取出再炒一次。

盐焗的具体操作方法比较费时费事，也不能大批量生产。目前餐饮业大多改为烤制，但不改变原料的加工处理方法，这就减少了炒红盐的工序，操作也较为简便，火候容易调节，又能批量制作，风味也不比传统的盐焗逊色。有些地区在改用新法制作后就改称“盐烤”了，并有不少名菜，如盐烤河鳗、盐烤明虾、盐烤鳝鱼、盐烤荷叶鸭等。

（四）成菜特点

保持完整原形，肉烂离骨，骨酥香浓，原味鲜美。

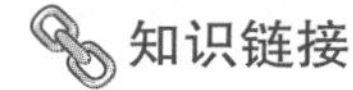
知识链接

说“焗”

中国烹调方法繁多，大都经过长期进化，到近代才成熟。烹饪技法专用词语转义而用为常用词语，是个长期过程，仍在发展中。可以举“焗”字为例证。这个字连当代的《新华字典》里都没有。陶文台先生在《中国烹饪概论》中说：“‘焗’读局。古无焗字。为广东常用之法。”

焗法，一般是用腌渍入味的动物性原料，利用烤箱、陶罐或镬上加盖等封闭式加热方式，使其成菜的一种烹调方法。传说古代沿海一带的广东盐民，将打捞的鱼、虾等，用隔物包裹起来，埋在煮成的热盐中使其成熟——这就是盐焗法的最初烹调形式。盐焗的原料隔物包裹，又埋在盐粒之中，有一定的密封性，既能保持原料的本味，又能锁住原料的原有香气，这就是盐焗鸡打开以后香气扑鼻的原因。说到“焗”的由来，有人认为“焗”字是由“锔”字演变而来。“锔”，俗称“铁锔子”，用它可以缚住破裂的物体，如锔锅、锔碗等。烹调中的“焗”取锁住香气的意思。

焗法因焗器不同，可以分为锅焗、瓦罐焗。因传热介质不同，有盐焗、原汁焗、汤焗、汽焗、水焗等形式；因调味不同，有酒焗、蚝油焗、陈皮焗、油焗、荷叶汁焗、西汁焗、果汁焗、柠檬焗等。这种烹饪法，从前外地人闻所未闻，近年随着“粤菜北伐”已风行于北方。最早在港粤流行女人烫发的新技法，可能因工艺过程与烹饪的“盐焗”有某种相似，也借用烹饪怪词，称作“焗发”。现今各地市街上“焗发”的招牌已随处可见。后来更派生出“焗油”的美发用品名称，挂在青年女性的嘴上。

三、铁锅烤

（一）定义

铁锅烤是将铁锅锅底加热、锅盖烧红，同时作用于原料，使原料经热传导及热辐射而成菜的技法。铁锅烤法所用的主料只有鸡蛋一种，辅料有多种，如鲜嫩的禽畜肉、鱼、虾等水产品，以及鱼肚、海参、干贝、鲍鱼、海鲜等，加工成小块、小丁或细丝、薄片等，放入蛋液中混合烤制，即可形成多种多样的风味。

（二）工艺流程

铁锅烤的一般工艺流程见图7-40。

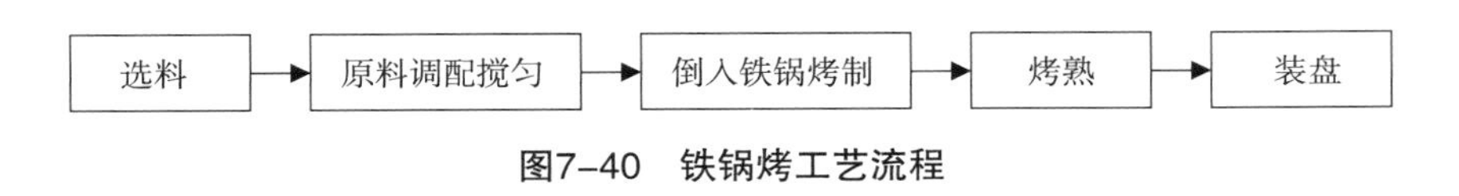

图7-40 铁锅烤工艺流程

在烤制时，将鸡蛋打入碗内，调散搅匀，成为鸡蛋液，倒入铁锅中，架在小火上，边加热、边搅拌，在蛋液受热变性逐渐凝结时，用铁钩钩起事先烧红的铁锅盖，罩在锅身上，锅盖产生的热辐射作用于凝结的蛋液表面，行业内把这种技法称为“下烘上烤”。一般地说，上烤加热的时间并不长，2～3min，原料上层的凝结部分就能很快向上凸起，行业内又叫“拔”了起来。此时色泽转为柿红，表面也开始结成一层薄薄的软皮，这时即可提起锅盖，淋入明油，再放下锅盖，继续烤制片刻，到蛋液表面薄膜呈红黄色时，即表示熟透，拿开锅盖，连锅装入大盘内，上桌食用。

（三）技术关键

（1）铁锅要刷洗干净，烤前要用油滑一下锅，这样做既能保证蛋液下锅时不会粘锅，又能使蛋液的表面始终保持一层薄薄的油封住蛋液（油厚以0.5cm为宜），以防止蛋液发硬，取得软嫩的效果；并能对蛋液起保护作用，不至于烤焦、烤煳。

（2）下面的火要小，使蛋液受到柔性温度的加热，缓慢变性，凝结成富有弹性的囊状软嫩体。如果火力过大，就会引起蛋白质过度变性成为坚硬的固体，失去了这种烤法的特色。

（3）必须要用烧红的锅盖来烤，只有这样高温的锅盖才能产生较强的辐射力，起到对蛋液的烤制作用。但是，由于烧红的锅盖温度很高，因此在罩盖时尽可能地不要接触原料，并要严格控制烤制时间，不至于烤煳。

（四）成菜特点

质感软嫩，松暄香浓，风味独特。

四、铁板

（一）定义

铁板烧又称铁板烤，是将加工、调味的原料经炉灶烹制，随烧烫的特制铁板一起上桌，边烧边食用的方法。铁板菜始于广东，由于制法独特，曾一度风行全国。当菜肴上桌后，将滚烫的芡汁浇在原料上，并通过铁板传热，发出吱吱悦耳的响声，既增添了餐桌的气氛，又使食者大饱口福。

（二）工艺流程

铁板烧的一般工艺流程见图7-41。

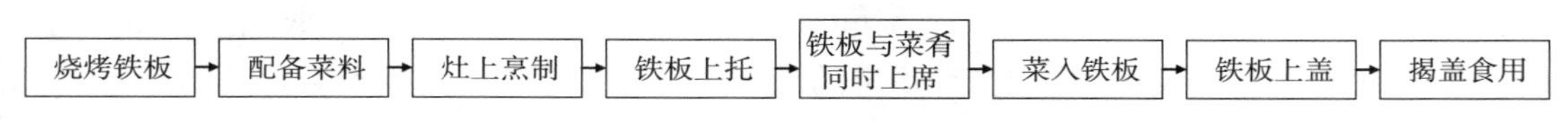

图7-41　铁板烧的一般工艺流程

（三）技术关键

1．烧烤铁板

首先应根据菜肴制作的要求，选择合适的铁板。将清洗干净的铁板放在炖品火眼上烘烤，并保持铁板的干净。在烧烤过程中，尽量使用中火，并借助铁夹钳使铁板整体烧烤均匀。

2．配备菜料

将刀工处理后的荤、素原料，根据菜品内容合理配置。由于烧烤的铁板温度较高，所以在原料的处理上，不能处理得过于细小。若遇到如虾仁、鲜贝等本身就比较小的原料，可以采用竹签制成“串”来配置。对于鸡脯、鱼类及牛、羊、猪的里脊，通常加工成大片、条、块、段、球等，也可以剞上花刀进行美化，以便于原料入味。

3．灶上烹制

原料配置好以后，需进行热加工处理，可根据所用原料的性质、成菜的具体要求灵活掌握。烹制方法一般有两种形式：烹制成全熟或基本成熟的菜肴，如铁板甲鱼；也可以进行预熟加工，如铁板虾串、铁板鲜贝串，虾仁、鲜贝经充分吃味上浆、上串，经焯水或滑油预熟即可。对不利入味的原料，除借助于卤汁弥补外，可使用烹前基本调味，或剞上恰当的花刀，使之入味。对本身无什么显著滋味的原料如海参、蹄筋、牛髓等，应先套汤入味处理。对腥膻味太重的原料，也应借助于葱、姜水或其他特殊手段去除不良气味，如铁板腰花。垫底原料大多数是易熟或可生食的，一般不进行热加工处理。

菜肴的烹制一般多带些卤汁。有些菜肴往往还需要另外打制卤汁，在食用时浇入铁板上。打制卤汁时，要控制好卤汁的浓度、口味等诸方面因素。

4. 铁板上托

此乃铁板烧烤完备的一个衔接过程，一般待铁板的温度达到120～160℃时，即可用铁夹钳夹底托。夹时应迅速及时，注意安全，不做任何耽搁。

5. 成菜上席

通常烧烤铁板与配置、烹制是同步进行的，以使整个过程一气呵成。当铁板上托后，放入黄油或色拉油，把垫底料铺入铁板内，菜肴与铁板同时上席，当着客人的面倒入铁板内，以此达到色、香、味、形、器、声俱佳的效果。

6. 铁板上盖、揭盖

将菜肴倒入铁板后，服务人员应立即盖上铁板盖，以罩住菜肴的油水飞溅。此时，服务人员应示意客人稍稍后倾离避或用餐巾稍加遮挡，以防铁板内油水溅出。

待铁板盖稍盖一会儿，响声减少些，揭开上盖，紧接着立即用刀叉或筷子翻拌，客人即可以食用铁板菜肴。

（四）成菜特点

铁板烤的菜肴具有滑嫩鲜香、滋味浓郁，或者皮脆肉嫩、干香诱口的特点。

五、石烹

（一）定义

石烹是利用石板、石块（鹅卵石）做炊具，间接利用火的热能将原料制作成菜的烹调方法。

（二）工艺流程和技术关键

1. 石板烹[①]

用石板烹菜，有点类似于铁板烧的做法，就是取自然形成或人工特制的扁平且耐高温之石板，放入烤箱内烤烫后（约200℃），再放在特制的托盘上，跟随切成薄片且腌渍好的脆嫩原料上桌，由客人自己动手将原料放石头上煎熟后，再蘸调味料进食。这种石烹菜意在“制造”一种原始古朴的风味，并且客人可以自己动手烹调，因此能增加就餐的乐趣。

用石板烹菜，宜选用肥牛、里脊肉等质地细嫩的原料，切成大薄片，并且要提前进行腌渍处理，这样才能保证菜肴短时间内成熟入味。

2. 鹅卵石烹

用鹅卵石烹菜，不仅是把鹅卵石作为一种传热介质，而且还是为了营造这种成菜形式的“石烹”意趣。用鹅卵石烹菜的方法有很多种，一种是将烧得滚烫的鹅卵石放盛器里，

① 夏中江. 话说石头烹菜. 四川烹饪，2005，12：37.

同鲜活生料一起上桌，当着客人把原料放在石头上面，然后淋入味汁，利用高温骤热产生的蒸汽使其成熟。用这种方法做出的菜，通常被称之为“桑拿菜”，如桑拿虾、桑拿竹蛏等。另一种是将已经入油锅炸烫的鹅卵石先放盛器里，再将另锅烹好的菜肴连汤带汁浇上去，趁热端上桌。这样菜肴既能保持沸腾状态，又能较长时间的保温，这类菜常被人们称为“翻江菜”。在制作时，还可以直接将片成大薄片的鲜嫩原料放盘中，随炸烫的鹅卵石和调好的汤汁一起上桌，当着客人的面放入石头，再倒入汤汁，这样盘中汤汁处于沸滚状态，不仅生料很容易成熟，而且还能保持原料的鲜嫩质感。

用鹅卵石烹菜肴，宜选用鲜嫩易熟的原料，如鱼片、鳝段、肥牛、鹅肠、肫肝和牛蛙等。此外，菜肴的汤汁相应较多，多为半汤菜。味道可以是酸辣味，也可以是红汤味或咸鲜味，当然，还可以浇勾了芡的浓汁，如番茄汁、烧汁等。

用来烹菜的鹅卵石，多是质地较硬且加热后不易破裂的雨花石或三峡石。使用这些石头之前，一定要经过预处理：先用水煮20min，再放火上烧红，然后投入凉水里激冷，这样既可以去除石头上的污物，又可以防止烹菜时石头裂口。为了美观，有时候还可以用铝箔纸将鹅卵石包好再使用。

3．石锅烹

严格的说，眼下广为运用的石锅大多是作为一种盛具（而不是炊具）在用。使用石锅盛菜或涮烫菜品，常常能给客人带来新奇感。比如“石锅牛仔骨”，就是用小型石锅盛装的。另外，还有厨师是把石锅先放进烤箱里加热至220℃左右，然后随鲜嫩的生料和汤料上桌，最后一并倒入石锅里加热。烤烫后的石锅，还可以用来盛装干锅类菜肴，以方便对菜肴进行二次加热。

（三）成菜特点

口味清鲜、淡雅、柔嫩、爽脆，风味独特。

六、火锅

在众多的烹饪词语中，“火锅”属于少有的一词多义之类，它既是菜肴名称，又是炊具名称，还是一种独特烹调方法。作为菜肴名称，古代的“拨霞供”、“暖锅”、“仆僧”指的是它；现在的小肥羊、毛肚火锅、清汤火锅、涮肉火锅、什锦火锅等，指的还是它；作为一种炊具，火锅兼有炊餐二具的职能。食物原料在火锅中烫涮成熟，它是炊具；火锅可以直接上餐桌，它又是餐具。通常，火锅可以用铁、铜、陶、铝等材料制成，有大有小，有的有耳，有的锅与炉相连，式样繁多。

（一）定义

火锅作为一种独特的烹调方法，是指以火锅为炊具，以水（汤）导热，食者根据各自的口味，自己煮涮食物的自助性即席烹调方法。在不同的地区有不同的叫法，湖北、湖南叫炉子，昆明叫炊锅，宁夏叫锅子，广东叫做边炉，北京的涮羊肉其实也是火锅的一种形式。在全国各地的火锅中又以四川的火锅最为著名，因其具有麻、辣、烫、鲜、香的特点而风靡全国。

（二）工艺流程

烹制火锅菜，大致分两个阶段：第一阶段是各种原料的加工及调味品和复合调味品的准备；第二阶段是餐桌上准备好火锅，由进餐者自己动手，边烹制边进食。

（三）技术关键

1. 选料及其加工

火锅用料广泛，最早的四川火锅以毛肚、牛杂等动物性内脏原料为主，后逐渐增加了其他动物性和植物性原料，如鸡、鸭、鱼、兔、菌类、蔬菜等，如今连海鲜原料也被应用于火锅中，以至于有人说“凡是能吃的原料均可以在火锅中煮或者烫食”。火锅菜的原料一般要加工成极薄的片，使之倾刻能成熟。

2. 火候

原料放入火锅加热，时间不宜过长，否则会失去菜肴鲜味，营养成分也会受到破坏；但不等原料熟就吃，又容易引起消化道疾病。

3. 调味

火锅菜的调味品齐全，口味多样，大众化，享有“百味肴”之美称。北京地区涮羊肉的汤锅中少加或者不加任何调味品，吃的时候，根据个人口味用不同的调味品调成味碟蘸食。四川的火锅也逐渐改变过去的又麻又辣，而减少了辣椒、花椒的用量，而且有些火锅店采用双味或多味锅，可以满足不同食客的要求，使口味更加大众化。

（四）成菜特点

菜料多样，味别众多，清鲜香醇，爽口不腻。

（五）火锅的种类

火锅菜种类很多，从使用的调味佐料、烹制方法以及锅炉的种类等不同特点来区别，大致可分为水饮锅、汤汁锅两种。

1. 水饮锅

水饮锅即涮锅，是最常用的一种火锅，其锅与炉连接在一起，形如塔，四周可盛汤水，中心通炭火，可连续不断保持水温滚烧。这种火锅有紫铜质的，也有黄铜质的，还有不透钢和铝制的，而以紫铜质的为上品。使用时，一般是将各种原料加工切成薄片，配以蔬菜，按人位上席；然后用火锅把水烧沸，食者自己用筷子夹着切成薄片的原料在滚开的火锅中涮熟，再蘸着自己调和的调料汁进食。

使用这种火锅时，要注意以下三点：① 火力一定要旺，要保证锅内水一直沸腾，并要随时续热水；② 蘸的调料汁以及各种配料要准备齐全；③ 主料要精选，片要薄而不碎，刀口要均匀，码放要整齐。用水饮锅制作的菜肴很多，如涮羊肉、涮三鲜、涮里脊、涮鱼片等。

2. 汤汁锅

汤汁锅也称鱼锅。其锅与炉分开，锅呈扁圆形，下端有铜架作支撑，铜架下托一铜盆，是放冷水隔热的，盆上置一铜盅，盛放酒精，一般都是黄铜制品；另一种具有古代传统，为小红泥炭炉，上配炒锅；现代时新的炉具，有城市压缩罐装气体炉、电炉。这种火锅菜是用汤汁炊煮的，有鸡汁、肉汁、口蘑汁等不同风味，有的还在汤汁中加各种调味品。

烹制时，一般是将数种原料加工成不同形状，拼摆各种图案，排列在锅中（也可拼摆于碟子内），注入煮好并调好味的汤，然后烧开上桌或上桌后烧开食用。制作这种火锅菜，一般应注意以下两点：① 这种火锅所用的主料，可根据进餐者的口味选配。要把原料的质地、荤素、色泽搭配好。常用的主料如鱼丸、肉丸、海参、鱿鱼等，质地软嫩，不宜久煮，可在临上桌时加入。荤素和色泽的搭配是指荤素主料色泽不同，不可靠色码放。② 原料加工刀口要求甚严，料的大小、长短、薄厚应一致，而且所有的主料、配料都必须先加工成熟，在火锅开后即可食用。

属于汤汁锅的菜肴也很多，例如：小肥羊火锅、什锦火锅、八生涮锅等。

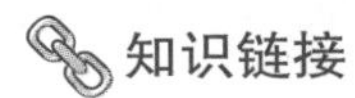

干锅、冷锅与火锅

干锅是将各种原料放锅中，加入香料、调味品和少许清汤边煮边食的一种方法。最先干锅菜的形式是在厨房里将菜炒好，装入生铁锅中再上桌食用。为了避免菜肴冷却后影响口感，就用小火加热保温食用。后来，干锅菜逐渐演变成将主料食完后，再利用剩余的汤汁（或加汤）烫食其他原料或由厨师加入其他原料加工好后食用，这就有些类似火锅的就餐形式。

冷锅顾名思义，就是由厨房把原料加工好后，上桌供顾客食用。主要特点是既具有火锅的麻、辣、烫、鲜、香，又保持了原料的细腻感，使原料能够始终鲜嫩如初，解决了传统火锅长时间煮制使原料变老的难题，同时味感层次鲜明、回味悠长。

可以说，干锅和冷锅其实是火锅的演变形式。干锅是在火锅的基础上减少汤汁的用量，突出原料本身的味道和边煮、边炒、边食的一种方式，必须不断地翻炒，火在下，锅中原料一直滚烫着，使原本不多的汁越来越浓，一切都有点渐入佳境的味道。冷锅是火锅与干锅的巧妙结合，客人入座后由厨师烹制好食物后端上桌，待客人将锅中食物吃完再开火，继续烫食其他食物。这时的冷锅也逐渐热起来，变成了传统意义上的火锅。与此同时，可用于干锅和冷锅的原料与火锅一样地广泛，稍微有区别的是制作冷锅的原料以鲜嫩的更好，比如鱼、兔等；而制作干锅的原料以耐加热的更好些，比如鸡、牛肉、肥肠、田螺等，这样才更显二者的优势与特点。

七、微波烹调法

微波是指频率为300MHz～300GHz的电磁波，是无线电波中一个有限频带的简称，即波长在1m（不含1m）到1mm之间的电磁波。微波炉加热是用磁控管（在炉内顶部）产生微波，然后将微波照射到六面都用金属组成的空箱（又称谐振腔）中，食物放在箱中，微波在箱壁上被来回反射，同时从各个方向穿到被烹调的食物中去，对食物进行加热，箱壁不吸收微波，只有箱中的容器和食物被加热，因此效率高、速度快，对食物营养的破坏很少（即保鲜度好）。

（一）定义

微波烹调法就是利用微波炉将原料烹调成菜的烹调方法。

（二）工艺流程

微波烹调的一般工艺流程见图7-42。

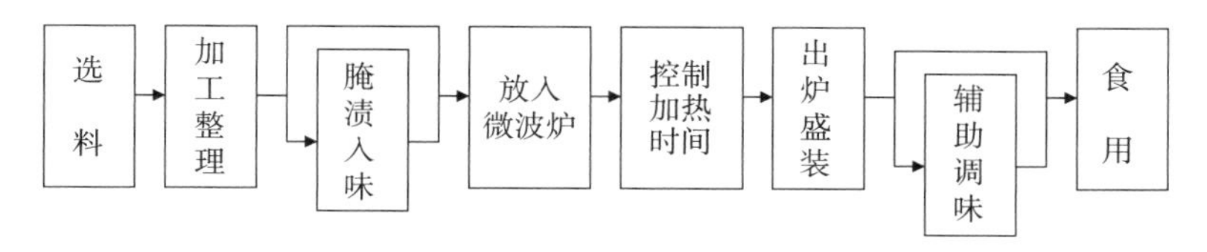

图7-42　微波烹调工艺流程

（三）技术关键

1．微波炉器皿的选择

微波炉餐具必须满足两个条件：一是微波易于穿透，且不会对微波产生反射，以便使微波顺利到达食物内外进行加热；二是能够盛放固体食物和滚烫而不损破。

（1）可使用的微波器皿

① 耐热的玻璃烹调器皿：包括耐热玻璃或微晶玻璃制成的器皿以及硼硅酸玻璃器皿、陶瓷玻璃与耐高温玻璃器皿。例如，玻璃量杯、乳蛋浆杯、搅拌碗、面包盘、有盖炖锅、长方形的烤盘、瓷碟和圆形或方形糕饼盘等。

② 陶、瓷的烹调器皿：细陶、粗陶、瓷器器皿，即一般陶瓷碗、盘、砂锅等均可使用。但有金银粉饰的容器可能会起火花或剥落，请勿使用。

③ 耐热性聚丙烯烹调器皿：耐热性在1200℃以上的聚丙烯热固聚脂器皿都可以使用。但油量多的食物请改用耐热的玻璃烹调器皿或陶、瓷的烹调器皿。

④ 煎碟：特制微波煎碟是做煎、炒、炸用，如煎肉排、肉馅饼、牛排等。一个特制的表层安装在煎碟的底层，以便吸收微波使它更热。食物放进去后，烹饪的效果就如煎或炸的一样。为了更好地使用煎碟，请详阅特制煎碟的说明书。注意不要用特制的微波煎碟煮煎或炸整只的家禽。

⑤ 保鲜膜或耐热PE袋：热蔬菜时可用来包裹蔬菜，也可当容器的盖子使用，但勿直接包裹肉类和欲油炸的物品。

（2）不适宜微波炉加热用的餐具

① 铝锅、不锈钢锅等金属容器：因为微波不能穿透，故不能使用，而且金属碰到炉的内壁还会喷发火花。

② 漆器：加热后漆可能会剥落，污染食物，容器也可能产生裂痕。

③ 不耐热的普通塑料容器：一是热的食物会使塑料容器变形，二是普通塑料会放出有毒物质，污染食物，危害人体健康。

④ 不耐热的玻璃容器：食物加油烹调时温度高，不耐热的玻璃容器易破裂变形。因此，有机玻璃、强玻璃、雕花玻璃、晶体玻璃器皿等均不能使用。

⑤ 草木、竹制品容器：短时间加热食物时可使用，但长时间加热食物时，此类容器则可能被烧焦。

⑥ 所有金属胎的搪瓷餐具：因微波炉不能穿透搪瓷餐具的金属胎。

⑦ 封闭容器：加热液体时应使用广口容器，因为在封闭容器内食物加热产生的热量不容易散发，使容器内压力过高，易引起爆破事故。即使在煎煮带壳食物时，也要事先用针或筷子将壳刺破，以免加热后引起爆裂、飞溅弄脏炉壁，或者溅出伤人。

2．微波烹调时的功率选档和时间掌握

（1）微波功率的确定　微波烹饪所用的功率主要是由食物的特性、数量和体积来确定的。各种功率的适用情况见表7-1，在烹调时可参照选用。

表7-1　　微波烹调各种功率的适用情况

功率	特点
高功率（high）、全功率（fullpower），100%	烹饪速度最快，适宜煮需时短而又要求鲜嫩的食物。大多数食物的烹饪均采用此档，如烹饪蔬菜、米饭、水产、肉类、家禽、煎蛋及煮开水等
中高功率（med-high），70% ~80%	适用于食物的再加热，以及烹制纤维较密、需时较长的食物，如牛肉等肉类
中功率（medium），50% ~60%	适合焙烤、煨炖食物
解冻功率（defrost）、中低功率（med-low），30% ~50%	适用于经电冰箱冷冻过的食品解冻及烹饪低热食物
低功率（low）、保温功率（warm），10% ~20%	适用于食品保温，软化牛油、奶酪等食物，面团发酵

（2）加热时间的确定　影响微波烹饪时间的因素有食物的成分以及含水量、数量、大小、形状和初始温度等。加热时间一般可以根据微波炉生产厂商提供的烹饪时间来确定，这些时间表有的附在说明书里，有的就直接印在微波炉的面板上。表7-2是一些常用食物的加热参考时间，按表中的加热时间进行烹调加热，效果一般都会令人满意。

表7-2　　一些常用食物的微波加热参考时间

原料种类	数量/kg	刀工成形	烹调时间/min	烹调效果
猪肉	1	切块	7	熟
猪排骨	1	切块	8.5	熟
猪肘子	1	切块	12.5	肉脱骨
牛肉	1	切块	3.5	熟
牛肉	1	切碎	5.5	熟
家禽	1.2	整只	13.5	肉脱骨
家禽	1.2	切块	9.5	熟
鲜鱼	1	整条	8	熟
马铃薯	1	开半	10.5	熟
菜花	1	切块	9	熟
萝卜	1	切块	7	熟

来源：刘杭生．微波烹饪时的功率选档和时间掌握．家用电器·消费，2001（1），31.

关键术语

（1）烹调方法（2）热菜（3）炒（4）爆（5）炸（6）煎（7）贴（8）熘（9）烹（10）拔丝（11）蜜汁（12）㸆（13）汆（14）烩（15）煮（16）炖（17）煨（18）灼（19）烧（20）扒（21）焖（22）煨（23）煸（24）蒸（25）烤（26）熏（27）焗（28）石烹（29）铁板烤（30）火锅（31）干锅（32）冷锅

问题与讨论

1. 中国菜常用的烹调方法有哪些？有哪些分类的方法？你认为如何分类更科学？

2. 清代宫廷菜有“四大抓炒”，即“抓炒鱼片”“抓炒腰花”“抓炒大虾”和“抓炒里脊”。了解“抓炒”的来历，并分析“抓炒”是否属于炒制法的一种。

3. 你认为油爆、汤爆、水爆有何异同？

4. 火爆腰花、葱爆羊肉、油爆鸡丁、酱爆肉丁属于爆制法吗？它们与炒有何区别？

5. 有人说“煎有干煎、糟煎、酿煎等煎法。煎与其他烹调方法相结合时，又产生了许多分支，有煎烹、煎蒸、煎焖、煎烧（南煎）、煎熘、煎炸、汤煎等。”这些方法都是煎制法吗？另外，分析一下“南煎丸子”属于哪种烹调方法。

6. 炒与爆、炸与煎、煎与贴、烹与熘有何异同？

7. 比较汆与涮、烩有何不同？煮与汆、炖、焖有何不同？煨与汆、焖、炖有何不同？

8. 为什么整只鸡在烤制时胸脯部分会变干？你有什么建议来解决这一问题吗？

9. 火锅、干锅、冷锅、锅仔有什么区别？

实训项目

1. 炒、爆工艺实训
2. 炸煎、贴、煸工艺实训
3. 熘、烹工艺实训
4. 烧、扒、焖工艺实训
5. 汆、烩、煮、炖工艺实训
6. 蜜汁、拔丝工艺实训
7. 蒸、烤、焗、微波工艺实训

冷菜烹调工艺

教学目标

知识目标：

（1）了解冷菜烹调工艺的特点和分类方法

（2）弄清各类冷菜烹调工艺的定义、工艺流程、成菜特点和代表菜品

（3）掌握各种冷菜烹调方法的操作技巧和技术关键

能力目标：

能熟练运用各种烹调方法制作符合质量标准的冷菜，并能举一反三

情感目标：

（1）培养安全、卫生、效率、节约的责任意识

（2）陶冶情操，享受劳动和求知带来的乐趣

教学内容

（1）拌炝工艺

（2）腌泡工艺

（3）卤煮工艺

（4）凝冻工艺

（5）粘糖工艺

案例导读

身手不凡的“冷菜公主”

擅长菜肴：凯撒沙拉、挪威烟熏三文鱼、三明治等。

从业经历：“90后”美女厨师，从事烹饪业已有4年之久。最擅长西式冷菜。先后在泉州、晋江的星级酒店工作过。现为晋江一五星级酒店西餐厅的主厨。

从业理念：把最美丽、最精致的菜肴献给食客。

一直以来，厨师都被认为是男性专属职业，活跃于各大餐饮酒店的厨师身影均以男性为主。所以在厨师队伍中，厨艺精湛、身手不凡的女厨师可以说是寥寥无几。然而，在晋江一五星级酒店的西餐厨房内就有位美貌的美女大厨——雷碧燕。

从小就爱“戴高帽”

在很多年轻女生的心目中，厨房是个又脏又乱的地方，因而她们纷纷敬而远之。而雷碧燕却认为，女生会煮得一手好菜，那是一种资本。而且女厨师和女警官一样，都是神奇的职业。

雷碧燕是土生土长的泉州姑娘。她告诉记者，喜欢厨师这个行业，与她所在的大家庭环境密不可分。她妈妈煮菜很在行，而且在她的大家庭中有一位亲戚还是泉州知名的厨师，在这样的家庭环境下，她从小就对厨艺产生了浓厚兴趣。

都说兴趣是最好的老师，雷碧燕从小就梦想着长大后能戴上主厨的大高帽。为了这一梦想，初中毕业后，她应聘到泉州一星级酒店工作。

厨房里的“小公主”

雷碧燕一开始只能先从服务员做起。不过，服务员可以方便进出厨房看师傅们做菜、摆盘、装饰等，遇到不懂的烹饪问题，就请教师傅们，回宿舍后再按照师傅们的方法试着下厨。她坚信凭借着自己的努力肯定能戴上那顶梦寐以求的高帽。做服务员1年后，她主动申请调去厨房做帮工。

要做大师傅，必经灶火、烟熏之苦，每天早上5点起床，在厨房一干十几个钟头，还必须有男子一样的气魄和毅力，颠大勺、练刀工、研究雕刻……这让她感到前所未有的压力。学厨的日子虽然难熬，好在有师傅和同事的倾囊相授。当然，这与厨房里只有一位“小公主”有很大的关系。

1年多后，在厨房师傅们的指点下，她开始接触冷菜制作。因为做冷菜干净，且需要心灵手巧，更适合女厨师。她从普通的菜式开始做起，渐渐地在下厨过程中，不仅熟练地掌握了做冷菜的窍门，还研究出创意的搭配，诸如水果沙津、烟熏类美食，她都做得像模像样。在设计菜式中，她还特别注重菜式的口味变化。经过她的调味后，菜式在风味上也就变得多元化了。

如今，已是星级酒店主厨的雷碧燕被同事冠以“冷菜公主”的称号。

上一章我们讨论了热菜的烹调方法。那么，热菜晾凉了是否就是冷菜了？显然不是。

冷菜，又称冷盘、冷盆、冷碟等，它是相对“热菜”而言的食用时温度较低一类菜肴，由于风味独特而自成一体。在宴席中冷菜总是上席的第一道菜，素有“脸面”之称，可算得上宴席菜肴的“开路先峰”，冷菜的优劣往往影响到人们对整个宴席菜肴的评价。

冷菜烹调方法是指对经过加工整理的烹饪原料，通过加热和调味的综合或分别运用，制成冷菜的操作技法。

冷菜烹调方法的种类也很多，根据在制作过程中是否加热划分，可分为只调不烹的冷菜烹调法（也称冷制冷吃法）和既烹又调的冷菜烹调法（也称热制冷吃法）两大类。根据加热调味方式是否相对固定划分，可分为基本烹调法和综合烹调法两大类（见图8-1）。

基本烹调法是指加热方式相对固定的烹调法，即这些烹调方法是以一种介质为主要传热导体烹调成菜的。此类烹调方法大致可分为四小类，即以水为主要导热体的卤煮类、以蒸汽为主要导热体的汽蒸类、以油或油与金属（锅）共同导热的炸炒类和以热空气及辐射为热导体的熏烤类，这四类中多数是热菜烹调方法的变格和延伸。

综合烹调法是指调味方式相对固定而加热方式不固定（包括不加热）的烹调法。这类烹调法根据调味方式与实践的不同，可分为拌炝类、腌泡类、熘烹类、凝冻类和粘糖类五小类，其中熘烹类和粘糖类是热菜烹调法的变格。

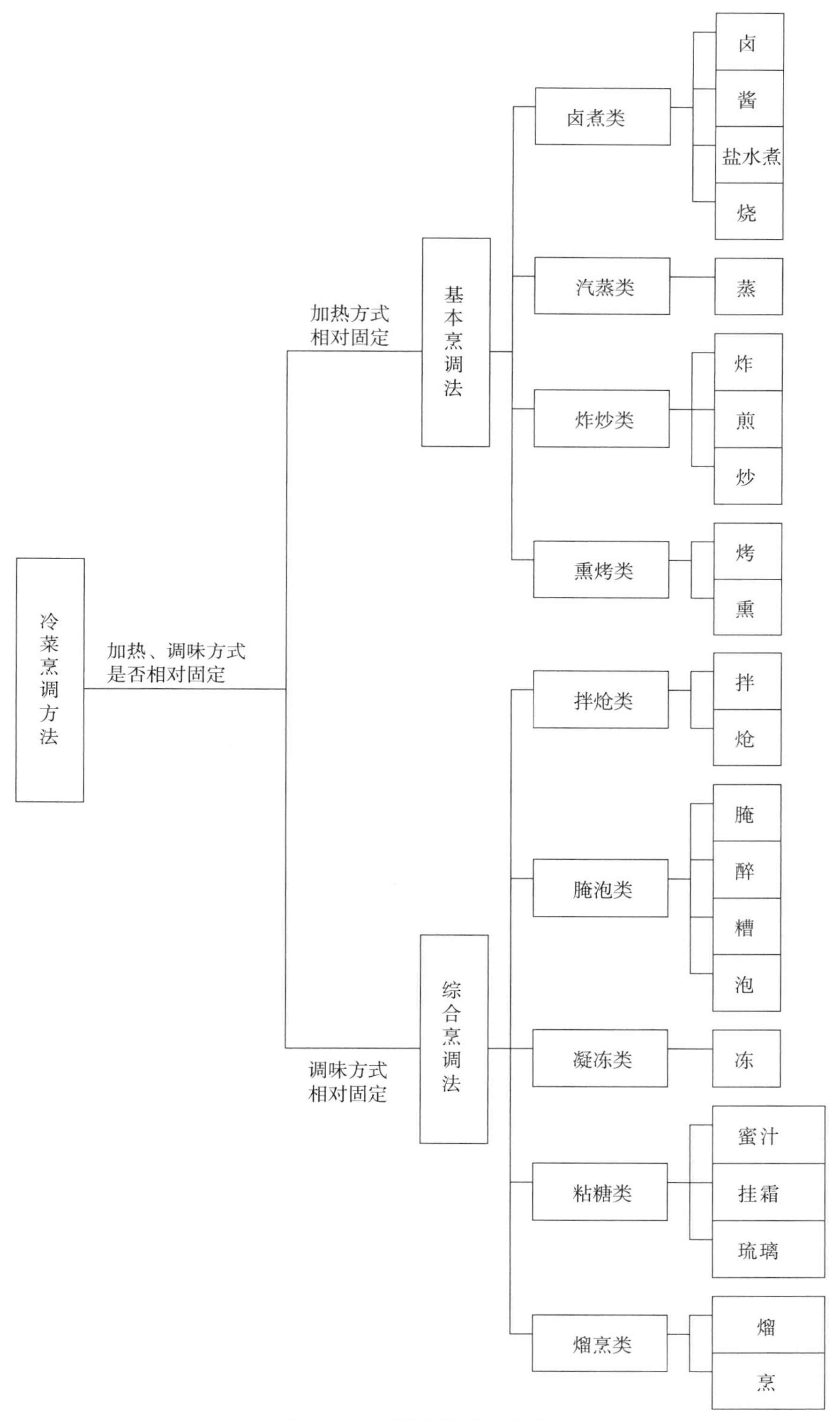

图8-1　冷菜烹调方法的分类

第一节 拌炝工艺

拌炝是最常见的冷菜烹调工艺，既有经加热后调味的，也有不经加热直接调味的，其口味多种多样，千变万化。炝实质上是拌的一种，是指原料经加工成细小形状，焯水或划油，再趁热（也有晾凉的）加入具有较强挥发性物质的调味品（如花椒油、胡椒粉、芥末油等）而成菜的一种烹调方法。大多地方习惯上将炝拌并列，也有的地方则炝拌不分。

一、拌

拌是将经过加工整理的烹饪原料（熟料或可食生料）加工成丝、片、丁、条等细小形状后，再加入适当的调味品调制搅和成冷菜的一种烹调方法。拌菜多数现吃现拌，也有的先经用盐或糖码味，拌时挤出汁水，再调拌供食。拌是冷菜烹调中最普遍、使用范围最广泛的一种方法。

（一）工艺流程

拌制工艺一般经过选料加工、拌制前处理、选择拌制方式、装盘调味等工序（见图8-2）。

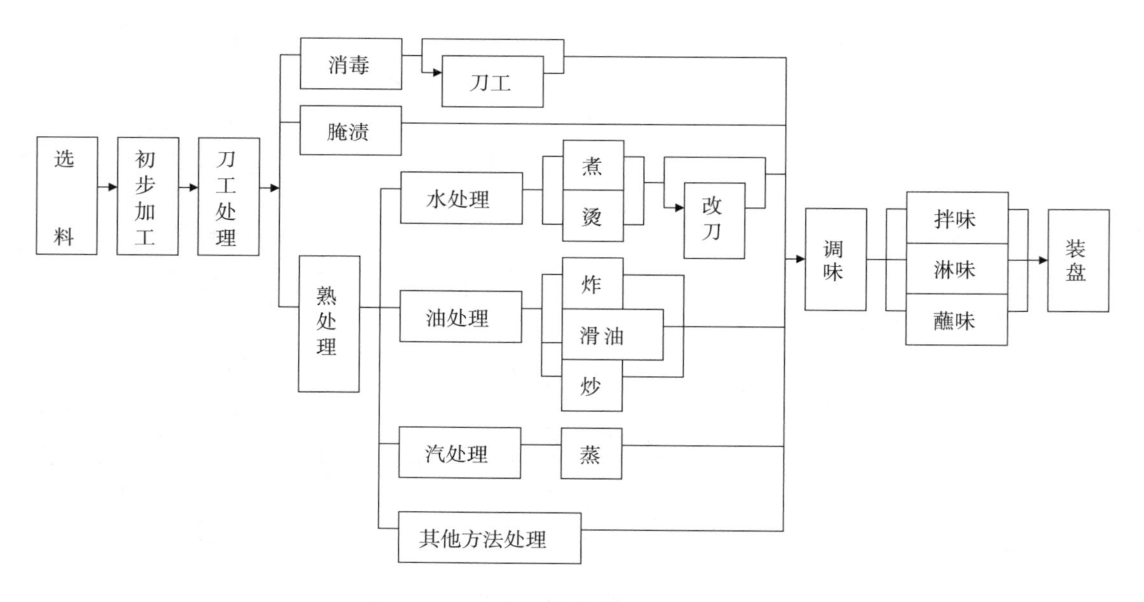

图8-2 拌的工艺流程

（二）技术关键

1. 原料的加工整理要恰当

（1）可生食的原料，必须先洗净，再用盐水（2%）或高锰酸钾溶液（0.3%）消毒（泡5min），然后再改刀拌制。

（2）凡需熟处理的原料，熟处理时要根据原料的质地和菜肴的质感要求掌握好火候，例如焯水有沸水锅和冷水锅之分，成熟度可分为断生、刚熟、熟透、软熟等层次。若要保持原料质地脆嫩和色泽鲜艳，焯水后则应随即晾开或放入凉水中散热。过油有走油（即炸）和滑油之分，走油油温宜高，滑油油温宜低；走油要使原料酥脆，滑油要使原料滑嫩。若油分太多，还要用温开水冲洗。

2. 调味要准确合理，各种拌菜使用的调料和口味要有其特色

拌制菜肴，不论佐以何种味型，都应先根据复合味的标准正确调味。调制的味汁，要掌握浓厚的程度，使之与原料拌和稀释后能正确体现复合味的风味。拌菜调味的方式因具体菜肴而不同，一般有以下三种。

（1）拌味　指菜肴原料与调味汁拌和均匀再装盘成菜的方式，多用于不需拼摆造型的菜肴，要求现吃现拌，不宜拌得太早，拌早了影响菜肴的色、味、形、质。

（2）淋味　指将菜肴装盘上桌，开餐时再淋上调制好的味汁，由食者自拌而食的方式。这样，一可体现凉菜的装盘技术；二可避免某些不能久浸调味汁的原料，在味汁中浸泡过久；三可保证成菜的色、味、质、形。

（3）蘸味　指一种原料或多种原料多味吃法的方式。这种方式应根据原料的性质，选用多种相宜的复合味，并且要求复合味之间又各有特色，经调制成味汁后，分别盛入配置的味碟中，与菜肴同时上桌，由食者选择蘸食。

3. 应现吃现拌，不宜久放。

拌制菜肴的装盘、调味和食用，要相互配合，装盘和调味后要及时食用。

（三）成菜特点

香气浓郁，鲜醇不腻，清凉爽口；少汤少汁（或无汁）；味别繁多；质地脆、嫩、韧。

（四）分类

拌制工艺的分类，通常按原料在拌时的生熟状况分为生拌、熟拌、生熟拌；按拌时原料的凉热情况分为凉拌、温拌、热拌；按成菜味别的不同分为咸鲜拌、咸香拌、麻辣拌、酸辣拌、糖醋拌等（见图8–3）。

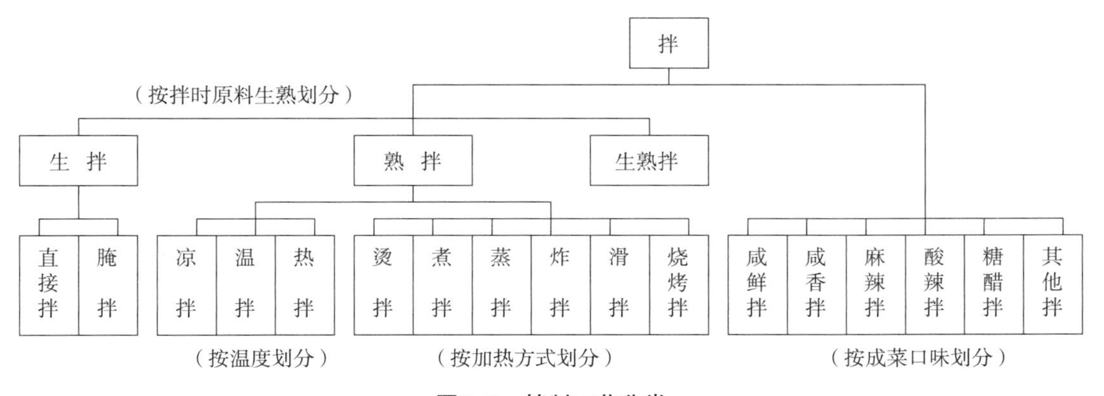

图8–3　拌制工艺分类

（五）代表菜品

如蓑衣黄瓜、拌生鱼、麻辣白菜、热拌虾片、温拌腰片、鸡丝拌黄瓜、香椿拌豆腐、生菜拌虾片、姜汁芸豆、麻酱鲜贝、麻酱海螺、怪味鸡丝、棒棒鸡、白斩鸡、红油鱼丝、凉拌茄子等。

二、炝

在口味众多的拌制菜肴中，有一些菜肴是用花椒油、花椒面、芥末油、芥末酱、白酒、胡椒粉等具有较强挥发性物质的调味品拌制而成的。白酒有强烈的酒味，沸油炝香料有浓烈的香味与热油味，呛入鼻喉，于是有人就把这类菜肴的烹调方法称为“炝”。从制作过程看，炝还是拌制法，或者说是拌的一种，炝与拌是种属关系。炝的名称始见于清代的《调鼎集》，如炝菱菜、炝冬笋、炝虾、炝松菌等。现在炝法各地都广泛使用。

炝是把具有较强挥发性物质的调味品，趁热（也有晾凉的）直接加入经焯水、过油或鲜活的细嫩原料中，静置片刻使之入味成菜的冷菜烹调方法。在加热方法上，炝以使用上浆滑油的方法为主，植物性原料则一般焯水；在调料使用上，炝以具有挥发性物质的调料为主。

（一）工艺流程

炝制工艺一般要经过选料、初加工、切配、熟处理、炝制调拌等工序，其一般工艺流程见图8-4。

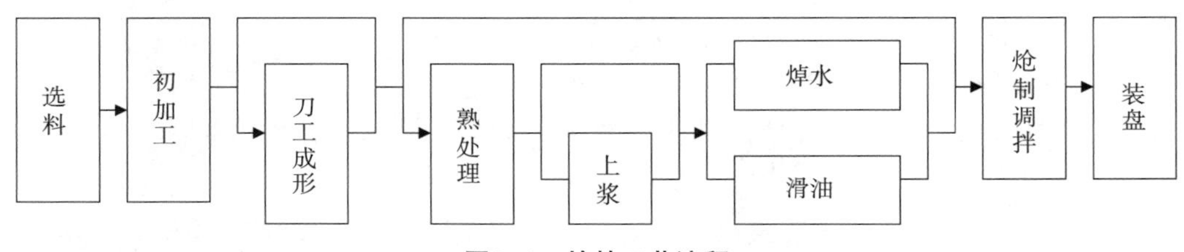

图8-4　炝的工艺流程

（二）技术关键

1．熟处理

原料熟处理时的火候要适中，原料断生即可，过老或过软都会影响炝制菜肴的风味。植物性原料在熟处理时，一般要焯水，然后晾凉炝拌。动物性原料一般要上浆，既可滑油，也可氽烫。滑油的原料，蛋清淀粉浆的干稀薄厚要恰当，油温在三、四成热时下锅；氽烫的原料，其蛋清淀粉浆应干一点、厚一点，水沸时再下锅。

2．炝制

原料在熟处理后，既可趁热炝制，也可晾凉炝制，但动物性原料以趁热炝制为好。原料炝制拌味后，应待味汁浸润渗透入内，再装盘上桌。

（三）成菜特点

色泽鲜艳，润滑油亮；脆嫩（或滑嫩）爽口；鲜香入味，风味独特。

（四）分类

炝制工艺分类也有不同的标准（见图8-5）。

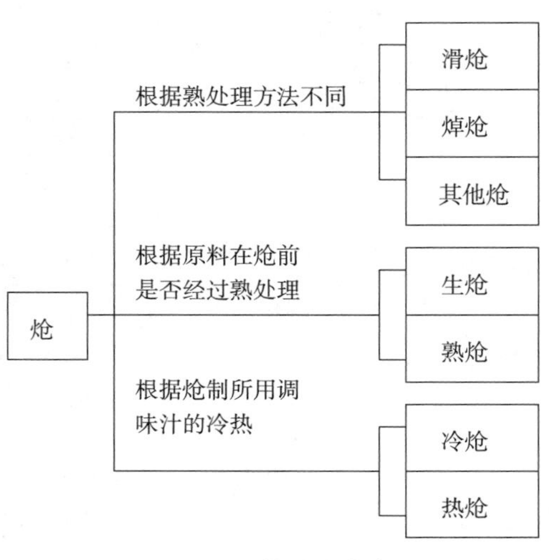

图8-5　炝制法分类

根据熟处理方法的不同可分为滑炝和焯炝。滑炝，就是将经过刀工处理的原料上浆滑油后，再用温开水冲洗去油分（有时可不冲），然后加入炝制调味品拌匀入味的方法；焯炝又称普通炝，是将经过刀工处理的原料用沸水焯透，滤去水分，趁热（也可晾凉后）加入花椒油或胡椒粉、麻油等调味品，使炝入主料内而成菜的方法。

根据原料在炝前是否经过熟处理可分为熟炝和生炝。熟炝即原料在炝前经过熟处理；生炝即原料在炝前不经过熟处理。生炝一般选用质嫩味鲜的河鲜、海鲜原料，如虾、蟹、螺、蚶等，炝制前可用竹篓将鲜活水产品放入流动的清水内，让其尽吐腹水，排空腹中的杂质，再沥干水分，放入容器中盖严，以白酒、精盐、料酒、花椒、冰糖、丁香、陈皮、葱、姜等调味品制好的卤汁，掺入容器内浸泡，令其吸足酒汁，用干荷叶扎口，黄泥封住以隔绝空气，待这些原料醉晕、醉透，已经散发出特有的香气后，直接食用。

制作炝虾等除用白酒调味腌渍外，还可用蒜泥、姜末、胡椒粉等辛香味的杀菌调味品，现制现吃。如“腐乳炝虾”，是将活湖虾用清水清洗干净，迅速剪去虾螯、须、爪后，再将虾放入腐乳汁、绍兴酒和其他调味品中拌食。有趣的是，在食腐乳炝虾时，难以醉死的虾尚活蹦乱跳，此时倘若揭开盛虾的盖碗，可见有部分倔犟者跳出碗外，甚至在用箸夹尝时，还见有醉晕的虾突然从筷子上跳走，故又有“满台飞”、“蹦虾”之称。此菜在每年的早春二月至清明前后最为盛行。

根据炝制所用调味汁的冷热可分为冷炝和热炝。冷炝即炝制的味汁（油）不加热，以新鲜度高和活料为对象，故又常被称为“活炝”、“生炝”，如“生炝活虾”；热炝即将炝制的味汁（油）加热，乘热浇在经加工（焯烫）的原料上，使之迅速入味的方法。除活料外，新鲜细嫩的原料皆可热炝。

（五）代表菜品

如滑炝鱼丝、炝凤尾虾、海米炝芹菜、葱椒炝鱼片、芥末肚花、炝活虾等。

第二节　腌泡工艺

腌泡是以盐为主要调味品，配合其他调味品，将原料经过一定时间（短则数小时，长则数日）腌制成菜的方法。根据口味的不同，可分为腌、醉、糟、泡4类。腌（一般指盐腌）是其他3种的基础，又是一种独立的冷菜烹调方法，成菜咸香；醉是以白酒或黄酒为主要调味品泡渍鲜活的原料，突出酒香味；糟以糟卤或糟油腌泡原料，成菜糟香浓郁，略带甜味；泡主要用于时鲜蔬菜，主要是通过乳酸菌发酵制成菜肴的，成菜质地脆嫩，口味有酸甜、酸咸2种。

一、腌

腌是以盐为主要调味品，揉搓擦抹或浸渍原料，并经静置入味成菜的烹调方法。作为独立的烹调方法，腌法不同于预腌，而是以盐为主，辅以其他调味品（如辣椒、五香料、蒜、糖等，使成品呈现多种不同风味）将主料一次性加工成菜的方法。

腌法是利用盐的渗透性使原料析出水分，形成腌制品的独特风味。经盐腌后，脆嫩性的植物原料会更加爽脆，动物性原料也会产生一种特有的香味，质地也变得紧实。原料在腌制时不经过发酵。

（一）工艺流程

盐腌工艺一般要经过选料、初加工、刀工、熟处理、腌制、装盘等工序，一般工艺流程见图8–6。

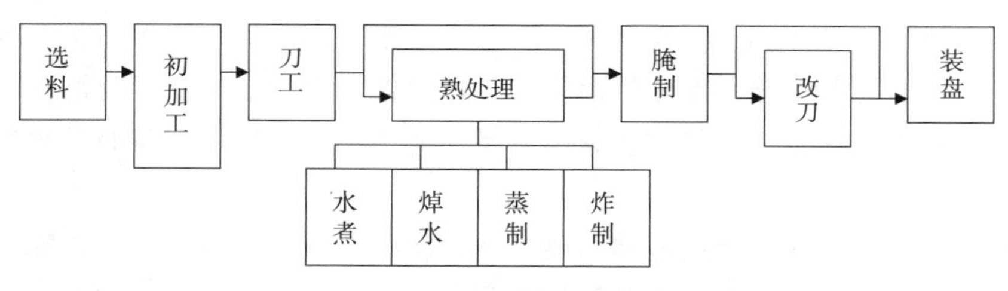

图8–6　盐腌工艺流程

（二）技术关键

1. 选料与加工

用于腌制的原料必须是特别新鲜的动、植物性天然原料，如蔬菜、鸡、鸭、兔、蛋等。可整腌，也可加工小件或条、块、丁、丝、片后腌。

2. 调味与腌制

蔬菜类原料一般是生料直接与调味品的味汁腌制成菜，如酸辣白菜、盐腌黄瓜等。动物性原料一般要经过熟处理（如蒸、水煮、焯水、炸等）至刚熟（切不可过于酥烂），再与调制的味汁腌制成菜。

腌制菜肴的味汁分加热调制的味汁、对制的味汁、加热调制晾凉再加入部分调味品对成的味汁3类，其味型有咸鲜味、咸甜味、五香味等。

有的菜肴原料须用盐粒干腌，精盐一定要均匀抖散，盐腌的中途要不时翻动，使精盐渗透均匀。有时要先用精盐腌制出坯，滴（或挤）干水分，再将盐及所需调味品调制均匀，然后与出坯后的原料进行腌制，这样既节约调味品，又有良好的质感和调味效果。用盐量要准确。腌制的时间长短，应根据季节、气候、原料的质地、形状大小而定。

应该注意，饭店餐厅的腌与一般腊、腌风制品的腌是不相同的概念，前者具有取料新鲜、调味丰富、应即时之需、不贮存等特点；后者则是部分烹饪原料的加工方法。

（三）成菜特点

色泽美观；腌制蔬菜清香嫩脆；动物性菜肴则细嫩滋润，醇香味浓。由于腌制品在盐的渗透作用下，可抑制许多微生物的生长，比鲜品更耐贮存，可用于冬季鲜菜稀少时食用。

（四）代表菜品

如糖醋杨花萝卜、酸辣白菜、蛇皮辣黄瓜、盐水西蓝花、盐水菊花鸭胗、卤浸油鸡、卤浸鱼条等。

二、醉

醉有三义：一指饮酒过量而神志不清；二指专注于某事，如“令人心醉”；三指物醉，专指以酒浸物，用之于厨事，成为极有特色的一种烹调技艺。

醉也称醉腌，就是将烹饪原料经过适当的处理（包括初步加工和熟处理），放入以酒和盐为主要调味品的汁液中腌渍至可食的一种冷菜烹调方法。所用的酒一般是优质白酒或绍兴黄酒。

（一）工艺流程

醉制工艺一般要经过选料、刀工、热处理、醉腌、盛装等工序，一般工艺流程见图8–7。

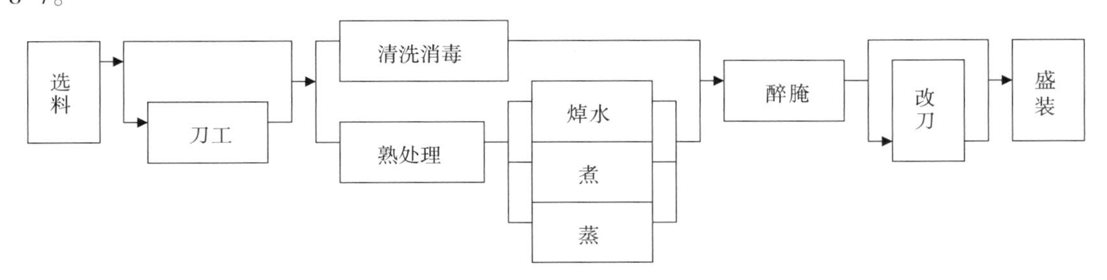

图8–7　醉腌工艺流程

（二）技术关键

醉制冷菜一般不宜选用多脂肪食品，适宜用蛋白质较多的原料或明胶成分较多的原料，主要是新鲜的鸡、鸭、鸡鸭肝、猪腰子、鱼、虾、蟹、贝类及蔬菜等原料。原料可整形醉制，也可加工成丝、片、条或花刀块醉制。酒多用米酒或露酒、黄酒、果酒、白酒，其中以黄酒、白酒较为常用。

酒腌的调味卤汁，可根据原料和菜肴的需要用不同的调味配方调制，使醉制菜肴各呈不同的风味特色。

用来生醉的动植物原料必须新鲜、无病、无毒。动物性原料如虾、蟹、螺、蚶必须是鲜活的。为了入味，多把这些活料先洗净，装入竹篓中，放入流动的清水内，让其吐尽腹水，排空腹中污物，停放一些时间，使活料呈饥饿干渴状态，再放入调味汁中，活料可自吸多量调味汁。

酒腌过程中，要封严盖紧不使漏气，要到时才能取用。醉制时间长短应根据原料而定，一般生料久些，熟料短些，长时间腌制的卤汁中咸味调味品不能太浓，短时间腌制的则不能太淡。另外，若以黄酒醉制，时间不能太长，防止口味发苦。醉制菜肴若在夏天制作，应尽可能放入冰箱或保鲜室内。

盛器要严格消毒，注意清洁卫生（因为通过醉制后不再加热处理）。

（三）成菜特点

酒香浓郁，鲜爽适口，大多数菜肴保持原料的本色本味。

（四）分类

醉制工艺有不同的种类，一般根据原料加工的方法不同可分为生醉和熟醉；根据所用调味品的不同可分为红醉和白醉。

1. 生醉

生醉，是将生料洗净后装入盛器，加酒料等醉制的方法。主料多用鲜活的虾、蟹和贝类等。山东、四川、上海、江苏、福建等地多用此法，如醉蚶、醉蛎生、醉螺、醉活虾等。

2. 熟醉

熟醉是指将原料加工成丝、片、条、块或用整料，经熟处理后醉制的方法。具体制法可分3种。

（1）先焯水后醉　原料入八成热水中快速焯透，捞出过凉开水后挤干水分，放入碗内醉制，如山东醉腰法。

（2）先蒸后醉　原料洗净装碗，加部分调味品上笼蒸透，取出冷却后醉制，北京、福建等地多用此法。如醉冬笋、青红酒醉鸡等。

（3）先煮后醉　原料煮透再醉制，天津、上海、北京、福建等地多用此法。如醉蛋、醉鸡、醉鸭肝、酒醉黄螺等。

三、糟

糟也称糟腌，是将原料（多指加工后的熟料）放入糟卤（由醪糟与绍兴黄酒、白糖等调制而成）和精盐等作为主要调味品的汁液腌浸、渍制成菜的烹调方法。制作糟菜离不开酒糟，酒糟是酒脚经过进一步加工而成的香糟，一般含有10%左右的酒精和20% ~25%的可溶性无氮物，并含有丰富的脂肪。酒糟与酒的风味不同，如红糟含有5%的天然红曲色素，有的酒糟则掺有15% ~20%的熟麦麸和2% ~3%的五香粉混合而成。

（一）工艺流程

糟制工艺一般要经过选料、加工整理、刀工、制卤、浸腌、盛装等工序，其一般工艺流程见图8–8。

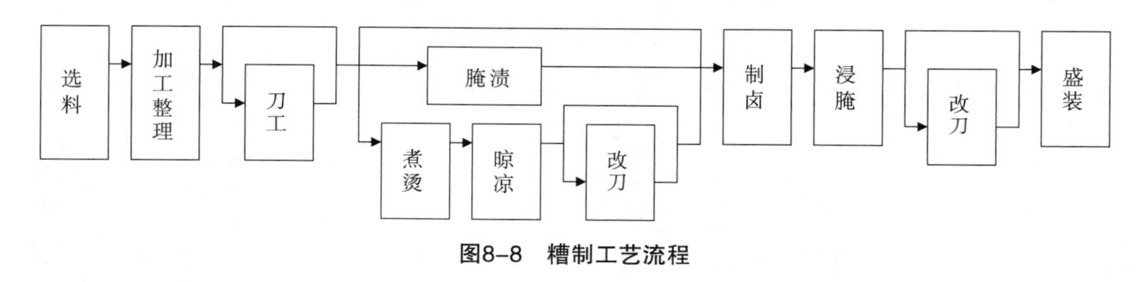

图8–8　糟制工艺流程

（二）技术关键

1. 选料

糟制冷菜一定要选择鲜活、味感平和而鲜、没有大的特殊味感的原料，最好不用冷藏或经过复制的原料。其原料的种类比较广泛，但并不是所有原料都适宜，如牛、羊肉，由于其本身带有腥膻气味，做糟菜非但不能突出香味，还会使原料与糟结合生成一种异味，使人难以接受。另外，一些有特殊气味的原料，如香菇香味浓郁、蒜薹香气扑鼻、洋葱辛香味重等，都不宜制作糟菜。因此在选择、使用原料时，要注意其自身的特殊性和加热后的变化，采用适宜的原料，才能制出鲜香味美的糟味冷菜。

2. 初加工要得法，要彻底

有的煺尽羽毛，有的洗净内脏，有的去除黏液，有的刮净外皮，有的剔除污物，必须一一收拾干净。

3. 熟糟的原料要经过熟处理

一般原料应热水下锅，先用急火烧，再用文火煨。原料要全部浸在水里，并要不时轻轻翻动，不要使原料表面破损。鸡、鸭类断生即可，猪肚则要煮至熟软，蔬菜一烫即可，要根据实际情况掌握火候。

4. 制卤汤。

糟制冷菜主要以香为主，关键在于卤汤配制，方法恰当，就能体现成品特色；反之，即使用上等原料制成，也未必能引起人食欲。一般方法是：先将原料原汁或其他鲜汤过滤后倒入锅中，放入葱、姜、盐、白糖、味精及香料调味品，烧开后倒入一半糟卤，烧煮一下离火，自然冷却即成。卤汁糟味是否突出，关键在酒糟、糟卤的质量以及香糟与酒、糟卤与原卤的比例。

5. 浸腌

浸腌时要根据原料的不同特性来掌握冰箱的温度或腌制的时间。将烧煮的原料（要改刀）放入卤内，连同容器一起放进冰箱，卤汁要宽，使之淹没原料。冰箱温度通常控制在10～15℃，温度太低，成品冰冷刺口，吃不出脆感；温度太高，成品有韧性不爽口。浸制时间要恰当，一般在4h左右，否则也会影响菜肴质量。

（三）成菜特点

1. 糟香突出，清淡可口

糟菜所用的调味品如酒糟、黄酒、茴香、桂皮、花椒、蜜饯、桂花等都具有特殊的香气，不同原料自身或多或少也有一定的香味，两相融合，浸渍析出，自然就形成了特殊的香味，在其众多的成品中，有突出干香的糟鹅、糟肫，有突出鲜香的糟鸡、糟虾，有突出清香的糟香瓜、糟西芹，有突出浓香的糟猪爪、糟内脏。另外，糟制冷菜在制作过程中，除了酒、酒糟及香味调味品外，用来提味的一般是盐、糖、味精之类，实际适用在某一品种时，要根据原料情况，按一定的比例、数量、次序投放，基本构成以淡味为主的口味，目的是既能突出糟味的鲜香，又不使原料味寡单调。

2. 色泽淡雅，诱人食欲

糟制冷菜的色基本以原色为主，因为制作糟菜一般不放有色调味品，故糟卤呈淡黄色（如用糟油制卤，色泽稍深一些）。浸制的原料更为淡雅，大部分成品还是以原料本色出现，这样更能吸引人的食欲。

3. 杀菌抗病，夏令佳肴

糟制冷菜一年四季均可制作，但以夏令品尝最佳。酷暑炎夏，人们偏爱清淡可口的菜肴，而糟制冷菜，尤其是那些要在冰箱内浸制成或浸制后入冰箱冷冻的糟菜，既凉爽可口、芳香扑鼻，又引人食欲、增添营养。对荤菜来说，它利用糟卤中的酒性，分解荤性原料中的“脂肪滴”，使一些动物性原料的油腻荡然无存，从而使人不因暑热而拒食鸡鸭鱼肉，确保人体对各营养素的摄取平衡。对素菜而言，夏季上市的时令蔬菜特别多，有很多蔬菜、瓜果、干果、菌类原料等都可以糟制，这样也改变了夏季素菜局限于冷拌、白煮、盐腌等方法的束缚，丰富了夏令的冷菜品种。由于糟卤内含有多种香味药材，其中某些原料对夏季的一些有害细菌有抑制和杀菌作用，因此，夏令糟菜能使人增加食欲，增强体质，提高抗病能力。

（四）分类

根据原料在糟腌前是否经过熟处理，可将糟法分为熟糟和生糟两种。糟制冷菜以熟糟为多。熟糟，就是将经过加工整理的原料熟处理后再糟制的方法。一般取用整只的鸡、鸭、鸽等，或取鸡爪、猪爪、猪肚、猪舌等，有时也可选用一定植物性原料，如冬笋、茭白等，经过焯水、煮或蒸熟成半制品后（整料分割成较大的块），浸没在糟卤内，使之入味；生糟，就是原料未经熟处理直接糟制的方法。以浙江、四川等地所制糟蛋著名。因糟料不同又有酒糟、酱糟、腐乳糟之分。

（五）代表菜品

如糟油口条、红糟鸡、糟鸭、糟冬笋、糟花生、香糟蛋等。

四、泡

泡也可称渍，作为一种冷菜烹调方法，是指经加工处理的原料，装进特制的有沿有盖的陶器坛内，以特制的溶液浸泡一段时间，经过乳酸发酵（也有的不经发酵）而成熟的方法。其溶液通常用盐水、绍酒、干酒、干红辣椒、红糖等佐料，草果、花椒、八角、香叶等香料，入冷开水浸渍制成。经泡后的烹饪原料，可直接食用，也可与其他荤素原料配合制作风味菜肴。

（一）工艺流程

泡制一般要经过选料、初加工、刀工、制卤、泡制等工序，基本工艺流程见图8–9。

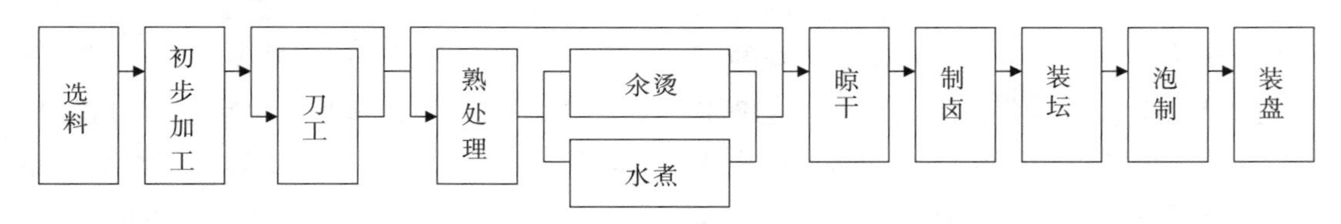

图8–9　泡制工艺流程

（二）技术关键

1. 原料选择与加工

适于泡制的原料很多，主要有茎、根、叶、花、果类蔬菜和部分水果、菌类。从市场上买来的菜品，往往表皮附着泥沙尘土、微生物、寄生虫及残留农药，因此，对用于泡制的原料应特别注意洗涤。特别是嫩姜、青菜头之类的芽瓣或皮层裂痕、间隙处藏着不少污物，更要认真、耐心地反复多次清洗，才能洗净。

在洗涤时要用符合卫生标准的流动清水。为了除去农药，在可能的情况下，还可在洗涤水中加入0.3%高锰酸钾或0.05%～0.10%盐酸或0.04%～0.06%漂白粉，先浸泡10min左右（以淹没原料为宜），再用清水洗净原料。

另外，洗涤时应注意不损伤原料，必要时可用刀削去粗皮、伤痕、老茎和挖掉心瓤后泡制。

2．盛器的选择

泡菜坛又名上水坛子，是我国大部分地区制作泡菜必不可少的容器，其用陶土烧成，口小肚大，在距坛口边缘6～16cm处设有一圈水槽，称之为坛沿。槽沿稍低于坛口，坛口上放一菜碟作为假盖以防止生水侵入。由于泡菜坛子既能抗酸、抗碱、抗盐，又能密封且能自动排气，隔离空气使坛内能造成一种嫌气状态，有利于乳酸菌的活动，又防止了外界杂菌的侵害，因此，使泡菜得以长期保存。

泡菜坛本身质地好坏对泡菜汁水与泡菜有直接影响，故用于泡菜的坛子应经严格检验（见表8–1）。用所述方法，严格选择出符合要求的坛子，按泡菜要求泡出的菜一般质量都较高。泡菜坛子选好后，应盛清水，放置几天，然后将其冲洗干净，用布擦干内壁水分备用。

表8–1　泡菜坛的质量检验

检验项目	检验内容
观型体	以火候老、釉质好、无裂纹、无砂眼、型体美观的为佳
看内壁	将坛压在水内，看内壁，以无砂眼、无裂纹，无渗水现象的为佳
视吸水	坛沿掺入清水一半，将草纸一卷，点燃后放坛内，盖上坛盖，能把沿内水吸干（从坛沿吸入坛盖内壁）的泡菜坛质好，反之则差
听声音	用手击坛，听其声，钢音的质量则好，空响、沙响、音破的质次

此外，根据家庭取材条件，搪瓷盆、玻璃罐、不锈钢盛器等，也可用来泡菜，但必须加盖，保持洁净。这类盛器，一般只宜泡制短时间立即食用的泡菜，若需长期贮存，还需进行杀菌等处理。

研究人员曾对家制泡菜的含铅量做过调查，发现在旧泡坛中腌制的泡菜，含铅量不高，而新坛中的泡菜，其含铅量大大超过国家卫生标准。原因是在菜坛的制作过程中，为保证其表面光洁，不发生渗漏，要在其表面上一层釉彩，绝大多数的釉彩中，都含有铅化合物。由于泡菜水是酸性的（pH在5左右），长期浸泡后，釉彩中的铅会溶出，使泡菜中铅含量大增。如果经常食用这样的泡菜，则会造成铅在体内蓄积影响健康。旧坛已经过多次的浸泡，所以溶出的铅不多。

试验表明，新坛经过稀释的酸浸泡数日后，再腌制泡菜，其铅含量大大降低。因此，为了健康，新买来的泡菜坛，宜先用酸浸泡后再使用。

3．原料热处理

原料的热处理方法主要有水煮、汆烫，不同的原料入锅汆制或煮制的时间和质感要求不同，对于胶质重的原料，刮洗干净后，入水锅煮至五六成熟捞出。为了保持原料色泽白净，煮时只能加姜葱和白酒，以压腥脱去异味，不用黄酒。煮好后，要及时投入凉水中冲漂凉透。鸭鹅掌、鸡爪腥臊味重，水漂处理时，可加入少许白醋和明矾粉末，起脱脂增白、清除腥臊味的作用，在入坛前要用清水冲漂净白矾涩味。

鸭鹅肠、肫肝一定要刮洗干净，刀工处理后，在汆烫至断生即可；而鸡冠需要煮至微烂，腰花要先漂去血水再汆制。这些原料吃口脆嫩，故汆制不能过老。虾、蟹等海鲜以肉质细嫩鲜美著称，在选料上还必须保证其鲜活，入锅氽至断生再沥去余水。

4．泡卤的配制及管理

（1）卤汁的配制是保证泡菜质量的关键　一般情况下，泡菜卤汁的成分包括盐水、佐料和香料3部分，但原料的种类及其比例则因不同地区和不同的泡菜种类而异。

（2）管理好泡菜卤水，对保证泡菜的质量作用也很大　如果管理不好，就会使卤水冒泡、涨缩、浑浓、生霉花、长蛆虫等。要使泡菜水多年不坏，香味长久，应注意以下几点：

① 忌泡含淀粉的菜，如莴苣等。盐能溶解淀粉使盐水混浊，稠度增加，使坛内壁有浆膜层，又因为含盐吸潮就会生霉长毛在坛的内壁，过多的淀粉沉积在坛底，不利于蔬菜对盐的吸收。一年至少将盐水用纱布过滤一次。

② 尽量选用体积大的瓦坛，盐水不能少于2/3以下，夏天应存放在阴凉处，勿使盐水受热。

③ 泡菜同时也要按加菜的比例加盐，盐水生白花时可多加菜入坛使白花溢出，加少量白酒去花。若泡菜水发黏，可全部倒入盆内澄清过滤后再继续泡菜。

④ 坛沿水要经常更换，并始终保持洁净；揭坛盖时，切勿把生水带入卤水内，以免卤水变质；更不可使坛盖四周封口干涸漏气。

⑤ 取泡菜时，要先将手或竹筷洗净，去污垢、去油分、消毒，以免卤水因遭污染而生蛆。

5．装坛泡制

（1）由于蔬菜品种和泡制、贮存时间不同的需要，泡菜装坛的方法大致分为干装坛、间隔装、盐水装坛3种。

（2）荤料泡菜的原料不同，入坛泡制的时间不同。但泡制的时间都不能过长，原料入坛后泡几个小时甚至几十分钟至刚入味就须即刻捞起，否则泡菜的味道就变咸了，口感也不再脆爽。

（3）泡荤料时可荤素同坛泡制　因为蔬菜中的西芹、柿椒、芹菜、仔姜、洋葱、黄瓜条等，都能挥发出自身特有的清芳气味，故加入后能增添泡菜的风味，有的加入适量的水果入坛同泡，能丰富泡菜的口感，但要防止分量过多，品种过杂，改变泡菜原有的风味特色。

（三）成菜特点

质地脆嫩，咸鲜微酸或咸酸辣甜，清淡爽口。

（四）分类

按照泡制的卤汁及选用的原料不同，泡制法可大体分为咸泡和甜酸泡2种。按所泡原料的性质分为素泡和荤泡。

1．咸泡

咸泡，是用以盐、白酒、花椒、生姜、干辣椒、蒜等为主要调味品制成的卤汁泡制原料的方法，成品咸酸辣甜，别有风味。

2．甜酸泡

甜酸泡是用以白糖和白醋（或醋精）为主要调味品制成的卤水来浸泡原料的方法，成品口味以甜酸为主。甜酸泡不必发酵，只要把原料泡至入味即可，保存在5℃左右的冰箱内或阴凉处。若卤汁杂质太多或味不浓，可用锅烧沸，再加入适当的调味品，冷却后继续使用。

（五）代表菜品

如四川泡菜、北京泡菜、酸黄瓜、什锦泡菜、咖喱菜花、甜酸辣泡芹、甜酸辣苹果等。

第三节　卤煮工艺

卤煮是指用一定的汤水对烹饪原料进行烧煮使其成为冷菜的一种烹调方法。根据汤水制作方法及口味的不同，又分为卤、酱、盐水煮、烧焖4种。卤讲究用老卤制菜，卤汤中香料成分较多；酱与卤制法相似，但卤水一般是现制现用，将卤汁收浓，不留老卤；盐水煮成菜色泽淡雅，口味清爽鲜咸；烧焖是热菜之法的变格，不预先制汤，调味品在加热时添加。

一、卤

卤是将加工整理的原料，放入事先制好的卤水中，先用旺火烧开，再改小火浸煮，使卤水中的滋味缓缓地渗入到原料内部，使原料变得香浓酥烂，停火冷却后成菜的一种烹调方法。一般来说，“卤”是一种复合调味制品的总称，许多菜肴在制作过程中需要“对卤”；这里的卤，主要是讲用卤来煮熟原料，是成熟与调味合二为一的冷菜烹调方法。卤制品称卤货或卤菜。

卤菜调味以盐、香料为主，酱油为辅，主要是增加食物的滋味和色泽。烹制好以后，成品要浸在卤水内，让其慢慢冷却，随吃随取，保持香嫩；也可即行捞出，待凉后在原料表面涂上一层香油，防止卤菜表面发硬和干缩变色。

（一）工艺流程

卤菜的风味，由于各地原料和口味的不同而有差异，但卤菜的制作过程却是基本相同的。其一般工艺过程见图8-10。

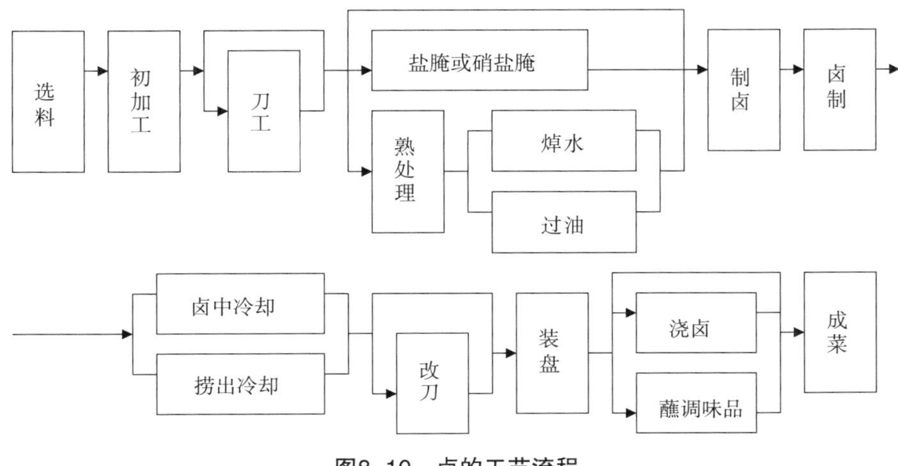

图8-10　卤的工艺流程

（二）技术关键

1. 原料要求

卤菜的原料应新鲜细嫩，滋味鲜美。鸡应选择仔鸡或成年公鸡；鸭应选用秋季的仔鸭；鹅应选用秋后的仔鹅；猪肉应选用皮薄的前后腿肉；牛羊肉应选用肉质紧实、无筋膜的腱子肉，其内脏应选新鲜无异味、无杂质、未污染、有正常脏气味的内脏。

2. 卤制原料的整理加工

卤制原料的整理加工，是做好卤菜的重要一环。原料的整理加工一般包括初加工、分档、刀工等几道工序。这些工序的优劣对卤菜的色、香、味、形有一定影响。

3. 原料的卤前预制

卤制的原料大多数需要经过焯水处理，以除异味，再进行卤制，如家畜的肠、肚、舌等。有些动物性原料，为了使其在卤制后色泽红润、香透肌里、味深入骨，卤制前要经过盐腌或硝腌，如卤牛肉等要掌握好硝腌的用量。另有一部分原料在卤制前必须过油，使菜肴增进口味、丰富质感、美化色泽。如琥珀凤爪，先将洗净的鸡爪焯水，再入热油锅炸，然后再卤制。

4. 卤汁的制法与调理

（1）卤汁的制法　卤汁又称卤汤，第一次现配，用后保存得当，可以继续使用。反复制作卤制品并保存好的卤汁，称为老卤（又称老汤）。再次使用时，适当添加水、香料和其他调味品，一次次使用下去。凡用老卤卤制，又称套卤，制品滋味更加醇厚，有些老店甚至保存有百年以上的老卤。配制卤汁的关键是掌握好投料的比例。

（2）卤汁的调理　卤汁要专卤专用，卤制前要根据卤制的原料和菜肴的质量要求，经常有针对性地调剂好色、香、味。

5. 卤制

（1）卤制时要掌握好卤汁与原料的比例，一般卤法以淹没原料为好，使原料全部浸没在卤汁中烹煮。卤制中要勤翻动，使原料受热均匀，特别是红卤，锅底可垫竹箅之类，以防止粘底煳锅。

（2）卤制品的原料一般块形大，加热时间较长，因此原料下锅后先用旺火烧沸，再改用小火煨煮，以达到内外成熟一致的要求。卤制时，要撇去浮沫，以免污染菜肴。卤制最宜加盖，其火力以保持卤汁沸而不腾为准。

（3）投料的先后次序也要适应　几种不同原料可以在同一锅内卤制，但要根据原料的不同质地及所需要加热时间的长短而先后投料，保证达到成熟一致。如牛肉、口条、鸭子等一起卤制，应先下牛肉，口条次之，鸭子再次之。

6. 出锅装盘

（1）原料卤好后要适时出锅，掌握好这个环节，主要就是在达到色、香、味、形基本要求的基础上，正确判断原料的成熟度。

（2）卤菜的冷却有两种方法：一是将卤制好的成品捞出晾凉后，在其表面涂上一层香油，以防变硬和干缩变色；二是将卤制好的原料离火浸在原卤中，自然冷却，随吃随取，以最大限度地保持卤菜的鲜嫩。

（3）冷却后的卤菜，形状较小的可直接装盘食用，形状较大的要改刀后再装盘食用。也可在切配装盘后，根据食者喜爱，食用时酌放原卤调味，或者将原卤盛入碗里，有选择地酌加花椒面、辣椒面、香油、味精、白糖、鲜汤、葱花、熟芝麻等调味品供浇食或蘸食，以增添卤制菜肴的风味特色。

7. 卤水的保存

制成的卤水，保存时间越长，香味越透，这是因为卤汁中所含的可溶性蛋白质等成分越来越多。再者，香料经常换新，在再次卤新原料时，还要加进调味品，所以，卤汁是保存越久越好。老卤的保存方法，关键在于防止因污染而导致发酵变质。

（三）成菜特点

香透肌里，诱人食欲；滋味鲜香不腻，醇厚隽永。

（四）分类

卤制工艺按所用卤汁的颜色不同可分为红卤与白卤两类。红卤就是用红卤水卤制的方法，其主要调味品有酱油、红曲米、糖色、盐、白糖、料酒及各种香料。成菜色泽深红发亮，口味咸鲜回甜，香气浓郁。白卤，就是用白卤水卤制的方法。白卤不用有色的调味品，一般不放糖，香料的种类与用量也较少，成菜以清鲜见长。

（五）代表菜品

如符离集烧鸡、红卤鸡、卤肫肝、香卤鸭掌、卤鸡蛋、兰花豆干、白卤牛肉、葱油田鸡、白卤鸭、无锡排骨等。

二、酱

酱是将原料初步加工后，放入酱锅（以酱油或面酱、豆瓣酱为主，加其他调味品制成）中，用小火煮至质软汁稠时出锅，晾凉后，浇上原汁食用的一种烹调方法。酱油（有时也用面酱或豆瓣酱）是加工此菜的主要调味品，用量多少直接影响到成菜的质量。

酱和卤者属热制冷吃的烹调方法，其调味、香料大致相同，制法也大同小异，故有人把酱和卤并称“卤酱”。其实，酱与卤从原料选择、品种类别、制作过程和成品风味等方面都有不同之处：① 酱菜选料主要集中在动物性原料上，如猪、牛、羊、鸡、鸭及头蹄下杂一类；卤菜的选料则适应性较强，选择面宽。② 酱制用的酱汁，原来必用豆腐、面酱，现在多改用酱油，或加糖色上色，酱制成品一般色泽酱红或红褐、品种相对单调；卤制菜则有红卤和白卤之分，成品种类多样化。③ 酱菜的卤汁可现制现用，酱制时把卤汁收浓或收干，不余卤汁，也可用老卤酱制，酱制成熟后，留一部分卤汁收于制品上；而卤菜一般都需要用“老卤”，卤制时添加适量调味品，卤制后还需剩下部分卤汁，作为“老卤”备用。④ 酱制菜肴成品除了使原料成熟入味外，更注重原料外表的口味，特别是将卤汁收浓，黏附在原料表面，故口感外表更浓重一些；成菜原料由于长时间浸在卤汁内加热，故成品内外熟透，口味一致。

（一）工艺流程

凡需酱制的原料，一般要用盐、硝腌渍一定时间，再洗去血水和污物，然后切成500～1000g的块，焯水后放入酱汁锅中进行酱制。一般先以旺火烧开，再改用小火煮至原料上色、酥烂为止。酱汁用后可和卤法的卤汤一样保存和调理并长期使用。酱制一般工艺流程见图8-11。

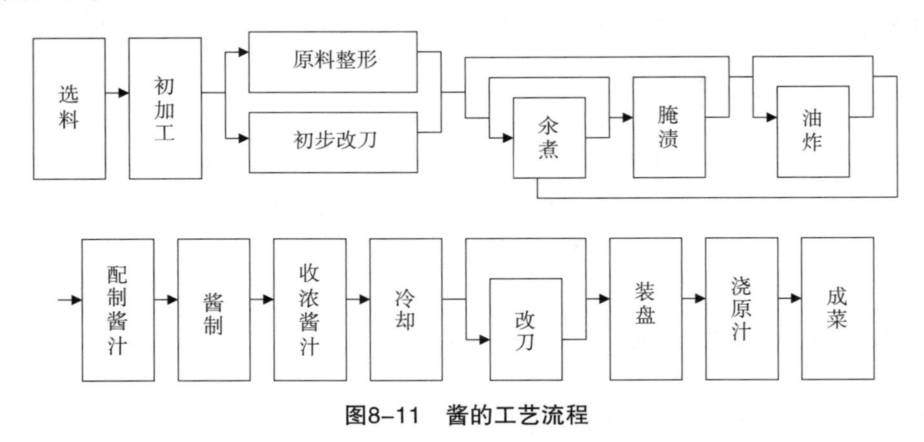

图8-11　酱的工艺流程

（二）技术关键

1．腌制

大多数酱菜要经过腌制（豆制品不需要腌制），即用精盐（如炒过更佳）在原料的表里擦匀或加精盐拌匀，置瓦钵（或瓦缸）内腌渍。有些异味重的牛、羊、狗、野兽及其内脏在腌渍时，除用盐外，还需同时加些白酒、葱、姜等拌匀腌渍，以减轻其恶味。腌渍的时间为1~2d（热天入冰箱）。然后，用清水略漂（洗去一部分盐分），洗净。有的原料在酱制前要经过硝腌，但一定要掌握用硝量，不可追求肉色红、肉质香而盲目多加。这样一则会影响口感，产生一种涩味，二则因硝可转化生成亚硝胺这种致癌物质，多加会对人产生危害。如用炸制，则油温应高一些，炸的时间要短一些，为了颜色更为鲜亮，也可先以少量酱油或甜酒酿汁涂抹原料表皮。

2．配制酱汁

酱法多先配制酱汁，配制时掌握好香料（葱、姜、辣椒除外）、白糖、酱油的用量。香料太少，香味不足；香料过多，药味浓重。白糖过多，酱菜“反味”；白糖太少，酱菜味道欠佳。酱油过多，酱菜发黑，味道变咸；酱油太少，则达不到酱菜要求，体现不出酱菜风味特色。酱菜一般不需加盐，因原料经盐渍后就已经有盐了，加上酱油、豆瓣酱中的盐分，就已有足够的盐了。如盐渍后的原料不用清水略漂还会出现盐分过多（但不宜久漂，不然，成菜的味道变差）。此外，水（或骨汤）的用量还应结合不同的原料和不同的加热时间而酌情增减。

3．掌握好火候

将焯水后的动物性原料或未焯水的植物性原料（豆制品）放入锅内卤汁中，先用旺火烧开，再转小火，保持微沸（否则，卤汁由于强烈翻腾而溅在锅壁上并焦化落入菜肴中，影响菜肴的味和美观），加热的时间要根据原料的质地和大小来掌握。一般蛋类、豆制品约0.5h，嫩的动物性原料1 ~ 1.5h，老的动物性原料2 ~ 3h，原料成熟时，要撇去汤面的油脂和浮沫，用大火收稠汤汁，使原料上色。

4．保存酱汁

酱汁用后也可和卤法的卤汤一样保存和调理，并长期使用，有“百年老汤”之说。

（三）成菜特点

口味浓醇，鲜香酥烂，酱香浓郁；色泽鲜艳，制品有的呈红色，有的呈紫酱色、玫瑰色、褐色等。

（四）代表菜品

如六味斋酱猪肉、天福酱肘子、承德酱驴肉、张一品酱羊肉、五香酱牛肉、酱鸭、酱牛舌、酱鸡、酱狗肉等。

三、盐水煮

盐水煮就是将已经加工整理的原料放入水锅中，加入盐、葱、姜、花椒等调味品（一般不放糖和有色的调味品），再加热煮熟，然后晾凉成菜的烹调方法。水的用量以淹没原料为度。

（一）工艺流程

盐水煮的工艺流程见图8-12。

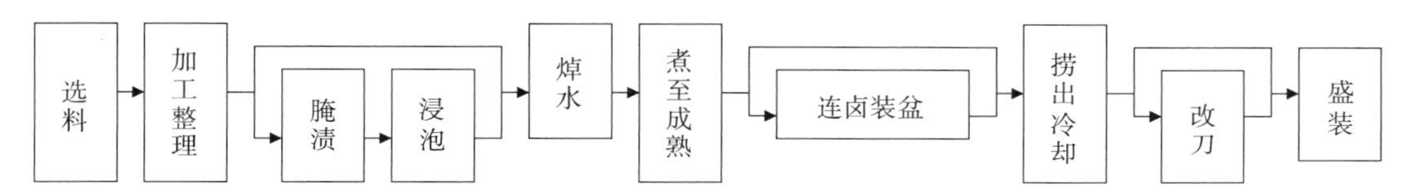

图8-12　盐水煮工艺流程

（二）技术关键

1. 原料选择

盐水煮要选择新鲜无异味、易熟的原料。如虾最好选用鲜河虾，越鲜越佳，如虾不鲜，食时口感绵软，风味不佳。牛羊肉应选新鲜的腱子肉。

2. 初步熟处理

盐水煮的原料在正式煮前一般要焯水，特别是事先经盐腌或硝腌的原料，应浸泡并洗去苦涩杂味或焯水后再煮。菜花焯水时应加点醋精，可防出现黑点。

3. 掌握好放盐的时间及盐量

盐水煮以盐定色、定味，一般要求质嫩的原料，盐不宜早放，最好待原料即将成熟时放入。因为盐是一种电解质，可以加速原料中蛋白质的凝固，延长加热时间，导致原料变色。经过腌渍的原料，一般不需加盐，只放些葱、姜、料酒、香料即可。盐与水的比例要随原料而定，一般500g水加盐25g为宜。

4. 煮制时还要掌握好火候

对一些形小、质嫩或要求保持色泽鲜艳的植物性原料，应沸水下锅，煮至断生即可，如“盐水毛豆”就不易久煮，否则绿色变成黄色，容易散失养分。对体大、质老、坚韧的原料应冷水下锅，先用旺火烧沸，再用小火焖煮成熟，不宜长时间大火烧煮，否则原料质老而韧，不宜咀嚼。

另外要注意，用于盐水煮的锅一定要洗刷干净，否则影响外观颜色，影响食欲。盐水煮不炝锅，不提前制卤。

（三）成菜特点

色泽淡雅，清新爽口；质地鲜嫩，咸鲜味美；无汤少汁。

（四）代表菜品

如盐水牛肉、盐水鸡肫、盐水虾、盐水猪舌、盐水鸭、荔枝白腰子、盐水羊肉、盐水毛豆等。

四、白煮

白煮是将加工整理的生料放入清水锅中，烧开后改用中小火长时间加热成熟冷却切配装盘，配调味品（拌食或蘸食）成菜的冷菜技法。白煮与热菜煮法的主要区别就是在煮制过程中只用清水（有的可加去异味的葱、姜、料酒等），故而得名。

白煮的用料主要是家禽、家畜类肉品，尤以猪肉为最常用的主料。

（一）工艺流程

白煮的一般工艺流程见图8-13。

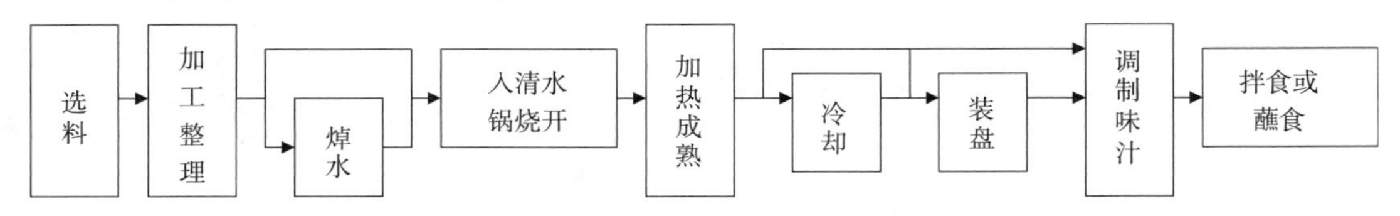

图8-13　白煮工艺流程

（二）技术关键

白煮技法从表面上看，就是将加工整理好的原料放入开水锅中，用中小火长时间煮熟成菜，似乎没有什么技术内容。实际不然，白煮技法从选料到成菜有一系列的严格要求，而且具体操作方法也很细致。主要表现在以下几点。

1. 选料

用于白煮的原料均经过精选，用最优良品种的原料和原料中最细嫩的部位。如白煮肉片选用的猪肉必须是皮薄、肥瘦比例适当、肉质细嫩、体重在百斤左右的育肥猪。宰杀以后，取其去骨带皮的通脊肉、五花肉做原料，才符合白煮的要求。白煮羊头肉所用的羊头也很有讲究，一般都用内蒙古羯山羊头，这种羊头肉厚、质嫩、不膻，成熟后可片成大薄肉片。正是精选了这些原料，煮制时不杂他味，才使得原料的鲜香本味得以充分体现。

2. 原料加工

用于白煮的原料须细致地加工，清除污物和异味。如羊头，就须将其先放入冷水中浸泡2h以上，泡去血水，然后用板刷反复刷洗头皮，刷出白色，越白越好（但不能将皮刷破）；再用小毛刷伸进掰开的口腔中刷洗洁净；继续用小毛刷把鼻孔、耳内的脏物全部刷洗出来。全部刷净后，另换新水冲洗两三遍，方可取出控水待用。洗净后的羊头须从头皮正中至鼻骨处用刀划一长口，熟后从划口处拆骨和切片。白煮肉的猪肉加工，要刷去表面污物，除净细毛，洗涤干净，然后切成长20cm、宽13cm的长方大块，熟制后改刀切片。

3. 水质

白煮技法的独到之处就是突出原料本味。因此，白煮的水质必须洁净，不能让其他杂味混入。白煮的锅具多用透气好、不易散热和污染的大砂锅，水量要多。其目的是：一能保持恒温热量，水温不会发生过高过低的大变化，有利于加热取得应有的效果；二能保持水质不易发浑，让原料在洁净水中受热，成品显得清爽。

4. 火候

冷菜的白煮和热菜的煮法主要区别就在于加热的火力和时间不同。热菜的煮法大都是旺火或中上火，加热的时间较短；冷菜的白煮则是中小火或微火，加热时间较长，根据原料性质而定，一般为1～2h，有的3h。在煮制过程中，必须控制好火力，只让水保持微开状态，水温在90℃左右，中途不能添加冷水，以免影响水的温度恒定。在检查白煮肉的熟度时，多用筷子戳扎，如一戳即入，拔出时无嘬力，即成熟度适当。检查白煮羊头是否成熟，是用手按压羊脸的皮肉，如由下锅时的硬挺变得稍有弹性，再按压羊耳根部，也由硬变软即熟，捞出，再用冷开水浸泡1h左右，使表皮变得脆嫩。

5. 改刀

白煮的原料是整块大料，须改刀装盘才能上桌，因此对改刀的刀口和形状有较高的要求。白煮猪肉改刀切片，要求切得又大又薄、肥瘦相连、不散不碎、整齐美观。一般来说，每块肉片长约20cm，宽约13cm，厚0.10～0.15cm，达到“片薄如纸，粉白相间”的标准。白煮羊头改刀更复杂，要求按羊脸、羊眼、羊耳、羊舌、羊上膛软骨等不同部位用不同切法切出不同的片形。如羊脸、羊舌，均用片刀法切出又大又薄的大坡刀片，羊眼、羊耳、羊上膛软骨等则用立刀直切法切成细薄的片，再按不同部位分别装盘。

（三）成菜特点

白煮的菜肴保有原料纯正的鲜香本味，再配上精细制作的调味品后，就形成更丰美的滋味。白煮肉片的调味品是用上等酱油、蒜泥、腌韭菜花、豆腐乳汁和辣椒油调制成鲜咸香辣的味汁，也可将调味品分别放在小碗上桌，由顾客根据喜好自选调制。白煮羊头的调味品则是将细盐、花椒用微火慢慢焙干。特别是盐既要焙干又不能上色，要保持洁白的本色，然后在石板上研成粉末，再过细筛。最后将盐粉、花椒粉和丁香粉、砂仁粉等香料粉混合一起拌匀，成为特制的鲜香椒盐。食时，边吃边撒椒盐或蘸椒盐吃，具有独特风味。椒盐不能提前撒，否则羊头肉受到盐的渗透作用，会变得软塌无劲，失去脆嫩的特色。

（四）代表菜品

如白煮鸡（也称白切鸡或白斩鸡）、白煮肉（有的称白肉片）、白煮牛肚岭、白煮牛百叶、白煮豆腐等。

五、烧焖

烧焖之法主要用于烹制热菜，但也有一些冷菜是用烧焖之法来烹制的。

烧焖，就是将原料加工成小型的块、片、段等形状，经过油炸或煎、炒，然后加入调料和汤汁，用旺火收干汤汁，最后晾凉装盘的冷菜制法。

（一）工艺流程

烧焖的一般工艺流程见图8-14。

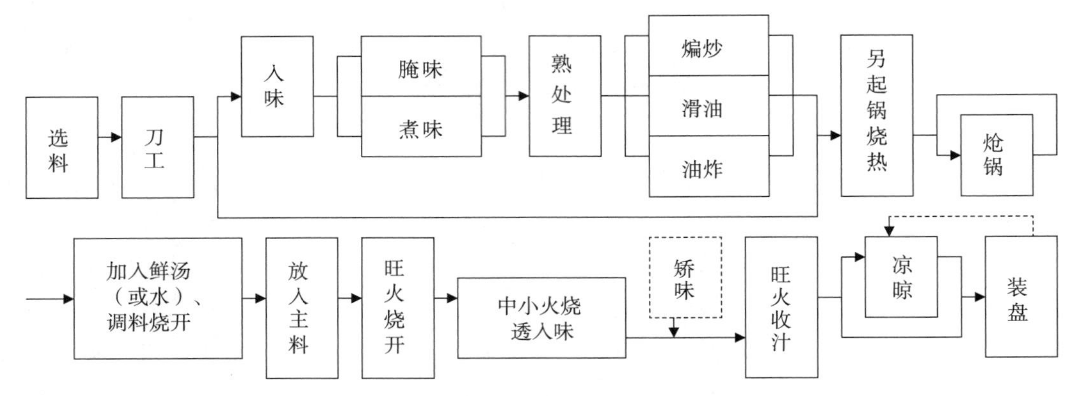

图8-14 烧焖工艺流程

（二）技术关键

1. 原料选择

冷菜的烧焖制法适用于鸡、鸭、鱼、虾、猪肉、排骨、牛肉、兔肉、豆制品等，但应注意选择鲜度高、细嫩无筋、肉质紧实无肥膘的原料。鸡鸭要选用公鸡、公鸭或成年鸡、鸭，不宜用老鸡鸭或母鸡鸭；鱼要选用肉多、质嫩、无细刺的新鲜鱼。原料成形不宜过大，一般以丝、条、片、丁、块、段等形状为主。

2. 初步熟处理

原料一定要经过油炸或煎、炒，以去掉部分水分，便于油脂和调味品渗入。用油一定要用植物油（最好用菜子油，其次为大豆油、花生油），而且要炼熟后使用。不用混合油，更不能用猪、牛、羊油；否则，菜肴晾凉时油脂凝结使菜肴失去光泽。炸（或煎、炒）时要掌握好油温、火候，控制原料色泽的深浅。

3. 调味

有的菜肴在烹制前要码味，主要的调味品有精盐、酒、酱油、葱、姜等，不能用白糖、饴糖、蜂蜜等糖分重的调料。码味时应注意颜色不宜过深，口味不能过重。烧焖的调味品及汤汁应一次加足，中途不宜再加，特别要注意有色调味品（酱油、糖色）的使用。

4. 烧焖

这是一个重要环节，它起着菜肴复合味和使原料回软滋润的作用，关系到菜肴的色泽、香味、质感。一般汤量以刚没原料为准，但汤量的多少也不能一概而论，炸老了的原料应汤多一点，反之则少一点；质地嫩的汤少点，如鱼虾，而质老的原料如牛肉则多些。在烧焖过程中主要用小火，原料焖透入味后要用旺火将汤汁收干，不要勾芡。

5. 晾凉

烧焖菜肴，冷吃热食各有风味。冷吃最宜静置3～4h，渗透入味。

（三）代表菜品

如油焖春笋、陈皮牛肉、香油草菇、芝麻肉丝、酥鲫鱼等。

第四节　凝冻工艺

一、定义

凝冻工艺是将含胶质丰富的动、植物性原料进行加热水解成胶体溶液，然后自然冷凝或与其他烹饪原料一起冷凝成菜的冷菜烹调工艺。凝冻的制法较为特殊，运用煮、蒸、滑油、焖烧等方法或其中的某些方法成菜，冷却后供食用。

二、原料要求

冻制菜肴应选择鲜嫩、无骨、无血腥的原料，而且刀工处理要细小些，一般以小片状为多，主要有肉类（如鸡、排骨、猪皮、脚爪等）、鱼虾类、蔬菜类及水果类等。一般夏季多用含油脂少的原料，如鸡、虾、鱼、水果等；冬季多用含油脂多的原料，如羊羔、脚爪等。

三、成菜特点

色泽鲜艳，形状美观，图案清晰；口味有咸、甜两种；质地软嫩滑韧，清凉爽口，有的入口即化，为夏季时令菜式。

四、技术关键

（一）胶体溶液的熬制

用于熬制胶体的原料主要有猪肉皮和琼脂两种。

1．皮冻汁的熬制

选择洁净、无异味、无残毛、质地细密的猪皮，以脊皮（脊柱两侧的皮）和后腿皮为上品，因为这两个部位的皮胶质成分重、皮厚、质地细密结实。将选择好的肉皮用镊子夹去残毛，片尽肥膘，然后放在热水中反复刮洗，去尽油脂和污垢，再放入清水中加葱、姜、料酒，用小火煮熟。将煮熟的肉皮捞出洗净后切成4cm长的薄片（便于胶原分子受热溶成明胶），放入清汤中（以保持成菜色泽晶莹透明。不能用毛汤，否则冻汁因渣质太多而混浊。没有清汤时，可用清水代替），加入焯水后的鸡鸭脚、鸡腿骨（增加冻汁的鲜味及浓度），用小火长时间慢熬，保持汤面沸而不腾（大火剧烈沸腾，易把汤汁冲干，胶质不易溶出，使汤汁混浊），一直熬至肉皮软烂不能受力时，冻汁即好，再用纱布过滤即可。

2．琼脂汁的熬制

在熬制琼脂前，一般要先将琼脂浸泡在冷水里（使其充分吸水溶涨以便于加热后迅速溶化），涨大后，放在铝锅中再加水熬制一段时间，琼脂便慢慢溶化了。

为了保持冻制菜肴的清澈透明，在熬制冻汁时，采取蒸的方法比煮更好。由于蒸汽温度高于沸水温度，故蒸法所需时间短，生胶质可很快地水解溶出；同时，蒸法避免了水煮时沸腾产生的振荡，使分子之间丧失碰撞的机会，因此保持了胶体的清澈。

另外，应掌握好胶体溶液中水分的含量。一般讲，当胶体溶液中所含动物胶的量达到

1%～5%时，冷凝即可成形，并且含量越高，温度越低（不低于0℃），冷凝得越坚实。当胶体中含植物胶素达0.2%～1%时，冷凝即可成冻。检验胶体溶液浓度的方法是：取一滴黏液滴在指甲上，如果很快凝固成坚牢、晶亮、弹性好的固体，说明冻汁熬好了；如果没有凝固或凝固了但没有弹性，说明胶液中水分过多，这时应该继续加热使一部分蒸发。如果凝固成很硬没有弹性的固体，这说明水分少了，需加些水再熬。将熬好的冻汁逐渐冷却，整个溶液便慢慢形成凝固态的物质。

（二）原料的搭配及口味的确定

动物胶中的胶原蛋白质属不完全蛋白质，人体对其利用率极低，它不能维持人体的正常发育和健康。琼脂中的植物胶素是糖琼脂和胶琼脂的混合物，食用时不能被酶分解，也不能被机体吸收，几乎没有什么营养价值。因此，单独利用含动物胶或植物胶的原料加工胶冻，不宜单独制成菜肴，应与其他原料组合搭配。

含动物胶素的胶体溶液，尽管经过精心漂洗、添加香料和长时间蒸煮，但在胶体溶液中不可避免地还含有脂肪、氨基酸及各种原料本身的气味及异味等，因此不宜和植物性原料凝结在一起。从蛋白质的互补作用来说，含动物胶的胶体溶液应多与含完全蛋白质较多的肉类原料冷凝在一起，以起“取长补短”的作用。另外，含植物胶素的胶体溶液也应多与含各种维生素丰富的水果类、蔬菜类、果仁类原料冷凝在一起，因为水果蔬菜中的酶（尤其是蛋白酶）对动物胶素极敏感。蛋白酶是一种有活性的、起催化作用的蛋白质，它能使动物胶素失去冷凝的能力，即使再好的皮冻对植物性原料也不起作用。

冻菜的口味大致有咸味和甜味两种。一般地讲，皮冻汁多用来制作咸味冻，也可以用于制作甜味冻（注意熬冻的水不能加味，最好用清水），但其色、味上均有影响，不如用琼脂制作甜味优越。为了丰富口味，在上菜时还可根据食者的口味佐以各种冷菜复合味，用淋汁或蘸食的方法食用。

（三）冷凝的温度

胶体溶液凝固的好坏与温度有直接关系。动物性胶体溶液在30℃左右时，其胶原蛋白分子活动比较激烈，分子之间的连结迟缓，因此胶体溶液结冻就慢。在低于0℃条件下，胶体溶液的温度越低，分子活动越慢，胶体溶液凝固越迅速。在温度低于0℃时，由于胶体中水分的冻结力大于胶原蛋白质分子之间的连接力，破坏了胶原蛋白分子所组成的网状结构，使其对水的亲和力削弱，以致网中的水分破网而出，自由结合流动形成许多小水滴，进一步被冻结为冰渣。因此，胶汁冻结的温度在接近0℃时最为理想。有的厨师在胶汁未冷却时，就将其放在冷柜中急冻，这种急于求成的作法，其结果适得其反。

据测定，1%的琼脂在35～50℃时可凝固成为坚实的凝胶。

（四）凝冻成型

冻制菜肴的成型方法常见的有以下三种：

（1）将原料与冻汁混匀，然后倒入平盘中冷却，经刀工改成块状装盘。

（2）分层制作　待先入模的一层冷却至十分稠厚时，再加上后入模的一层冻汁，此法可制作许多层叠起的菜肴。

（3）特殊造型法，可制作出花型众多的皮冻食品　先将稠厚的冻汁放入器皿中量一定厚度，然后将加工的主料放在这层冻汁上。一般要拼摆出一定的造型，然后再轻轻倒入另一部分浓稠的冻汁，冷却后脱模而成。

（五）制作冻菜必须忌油

冻制冷菜的特点是爽口滑嫩，韧而鲜洁。如果有油必使冻体发腻，失去冻制菜肴的风味，使菜肴逊色。特别是原汁冻体与皮冻汁，由于动物肉体与表皮机体中都含有脂肪，在加热过程中会溢出，一部分和水混合成为乳胶状，饱和部分则漂浮于汤液之上。浮于汤液之上的脂肪并不能与冻体结合为一体，所以必须在冻体凝聚时将汤液上的多余脂肪滗出，这样才能保持冻体的爽滑明亮清口。在装配定形时，一切固定形态的盛器都不需涂油，因冻体中没有淀粉糊精的成分，不会粘住盛器。

五、分类

根据操作方法的不同，可分为原汁冻、混合冻、配料冻和浇汁冻。

（一）原汁冻

原汁冻就是直接利用主料所含的胶质，经较长时间熬、煮水解后，再冷却凝结而成菜的方法。如江苏镇江“水晶肴蹄”、四川“绿豆冻肘”和民间常见的肉皮冻以及冬季的鱼冻等。其一般工艺流程见图8-15。

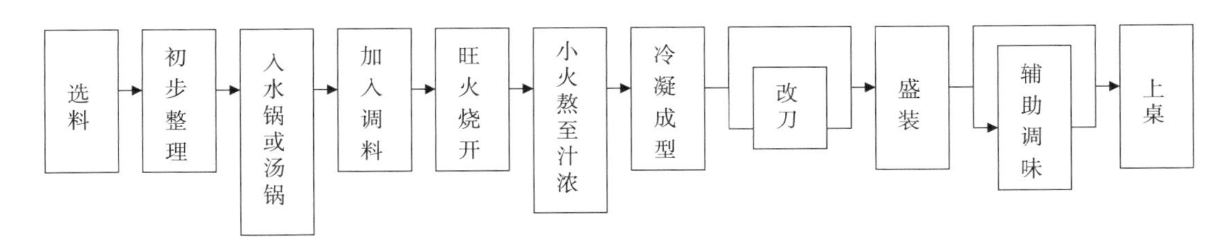

图8-15　原汁冻一般工艺流程

（二）混合冻

混合冻就是在胶质原料加热成冻汁的过程中，冲入液体状原料搅匀，使原料成熟后均匀混合在冻汁中，然后调味，冷却成形后成菜。当然，在成菜时也可加入固定形态的原料点缀菜肴的色、味，使其更有特色。常用的原料主要是鸡蛋、花生酱、豆酱等。代表菜品如木樨水晶冻、冻肉糜、杏仁豆腐等。

（三）配料冻

配料冻就是将原料经过熟处理后，与猪皮、食用果胶、明胶或琼脂待胶质添加料一起蒸煮，然后冷凝成菜的一种方法。

还有一种方法，是将经过刀工处理和熟处理（晾凉后）的丝、片、丁、条和花形原料冷透后加入熬好的冻汁中，待冻汁晾凉而成菜。原料熟处理的方法主要有焯水（多用于植物性原料）、水煮（动物性原料中的鸡、鸭、肚、肉等）、码芡水滑（用于鱼、虾等细嫩的、水分含量重的原料）。这类菜肴讲求造型，需要一定的制作工艺。一般加原料的时机掌握在冻汁冷却至十分稠厚，黏度很大，但又没凝固时。此时加入原料，由于冻汁的黏力很大，不可能随意上浮或下沉，而是带有定向性。加入的配料与冻填混匀后，就能很快冷却，成形美观均匀。如果在冻汁温度较高时加入原料，冻汁不能在短时间内变冷凝固，原料不是上浮就是下沉，达不到分布均匀的效果。

代表菜品如潮州冻肉、琥珀蹄冻、冰冻水晶全鸭、冻虾仁肉圆、三色水晶冻等。

（四）浇汁冻

浇汁冻就是把冻汁当作胶凝剂，利用成冻后的感官特征而制成的系列“水晶”菜肴。其方法是：将主料煮至软熟后去骨，装碗淋入冻汁，冷透后翻碗而成。代表菜品如水晶鸭掌、冻鸡、什锦水果冻、五彩羊糕、桃子糕、水晶虾仁等。

第五节　粘糖工艺

将糖液粘挂在经过加工整理的原料表面而成菜的工艺称为粘糖工艺，它主要包括上一章讲过的蜜汁、拔丝以及下面将要讲到的挂霜、琉璃等方法。这些方法实际上应用的是蔗糖的性质和熬糖过程中的物理化学变化。据测定，蔗糖在加热的条件下，随温度升高而开始熔化，颗粒由大变小，进行水解，生成转化糖（果糖+葡萄糖）。当温度上升到100℃时，与水融合一体，形成黏透明液，此时是制作蜜汁菜肴的最佳温度。当温度上升到110℃时，锅中泛起小泡，当糖的加热温度为120～125℃时，投入主料，这时就会在原料表面形成白细的结晶，这就是烹制挂霜菜肴的最佳温度。继续加热至130℃时，缓缓形成大泡，当加热到160℃时，蔗糖由结晶状态变为液态，黏度增加，当温度上升到186～187℃时，蔗糖骤然变为液体，黏度较小，这是拔丝菜的最佳投料温度。但此时不出丝，当温度下降到100℃时，糖液逐渐失去流变性，开始变得稠厚，有明显的可塑性，此时借助于外力作用，便可以出现缕缕细丝，这是制作拔丝菜的关键。如果温度继续下降，蔗糖由半固体变成浅黄棕色的、无定性的琉璃体，这就是人们常称的“琉璃菜”见图7-37。

一、蜜汁

（一）定义

蜜汁，是将白糖、冰糖或蜜在适量清水中溶化，与主料融合一体，并渗透于主料而制成的带汁甜菜的烹调方法。

（二）工艺流程

蜜汁冷菜的具体操作方法有三种：

一是将原料经过熟处理，然后糖和水或其他调味品熬至发稠，再与原料混合一起，出锅晾凉即可。

二是先将糖和水或其他调味品熬好，直接浇在经过熟处理的原料上，晾凉而成。

三是将经过熟处理的原料与糖、水或其他调味品一起熬煮或蒸至糖汁收浓起泡，晾凉而成。

（三）成菜特点

黏稠似蜜，香甜可口。

（四）技术关键

（1）蜜汁冷菜的用料，除水果、干果、蔬菜、肉类外，还有银耳、鱼唇、燕窝、哈士蟆等山珍海味；

（2）熬糖要控制好火候，防止熬焦、熬烂或熬不到火候；

（3）糖浆的黏度要适当，不出丝；

（4）其甜度以能表现出原料本身的滋味为准，不要使食者感到发腻。

（五）代表菜品

如蜜汁排骨、蜜汁白果、蜜汁马铃薯条等。

二、挂霜

（一）定义

将加工预制的半成品或熟料放入熬好糖浆（较拔丝糖浆略浓）的热锅内，挂匀糖浆，取出迅速冷却，使表面泛起白霜的成菜技法。

（二）工艺流程

将经过刀工处理的原料挂糊，然后入热油锅中炸制成熟，呈金黄色。另起锅熬糖，待糖中的水分基本熬尽时投入主料，裹匀糖汁取出，冷却，待表面凝结成一层糖霜（有的在挂糖浆后放在白糖中拌滚，使之再粘上一层白糖）即可。一般工艺流程见图8–16。

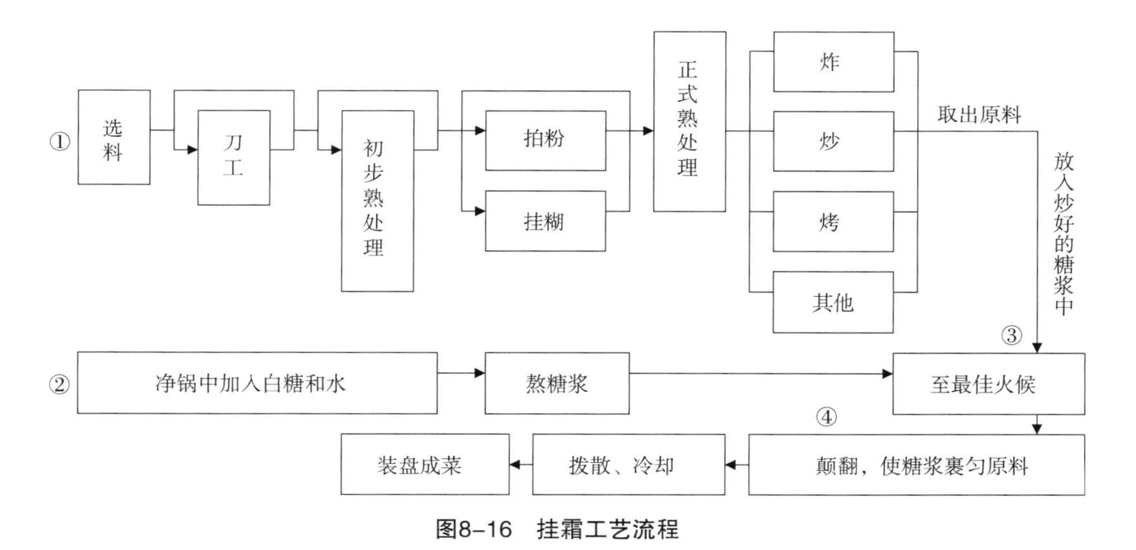

图8–16　挂霜工艺流程

（三）技术关键

1. 选料加工

选用新鲜、无虫蛀、不变质的原料。原料加工时去皮、除核，清洗干净。原料成形以块、条、片、段、粒和自然形状为主。

2. 初步熟处理

初步熟处理的方法一般有过油（过油又分为挂糊炸和不挂糊炸）和烘箱烤熟。有的在过油前还要经过焯水，有的要蒸软制成形后再用油炸，还有的在制成后再拍粉油炸等。油炸要外酥里嫩或外脆里糯，这样配合糖霜的质感，菜肴才有风味特色。油炸后的原料，一定要沥干油分。

3．熬制糖浆

首先用具必须洁净。在炒糖汁之前要将锅及用具用碱水洗刷干净，再用清水洗净，不能带油腻和污垢。其次要掌握好坯料与糖和水的比例。糖溶液的浓度在75%以上为佳，但又不能太浓。一般来说，500g坯料，用白糖300g、清水100 g炒成的糖汁较适度。第三要掌握炒糖汁的操作方法。炒糖汁一般火力要小而且集中，火面最好小于糖液的液面，使糖液由锅中部向锅边沸腾；否则会影响色泽，导致制霜失败。第四要掌握好炒糖汁的老嫩程度。火候偏大，糖汁偏老，原料会粘糖不均匀或粘不上糖；火候小，糖汁偏嫩不易结晶，原料回软影响效果。掌握糖汁老嫩程度有五种方法。

① 观察糖泡法：锅内糖液产生的水泡，由少到多、由大变小，并逐渐变为小而均匀的气泡（习惯称为“鱼眼泡”）时，糖汁老嫩适度。

② 观察糖汁的浓稠度：随着锅内温度的升高、水分的挥发，糖汁由稀变浓稠，并有黏稠感觉时即可。

③ 挂牌法：用锅铲将糖汁舀起，向下倾倒糖汁呈似流非流的半流体，并在锅铲的边缘呈现大形薄片时即可。

④ 观察水蒸气法：在熬糖汁的过程中，可以看到水蒸气的挥发由多到少，逐渐没有水蒸气逸出时即可。

⑤ 观察温度计法：根据大量的实践证明，糖汁的温度是120 ~ 125℃时，糖汁可以返砂，效果最佳。

以上五种方法最好结合起来运用，制作挂霜菜肴就比较容易了。

4．掌握投入原料的时机

糖汁离火口后，让其热气稍有散发，投入原料快速炒匀，动作要快，开始返砂时，翻炒要轻、慢，使原料不成团块，这样操作，可以避免原料因热气多而回软，成菜不酥，达不到成菜要求的后果。

（四）成菜特点

挂霜菜色泽洁白似霜，形态美观雅致，口感油润、松脆、干香。挂霜法在有些地区被称为“返砂”、“粘糖”等，有的因挂霜菜的技术不易掌握就不熬糖浆，只在主料上撒上糖粉，也似白霜，它的外观和口感比用熬糖制成的挂霜制品相差甚远。近年来，有些地区在熬糖浆时加入杏仁霜、果珍、奶粉、咖啡、巧克力等，丰富了这种技法的品种和风味。

（五）代表菜品

如挂霜桃仁、挂霜荸荠、雪花马铃薯、挂霜莲子、挂霜丸子、挂霜排骨、粘糖羊尾等。

三、琉璃

（一）定义

将加工预制的半成品原料放入能拔出糖丝的糖浆中，挂匀糖浆，盛入盘内，用筷子拨开，晾凉成菜的技法。琉璃法主要用于制作甜菜，裹在原料上的一层糖浆经晾凉冷凝结成香甜的硬壳，呈现透明棕黄的色泽，类似“玛瑙”和琉璃，通常称为琉璃甜菜。此法多见于黄河流域一带，以山东为常用。

（二）工艺流程

将原料加工成一定形状后，视其性质有的须挂糊（如琉璃肉）、有的拍粉后抓浆（如琉璃苹果）、有的先经焯水（如琉璃桃仁）、有的则不需作任何处理，然后过油至熟；另锅熬糖汁，熬时火力要控制适度，动作要快，防止糖汁过火而出现苦味；糖汁熬成即把原料放入炒勺，使每块料都均匀裹上糖液，倒在案板上或大盘中，用筷子拨开，晾凉即成。一般工艺流程见图8-17。

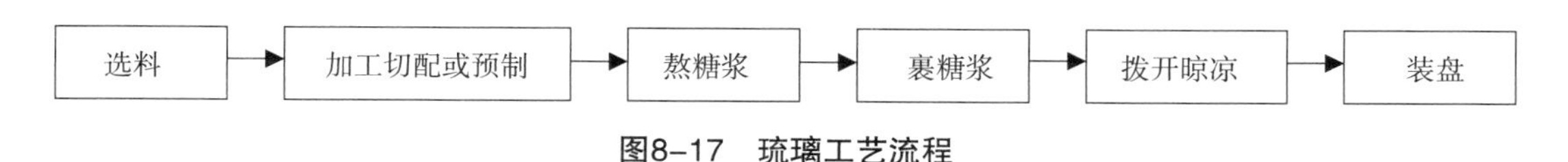

图8-17　琉璃工艺流程

（三）技术关键

（1）熬制的糖浆要到可以拔出糖丝的程度，欠火或过火，都会影响成品的琉璃色泽和透明度，口感也差。

（2）原料挂浆后应立即倒入洁净瓷盘内，迅速用筷子拨开，不使互相黏连，然后放在通风处晾透，见原料表面均匀结成一层棕黄色泽、晶莹透亮的琉璃硬壳即可上桌。

（四）成菜特色

琉璃菜外壳明亮，口感酥脆香甜。其粘裹的糖浆与拔丝糖浆一样，因是晾凉供食，故没有拔丝热吃的那样满桌飞丝的情趣。

（五）代表菜品

如琉璃红枣、琉璃苹果、琉璃莲藕、红果梨丝、琉璃白肉等。

关键术语

（1）冷菜（2）拌（3）炝（4）腌（5）泡（6）糟（7）醉（8）卤（9）酱（11）盐水煮（11）冻（12）蜜汁（13）挂霜（14）琉璃

问题与讨论

1. 制作冷菜为什么要特别注意卫生要求？其主要要求有哪些？
2. 冷菜烹调方法应如何分类？
3. 炝与拌、卤与酱有何异同？
4. 用泡菜坛制作泡菜时，既要加盖，还要用一圈水来封口，你能推测其中的科学道理吗？
5. 比较腌、泡、糟、醉这4种方法有何异同。
6. 有些教材上所说的“炸收”“卤浸”是什么意思？它们属于本教材中的哪种方法？
7. 蜜汁、挂霜、拔丝、琉璃之间有何关系？其基本原理是什么？

8．炸、炒、烤、熏、蒸等烹调方法既可制作热菜，也可制作冷菜。在制作热菜和冷菜时，这些方法分别有何异同？

实训项目

1．拌、炝工艺实训
2．腌、醉、糟、泡工艺实训
3．卤、酱、煮工艺实训
4．凝冻、蜜汁、挂霜、琉璃工艺实训

第九章 菜肴造型与盛装工艺

教学目标

知识目标：

（1）了解菜肴造型的原理和形式

（2）熟悉菜肴造型的艺术规律

（3）掌握菜肴盛装点缀的基本原则和方法技巧

能力目标：

（1）能设计造型优美的冷菜和热菜

（2）能对常见菜肴进行点缀和装饰

（3）培养和提高对菜肴的鉴赏能力和审美创造力

情感目标：

培养高尚的审美情趣，进而激发对烹饪事业的热爱

教学内容

（1）菜肴造型的基本原理

（2）菜肴造型的艺术形式

（3）菜肴造型的基本工艺

（4）菜肴的盛装工艺

（5）菜肴的装饰工艺

案例导读

食品造型师按小时收费

翻开一本美食杂志，首先抓住眼球的，就是那些充满视觉冲击力的美食图片。

无论是热气腾腾的海鲜意粉，还是色彩缤纷的日本寿司，或是绵密浓郁的芝士蛋糕，虽然都只是些图片，但其丰富的色彩搭配和构图，足以让人食指大动。能拍出如此诱人的美食图片，摄影师功不可没，但别忘了还有一位幕后英雄——食品造型师。

在国内，这是近两年才刚刚兴起的一种职业。食品造型师（foodstylist），顾名思义，就是给食品进行美化和造型的专业人员。他们用自己的双手为食品打造出尽可能自然完美的状态，以激发摄影师的灵感，拍出理想的照片。

作为新兴职业，国内的食品造型师大多属于“半路出家”，比如原先是厨师或者摄影师。如何拗出最美的造型，全凭个人的审美和日积月累的经验，而不像国外的食品造型师，大多经过系统专业的课程培训。

食品造型师李健伟入行前，曾做了八、九年的酒店西餐厨师。被问及做食品造型，跟他做厨师时对菜肴进行装盘有什么异同？李健伟说，太不一样了，“在餐厅制作菜肴，同一道菜，必须有统一的造型，只有在开发新菜时，才需要构思新的摆盘式样”。但做食品造型，要的就是别致的装盘。他表示，“最好的美食造型，是要摆出食欲，但要遵循一条原则：食品本身是什么样就让它呈现出什么样”。

为一道菜做造型，根据难度系数的不同，耗时也有很大差别。“有时候，一个小时足够，但有时候，需要耗上一整天”。

正因为难，食品造型师是按小时收费，高时日收入能达到万元。

菜肴作为一种特殊的商品，在厨房烹调好以后必须盛装在一定的器皿中才能上桌供人食用。一盘造型美观、装饰精致的菜肴，可以刺激人们的食欲。如果菜肴被胡乱地放在盘中，就会既无特色也枯燥无味；如果盘子的大小和菜肴的量不相符，就显得“不修边幅”。

作为烹调师，必须使客人对你所烹调的菜肴感兴趣，为你制作的菜肴而激动。顾客在饮食时不仅仅注重菜品的香、味、质等，还注重菜品的色、形。而菜肴的色、形是否美观，除了与刀工、配菜、加热、调味等有关外，与造型和盛装技巧也有很大关系。一般认为，菜肴的精致来源于刀工，菜肴的口味取决于烹调，菜肴的美化依赖于盛装。因此菜肴的盛装是产品的包装，是演员出场的化妆，是评判菜肴质量的一项指标，也是体现厨师精湛厨艺的一个重要方面。

第一节　菜肴造型的基本原理

一、菜肴造型的形式美法则

菜肴造型中使用的形式美法则，一方面是人们对过去经验的总结，带有规律性；另一方面，由于社会在不断发展，这些形式美法则也在不断得到丰富和完善。在菜肴造型中，有时我们仅运用一种原理去制作某一菜肴是不够的，这需要运用多种原理、法则去指导实践，并在运用这些原理、法则时，从实际需要出发，灵活而又顺乎规律地去运用这些原理、法则。只有把美的规律与实际需要结合起来，与审美的需要，以及不同地区、不同民族的需要结合起来正确运用，才可能创作出美的造型。

（一）多样与统一

所谓多样，是指将性质相异的东西并置在一起，造成显著的对比感觉，其特点是生动活泼、有动感，但处理不好，又容易杂乱。所谓统一，是指将性质相同或类似的东西并置在一起，造成一种一致的或具有一致趋势的感觉，其特点是比较严肃、庄重、有静感，但处理不当，也容易单调、死板。

在菜肴造型中，最忌呆板、单调。要“乱中求整”、“平中求奇”。在统一中求变化，变化中求统一，达到统一与变化的完美结合，使菜肴造型既优美而又不落于俗套。

（二）对称与平衡

所谓对称，也称均齐，就是以盛器的中心线或中心点为轴，在其左右、上下或周围配置等形、等量的烹饪原料组合形体使其互相对称。对称又分绝对对称、相对对称、逆对称、多面对称数种。同形、同量、同色的互相对称的组合形体称绝对对称；不同形、不同色，但量相同或相近的组合形体称相对对称；形相同而方向相反的组合形体称逆对称；在中心点四周配置三个以上相同组合形体的称多面对称。在菜肴造型中运用对称规律，可达到庄重、平稳、宁静的效果。对称在菜肴造型中应用非常广泛，其形式有左右对称、上下对称、斜角对称和多面对称等。

所谓平衡，是指组合形体以盛器的中心线为轴或支点两侧的等量、不等形的平衡关系。平衡的特点和对称形式相比，较为生动活泼和富于变化，很难掌握恰当。因为平衡仅是一种感觉，主要依靠经验来把握，而不能用数理的方法来计算。

对称好比天平，而平衡则好比天平的两臂。在菜肴造型应用中，对称和平衡常常是二者结合运用。

（三）重复与渐次

重复是有规律的伸展连续，是菜肴造型中的一种组织方法，它是将一个基本纹样进行上下连续或左右连续，以及向四面重复地连续排列而形成连续的纹样。渐次是逐渐变动的意思，就是将一连串相类似或同形的纹样由主到次、由大到小、由长到短、由粗到细地排列。渐变的形式很多，有空间的渐变，如方向、大小、远近以及轻重等。一般是渐变的过程越多，效果越好。另外，还有色彩的渐变。在色彩上，由浓到淡或由淡到浓的渲染也是一种渐变，如黑色渐变成白色、红色渐变成绿色、黄色渐变成蓝色等。在菜肴造型中根据设计要求做不同处理，如能运用烹饪原料本身的色泽渐变，就会大大增加造型的光彩。

（四）对比与调和

对比是把两种不同的形、色、线等摆放在一起，即指的圆、方、大、小和色彩的明暗、深浅以及线条的粗细、曲直等的互补。调和，是把同一或类似的形、色、线等组织在一起，广义上是指适合、舒适、完整等概念。在菜肴造型中，常采用以调和为主、对比为辅的手法处理色彩关系。如喜鹊登枝，把喜鹊置于梅树上是很合适的，而置于其他树上就欠妥了。同样道理，把鸳鸯戏水的图案运用在结婚宴席上是妥帖的，但若将此用在祝寿宴席上就欠妥了。

（五）节奏和韵律

节奏是一种有规律的周期性变化的运动形式，它往往伴有规律性的变化以及数量、形式或大小的增减。韵律是从节奏中体现出来的，它可以是渐进的、回旋的、放射的或均匀对称的。节奏和韵律是不能分割的统一体。菜肴造型的图案必须具有节奏和韵律感，应该避免那种杂乱、臃肿、空旷、平淡的构图现象。菜肴造型的几何形构图方法可分以下几种韵律：向心律就是向着圆形或椭圆形的中心，有节奏地从外往里排列，其陪衬物应摆放在中心；离心律就是以圆形或椭圆形的圆心为中心，由里向外有节奏地放射，陪衬物应摆放在外圈；回旋律就是从外缘开始向内作旋转上升的构图方法。

（六）尺度与比例

尺度是一种标准，是指事物整体及其各部分应有的度量数值。形象地说则是“增一分则太长，减一分则太短”。比例是某种数理关系，是指事物整体与部分以及部分与部分之间的数量关系。菜肴造型是在特定的盘子里，因此尺度比例尤为重要。菜肴造型的尺度比例，主要是从“似”的角度，强调造型形象摹拟客观事物的艺术真实性，但是这不是唯一的表达形式。为了更有力地表现造型形象，有时需要刻意地去破坏事物固有的比例关系，追求“不似而似之”的艺术效果。

二、菜肴造型的主要途径

（一）通过原料的自然形态造型

即利用整鱼、整虾、整鸡、整鸭，甚至整猪（烤乳猪）、整羊（烤全羊）的自然形状，加热后的色泽来造型。这是一种可以体现烹饪原料自然美的造型。

（二）通过刀工处理来造型

即利用刀工把原料加工成各种美观的丝、末、粒、丁、条、片、段、块、花刀块，使这些原料成为大小一致、粗细均匀、花刀美观的半成品，用于菜肴的造型。

（三）通过模具来造型

将原料采取特殊加工方法制成蓉后，将泥蓉打上劲，灌入模具定型，成为具有一定造型的菜肴生胚，再加热成菜。

（四）通过手工造型

将原料加工成蓉、片、条、块、球等，再用手工制成“丸子”、“珠子”，挤成“丝”、“蚕”，编成“辫子”、“竹排”，削成“花球”、“花卉”，或用泥蓉、丁粒镶嵌于蘑菇、青椒内，使原料在成菜前就成了“小工艺品”。

（五）通过加热来定型

原料在加热过程中，通过人为的弯曲、压制、拉伸来定型，或加热后用包扎、扣制、加压来定型。通过热处理后，不仅使原料成熟，成为一定风味的菜肴，而且使菜肴的形状确定下来。

（六）通过拼装来造型

将两种以上的泥蓉状、块状、条状、球状等菜肴经过合理的组合，使菜肴产生衬托美、排列美。

（七）通过容器来造型

一是选用漂亮合适的容器来盛装菜肴；二是用面条、土豆丝等来制作盘中盘来盛装菜肴；三是选用瓜果原料，挖掉瓤子，并在表皮刻上花纹和文字变成容器，成冬瓜盅、南瓜盅来美化菜肴。

（八）通过点缀围边来造型

点缀围边是菜肴制作的最后一关，也是最能体现美化效果的一道工序。用蔬菜、瓜果进行各种围边点缀，给人以清新高雅之感。

知识链接

菜肴的形式美

菜肴的形包括原料的形态、成品的造型或图形等外观形式。

原料的形态，主要是刀工处理后的结果，如条、丁、丝、片、块、粒、蓉、段和各种不同的花刀等效果。刀工处理主要是为了烹调的要求，但与此同时也形成了不同的原料形态，这对于美化菜肴也起到一定作用。如原料加工后的整齐划一、粗细相等，厚薄均匀、长短一致等，在形成菜肴后就能有一种外形上整齐、清爽的美观。又如经各种花刀处理后的原料在烹调受热后，更能形成多种的花形，增添菜肴的形式美。

最能体现菜肴形式美的是各种造型菜，如花色造型冷盆、花色造型热菜等。

冷盆在拼摆中特别注重形式的美化，不少冷盆在制作中还借鉴工艺美术的创作手法，把雕刻等手段运用到冷盆制作中，成为造型冷盆。这些工艺型的冷盆菜色彩绚丽，造型生动，给人带来更多的视觉美感。

还有不少讲究形式美的热菜，如冬瓜盅、凤尾虾、蝴蝶海参、八卦鱼肚、松鼠鳜鱼等。相对来说，这些造型菜肴比过分装饰的冷盆菜要有意义得多，它们的造型完全同色、香、味融合在一起，不像有些工艺型的冷盆菜只追求一种纯形式的东西。

在制作这类造型菜肴时，不能为形式而形式，而要注重同菜肴整个风格的一致性。一是造型设计要合理，不能勉强凑合；二是不能影响甚至破坏整个菜肴的口味质量，要尽可能服从和补充菜肴的口味。

总之，对菜肴形式美的追求，不是孤立的，应该立足于菜肴的整体要求，立足于提高菜肴的质量档次，把形式同菜肴内容紧密结合起来。这样的形式美才称得上是烹饪艺术的基本要素，而不是游离于烹饪艺术之外的附加物。

三、菜肴造型的基本要求

（一）食用为主，造型为辅

我国菜品制作有其独特的表现形式，它通过烹调师精巧灵活的双手经过一定的工艺造型而完成。菜肴是专供食用的，通过一定的艺术造型手法，使人们在食用时达到审美的效果，食之觉得津津有味，观之又令人心旷神怡。食用与审美寓于菜肴造型工艺的统一体之中，而食用则是它的主要方面。在创作造型热菜时，必须正确处理二者之间的关系，任何华而不实的菜品，都是没有生命力的。

（二）营养与美味兼顾

菜肴造型的形式美是以内容美为前提的。人们品评美食，开始或不免为它的色彩、形态所吸引，但美食的真谛不总在色、形上，而在于营养与美味。在菜品造型工艺中，要注意营养平衡第一，味美第二，营养与美味相结合，不能一味地为了造型、配色，而产生一些对人体有害的毒素。

（三）质量与时效应迎合市场需要

菜肴造型要保证菜肴的质量，没有质量，就没有生产制作的必要，否则就是一种浪费，不仅是原材料的浪费，也是生产工时的耗费。在保证菜品质量的前提下，还要考虑到菜品制作的时效性。菜肴从制作到食用一般仅有1～2h，造型的空间也小，范围的伸缩性只能在菜盘中展开。受着时间、空间、原料、工具的限制，不宜采用写实的手法。

（四）物尽其用，节约用料

菜肴造型用料不要以稀为贵、以贵为好，要提倡粗粮细作，化普通为神奇，做到价廉与物美的有机统一，不能为了美化菜肴而不计成本，浪费许多精选原料。

四、菜肴造型与盛器的选择

菜肴盛器是指烹调过程的最后一道工序——装盘所用之盘、碟、碗等器皿。一般来说，菜肴盛器具有双重功能：一是使用功能；二是审美功能。菜肴造型时选择恰当的盛器，不仅能为菜肴的形式锦上添花，而且还可烘托宴席气氛，调节顾客情绪，刺激食欲。

菜肴与盛器具体配合时的情况比较复杂，形态有别、色彩各异、图案不同的盛器与同一菜肴组配，会产生令人迥然各异的视觉效果；反之，同一盛器与色、形不同的多种菜肴相配，也会产生不同的审美印象。不同的质地、形态以及色彩和图案的盛器有着不同的审美效果。

（一）盛器大小的选择

盛器的大小选择要根据菜点品种、内容、原料的多少和就餐人数来决定。一般大盛器的直径可在50cm以上，冷餐会用的镜面盆甚至超过了80cm。小盛器的直径只有5cm左右，如调味碟等。大盛器自然盛装的食品多，可表现的内容也较丰富。小盛器盛装的食品自然也少些，表现的内容也有限。一般来说，在表现一个题材和内容丰富的菜点时，应选用40cm以上盛器；在表现厨师精湛的刀工技艺时，可选用小的盛器。在宴席、美食节及自助餐采用大盛器象征了气势与容量，而小盛器则体现了精致与灵巧。因此，在选择盛器大小时，应与餐饮实际情况相结合。

（二）盛器造型的选择

盛器的造型可分为几何形和象形两大类。几何形的一般多为圆形和椭圆形的，是饭店、酒家日常使用的最多的盛器。另外，还有方形、长方形和扇形的，近年来使用较多。象形盛器可分为动物造型、植物造型、器物造型和人物造型。动物造型的有鱼、虾、蟹和贝壳等水生动物造型，也有鸡、鸭、鹅、鸳鸯等一类动物造型，还有牛等兽类动物造型和龟、鳖等爬行动物造型，也有蝴蝶等昆虫造型和龙、凤等吉祥动物造型；植物造型的有树叶、竹子、蔬菜、水果和花卉造型；器物造型的有扇子、篮子、坛子、建筑物等造型；人物造型有福建名菜“佛跳墙”使用的紫砂盛器，在盛器的盖子上塑了一个生动有趣的和尚头像，还有民间传说中的八仙造型，如宜兴的紫砂八仙盅等。盛器造型的创意很多，其主要功能是能点明宴席与菜点主题，以引起顾客的联想，达到渲染宴席气氛的目的，进而增进了顾客的食欲。因此，在选择盛器造型时，应根据菜点与宴席主题的要求来决定。

盛器造型还能起到分割和集中的作用。如想让一道菜肴给客人有多种品尝的口味，就得选用多格的调味碟，如“龙虾刺身”、“脆皮银鱼”等，可在多格调味碟中放上芥末、酱油、茄汁、椒盐、辣椒酱等调味品供客人选用。我们把一道菜肴制成多种口味，而又不能让它们相互串味，则可选用分格型盛器，如“太极鸳鸯虾仁”盛放在太极造型的双格盆里，这样既防止了串味，又美化了菜肴的造型。有时为了节省空间，则可选用组合型的盛器，如“双龙戏珠”组合型紫砂冷菜盆，这样使分散摆放的冷碟集中起来，既节省了空间又美化了桌面。

总之，菜点盛器造型的选择要根据菜点本身的原料特征、烹饪方法及菜点与宴席的主题等来决定。

（三）盛器材质的选择

盛器的材质种类繁多。有华贵靓丽的金器银器，古朴沉稳的铜器铁器，光亮照人的不锈钢，制作精细的锡铝合金等金属的；也有散发着乡土气息的竹木藤器的；有粗拙豪放的石器和陶器，也有精雕细琢的玉器；有精美的瓷器和古雅的漆器，也有晶莹剔透的玻璃器皿；还有塑料、搪瓷和纸质等。盛器的各种材质的特征都具有一定的象征意义，金器银器象征荣华与富贵，瓷器象征高雅与华丽，紫砂、漆器象征古典与传统，玻璃、水晶象征浪漫与温馨，铁器、粗陶象征豪放，竹木、石器象征乡情与古朴，纸质与塑料象征了廉价与方便，搪瓷、不锈钢象征了清洁与卫生等。

盛器材质的选择要考虑时代背景、地域文化、地方特色，有时还要考虑客人的身份地位和兴趣爱好。此外，盛器材质的选择还要结合餐饮本身的市场定位与经济实力来决定。如定位高层次的餐饮则可选择金器银器和高档瓷器为主的盛器；如定位中低层次的可选择普通的陶瓷器为主的盛器；如定位特色风味则要根据经营内容来选择与之相配的特色盛器。如经营烧烤风味的，可选用铸铁与石头为主的盛器，经营傣家风味食品的，可选用以竹子为主的盛器等。

（四）盛器颜色与花纹的选择

盛器的颜色对菜点的影响也是重要的。一道绿色蔬菜盛放在白色盛器中，给人一种碧绿鲜嫩的感觉；而盛放在绿色的盛器中，这样的感觉就平淡多了。一道金黄色的软炸鱼排或雪白的珍珠鱼米（搭配枸杞），放在黑色的盛器中，在强烈的色彩对比烘托下，使人感觉到鱼排更色香诱人，鱼米则更晶莹透亮，食欲也为之而提高。有一些盛器饰有各色各样的花边与底纹，如运用得当也能起到烘托菜点的作用。

（五）盛器功能的选择

盛器功能的选择主要是根据宴会与菜点的要求来决定的。在大型宴会中为了保证热菜的质量，就要选择具有保温功能的盛器。有的菜点需要低温保鲜，则需选择能盛放冰块而不影响菜点盛放的盛器。在冬季为了提高客人的食用兴趣，还要选择安全的能够边煮边吃的盛器等。

当然，选择何种盛器的依据除了依照菜肴的造型和色彩之外，还应考虑相邻菜肴的色彩、造型和用盘的情况，以及桌布的色彩等具体环境的需要。总之，发挥盛器之美，应处理好盛器与盛器的多样统一，盛器与菜肴的多样统一，盛器与环境气氛的统一，盛器与人的统一①。

（六）盛器的多样与统一

盛器的种类很多，从质地上可分瓷器、银器、紫砂陶、漆器、玻璃器皿等；从外形上可分为圆形、椭圆形、多边形、象形形；从色彩上可分为暖色调和冷色调；从盛器装饰图案的表现手法上又可分为具象写实图案和抽象几何图案。不同的质地、形态以及色彩和图案的盛器有着不同的审美效果，关键问题是如何达到“统一”。如果在同一桌宴席中，粗瓷与精瓷混用，石湾彩瓷和景德镇青花杂揉，玻璃器皿和金属器皿交合，寿字竹筷和双喜牙筷并举，围碟的规格大小相参，必然会使人感到整个宴席杂乱无章，凌乱不堪。因此，在使用餐具时，应尽量成套组合，应当尽量选用美学风格一致的器具，而且应在组合的布局上力求统一。此外，还要注意餐具与家具、室内装饰等美学风格上的统一。

第二节　菜肴造型的艺术形式

烹调师对菜肴的造型极似建筑设计师，一个是给冰冷的石头赋予生命力，一个是让盘中的食物鲜活起来。菜肴的造型，从早期的平面造型到后来的向立体空间发展，不仅是越来越美了，而且还出现了很多让人惊喜的创意。菜肴造型的艺术形式是多种多样的，有自然朴实之美、绮丽华贵之美、整齐划一之美、节奏秩序之美和生动流畅之美等，具体到热菜和冷菜又有不同的表现形式。

① 周明扬．烹饪工艺美术．北京：中国纺织出版社，2008.

一、热菜造型的形式

热菜要趁热食用，要求以最简、最快的速度进行工艺处理，这就决定了热菜造型既要简洁、大方，又不能草率、马虎，虽不耐久观，但必须耐人回味。热菜造型的形式主要有如下几种。

（一）自然形式

自然形式热菜造型的特点是形象完整、饱满大方。在烹调过程中，常采用清蒸、油炸等技法，基本保持了原料的自然形态。如“糖醋鲤鱼”就是以自然形态造型的热菜，它选用鲜活鲤鱼为原料，将鲤鱼剞瓦楞花刀，腌渍后挂水粉糊放油中炸透，呈昂头翘尾姿态，再将爆炒糖醋汁趁热浇在鲤鱼上。高热的糖醋汁在酥脆的鱼身上翻滚，鲤鱼昂首向上，给人以向上、奋进的感觉。又如菜肴“烤乳猪”、“樟茶鸭子”、“整鱼”、“整鸡”、“烤全羊”、“炸虾”等，这些菜肴的形态要求生动自然，装盘时应着重突出形态特征最明显的、色泽最艳丽的部位。为了避免整体形状造成的单调、呆板，可在整体原料的周围点缀装饰瓜果雕刻或拼摆制成的花草，以丰富菜肴的艺术效果。

（二）图案形式

图案形式的造型特点是多样统一、对称均衡。在热菜造型中图案装饰造型手法的运用较多，它可使菜肴形式变化达到典型概括、完美生动。这往往要求作者通过大胆的构思和想象，充分利用对称与平衡、统一与变化、节奏与韵律、对比与调和、夸张与变形等形式美法则，使菜肴通过丰富的几何变化、围边装饰、原料装饰等多种形式，达到既美观大方又诱人食欲的效果。

几何图案构成：菜肴几何图案构成，是利用菜肴主、辅原料，按一定的形式构图进行烹制塑造的一种方法。在装盘时要求按一定顺序、方向有规律地排列、组合，形成连续，间隔、对应等不同形式的连续性几何图案。其组织排列有散点式、斜线式、放射式、折线式、波线式、组合式等，如珍珠玉米鱼。

围边装饰构成：围边装饰与几何图案装饰在艺术效果上有许多共同之处，不同的是在菜肴的周围装饰点缀各式各样的图形，如摆上色鲜形美的雕花和多种瓜果、绿叶等原料，用以美化菜肴、调剂口味，如宫灯鸡丝。围边装饰在制作工艺上不仅要注意菜肴的营养价值，更要重视其审美价值。

（三）象形形式

热菜象形造型运用了艺术原理，满足了人们在就餐中的视觉感观。因此，在烹调前需要分析对象，捕捉原料的特征，尽量发掘原料和烹调技术中的有趣素材，进行构思；并从食客食用和审美需要进行烹调和造型，塑造出“似与不似之间”的美味佳肴。

在热菜进行象形造型时，要求作者在烹调过程中，力求突出菜肴原料的色泽美和形态美。大胆舍去那些次要的、有碍菜肴质地、营养和形式美表现的枝蔓，避免那些对对象细微之处的过分地模拟，防止局部的过分渲染而损害了菜肴的整体效果。在苏州佳肴“松鼠鳜鱼”一菜中，作者没有去追求菜肴形式与松鼠的惟妙惟肖，也没有留意那动人的松鼠尾巴等细节，而是结合烹调技法中的油炸造型特征，突出翻卷的鱼肉条与松鼠形与色的相似。“松鼠”的头和尾仍是鱼的头和尾，而对盘中的这只“四不像”，食客不仅未觉不真，反而从这道菜的造型“神似”中引发出一些与松鼠有关的联想，自然、纯朴、生动、活泼、雅致等情趣，从而得到美感和愉悦。假若我们一味地去追求形象逼“真”，用萝卜或其他可塑原料雕刻松鼠的头和尾，那么，这种含蓄高雅之美将一扫而光，荡然无存，其结果反而显得牵强造作，食之让人倒胃口，其原因就是违背了人们简洁、单纯、大方的饮食和审美要求。

二、冷菜造型的形式

冷菜造型工艺是指冷菜烹调加工后再拼摆装盘，成为一定造型的制作工艺。它既是技术，又是艺术。是技术，需要有一定的刀工技术，按一定的质量标准进行操作；是艺术，它可以通过简单的造型、丰富的色彩，或给人以美的享受，或反映社会生活和自然景致，或体现宴席、宴会的主题。冷菜造型的形式主要有如下几种。

（一）按原料的组成分类

这是我国对冷菜造型形式的传统分类方法。按拼摆好的冷菜中所用原料的种数不同把冷菜盛装分为单盘和拼盘两大类，其中拼盘又分为一般拼盘、花色拼盘和水果拼盘。

1．单盘

只用1种冷菜原料切配后盛装。有围碟和独碟两种。一般用5～9 寸的平盘，或者6～7寸的浅平腰盘盛装，有时盛装在攒盒里，每格为一种单盘，各格不同。具体形式又有三叠水形、一封书形、风车形、馒头形、宝塔形、桥形、四方形、菱形、等腰形、螺旋形、扇面形、花朵形等。

2．一般拼盘

用两种或两种以上的原料，按一定形式装入一盘，即为拼盘。拼盘在用料上比较丰富、灵活，根据用料品种数目不同，有双拼、三拼、四拼、什锦拼盘等类型。此外，各地方还有一些独特拼盘形式，如潮州“卤水拼盘”、四川“九色攒盒”等。这类拼盘在形状、色彩、口味和数量的比例上要求安排恰当、装盘整齐、线条清晰，给人一种整体美。

3．花色拼盘

花色拼盘即指欣赏性冷菜拼盘，也称工艺冷盘、花式冷盘、花色冷拼、花拼等，这是经过精心构思后，运用精湛的刀工及艺术手法，将多种冷菜菜肴在盘中拼摆成飞禽走兽、花鸟虫鱼、山水园林等各种平面的或立体的图案造型。花色冷拼是一种技术要求高、艺术性强的拼盘形式，其操作程序比较复杂，故一般多用于高档宴席，因放在宴席席面中间，故又称“主盘”。花色拼盘的设计常牵涉办宴意图，即宴会主题，如婚宴多用“鸳鸯戏水”、寿宴多用“松鹤延年”、迎宾宴会多用“满园春色”、祝捷宴会多用“金杯闪光”。花色拼盘还具有题材多样、构图简练、用料讲究、形象神似、做工细腻等特点。由于花色拼盘制作烦琐、费工、费时，特别是拼摆时，多用便于切割的上好整料，导致下脚料极多，造成严重的浪费，一般宴会席桌较多，从而延长了花拼制作时间，由此可能带来卫生上的不安全性。另外，尽管花式冷拼是以“食用”为前提拼制而成的，但上席后顾客往往只“目食”，而不忍下箸，所以目前多数饭店举办宴会都舍弃花色拼盘，而以风味独特、食用性强的冷菜替代，如“盐焗鸡”、“酱鸭”、“糟卤拼盘”等，这类冷菜经刀工处理后，拼摆成整形，略加点缀，色香味形俱佳，颇受顾客欢迎。

4．水果拼盘

水果拼盘是近来比较流行的厨艺，是以各种时鲜水果为原料，结合其本身的形态、结构和色彩等，运用一定的刀工技术处理，合理地搭配在一起而拼制出的一种观赏性与食用性为一体的“工艺”作品。由于水果本身就具有芬芳浓郁的气味、艳丽多彩的色泽、凉爽香甜的口感等特点，再经过厨师们的艺术雕切与拼制，便成为极富有情趣的水果拼盘。水果拼盘通常在宴席的末尾上席，是宴席的“压轴戏”。

水果拼盘风味多样、营养丰富、食用方便、形态美观，既注重食用价值，又讲究艺术造型，根据水果原有的形态特点，稍加雕切即成造型优美形态各异的艺术作品，使宾客们先欣赏后品尝。它不仅适用于不同档次的宴席，也适用于酒吧间、冷饮屋、咖啡厅等多种场所。饭后上果盘，已经成为现代餐饮业中的一种时尚。水果拼盘常用的类型有：

（1）简单的水果拼盘　这类水果拼盘，工艺简单，只需随意切拼，用量视需而定，选用时鲜水果，单一品种亦可，适用于一般餐厅的散客点食，也可用于大餐厅、KTV包间的水果单碟，尤其适合于家庭宴席。

（2）中、小型水果拼盘　中与小的区别在于原料的多少和餐具尺寸的大小，中型的水果拼盘适用于一般宴席上的餐后水果；小型的水果拼盘，适用于小吃散座，其特点是随到随吃，故款式造型不宜复杂，以简洁美观为好。

（3）大型的水果拼盘　这是一种以立体造型为主，融食用、观赏为一体的大型作品，其特点是量多、体积大、立体感强，具有多视角效应，气派不凡，适用于大型宴会、冷餐会、鸡尾酒会等场合，也可用于布置展台。

（4）调味型水果拼盘　选时鲜水果，简单加工成形，配以鲜奶油、冰淇淋、水果汁、葡萄酒等辅料，采用拌、浇、冻等工艺进行调味，盛于杯、盘、盆等多种精致的盛器中，果香味浓，别有一番情趣①②。

（二）按拼摆的形式分类

拼摆的形式也就是盛装的形式，一般可分为随意式、整齐式、图案式和点缀衬托式4种。

1．随意式

不拘形式的盛装，又称乱刀盘，有的还称散堆。即把冷菜原料改切成大小、厚薄或粗细一致或类似的块、片、丝、条、段等形状后，均匀堆放于盘中，一般不讲究排列。这是一种最初级的拼摆，可用于盛装单盘，也用于双拼、三拼等拼盘中某种原料的盛装。

2．整齐式

排叠整齐的盛装，又称刀面盘。即把冷菜原料经刀工处理后，线条清晰、形态整齐、排叠均匀、次序井然地装在盘中。有中间高、两头低的桥形，有中间高、四周圆整的馒头形等。有立体的、半立体的，还有平面的各种几何形。此种方式一般用于盛装单盘。

① 史维军．水果拼盘．北京：金盾出版社，1997.

② 喻成清．水果拼盘切雕（基础围边盘饰应用丛书）．合肥：安徽人民出版社，2006.

3．图案式

形成图案的盛装。即把冷菜原料经切配后拼摆成各种图案。冷菜的图案按表现内容分有具象和抽象两大类。具象是指有具体物象的图案，如花、草、鱼、鸟、兽、山、水、日、月、建筑物等，具有此类图案的冷菜常称花色拼盘；抽象就是指不代表任何物象的几何形。整齐式盛装所形成的只是比较简单的抽象性图案，图案式盛装所形成的却要复杂得多。

4．点缀衬托式

此种形式的盛装，是在盛器边缘或原料之上适当放置少许颜色鲜亮的果蔬类原料，以美化冷菜的色彩和形态。它只对冷菜盛装起装饰作用，不能独立完成冷菜造型，可以和上述三种形式配合使用。

（三）根据造型的空间构成分类

可分为平面形、卧式形和立体形三种（见表9-1）。平面式拼盘一般使用多种原料，采用叠、堆、排的手法，利用整齐的刀面拼成五角、荷花等形状。特点是刀工整齐、线条明快、食用性强。卧式形拼盘一般使用多种原料有机组合，偏重于追求形态和色彩，用以摆和贴的手法拼摆成各种半立体象形图案，具有色彩协调、画面完整、形态逼真的特点。立体式拼盘多采用刻、堆、排、叠等手法，拼摆成立体造型的亭坛和山水，特点是造型美观、立体感强。

表9-1 拼盘的分类

<table>
<tr><th>拼盘大类</th><th>造型分类</th><th>具体种类</th><th>实例</th></tr>
<tr><td rowspan="10">平面式拼盘</td><td rowspan="7">几何类</td><td>正方形</td><td>争分夺秒</td></tr>
<tr><td>长方形</td><td>方圆同心、奥运精神</td></tr>
<tr><td>菱形</td><td>五彩色块</td></tr>
<tr><td>圆形</td><td>什锦冷拼</td></tr>
<tr><td>椭圆形</td><td>吉祥奥运</td></tr>
<tr><td>扇形</td><td>四味扇形</td></tr>
<tr><td>图案</td><td>期待辉煌、绿色环保、如意八卦</td></tr>
<tr><td>数字类</td><td>字母数字</td><td>九九归一、百年寿庆、福星临门</td></tr>
<tr><td>动物类</td><td>动物</td><td>蝴蝶冷拼、金色彩拼、孔雀争艳、一马当先</td></tr>
<tr><td>花卉类</td><td>花卉</td><td>七星映花、红梅迎春、百花争艳、春花斗艳</td></tr>
<tr><td rowspan="7">卧形拼盘</td><td rowspan="7">动物类</td><td>龙凤</td><td>龙凤呈祥、双龙戏珠、丹凤朝阳、金凤展翅</td></tr>
<tr><td>猛禽</td><td>鹏程万里、雄鹰搏浪、寻觅</td></tr>
<tr><td>飞鸟</td><td>锦鸡报春、鸳鸯戏水、双喜盈门、飞燕迎春</td></tr>
<tr><td>畜兽</td><td>猪羊万福、熊猫戏竹、金牛催春、牧归</td></tr>
<tr><td>鱼类</td><td>金鱼戏莲、双鱼戏水</td></tr>
<tr><td>蝴蝶</td><td>彩蝶双飞、彩蝶迎宾</td></tr>
<tr><td>虾蟹</td><td>弯弯顺、双雄争霸</td></tr>
</table>

续表

拼盘大类	造型分类	具体种类	实例
卧形拼盘	植物类	叶类	夏荷、荷塘情趣、绿荫小憩
		花卉	岁寒三友、倒挂金盏
		果实	硕果累累、蟠桃献寿
		树木	旭日松云、椰林风光
	器物类	花篮	迎宾花篮、喜庆花篮
		花瓶	五福平安
		奖杯	金杯独揽
		宫灯	宫灯高照、吉庆彩灯
		扇子	彩扇扑蝶、桃花扇
		船类	西子夜泊、一帆风顺、龙舟赴会
	景观类	自然景观	南海风光、锦绣山河、宝石流霞、江南水乡
		人文景观	文昌阁、天坛、中华魂、三潭印月
	博古类	工艺品	曲苑杂坛、莹窗红烛、长命百岁、五盘托珠
		乐器	琴瑟和弦、编钟乐舞、琴韵
		文房四宝	妙笔生花废寝忘食、颜如玉、瀚海
		图案	喜庆有余、鞭炮声声
	综合类		鹿鹤同春、百鸟朝凤、蝶扇冷拼、梅竹冷拼、百花闹春
立体拼盘	景观类	建筑	文昌阁、天坛雄风、什景古塔、万里长城
		山水	高山流水、西湖十景、锦绣山河
	器物类	器物	花篮迎宾

第三节　菜肴造型的基本工艺

一、菜肴造型的手法

在菜肴造型时，不同的造型手法，产生不同的效果。大体来说，菜肴造型的手法一般有三种。

（一）写实手法

这种手法以物象为基础，通过适当的剪裁、取舍、修饰，对物象的特征和色彩着力塑造表现，力求简洁工整，生动逼“真”，讲究形似。

如“春光美”一菜是以鳜鱼为主料制作而成的，其制作过程是先将鳜鱼分档，取下腹部的两扇肉（带有鱼皮）。一扇用力顺刺刮下肉，剁成糜，加姜末、葱白、精盐、水、味精、蛋清等拌和上劲待用。另一扇肉用批的方法去皮，再改用斜刀批的方法加工成多片牡丹片，然后用盐、料酒、葱节和姜片腌渍入味，用蛋清和淀粉略上浆后摆入抹有猪油的圆盘内，做成五朵均匀的牡丹花；再用小白菜叶做花叶，并在花中间撒上火腿末；再将准备好的糜分成均匀的两份，按图案的需要堆摆在盘中间，采用写实手法塑造成蝴蝶形，并将翅膀表面抹平，用火腿和黄瓜皮做成蝴蝶花纹，最后上笼蒸制，出笼后淋入薄芡即可。此菜新颖别致，造型优雅大方，整体构图统一、和谐，使人能充分感受到春的气息和春光的美丽。

（二）写意手法

写意是对自然物象加以改造。它完全可以突破自然物象的束缚，充分发挥想象力，运用各种处理方法，给予大胆的加工和塑造，但又不失物象固有的特征，符合烹调工艺要求，将物象处理得更加精益求精。在色彩处理上，也可以重新搭配，这种变化给人以新的感觉，使物象更加生动活泼。写意略似中国传统绘画的表现方式，如复杂的风景、动植物形象，一般采用夸张、变形、概括等手法，以求神似。

如“蝴蝶鳜鱼”一菜，其造型以鳜鱼为主料，借助鳜鱼去骨后两扇带尾鱼块与蝴蝶翅膀形象相似的特点，运用图案变形中的写意手法，对物象的局部伸长，使之既具有蝴蝶的形象特征，又有原料自身形态的特点。其制作方法是：先将鳜鱼去骨、刺，取下两扇形象完全相同的带尾鱼块（鱼尾用撕的方法），并在两扇鱼块上斜刮深度为鱼肉4／5的相等刀口，然后用精盐、葱段、姜块和料酒腌渍15min，同时准备几片火腿片和香菇片，待鱼块腌渍好后根据蝴蝶形象的要求，平摆于抹有猪油的盘中，再用冬笋片和带皮的鳜鱼片做成蝴蝶身，并把香菇和火腿片嵌入斜刮刀口上，形成花纹，上笼蒸20min左右，出笼后淋入薄芡，放上制好的蛋糕花或瓜果刻花即成。整个造型色彩淡雅、清新，由于原料的形态选择恰当，其食用价值和观赏价值极高。

再如“孔雀灵芝”，孔雀是用烧烩成熟的嫩绿菜心、枸杞、香菇和青笋等，采用写意手法将各料于盘中，摆成开屏的孔雀之状，摆为绽放的牡丹而成。可观画面简洁明快，色泽鲜明，使人无不感受到孔雀从盘中飞出，真是妙哉之极。既简洁明快，又极富感染力，且可食性强。它与那种追求逼真但又显出破绽的工艺相比较，无论从工艺的难度上还是制作的时间上都易掌握和节约时间。

“故乡月更明”是一道汤菜，它以鲜鱿鱼为主料，再配以多种原料，采用最新工艺制成“鱿鱼糁”，入器皿中蒸成皎洁的“圆月”，其月表面饰以影绰的“广寒宫”和缭绕的彩云，注入特制的清汤，以竹荪扎成的蝴蝶放月四周而成。此菜画面似碧波粼粼，月光浮动，整个菜白若寒雪，细若膏脂；而汤清如水，咸鲜不薄、清鲜隽永，质朴中显绝技，清鲜中见精深。

（三）写意与写实相结合

在菜肴造型过程中，以精炼、概括、夸张等技法神似地反映物象，利用烹饪原料的色彩，造物的形态及物性、理化变化，做到因材施技、借势造型、浑然天成来达到神形兼备。

二、热菜造型的方法

（一）加工造型

加工定型是指对不同形色的烹饪原料在切配成片、丁、丝、条、块、蓉的基础上，经过巧妙的组合，将普通形状的原料加工成美观的花色形态，然后再烹制成菜。它的成菜程序是：选料→初加工→细加工→配合成生坯→加热成熟→浇汁（或不浇汁）。

制生坯是制作这类菜肴的关键，根据制作生坯的手法不同，其加工定型又可分为蓉塑法、瓤填法、包卷法、穿入法等。

（二）烹制定型

烹制定型是指将原料根据菜肴成形的要求做刀工技艺处理后，再通过加热烹制而改变原料的自然形态使之成为一种新形式的造型方式。这类菜肴的制作程序是：选料→初加工→剞花刀→加工（拍粉或挂糊）→加热（烹制）→浇汁→装饰。

制作这类菜肴特别讲究刀工和火候技艺，另外还要求具有形象思维和丰富的实践操作经验。其中，剞花刀技术性较强，是烹制这类菜肴的刀工基础；如果花刀剞不好，就会影响菜肴的美观。烹制定型时的油温掌握也很重要，它是制作这类菜肴成败的关键。一般来说，在炸鱼类菜肴时，应使鱼菜具有外焦酥内软嫩的质地。完成这一炸制过程有一个“定型→成熟→定质”的循环模式，而要完成这一循环模式，又内含有“适时”与“适度”的法则。这些都要求厨师具有丰富的实践经验，非一日之功。

这类菜肴的造型潜力很大，可以将大鱼制成珊瑚、燕子、蛤蟆、松鼠、龙舟、菠萝、玉米等，还可将大虾制成鸟、龙、牡丹、燕尾、兰花、蛤蟆等。随着橙汁、山楂汁、芒果汁、果茶汁、椰汁、苹果汁等果汁的广泛运用及推广，这类菜肴的色泽变化更加丰富多彩，造型也就更加逼真了。

（三）拼摆定型

拼摆定型是指把各种普通形态的原料经加工后拼摆成新颖美观、图案清新诱人的菜肴。许多传统菜肴经过一番艺术拼摆后都能达到意想不到的效果。拼摆造型可分为以下3类。

1. 生熟原料的混合拼摆

生熟原料的混合拼摆是将加热成熟的原料与不便食用的生原料混合拼摆成菜，具体有两种表现方式。

（1）点缀拼摆　是根据菜肴形状、质地、色泽等特点，点缀一些用萝卜、南瓜等易于雕刻成形的物象。如“渔翁垂钓”就可在糖醋鱼旁摆上雕刻的垂钓渔翁；又如“金龟登殿”就是将清蒸白鳝盘成龟状，旁边放一用南瓜雕刻而成的金殿。

（2）盛器烘托型　这里所谈到盛器主要指果实体，它是将果实体表面构图美化，并将体内挖空造型后再装填进食物，以综合鉴赏其整体效果。传统的西瓜盅、南瓜盅都是其代表。这类造型不但要求掌握果实体与菜肴本身在口味、颜色上的协调关系，更讲究果实体的雕刻造型艺术。

2. 熟原料的拼摆

熟原料的拼摆是将一种或几种原料分别制熟并使之入味，再在短时间内拼出造型图案。如“梁溪脆鳝”在高明厨师手中可拼出一幅幅树木盆景，“清炒菠菜”在名厨手中三下二下就可摆出两只可爱的鹦鹉，“漓江春早”可以是将烧入味的鱿鱼筒摆成竹竿形，用熟黄瓜、莴笋、香菜等点缀。

这种拼摆难度很大，它要求厨师不仅应有较高的烹调技术水平，还需具有一定的艺术修养。如前面提到的“梁溪脆鳝”，它不仅要求厨师能制作出这种菜，更要求厨师对树木盆景有很深了解，因为成菜时间要求很短，时间一长，糖汁凝固，鳝鱼段便很难造型了。

此外，这种热菜拼摆与冷拼是有很大区别的，因为热菜讲究的是“一热三鲜”，拼摆时间过长，变冷了，就难以下咽了。正因为如此，拼摆的图案题材上就有很大的局限，事实上，这类“热拼”实际应用很少，一般只出现在名师技术表演及烹饪大赛中。

3. 半成品拼摆

半成品拼摆是将半成品原料经过拼摆成形后，保持原形状不变，再用蒸的方法使之成熟的一种方法，例如“丽花鳜鱼”就是将制好的鱼卷拼摆成大丽花状，再蒸熟浇汁而成；又如“金钱莲子”用莲蓬米及五花肉经过初加工后，再码在碗中成大方孔状，经蒸扒后扣碗浇汁而成[①]。

三、冷菜造型的方法

冷菜的拼摆造型艺术，在餐饮业受到普遍重视，这不仅要求冷菜的内质具有良好的风味及营养价值，在菜肴外观上应更具有诱人食欲与欣赏的吸引力。因此，必须利用各种可食的荤素原料，通过冷菜装盘艺术设计，运用技术手段来达到上述目的。

（一）单盘与拼盘的造型

这类冷菜拼盘的造型构成可分为垫底、围边、盖面三个步骤。

1. 垫底

对冷菜进行刀工处理的过程中，将一些质量较次和形态不太整齐的边角料改刀为丝状或片状，堆在盘子中间或其他需要的地方，边角料不宜切得过小过碎，又不可过于厚大，否则会影响菜肴的食用或者影响菜肴的造型。利用边角料一则可以减少浪费；二则可以衬托形状，使拼盘丰满好看。

2. 围边

将修切整齐的条、块、片原料码在垫底的两侧或四周边缘，使人看不出垫底料。用于围边的冷菜要根据装盘的需要，采用不同的刀法，以整齐、匀称、平展的形式来装盘。

3. 盖面

采用切或批的刀法，把冷菜原料质量最好的部分（如“白斩鸡”、“酱鸭”的脯肉），加工成刀面整齐划一、条片厚薄均匀的料形，并均匀地排列起来，用刀铲起，再覆盖在围边料的上面，使整个冷盘浑然一体，格外整齐美观。

（二）花色拼盘的造型

花色拼盘与普通冷盘相比较，除了要具有食用和欣赏的功能之外，还要具有一定的意境。意境只能通过具体造型表现出来，如动物、植物、器物等自然界的物象。因此，花色拼盘的制作程序较为复杂，主要包括构思、构图、选料、刀工、拼摆等一系列制作过程。

① 邱幼华. 工艺热菜的造型方法. 四川烹饪，1997，(2)：21～22.

1．构思

在拼摆花色冷盘之前，首先要进行严密的构思，即根据宴席的目的、进餐的规格和对象，对拼摆冷盘的色彩和拼摆内容进行反复思考设计，来表现主题的过程。为使有限的原料变成一个美丽的图案，应从以下三个方面进行构思。

（1）根据宴席的主题来构思　宴会的主题很多，厨师应根据不同主题做出不同的构思。比如婚宴可拼摆“鸳鸯嬉水”、“比翼双飞”、“龙凤呈祥”之类的花色冷拼，表达夫妻恩爱的中心思想，以突出喜庆的气氛；迎宾宴席可拼摆“喜鹊迎宾”、“孔雀开屏”之类图案，以示和善与友谊；祝寿宴席可拼摆“松鹤延年”、“古树参天”之类的造型，以祝福老人健康长寿。总之，要给宾客以喜庆吉祥、精神愉快的感觉，以提高就餐者的情绪，使宴会收到满意的效果。

（2）根据人力和时间构思　花色冷盘制作难度较大，要求厨师有较强的基本功，且每一个艺术拼盘都需要较长的制作时间。在花色冷菜构思时，应从实际出发，在技术力量较强、时间允许的情况下可设计较为复杂的拼盘；反之，则应从简，不能影响宴会的正常进行。

（3）根据宴席的标准构思　花色冷拼应在选用原料、刀工和艺术上与宴席的费用和标准相适应。档次高，对这些方面的要求也就增多，随着宴席标准的降低，构思时也就降低这些方面的讲究，做好成本核算，决不能只追求形式美而不考虑经济效益，或流于形式而不讲究冷拼的艺术性。

2．构图

当主题构思成熟之后，接着要考虑如何构图。构图就是设计图案，它主要解决花色冷拼的形体、结构、层次等问题，以便在盘中按图“施工”。花色冷菜的装盘工艺，是造型艺术，它是在美学观点的指导下进行，又要从属于烹饪。因而，在造型方面又有很大的约束性，正因为有这样的约束性，所以冷菜的构图不同于一般的绘画，而是有它特有的个性。人们习惯上把花色冷拼称之为图案装饰冷菜，它要把冷菜造型的主题思想在盛装器皿中表现出来，要把个别或局部的形象组成完美的艺术整体。这就要求恰当运用图案的造型规律、图案构成的色彩规律和图案形式美的制作原理，使冷菜造型收到满意的艺术效果。

3．选料

花色冷拼的选料十分讲究，选料的原则是根据构图的需要，荤素搭配，色彩鲜艳和谐，选料精良，用料合理，物尽其用。制作花色冷拼的原料繁多，选料是拼盘成形的关键，没有好的原料很难拼出质量高的花色拼盘。除现成的冷菜原料外，一些加工复制的原料为花色冷拼造型提供了丰富的物质条件，如可用蛋皮、紫菜等包各种馅心制成圆柱形或扁圆形的卷；也可用鸡蛋以及冻粉、鸡皮、肉皮蒸制各种需要的形状。因此，要精心地准备原料，使原料均做到味好、形好、色好、质感好，绝不能将蛋糕蒸成蜂窝状，蛋卷蒸成蚯蚓状。

选料时，还要注意尽量选用原料的自然形态和色泽，如熟虾是红色的，而且又具有弯曲形；盐水鸡肉是白色的，莴笋是绿色的，蛋黄是黄色的等，尽量不使用人工合成色素。

4．刀工

花色冷拼的刀工不像普通拼盘那样要求整齐划一，而是要根据冷盘造型的需要进行变化处理。因此必须讲究精巧，使用刀法除了斩、片、切之外，还要采取一些美化刀法等。

花色冷拼的原料多数用熟制冷吃的荤菜，比较酥软，不易切出光洁美观的形态，所以必须根据其软硬的程度来下刀。如白鸡脯，纤维虽长，但煮熟后尤为酥软，沿纤维垂直方向切下容易散碎，因此要采用锯切、直切双重刀法下刀，才能保证它的完整性和光洁度。此外还要利用原料的固有体态，切制肉类熟料必须注意纤维顺序的方向性，边切边摆，切摆结合，拼摆有序，避免拼摆零乱。

5. 拼摆

花色冷菜的造型是通过拼摆来实现的，在拼摆过程中，必须注意以下几个问题。

（1）选择盛器　原料备完后，就可选择符合构图要求的盛器，除考虑色彩外，还要考虑器皿的形状、大小。如“蝴蝶拼盘”、“梅花拼盘”等要选用圆形盘；“孔雀拼盘”、“凤凰冷拼”等要选用条形盘；要将形体摆得大一些，就得选用尺寸大点的盘子，盘子与图案的大小要相称、得体，给人的感觉以不臃肿也不空旷为准。

（2）安排垫底　根据确定的构图，安排造型的基础轮廓，即大体的布局。如拼摆“锦鸡”冷盘时，考虑什么样的姿态、鸡身安排多大、鸡尾应安排多长、如何点缀陪衬花草等。根据这些先垫底，在盘中拼摆出锦鸡的轮廓，使拼制出的形体饱满而有立体感。垫底料应是质量较高、味道较好的冷菜，以弥补盖面原料的口味和份量的不足，垫底时忌太随便，要垫得整整齐齐、服服帖帖，为盖面打下基础。

（3）具体拼摆　垫好底之后，即开始盖面拼摆。根据形象的要求，将原料进行刀工处理，一边切，一边拼摆，由低到高，从后向前，先主后副。以凤凰为例，先摆上凤凰尾端最后一片羽毛，然后再覆盖第二片，如此一片一片地叠上去，凤凰的翅膀也是从最底层的羽毛开始。再逐渐叠到上层羽毛，但要叠得服帖，尤其是头部和身体衔接的地方要协调和谐、浑然一体。盖面拼摆时，要求刀面整齐均匀而不呆板；注意原料的排列顺序，色彩搭配及形体的自然美。

（4）装饰点缀　就是在花色冷拼主体部分完成后进行补充装饰点缀，如花草、树木、大地、山石等。装饰时既要注意原料的质量，又要注意形体之间的比例及内在联系，不可喧宾夺主。

第四节　菜肴的盛装工艺

一、菜肴盛装的基本要求

菜肴的盛装如同商品的包装，质量好还需包装好，因此菜肴装盘要新颖别致，美观大方，出奇制胜，同时要注意下列事项。

（一）选用合适盛器

菜肴盛装时，要选配合适的器皿。美食佳肴要有精致的餐具烘托，才能达到完美的效果。盛器选用要根据菜肴的造型、原料、色彩、数量、风味、宴席的主题而定。比如，一般来说，腰盘装鱼不易产生抛头露尾的现象，汤盘盛烩菜利于卤汁的保留，炖制全鸡、全鸭宜用大号品锅，紧汁菜肴宜装平盘，利于表现主料，加量菜宜用大号餐具盛装，2～3人食用的小盆菜宜用小号餐具盛装等。另外，宴席菜肴的盛器要富于变化，如选用橙子、菠萝、小南瓜等瓜果蔬菜做容器；选用面条、面片等制成面盏、花篮做容器。

冬天为了使菜肴保持温度，在盛装前要对餐具进行加热，一般餐具放在保温柜中，上菜时再取出食用。用砂锅、铁板盛装的菜肴，要把握准上菜的时间，需将砂锅、铁板在烤箱或平灶上烧热保温，需要时及时上桌。

（二）操作讲究卫生

菜肴的盛装必须选用已消毒并烘干的盛器；不要用手（冷菜盛装有时不得不用手直接烹调菜肴时，双手必须干净、卫生，最好带上消过毒的薄胶皮手套操作或菜肴盛装完成后经紫外线消毒后再上席）或未经消毒的工具直接接触菜肴；不要将锅底靠近盛器或用手勺敲锅；菜肴应装在盘中间，不能装在盘边，也不能将卤汁溅在盘边四周。

（三）盛装数量要适中

菜肴盛装的数量既要与食用者人数相适应，也要与盛具的大小相适应。菜肴盛装于盘内时，一般不能覆盖盘边的花纹和图案。羹汤菜一般装至占盛器容积的85%左右，如羹汤超过盛具容积的90%，就易溢出容器，而且在上席时手指也易接触汤汁，影响卫生；但也不可太浅，太浅则显得分量不足。

如果一锅菜肴要分装数盘，每盘菜必须装得均匀，特别是主辅料要按比例分装均匀，不能有多有少，而且应当一次完成。

（四）色彩搭配和谐，形态丰满匀称

色彩是菜肴形式美的重要组成部分，因此盛装除要保证形态美观之外，还应在形的基础上注意色彩搭配和谐，这对于由多种不同颜色的原料构成的工艺菜（包括热菜和冷菜）的盛装尤为重要。普通菜可以用与菜肴原料颜色搭配和谐的一些有色原料来围边或点缀，以衬托出菜肴的色彩。另外，菜肴应该装得饱满丰润，不可这边高、那边低。

（五）突出主料和优质部位

如果菜肴中既有主料又有辅料，则主料应装得突出醒目，不可被辅料掩盖，辅料则应对主料起衬托作用。即使是单一原料的菜，也应当注意突出重点。例如滑炒虾仁，虽然这一道菜没有辅料，都是虾仁，但要运用盛装技巧把大的虾仁装在上面，以增加饱满丰富之感。

对于整鸡、整鸭，在盛装时应腹部朝上，背部朝下，这是因为鸡、鸭腹部的肌肉丰满、光洁。头应置于旁侧。鸡鸭颈部较长，因此头必须弯转过去紧贴在身旁。蹄膀的外皮色泽鲜艳、圆润饱满，故应朝上。整鱼：单条鱼应装在盘的正中，腹部有刀缝的一面朝下；两条鱼应并排地装盘，腹部向盘中，紧靠一起，背部向盘外。

二、热菜盛装的手法

不同类别菜肴的盛装方法不完全相同，同一菜肴的盛装方法也不是固定不变的，通常可以采用许多不同的盛装方法（见表9-2）。有些菜肴不用装盘，如既是炊具又是餐具的砂锅菜肴、汽锅菜肴、煲制菜肴、部分笼蒸菜肴（连笼上桌）等，火锅菜肴则是用生料装盘，上桌后供客人自行涮食。

表9-2　　不同类别热菜的盛装手法

菜肴类别	盛装方法
油炸菜肴	直接盛入法、间接盛入法、整齐排入法、夹入法等
炒、熘、爆菜肴	分次盛入法、拉入法、倒入法、夹入法等
烧、炖、焖菜肴	拖入法、盛入法等
蒸制菜肴	扣入法、装盘淋芡法等
煎制菜肴	铲入法、倒入法等
烩、汆、炖菜肴	舀入法、倒入法、料汤分盛法等

（一）一次性倒入法

即将锅端临盛器上方，倾斜锅身，使菜肴直接倒入盛器的方法，一般用于单一原料或主辅料无显著差别、质嫩勾薄芡的菜肴。盛装前先翻勺，倒时速度要快，勺不宜离盘太高，将勺迅速地向左移动，均匀地倒入盘中，如“糟熘鱼片”的装盘。

（二）分主次倒入法

一般用于主辅料差别比较显著的勾芡的菜。方法是：先将主料较多的部分菜肴用手勺盛起，再将锅中剩留的辅料较多的菜肴倒入盘中，然后将手勺中主料多的菜肴倒在上面，如“滑熘里脊”。

（三）拉入法

即将锅端临盛器上方，倾斜锅身，用手勺将锅内菜肴拉入盛器中。此法适用于小料形菜肴的装盘，呈自然堆积造型形式，如馒头形。

（四）左右交叉轮拉法

一般适用于形态较小的不勾芡或勾薄芡且主料大小不等的菜肴。其方法及关键是：装盘前先颠翻，使形大的翻在上层，形小的翻在下层，然后用手勺将菜肴拉入盘中，形小的垫底，形大的盖面，拉时可左拉一勺，右拉一勺，交叉轮拉，不宜直拉。例如“清炒虾仁”，盛装前应先将锅颠翻几下，使形大的虾仁翻在上面，形小的翻在下面。然后用勺轻轻地将上面的大虾仁拉在锅内的一边（左边或右边），再用手勺将小虾仁拉入盘中。拉时一勺拉得不宜太多，更不可对直向盘中拉。因为直拉锅中后面的大虾仁易于向前倾滑下来，大小又混在起了。所以，应当用左右交叉轮拉法，也就是在拉小虾仁时，一勺从左边，一勺从右边轮流向盘中交叉斜拉，待小虾全部拉完，最后将大虾仁拉盖在上面。

（五）拨入法

适用于小形无汁的炸菜。由于炸菜的特点是无芡汁，块块分开，适宜于拨入盘中。其方法及关键是：将炸熟的菜肴先用漏勺捞出，把油沥干，然后用筷子或手勺慢慢地拨入盘中，装盘后如发现原料堆积或排列的形态不够美观，可用筷子将菜肴略加调整，使其均匀饱满，切不可直接用手操作。

（六）覆盖法

一般适用于基本无汁的勾芡的爆菜。盛装前先翻锅几次，使锅中菜肴堆聚在一起，在进行最后一次翻锅时，用手勺趁势将一部分菜肴接入勺中，装进盘内；再将锅中余菜全部盛入勺内，覆入盘中，覆时应略向下轻轻按一按，使其圆润饱满，例如“油爆肚”、“爆双脆”即采用这种方法。

（七）拖入法

这种方法适用于烧、焖、扒等法制作的整形原料（特别是整鱼）的菜肴，如“红烧鱼”、“干烧鱼”。出勺时先选好角度，将勺做小幅度翻动，并趁势将手勺插到原料下面，然后将勺端近盘边，锅身倾斜，用手勺连拖带倒地把菜肴拖入盘中。拖入时勺不宜离盘太高，否则原料易断碎。

（八）直接盛入法

一般适用于单一或多种不易散碎的块形原料组成的菜肴及部分汤菜。方法是：用手勺将菜肴盛入盘中，先盛小的差的块，再盛大的好的块，并将不同原料搭配均匀，如“油焖鸡块”、“红烧肉”、“家常豆腐”、“烧三鲜”等都用这种出勺方法。肉块、鸡块往往有大小、形态完整与否之别，应先将小的差的块盛入盘中垫底，再将大的好的块装在上面。“烧三鲜”的用料是多种多样的（如鸡块、鲍鱼、肉块、肉皮、肉丸、鱼丸、猪肝、猪爪等），出勺时必须适当搭配，不可使某一种原料都在上面，某一种原料都在下面，盛时还应注意，勺边不可将肉块、肉丸或鱼丸戳破；勺底沾有汤汁应在锅沿上刮去，再将原料装入盘中，否则汤汁就会滴落在盘边，影响美观。

（九）间接盛入法

即是将炸好的菜肴先盛在一种餐具中，淘汰掉多余的糊屑粉末，再将菜肴装在新的餐具里，选择外观造型好的料块盖在表面。

（十）铲入法

方法是用小平盘或锅铲将原料从锅中铲起，再放入盛器中，适宜煎制的菜肴或原料造型整齐的菜肴。因为这类菜肴用手勺盛装不大方便，如不慎还会破坏菜肴的形状，用手铲盛菜时，手铲贴着锅底铲下，但要防止将锅底的杂质带到菜肴上，同时不宜随意移动菜肴，防止芡汁的痕迹影响餐具的外观。

（十一）夹入法

盛装时不用手勺盛菜，而用筷子一一将菜肴夹出，放在餐具中的方法，如“九转大肠”、“蜜汁山药墩”等一般采用这种方法。

（十二）拼盛法

热菜通常一菜一盘，很少采用拼法的，因为多数带汤汁，易串味，如要拼制，仅限于无汤汁的炸、煎菜肴，或同料不同味的菜肴，或同味的素菜拼盘。两味菜肴同装一盘，应力求平衡、对称，不宜此多彼少，应界线分明，不能混合。例如整鱼两吃，这道菜两片鱼肉，一边茄汁，一边咸鲜。中间可用绿色的黄瓜或油菜隔开，使人一目了然，给人以清新感。

三、冷菜的盛装手法

冷菜的盛装有排、堆、叠、围、摆贴、扣（覆）等多种方法，这些手法在拼摆过程中应灵活运用。

（一）排

排是将刀工处理的条、块等整齐的小型原料，整齐而有规律地排列于盘中。在实际运用中，如果单层排列使得菜品高度和食用数量不够，可以与“叠”同时使用，即在底层的基础上加叠数层。排选用的是整齐、大块的无骨畜肉类原料或根茎类蔬菜和瓜果原料。如火腿肠、蒸蛋糕、素火腿、京糕、卤冬笋、酱牛肉等原料，造型有方形、梯形、三角形、菱形等。

（二）堆

堆是把小型原料随意地堆放在盛器中的手法。可以散堆，也可码堆。散堆的形态比较自然，码堆能堆成多种立体的几何形，如塔形、三角锥形等。堆的手法简便、自然，适应面广，不仅用于盛装“堆”碟，也常常用于刀面下的垫底。堆选用的是加工成松、丝、末、粒、块、条、段、丁和球的原料，如蛋松、鱼松、蜇皮、萝卜丝、芹菜、红枣、花生粒等。造型有馒头形、塔形和自然形等。

（三）叠

叠是把切成片的原料有规则地一片压一片叠成阶梯形（又称瓦楞形），或把块、条状原料一层层叠放在盛器中的手法。在实际应用中，“叠”往往与“排”、“堆”同时使用，一般采用切一片叠一片，随切随叠。在砧板上叠好后铲于盘中，盖在垫底堆砌的原料表面，或在排好的原料之上，再叠排数层。叠选用的是无骨片状、条状或柴把状的原料，如火腿、白肉、冬笋、莴笋、柴把鸭等。造型有桥拱形、四方形和图案形。

（四）围

围是把加工成形或整形的小型原料，排列于圆盘四周成环形，或层层围绕成层次和花纹的手法。在主要原料的周围用其他原料围上一圈，叫围边。将主要原料围成花朵形，中间用其他料做花心，叫排围。在围中应充分利用对比色原料交替围摆，以达到明快醒目的效果。在实际装盆应用中，“围”往往与“覆”、“堆”结合使用，如四周围放一圈，中间“扣”、“堆”其他原料；或中间是主料，旁边围上一圈点缀物。围使用的原料范围较广，选用可加工成条、圆片、梳子片、球形、鸡心形的动植物原料。

（五）摆

摆是运用各种技法，将不同形状和色彩的原料，摆放成花鸟鱼虫等图案的手法。摆是造型冷菜中常使用的一种手法，所使用原料的范围较广，选用可加工成块、片、条、丝、丁、末或整形的动植物原料，但单碟选用的原料品种不宜过多，造型要简洁，色彩要协调。

（六）贴

贴是将薄小的不同性状原料粘附在较大物象表面叫贴，如对鱼、龙等造型时的贴鳞，对鸡、孔雀等造型时的贴羽毛等。

（七）扣

扣也称“覆”，意为成型的原料一次性移入盘内。是将加工成形的原料整齐地排放在扣碗内，再反扣入碟，或将加胶质的原料入模具冻结后，再反扣入碟的手法，其选用的原料范围较广，以片、块、丝、丁、粒为多，如鸡丝、猪舌、虾仁、水果等。

第五节　菜肴的装饰工艺

一盘食物像一幅画，盘子边缘是画框。菜肴的装饰即菜肴的点缀和围边，就是利用菜肴主料以外的原料，通过一定的加工附着于菜肴旁或其表面上，对菜肴进行美化装饰的一种技法。通常将装饰料围在主菜四周的这种形式称围边；而一些边花、角花及有些居中、有些偏于一边的局部装饰一般称为点缀。

一、菜肴装饰物的选择

（一）装饰物的含义

装饰物是放在盘上或汤碗中附加于主要食物的任何食品。装饰物可以使食物美观，但它并不是重点。

可用于菜肴的装饰物很多，有植物性原料，也有动物性原料，可根据具体情况具体选择原料。在选择原料时必须注意三个问题：第一，所选的原料必须能直接食用；第二，所选的原料必须符合卫生要求，最好少用或不用人工合成色素；第三，所选的原料的颜色必须鲜艳，形状利于造型。

（二）装饰物的原料及运用

1. 水果类

如糖水橘子、樱桃、苹果、菠萝、柠檬、西瓜、香瓜、香蕉、芒果、猕猴桃等，色彩各异，一般做冷菜、甜菜的装饰原料，既可增色、组合成形，又可调节口味。

2. 蔬菜类

如胡萝卜、白萝卜、洋葱、青椒、黄瓜、绿叶菜、莴笋、海带、卷心菜、四季豆、竹笋、百合、藕、莲子、南瓜、银耳、琼脂、口蘑、草菇、金针菇、蘑菇、粉丝等，可刻成花卉或改刀成形，用于冷菜、热菜的装饰点缀，色形俱全，效果甚佳。另外，生姜、青蒜、香菜可切成丝或做花叶形状，用于炸制菜的点缀，既有助于色形的调配，又能起到一定的调味作用。炸粉丝经加工可拼成花卉形态，用于菜肴的点缀。

3. 动物类

如熟牛肉、鸡蛋糕、香肠、炸虾片、海蜇头、猪舌、猪心、肴肉、鲍鱼、蛋松、蛋品、各种蓉胶、各种蛋卷等。

（三）食品雕刻工艺及成品

食品雕刻工艺是指运用雕刻技术将烹饪原料或非食用原料制成各种艺术形象，用来美化菜肴、装饰宴席或宴会的一种工艺。艺术欣赏是雕刻的根本目的，所以，从古至今所有的雕刻制品都是以欣赏为主的，尽管极少量的雕刻制品能够食用。

1. 雕刻的主要类型

雕刻的类型主要有果蔬雕、黄油雕、糖雕（即糖塑）、冰雕、泡沫雕、琼脂雕、豆腐雕等。由于上述雕刻工艺的应用日益繁多，对雕刻的品质要求越来越高，目前已有专门的公司，从事冰雕、泡沫雕、黄油雕、蔬菜雕等对外加工业务，为宾馆酒店、婚庆礼仪公司、婚纱摄影公司及个人精心制作各种雕刻作品，给人以高档次的享受。

2. 雕刻成品的应用

（1）用于宴席、宴会展台及桌面的装饰　果蔬雕刻作品常用于盛大的宴会气氛的渲染和环境的美化，以及中、小型宴席宴会台面的装饰和菜肴的造型、点缀及盛装，为整个宴席、宴会起着烘云托月、锦上添花的艺术效应，具有独特的魅力。

（2）用于菜肴的美化　在冷菜中，雕刻作品对冷盘起着点缀美化的作用；在热菜中，能借助食品雕刻提高菜肴的艺术性。在水果拼盘中，可利用西瓜皮进行简单雕刻的鱼、龙、凤、人物以及吉祥字样等图案，插在水果之中点缀。

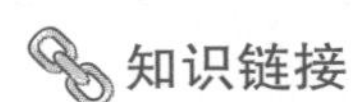

南瓜盅做热菜盛器要蒸熟

在某地举办的一次烹饪技术大赛上，食品雕刻作品除了单独项目的比赛外，还在热菜中大量使用。有的是点缀装饰，有的是作为菜品的盛器，从雕刻的技法和造型上都各有千秋，但在具体应用上都出现了明显的差异。其中有两个作品都是南瓜盅：南瓜采用浮雕，内部装入菜品，从造型、刀工上几乎很难分出高低，但结果评委给的分数都相差甚远，其原因是：一个南瓜盅与菜品结合得比较完美，上桌前与菜品一起上笼蒸熟，既有装饰效果又能食用。而另一菜品虽然雕刻很好，但上桌前没有蒸熟，不但南瓜不能食用，而且与熟的菜品放在一起，造成生熟不分，影响了整个菜品的食用价值，所以不能得到较高的分数。

二、菜肴装饰的方法

利用菜肴主辅料以外的原料，采用拼、摆、镶、塑等造型手段，在菜肴旁对其进行点缀或围边的一类装饰方法，采用辅助装饰能使菜肴的形状、色调发生明显变化，如同众星捧月，可使主菜更加突出、充实、丰富、和谐，弥补了菜肴因数量不足或造型需要而导致的不协调、不丰满等情况。辅助装饰花样繁多，与主体装饰不同的是：有些装饰侧重于是美化，有些装饰侧重于食用，且大多在菜肴成熟后装饰（复杂的装饰可超前制作）。常见的方法有点缀法和围边法。

（一）点缀法

用少量的物料通过一定的加工，点在菜肴的某侧，形成对比与呼应，使菜肴重心突出，这类加工简洁、明快、易做。常见的用雕刻制品对菜肴的装饰多属于点缀手法。根据是否对称分为对称点缀和不对称点缀。

对称点缀的特色在于对称、协调、稳重。如单对称，多用于腰盘盛装的菜肴，在菜肴两旁对称地点缀；中心对称点缀，多见于圆盘盛装的块状菜肴，将点缀物置于菜肴中间部位，如同花蕊，所以又称花蕊式点缀。如金黄色“凤尾对虾”尾朝外码于盘中，中间饰以鲜红番茄花。此外还有双对称、多对称、和交叉外称点缀等。对称的点缀物应同样大小、同样色泽、同样形状，在制作过程中，切忌两处不同样造型。三侧点缀属于不对称点缀，适用于圆形盛器。菜品多是精细的是丝、片、丁、条或花刀块，在烹法上，以炸、熘、爆、炒、煎为主，如“油爆乌花”盘边三侧辅以碧绿黄瓜切成的佛手花，上置一颗红樱桃，赏心悦目。另外还有简单而最常见的局部点缀，一般用蔬菜、水果或食雕花卉等，摆放在盘子的一边，来点缀美化菜肴，弥补盘边的局部空缺，有时还能创造一种意境、情趣，如“松鼠戏果”中盘边用一串葡萄作点缀物。

1．局部点缀

局部点缀指用各种蔬菜、水果加工成一定形状后，点缀在盘子一边或一角，以渲染气氛，烘托菜肴。这种点缀方法的特点是简洁、明快、易做。如用番茄和香菜叶在盘边做成月季花花边；用番茄、柠檬切成兰花片与芹菜拼成菊花形镶边等。

2．对称点缀

对称点缀指用装饰料在盘中做出相对称的点缀物。对称点缀适用于椭圆腰盘盛装菜肴时装饰，其特点是对称、协调，简单易掌握，一般在盘子两端做出同样大小、同样色泽的花形即可。如用黄瓜切成连刀边，隔片卷起，放在盘子两端，每两片逢中嵌入一颗红樱桃，做成对称花边等。

3．中心点缀

中心点缀是在盘子中心用装饰料拼成花卉或其他形状，对菜肴进行装饰，它能把散乱的菜肴通过在盘中有计划的堆放和盘中心拼花的装饰统一起来，使其变得美观。如用玉米笋、荷兰芹、胡萝卜、樱桃等原料在盘中心拼成花饰等。

4．全围点缀

全围点缀是用装饰料通过一定的方法加工成形，围在菜肴的四周，这种围边方法，较适于圆盘的装饰，围出的菜肴比用其他点缀更整齐、美观，但刀工要求也较严格。如用煮熟去壳的鹌鹑蛋沿中线用尖刀锯齿状刻开，围在盘子四周；用黄瓜、玉米笋、胡萝卜、樱桃、蛋皮丝等拼成宫灯图案花边等。

5．半围式点缀

半围式点缀是运用点缀物进行不对称点缀围边，点缀物约占盘的1/3，主要是追求某种主题和意境来美化菜肴。

（二）围边法

围边也称“镶边”，行业中有时做菜肴装饰美化的统称。围边较之点缀复杂，也可以说是若干个点缀物的组合，因此具有一定的连续性。恰如其分的围边可使菜品的色、香、味、形、器有机地统一，产生诱人的魅力，刺激食者产生强烈美感及食欲。常见的方式有几何形围边和具象形围边。

1．几何形围边

几何形围边是利用某些固有形状或经加工成为特定几何形状的物料，按一定顺序方向有规律地排列、组合在一起，其形状一般是多次重复，或连续，或间隔，排列整齐，环形摆布，有一种曲线美和节奏美。如“乌龙戏珠”用鹌鹑蛋围在扒海参周围。还有一种半围花边也属于此类方法，半围法围边时，关键是掌握好被装饰的菜肴与装饰物之间的分量比例、形态比例、色彩比例等，其制作没有固定的模式，可根据需要进行组配。

2．具象形围边

具象形围边是以大自然物象为刻画对象，用简洁的艺术方法提炼出活泼的艺术形象，这种方式能把零碎散乱而没有秩序的菜肴统一起来，使其整体变得统一美观，常用于丁、丝、末等小型原料制作的菜肴。如“宫灯鱼米”用蛋皮丝、胡萝卜、黄瓜等几种原料制成宫灯外形，炒熟的鱼米盛放在其中。具象形围边所用的物象有动物类，如孔雀、蝴蝶等；植物类，如树叶、寿桃等；器物类，如花篮、宫灯、扇子等。

需要指出的是，上述种种菜肴装饰美化形式，并不是孤立使用的，有时可以用两种或两种以上的形式进行装饰美化，许多场合下还要根据个人的经验思维和技巧，加以发挥和创造①②③④⑤。

三、装饰菜肴应注意的问题

尽管菜肴装饰美化重要，但它毕竟是菜肴的一种外在美化手段，决定其艺术感染力的还是菜肴本身。因而菜肴的装饰美化要遵循以食用为主、美化为辅的原则，切不可单纯为了装饰得好看而颠倒主从关系，使菜肴成为中看不中吃的花架子。那么对于需要美化的菜肴来说，如何装饰才算是恰到好处呢?这就要遵循下列各项原则：

根据菜肴的实际需要进行点缀、围边是对菜肴装饰的基本方法。如果菜肴在装盘后，在色形上已经有比较完美的整体效果，就不应再用过多的装饰；否则，会有画蛇添足之感，失去原有的美观。如菜肴在装盘后的色、形尚有不足，需用围边和点缀进行装饰，就应考虑选用何种色、形的原料，如何进行装饰，应从以下几方面综合考虑。

（一）卫生安全

装饰美化是制作美食的一种辅助手段，同时又是传播污染的途径之一。蔬果饰物一定要进行洗涤消毒处理，尽量少用或不用人工色素。装饰美化菜肴时，在每个环节中都应重视卫生，无论是个人卫生还是餐具、刀具卫生都不可忽视。

（二）实用为主

菜肴装饰美化的实用性，实质上就是装饰物能够食用，方便进餐，而不是做摆设。所以，以食用的小件熟料、菜肴、点心、水果作为装饰物，来美化菜肴的方法就值得推广；而采用雕刻制品、琼脂或冻粉、生鲜蔬菜、面塑作为装饰物，来美化菜肴的方法就应受到制约。

（三）经济快速

菜肴进入宴席后往往被一扫而空，其装饰物没有长期保存的必要，加之价格、卫生等因素及工具的限制，不可能搞很复杂的构图，也不能过分地雕饰和投放太多的人力、物力和财力。装饰物的成本不能大于菜肴主料的成本。

（四）协调一致

首先，装饰物与菜肴的色泽、内容、盛器必须协调一致，从而使整个菜肴在色香味形

① 方学家. 盘饰（围边）制作实用宝典. 广州：广东科技出版社，2004.
② 白佳东. 简易盘饰制作. 北京：中国轻工业出版社，2008.
③ 喻成清. 花样盘饰技法. 合肥：安徽人民出版社，2006.
④ 吴庭国. 蔬果切雕技法与盘饰. 福州：福建科学技术出版社，2006.
⑤ 邓耀荣. 盘饰围边基础/新派厨艺基础. 广州：广东经济出版社，2006.

诸方面趋于完整而形成统一的艺术体；其次，宴席菜肴的美化还要结合宴席的主题、规格、与宴者的喜好与忌讳等因素。

关键术语

（1）造型（2）盛装（3）冷菜拼摆（4）花色拼盘（5）水果拼盘（6）菜肴装饰物（7）食品雕刻

问题与讨论

1. 为什么说菜肴的成形方法贯穿于原料的初加工、切配、半成品加工、烹调和盛装的全过程？
2. 你认为菜肴造型应注意什么问题？
3. 如何从食用、欣赏、经济、应用范围等角度评价花色拼盘的优劣？
4. 你认为搞好花色菜肴造型设计应具备哪些素质？
5. 食品雕塑成品在烹饪中有哪些用途？在使用时应注意哪些问题？

实训项目

1. 花色热菜造型实训
2. 一般冷菜拼盘造型实训
3. 花色冷菜拼盘造型实训
4. 水果拼盘造型实训
5. 菜肴装饰实训

第十章 宴席烹调工艺

教学目标

知识目标：

（1）了解宴席烹调工艺的特点

（2）掌握宴席烹调工艺的准备工作

（3）掌握宴席烹调工艺的过程和质量控制

能力目标：

能设计并制作中、高档宴席菜肴

情感目标：

培养顾全大局、团结协作的团队精神和集体主义观念

教学内容

（1）宴席烹调工艺的特点

（2）宴席烹调工艺的准备

（3）宴席烹调工艺的实施

（4）宴席烹调工艺的质量控制

案例导读

2012年全国职业院校高职烹饪技能大赛宴席设计制作比赛纪实

2012年6月12日，2012全国职业院校高职烹饪技能大赛宴席设计制作项目在扬州商务高等职业学校举行，比赛分两场进行，共有35个代表队参加。

比赛设宴席设计、中餐热菜、中餐冷拼、中餐面点四个项目，宴席设计采用“菜篮子”形式，结合当地特产自定主题设计，要求主题明确，内容全面，具有针对性、准确性、可行性。掌握荤素兼顾、浓淡相宜、营养搭配合理，菜单组合编列协调、恰当，菜品结构比例科学、合理。宴席制作的要求为：热菜两道、冷拼六道、面点两道。最后，各队指定一名选手根据宴席设计书和宴席制作情况对整桌宴席进行解说，解说内容包括宴席主题、设计理念、创新思想、菜品风味特色、营养搭配、主要烹饪技艺技法等。

从比赛作品来看，各队宴席主题鲜明，地域特色明显，还体现了浓郁的民族特色，每道菜肴从菜名、原料、餐具等方面都进行了精挑细选，每桌宴席都华丽精美、美轮美奂，充满了浓郁的文化气息。

前面我们讲的主要是就一道菜内各种原料如何加工、组配、调和、加热，从而使其成为一道美味佳肴。但只会做单个菜肴，就算做得再好，也只能是个“匠”；而懂得整桌宴席的设计、组配和烹调，才能算得上真正的烹调师，才算真懂烹调艺术。这也是高职院校烹饪专业学生必备的知识和技能。

宴席菜肴烹调工艺是接受宴席任务后，从制订菜单开始，直至把所有宴席菜品制作出来并输送出去为止的全部过程。根据各个阶段的地位和作用来划分，一般可分为制订计划阶段、辅助加工阶段、基本加工阶段、烹调与装盘加工阶段和菜品成品输出阶段等。

第一节 宴席烹调工艺的特点

一、预约式

餐饮企业经营的宴席是根据顾客的事先预订进行的，因此，宴席菜品生产方式具有预约的特点。这一生产过程是按照预选的设计规定和完成任务的时间来组织生产的，其关键在于按“期”或按“时”去组织生产，按“质”如期输出菜品。

二、连续化

宴席菜品生产必须是在规定的时间里，连续不断、有序地将所有菜品生产出来，输送出去。这种连续性一是由菜品属性所决定的，即菜肴点心必须现做现食；二是由宴席饮食方式和菜品构成方式的特殊性所决定的，即宴席菜品是分层次序列构成的有机整体，顾客的宴饮是根据预先安排的食序循序而食的，这是一个连续性的过程，所以生产过程也必须是连续性的。

三、平行性

平行性是指宴席菜品生产过程的各阶段、各工序可以平行作业。这种平行性的具体表现是：在一定时间段内，不同品种的菜肴与点心可以在不同生产部门平行生产，各工艺阶段可以平行作业；一种菜肴或点心的各组成部分可以单独进行加工，可以在不同工序上同时加工。平行性的实现可以使生产部门和生产人员无忙闲不均的现象，缩短宴席菜品生产时间，提高生产效率。

四、协调性

协调性是指从宴席菜品生产过程总体出发，明确规定各生产部门、各工艺阶段之间的联系和作用关系。宴席菜品的生产既需要分工明确、责任明确，以保证各自生产任务的完成，同时也需要各生产部门相互间的合作与协调，各工艺阶段、各工序之间的衔接和连续，以保证整个生产过程中生产对象始终处于运动状态，没有或很少有不必要的停顿和等待现象。

五、节奏性

生产过程的节奏性是指在一定的时间限度内，有序、有间隔地输出宴席菜品。宴席活动时间的长短、顾客用餐速度的快慢，规定和制约着生产节奏性、菜品输出（主要指冷菜之后的热菜与点心等）的节奏性。设计中要规定菜品输出的间隔时间，同时又要根据宴席活动实际、现场顾客用餐速度，随时调整生产节奏，保证菜品输出不掉台或过度集中。

六、标准性

标准性是指宴席菜品必须按统一的标准进行生产，以保证菜点质量的稳定，是宴席菜品生产的生命线。有了标准，就能高效率地组织生产，生产工艺过程就能进行控制，成本就能控制在规定的范围内，菜品质量就能保持一贯性。

七、无重复性

一个宴席无论规模大小，就其菜品组合情况而言，菜肴或点心品种之间没有重复性，即是由不同的菜肴或点心品种构成的组合体。正因为每个宴席中的菜品对该宴席而言都是唯一的，因此，对厨师的技术水平和操作水平的要求较高。

八、可批量化

与零点菜品生产松散性不同，宴席菜品可以进行批量化生产。一是由宴席任务决定的，如几桌、几十桌的宴席，大家都吃着相同的菜肴与点心，其生产必然是批量式的；二是由餐饮企业经营定位决定的，在实际经营活动中，由于前来预订的宴席档次相同或相近，在同时要完成不同宴席生产任务时，为降低生产成本，提高生产效率，总是尽可能地增加品种的重叠性，因此设计的宴席菜品组合也是相同的，或大部分是相同的。因此，其生产也变成了批量化生产①。

第二节　宴席烹调工艺的准备

一、制订宴席菜单

在举办宴席时，第一件事就是要制订菜单。宴席菜单是宴席的指导性文件，是宴席的艺术设计蓝图和现场施工图。菜单的书写格式主要有提纲式、表格式2种。提纲式是最常用的一种菜单书写格式，它是根据宴席的规格和顾客的要求，按照基本的上菜程序，分门别类写上菜名；表格式是以表格的形式，将菜肴的名称、用料、味型、色泽、上菜顺序、刀工成型、烹调方法等都一一列出来，更有详细者还列明所用餐具规格、各菜成本及售价等（见表10-1）。

表10-1　宴席菜单（表格式）的内容

类别	上席顺序	菜名	原料			烹调方法	味型	色泽	质感	造型	餐具			成本	售价	备注
			主料	配料	调料						规格	形状	颜色			

二、烹饪原料准备

烹饪原料准备是指菜品在生产加工以前进行的各种烹饪原料的准备过程。准备的内容是根据已制订好的“烹饪原料采购单”上的内容要求进行的。准备的方式有2种：一种是超前准备，如干货原料、调味原料、可冷冻冷藏的原料等，在生产加工以前的一段时间就可以采购回来并经验收后入库保存起来；一种是在规定的时间内即时采购，如新鲜的蔬菜和动物原料，或活禽、活水产原料（饭店无活养条件时或活养的数量、品种存在不足时）等，在进行加工之前的规定的时间内采购回来。

检查菜单中涉及的原料和市场供应情况（包括原料价格），如发现原料库存不足或市场供应有问题，应及时补足或准备代用品，必要时也可以更换菜肴品种。如这些问题在菜

① 丁应林. 宴席设计与管理. 北京：中国纺织出版社，2008.

单与顾客见面后发现，采用代用品或更换菜肴品种，应征得顾客同意后方可进行。

三、设备工具准备

检查烹制设备（炉火、蒸锅、油锅、炖锅等）是否完好，热源是否充足；检查各种所需调味品是否上齐备足；检查各种盛器是否都洗净到位。

四、明确人员分工

根据本部门技术力量的情况，组织好人员分工，每个环节要有专人负责，并要做好每个环节之间的衔接工作，如水台部与砧板部、蒸炖部的衔接，砧板部与后锅部的衔接，蒸炖部与后锅部的衔接，厨师长与打荷、面点部、传菜部和楼面经理的衔接等，使各项工作能有条不紊地顺利进行。

第三节　宴席烹调工艺的实施

一、辅助加工阶段

辅助加工阶段是指为基本加工和烹调加工提供净料的各种预加工或初加工过程。例如，各种鲜活原料的初加工、干货原料的涨发等。

二、基本加工阶段

基本加工阶段是指将烹饪原料变为半成品的过程。例如，热菜是指原料的成形加工和配菜加工，并为烹调加工提供半成品；而冷菜则是制熟调味，如卤制水晶肴肉；或对原料的切配调味，如对黄瓜的成形加工、腌渍、调拌入味，以做凉拌黄瓜之用。对于整批宴席或大型宴席，用于美化菜肴的装饰点缀品也要预制出来，提前码摆在盘中，届时会缩短上菜时间。

三、烹调与装盘加工阶段

烹调加工是指将半成品经烹调或制熟加工后，成为可食菜肴的过程。例如，菜肴经配份后，需要加热烹制和调味，使之成菜；成熟后的菜肴，再经装盘工艺，便成为一个完整的菜品成品。冷菜则是在热菜烹调之前先行完成装盘。

四、成品输出阶段

成品输出阶段是指将生产出来的菜肴点心及时有序地提供上席，以保证宴席正常运转的过程。从开宴前第一道冷菜上席到最后一道水果主席，菜品成品输出是与宴席运转过程相始终的。

构成宴席菜品生产过程的四个阶段，因为生产加工的重点不同而有区别，甚至是相对独立的；但是作为整个过程的一个部分，由于前后工序的连接和任务的规定性，它们又是紧密联系、协同作用的。

第四节　宴席烹调工艺的质量控制

一、宴席菜肴用料控制

原料选用好坏，直接影响菜肴的加工烹调，进而影响菜肴的质量。宴席菜肴用料控制主要从以下几个方面着手。

（一）原料数量的控制

宴席菜肴用料要根据宴席规模和菜单内容进行科学测算和具体计划。进料不足，影响宴席菜肴生产；进料过多，容易造成浪费。具体菜肴的投料比例，要严格按《菜肴生产质量标准书》中规定的要求执行。

（二）原料质量的控制

没有好的原料，不可能制作出好的菜肴，原料质量好坏，直接影响菜肴的色、味、形、质。宴席菜肴的选料较之普通便餐更讲究，对原料的不同等级、不同品种、不同部位以及新鲜程度等要做严格要求，用料时不能以次充优，勉强凑合。

（三）原料更新的控制

酒店宴席原料的使用，不仅要注意数量和质量的控制，而且要加强原料的更新、变化的控制与管理。原材料的变化，往往会带来菜肴品种、烹调方法、菜肴风味的变化，是提高宴席质量的一个有效途径。尤其是对一些常客来说，原料的变化更是具有十分重要的意义。

二、烹调工艺的控制

宴席菜肴加工烹调控制的主要内容有：根据不同菜肴的成型要求，进行相应的刀工处理；根据每道菜的特点，进行巧妙的原料组配；根据不同菜肴的需要，适时、适量做好腌渍、入味工作；根据烹调的需要，做好挂糊、上浆、勾芡工作；使用规定的烹调方法必须符合规定的操作程序和要领；调味要做到“准”、“正”，符合该菜应具有的味型；掌握好烹调时间，不过时，不欠时，保证菜肴质量；注意装盘，选择好适宜的餐具，对不同的菜进行适当的装饰，起到衬托美观的作用。

三、宴席菜肴的温度控制

宴席菜肴除冷碟外，大多数是现烹调现上席食用的。俗话说“一热顶三鲜”，热菜就应该热吃，一冷就失去了风味。热菜的最佳食用温度在70℃左右，菜肴烹制出锅属后，应根据厨房与餐厅的距离和天气情况（气温）确定上菜速度和上席时间。此外，运用适当的器皿餐具可保持菜肴温度，如铁板菜、煲仔菜等可有效延缓菜肴降温；也可将热源引入餐桌，如火锅等，使菜肴始终保持一定的温度。

四、宴席菜肴上菜速度控制

宴席菜肴上菜速度直接影响宴席菜肴的整体质量。在宴席中，由于冷菜是首菜，应在上菜前的15min准备就绪，以供前台服务人员随时来取。烹调热菜时，要适时掌握上菜时间，特别是整批宴席或大型宴席，如果等到上菜的传讯时再烹调，时间已经迟了。在这种情况下，应该适时提前一段时间烹调，待上菜传讯后，即可及时出菜，适时上桌。另外，在有整批宴席和大型宴席的情况下，出菜后要及时盛装，准确迅速，尽量缩短上菜时间，以保持菜肴的温度和宾客的食用衔接。

控制宴席菜肴的上菜速度应注意以下几个问题：

（1）厨房应及时掌握准确的开宴时间，以免宴席宣布开始，第一道菜迟迟不能上席。

（2）根据客人的进餐速度，掌握好上菜时间；根据顾客要求，掌握好上菜速度。有的顾客喜欢速度快，盘盘相叠显得菜肴丰盛，那么厨房就应该满足客人的要求。

（3）及时调整宴席上菜速度。宴席在进行过程中往往会出现一些特殊情况如：临时即兴表演、发表讲话等，这时就要根据情况及时调整上菜速度，以保证上菜速度与宴席进程相协调①。

关键术语

（1）宴席（2）菜单（3）宴席菜单（4）宴席烹调工艺（8）宴席菜单

问题与讨论

1. 宴席烹调工艺有什么特点？
2. 宴席烹调工艺应做好哪些准备工作？
3. 如何设计宴席菜单？
4. 宴席烹调工艺主要分为哪几个阶段？
5. 如何对宴席烹调工艺进行质量控制？

实训项目

1. 家宴设计与制作实训
2. 婚宴设计与制作实训
3. 寿宴设计与制作实训
4. 商务宴设计与制作实训

① 方爱平．宴席设计与管理．武汉：武汉大学出版社，1999.

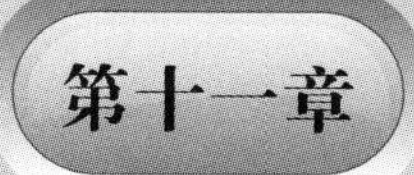

烹调工艺的标准化与现代化

教学目标

知识目标：

（1）了解标准与标准化的基本知识

（2）掌握烹调工艺标准化的意义与内容

（3）理解烹调工艺标准化的难点与应对

（4）弄清烹调工艺现代化的概念、内容、问题和主要任务

能力目标：

学会利用创造性思维对烹调工艺改革创新，并在实践中提高创新能力

情感目标：

（1）认识烹调工艺标准化与现代化的重要性和紧迫性

（2）培养整体观念和严谨的工作态度

教学内容

（1）标准与标准化

（2）烹调工艺标准化的意义与内容

（3）烹调工艺标准化的难点与应对

（4）烹调工艺的现代化

案例导读

中式餐饮要走现代化之路

近些年来，餐饮业对扩大内需、促进就业、改善民生等方面都起到了积极作用，逐步被社会各界所认可，各级政府也对餐饮业日益重视。不过，比起日本、韩国，我们可能还有一定的差距。餐饮业的可持续发展需要产业政策的支持。比如，现在餐饮业的用水、用电费用标准仍高于工业。

从餐饮业自身来讲，手工操作随意性强，烹饪技法的多样性和复杂性，标准设备的缺乏，这些都是限制中餐标准化发展的困扰，也是影响中餐做强做大的主要因素。达不到标准化，没有标准程序，管理手段达不到，持续发展就不太可能。因此，探索一条机械设备现代、操作流程标准、管理手段先进的现代管理模式，已经成为支撑餐饮业可持续发展的关键。

杨柳认为，如果餐饮业仍旧一个个散兵游勇，是一盘散沙，就不会有餐饮行业发展的好环境。餐饮行业发展，一定要紧密联系上下游产业，这也是从小买卖发展到大产业的必由之路。现在，许多企业都已经由一个单店经营发展成连锁经营，从田园到餐桌，做了一个产业链。这个持续发展就可以靠产业链条来支撑，这是一条正确道路。

餐饮业又是一个很辛苦、很复杂的行业，不仅要埋头苦干，更要抬头往前看，关注产业发展的最新动态。

许多人都知道沃尔玛是世界最大的零售商，沃尔玛的信息化水平全球领先。沃尔玛创始人山姆沃尔顿先生曾说过："我如果看不到每一件商品进出的财务记录和分析数据，这就不是做零售。"2009年5月，沃尔玛已经在全球开了7899家店，通过公司的网络，他在1h之内就可以对每种商品的库存、上架、销量全部盘点一遍。

那么，我们的全国连锁，有的是20家店、30家店，多的甚至有上百家店，如何管理？这就要通过信息网络来管理。如果这个系统在我们这个行业用，对我们的连锁经营是非常有好处的。餐饮业不仅要运用信息技术支撑单店经营，对连锁经营十分普遍的企业来讲，更需要建立一整套的信息系统，对每一个门店的运营加强管理。

前不久，杨柳到百盛集团呼叫中心考察，深受触动。一个不到300m^{2}的工作环境中间，台湾、香港、澳门订餐都通过这里，半小时之内，他就可以送到客人需要的地方。当时也很好奇，在北京给台湾订餐？他已经达到了这样的效果。我们大多数企业的信息化可能还刚刚起步，餐饮这个行业如果从现代化来看，还有很长的路需要走，但大部分企业也认识到这点。我们只有走向信息化管理，餐饮业才能更好地持续发展。

走现代化之路，还要求我们要贴近市场、研究市场，根据市场变化调整经营策略，这是发展的关键。这次金融危机给餐饮业带来了一定困难，但是也提供了很多机遇。企业都在根据市场进行调整，大众化餐饮企业得到加强，产业内部结构得到优化，经营策略得到了加强，很多高档的餐饮企业已经走向大众化。有一些人均消费800元、500元的店，现在消费100～200元可以到店里吃得很好，这也是随着市场情况变化而变化。

作为完全竞争性的行业，餐饮业竞争很残酷，企业生命周期很短，企业发展要创新，产业要持续发展，就得不断寻找新的亮点和起点。

目前来看，农村市场、城市社区、海外市场都是发展的空间。我们可以采取差异化经营，不同情况采取不同的经营方式。最近也有一些品牌企业已经走向了国外，也有一些大型企业走向农村。比如陶然居就已经到农村开了乡村餐饮，最近吉野家则正在研究社区餐饮之路，这些都是我们发展的新市场。目前餐饮消费主要体现在城镇，农村市场还是空白。虽然现在发展农村经济、发展旅游业，也建立了农家乐，但毕竟是很少的一部分。

餐饮消费层次多样，餐饮消费也在不断升级，这种升级包括消费数量的增长，更包括消费档次的升级。市场的划分越来越细，有高档、中档、中西餐、火锅，加上我们现在吃出文化、吃出营养、吃出健康的诉求，这都给消费市场不断提高提供了平台，保证了餐饮消费的可持续发展。

由于历史、文化、经济等种种原因，烹饪技艺历来都是通过师傅带徒弟这样的传统方式传承下来的，缺乏科学化、定量化、标准化；而且是手工操作，存在着很大的随意性、模糊性，使得菜肴质量很不稳定，难以实现机械化、规模化、连锁经营。

中餐的振兴之路是创新，中餐要发展必须走标准化道路，要形成统一的科学制作标准，要按菜品质量标准和标准制作程序去烹制，注重菜肴营养的保持，逐步向程序化、标准化、现代化方向发展。标准化应用于科学研究，可以避免在研究上的重复劳动；应用于菜品设计，可以缩短设计周期；应用于实际操作，可使生产在科学、有序的基础上进行；应用于饭店管理，可促进统一、协调，提高工作效率等。

在烹调工艺中实施标准化，能最大限度降低人为因素与经验的影响，使产品质量达到稳定。对于连锁经营的餐饮企业，烹调工艺标准化是连锁分店复制的基础，能有效控制分店产品质量的统一。烹调工艺标准化也是实施卫生规范的前提。此外，烹调工艺标准化还可将原料投入和产品产出的比例相对固定，从而为生产成本控制提供依据，降低生产人力成本。

第一节　标准与标准化

一、标准

（一）标准概念

标准原意为目的，也就是标靶。其后由于标靶本身的特性，衍生出一个“如何与其他事物区别的规则”的意思。将“用来判定技术或成果好不好的根据”广泛化，就得到了“用来判定是不是某一事物的根据”技术意义上的标准。

GB/T 20000.1-2002《标准化工作指南第1部分：标准化和相关活动的通用词汇》中对标准的定义是：“为了在一定范围内获得最佳秩序，经协商一致制定并由公认机构批准，共同使用的和重复使用的一种规范性文件”。

国际标准化组织（ISO）对标准所下的定义是：“标准是在某些方面达到最佳状况，经各方协商一致制定并经公认机构批准的文件。它对共同和重复应用的问题提供活动或活动结果的规则、指南和特性”。

（二）标准的级别和种类

1. 标准的级别

按照标准的级别从高到低，可以将我国标准体系分为国家标准、行业标准、地方标准和企业标准4级。各级标准的适用领域和效力范围各不相同，但相互之间有着内在联系，上级标准是制定下级标准的依据，下级标准是对上级标准的补充，各级标准之间不得重复制定和相互抵触。标准的级别规定了标准的适用范围，同时也反映了制定和发布标准的机构的级别。

2. 标准的种类

（1）按照标准的约束性　分为强制性标准和推荐性标准。强制性标准，企业必须执行；推荐性标准是非强制性标准，国家鼓励企业自愿采用，如果对企业不适用，企业有权不予采用。推荐性标准仅限于国家标准和行业标准，不存在推荐性的地方标准和企业标准。

（2）按照标准的性质　分为技术标准、管理标准和工作标准三大类。技术标准指对标准化领域中需要协调统一的技术事项所制定的标准，包括基础技术标准、产品标准、工艺标准、检测试验方法和标准以及安全标准、卫生标准、环保标准等；管理标准指对标准化领域中需要协调统一的管理事项所制定的标准，包括管理基础标准、技术管理标准、经济管理标准、行政管理标准、生产经营管理标准等。工作标准指对工作的责任、权利、范围、质量要求、程序、效果、检查方法、考核办法所制定的标准，一般包括部门工作标准和岗位（个人）工作标准。

二、标准化

（一）标准化的概念

国际标准化（ISO）组织认为，标准化是为了在一定范围内获得最佳秩序，对实际的或潜在的问题制定共同的和重复的规则的活动；而在生产领域，标准化则是指以产品为对象，合理简化品种规格，统一产品质量，指定各类产品的系列标准，扩大结构零件的通用化、标准化。简而言之，标准化就是围绕着产品及其组成部分进行统一规划而展开的活动。

对于标准化的定义可从以下三个方面理解。

第一，标准化的目的同样也是“在一定范围内获得最佳秩序”，因此，在开展标准化工作时，应使标准化活动实施范围最大化，不能局限于一时一地的需求，只有使标准化成果最大化，才能建立最佳秩序，实现最大的效益。

第二，标准化是一种活动、一个过程。这种活动主要通过制定并在一定范围内推广标准来实现；同时，标准化工作还包括标准化原则和方法在各个领域中的应用。

第三，标准化概念具有相对性。标准与非标准并非是绝对的，在一定条件下可相互转化。随着社会和科技进步，原有的标准可能不再适用，则需要对其进行修订甚至废除，建立适宜的标准。另外对潜在可能出现的问题，也应实行超前标准化。

（二）标准化的作用

标准化的基本作用是使社会以尽可能少的资源、能源消耗，来谋求尽可能大的社会效益和最佳秩序。标准化作为人类的一种特定的社会实践活动，会在各个领域产生多方面的效果，这些效果可归结为技术效果、经济效果和社会效果三大方面。标准化的作用主要表现在以下方面。

1. 规范化作用

标准化可以规范社会的生产活动，促进企业间的生产协作和社会化专业化大生产，推动建立最佳秩序。现代化大生产是以先进的科学技术和生产的高度社会化为特征的，因此制定和实施标准成为组织现代化大生产必不可少的手段和条件。

2. 保障作用

保障作用是一种保护和防卫的作用。标准化的统一状态可使某些事物的特定状态不发生变化，这种状态的保持对相应的特征起到了保护和防卫的作用。例如，对产品的工艺关系进行统一，使每个产品的工艺都符合统一的合格规定，就能保障每个产品的质量。

3. 节省作用

标准化的节省作用是由于对事物的统一所带来的节约效果。这种节约效果分别有经济节约效果和时间节约效果，经济节约效果是节省成本的作用，时间节约效果是缩短时间周期的作用。标准化的节省作用主要发生在产品标准化、研制标准化、生产标准化、物流标准化等方面。

4. 辨识性作用

表达事物的特征关系一经统一或标准化后，事物就具有了可辨识的特征。标准化可使事物表达某些特定含义的特征关系或形式在任何地方统一，在必要的时间期间统一，这种统一能使人们马上明白其所要表达的含义。这些感觉关系包括视觉、听觉、嗅觉、触觉等，标准化可固定表达事物的光辐射、声音、味道、形状、表面性等特征关系，使事物具有视觉、听觉、嗅觉、触觉的辨识性[①]。

（三）标准化的形式

标准化一般包括以下几个方面：简化、统一化、产品系列化、通用化、组合化、模块化。

1. 简化

简化是一定范围内缩减对象（事物）的类型数目，使之在一定时间内足以满足一般需

① 麦绿波.标准化的地位和作用（下）. 标准科学，2013，（3）：24～26.

要的标准化形式。简化一般是在事后进行的，是在不改变对象质的规定性、不降低对象功能的前提下，减少对象的多样性、复杂性。

2. 统一化

统一化是指2种以上同类事物的表现形态归并为1种或限定在一定范围内的标准化形式。实质是使对象的形式、功能（效用）或者其他技术特征具有一致性，并把这种一致性通过标准确定下来。

3. 产品系列化

产品系列化是标准化的高级形式，是标准化高度发展的产物，是标准化走向成熟的标志；系列化是使某一类产品系统的结构优化、功能最佳的标准化形式。系列化可以加速新产品的设计、合理简化品种、扩大通用范围、增加生产批量，有利于提高专业化程度、缩短产品工艺装置的设计与制造的期限和费用。

4. 通用化

通用化是指在互相独立的系统中，选择和确定具有功能互换性或尺寸互换性的子系统或功能单元的标准化形式。通用化是以互换性为前提的。以功能互换性为基础的产品通用，越来越引起广泛的重视。

5. 组合化

组合化是按照标准化的原则，设计并制造出一系列通用性较强的单元，根据需要拼合成不同用途的物品的一种标准化组合化的形式。

6. 模块化

模块化是指解决一个复杂问题时自上而下逐层把系统划分成若干模块的过程，有多种属性，分别反映其内部特性每个模块完成一个特定的子功能，所有的模块按某种方法组装起来，成为一个整体，完成整个系统所要求的功能。

（四）标准化工作的任务

标准化工作的任务主要有三大项，即制定标准、实施标准和标准实施的监督。

1. 制定标准

制定标准是标准化工作的基础。标准是标准化活动的产物，制定标准是标准化活动的起点，标准化的目的和作用，都要通过标准体现。制定标准是标准化活动的最基本的活动。

制定标准是指标准的制定部门对需要制定为标准的项目编制计划，组织草拟、审批、编号、发布等活动，是将科学成果、技术的进步纳入标准中去的过程。制定标准是集思广益的产物，是体现全局利益的规定。

2. 实施标准

实施标准是标准化的目的。标准的制定从生产实践中来，标准的实施是对标准的检验。通过实施标准，检验标准的经济效益；通过实施标准，检验标准的水平高低；通过实施标准，取得信息，反馈于标准的修订，从而制定出更完善的标准。

3. 标准实施的监督

标准实施监督是贯彻执行标准的手段，是提高产品质量与取得经济效益的措施，是标准化工作的重要组成部分。标准实施监督，对于产品标准到生产出产品为止；对于基础标准到标准在生产中应用为止，包括国家监督；行业监督、企业监督和社会监督。国家监督是国家权力机关即国家标准化行政部门的监督；行业监督是其他主管部门进行的行业性质的监督；企业监督是企业标准化管理机构对本企业内部标准化工作的监督；社会监督主要是社会通过对产品质量的监督来对标准实施情况进行监督。

第二节　烹调工艺标准化的意义与内容

烹调工艺标准化是标准化原理和方法在烹调工艺工作中的具体应用，是餐饮企业根据自身特点，对产品的工艺文件、工艺要素和工艺规程，以及产品制造过程和操作方法进行必要的优化（简化、统一、协调和优化），制定出各类工艺标准并加以贯彻实施的活动过程。烹调工艺标准化是餐饮企业的一项重要基础工作。

一、烹调工艺标准化在餐饮企业中的作用

（一）确保菜品质量稳定和提高，有利于维护和提高餐饮企业的形象和声誉

停留在手工阶段的烹饪，其发展主要依靠烹饪制造者在手工操作中不断总结、改进和完善，有着很强的手工性、经验性和随意性。从原材料到烹调加工等各个环节，如果没有统一的标准，各餐馆和厨师各行其道，菜品质量将会极不稳定。如果从原材料的采购、初加工、烹调加工工艺、加工设备与工具、菜品质量及管理等环节都制定统一的标准并严格执行，则必然能够制作出质量稳定的菜品。这样不仅可以促进菜品质量的稳步提高，也有利于维护和提高餐饮企业和厨师的形象和声誉。

（二）满足餐饮标准化管理工作发展的需要，提升餐饮产业的科学管理水平

标准化管理是科学管理的一项重要内容，而各种科学管理制度的形成，都是以标准化为基础的。餐饮产业链需要很多行业的分工配合，从原料的采购、烹饪设备和加工器具、厅堂的装潢布置，到菜品的加工，涉及很多行业。生产规模越大，技术要求越复杂，分工越细，生产协作越广泛，就越需要制定和使用标准进行协调统一。烹调工艺标准化管理可以促进资源合理配置，提高餐饮企业经济效益和管理水平，规范餐饮企业的创新行为，促进餐饮产业全面发展。

（三）满足餐饮品牌管理的需要，为实现餐饮产业化提供技术保障和支持

餐饮业的规范管理需要相应的技术依据做支撑。在餐饮市场激烈竞争的今天，要振兴地方菜，促进餐饮经济发展，就必须提升菜品质量及相关服务质量，重塑餐饮品牌，这与餐饮品牌的规范化管理密不可分。编制地方菜标准，就是要为地方菜标准化工作实施提供依据，为有关部门依法行政提供技术保障和支持，让地方菜品牌有一个较高的技术起点和管理起点，从而设定市场准入门槛。试行地方菜制作的规模化、产业化、现代化运作模式，以连锁和授权的形式来规范经营，这是国内外餐饮业成功案例给予我们的重要启示，也是实现餐饮科学化、产业化发展的重要标准技术支持。餐饮产业化是实现连锁经营、迅速扩大市场占有率、提高竞争力的重要途径。而要想实现餐饮产业化，就必须首先实现烹饪的标准化，因为产业化的主要内涵就是工业化，任何产品的工业化生产都必须依照标准大批量、大规模地进

行。餐饮行业的菜品也不例外，烹饪的标准化是实现餐饮行业产业化的基础和保证。

（四）满足餐饮产品与服务质量提升的需要，规范餐饮企业的经营行为

烹调工艺标准化是推动餐饮业向前发展的有力措施。标准化使烹调工艺的实施更加规范化，从而消除行业内的技术壁垒，使广大低水平的厨师技艺迅速提高，解决目前高水平厨师匮乏的问题，提高菜品与服务的质量水平，保证广大消费者可以在各种不同的时空环境下享受到品质不变的美味。烹调工艺标准的逐步实施将改变目前烹调工艺产品和服务良莠不齐的现状，规范餐饮企业的经营行为，维护广大消费者的合法权益。

（五）满足快速、有效地培养烹饪专业人才的需要，规范行业培训

餐饮业要实现快速发展，就需要大量的高素质、高水平的烹饪人才。而传统的厨师培养机制，囿于口口相传的经验性、模糊性和随意性，有着极大的局限性，使从业人员很难在短期内掌握菜品的制作技艺，无法满足餐饮业业高速发展对烹饪人才的需求。只有在厨师培养的理论到实践的各个环节和阶段，如厨师学校的教材和教学方法、餐厅实践的准备、初加工、切配、烹调及装盛等均制定标准化规范，厨师学校的学生和从业人员能够按照标准操作，才能快速、有效地掌握菜品制作技艺，提高业务素质①。

二、烹调工艺标准体系

烹调工艺标准体系是餐饮企业技术标准体系中一个非常重要的子体系，是餐饮企业标准体系不可缺少的组成部分。烹调工艺标准体系一般由工艺基础标准、专业工艺技术标准和工艺管理标准构成。

（一）烹调工艺基础标准

烹调工艺基础标准是指那些使用面广、通用性强的工艺标准，是开展烹调工艺标准的基础。主要包括烹调工艺术语标准，烹调工艺符号、代号标准，烹调工艺分类、编码标准，烹调工艺文件标准。

1．烹调工艺术语标准

为了使烹调工艺技术语言达到统一、简化、准确，便于互相交流和正确理解，提高工作效率，应制定通用烹调工艺命名原则和烹调工艺通用术语标准。标准中的烹调工艺名词、术语的选择应遵循单义性、科学性、系统性、简明性、国际性、约定俗成和协调一致的原则。术语标准中有一般规定术语、定义（或解释性说明）和对应的英文名称。

2．烹调工艺符号、代号标准

工艺符号或代号是一种简明形象的工艺语言，在工艺文件中采用工艺符号或代号比用文字叙述更清楚、简便，尤其是在自动化管理中符号或代号就显得更为重要。工艺符号或代号的使用务必遵守有关标准的规定。

3．烹调工艺分类、编码标准

随着经济全球化和我国市场经济体制的确立，烹调工艺信息化工程的建设，尤其是菜品生产中原材料、烹调加工和质量管理所面临的标准化问题首先就是信息分类编码。为了

① 余广宇，鲍兴．徽菜标准化研究．扬州大学烹饪学报，2010，3：41～46．

提高餐饮企业的现代化技术水平，推进能源和原料的合理利用，满足广大消费者对于菜肴营养质量和食品安全的高要求，应制定信息技术标准。信息分类与编码标准主要用于规范餐饮行业的信息分类与编码标准化，建立菜品安全的保证与追溯体系，为餐饮企业的信息处理业务提供技术指导和支持。烹调工艺菜品信息分类与编码标准应包括烹调工艺餐饮行业技术和管理所涉及的信息分类和编码原则、分类和编码方法、检测与应用。

4. 烹调工艺文件标准

工艺文件是指导工人操作和用于生产、工艺管理等的各种文件，是企业组织和指导生产和工艺管理的重要依据。工艺文件的科学性、实用性和规范性，直接体现工艺水平，影响产品质量和企业经济效益。为保证工艺文件的实用性，必须开展工艺文件完整性、文件格式统一性、文件管理有序性等一系列标准化工作。

工艺文件按照其使用范围，一般分为管理和指导生产现场操作用量两大类，共涉及4个方面。其内容包括：工艺准备工作的基本文件、生产管理文件用工艺文件、指导现场作业用的工艺文件和产品质量控制用工艺文件。

（二）烹调工艺专业技术标准

专业技术标准是根据烹调工艺的专业特点和要求而制定的技术标准，包括各种原料标准、工艺技术条件标准、工艺操作方法标准等。工艺操作方法标准就是通常所说的典型工艺和标准工艺的有关标准，是以一类或一组结构或工艺要素相似的产品或零部件作为对象，可以是整个工艺过程的标准化或典型化，也可以是一道或几道工序的标准化或典型化。

1. 选料标准

烹饪原料是烹调工艺的物质基础，没有好的原料就不可能生产出安全优质的菜肴，因此，企业必须以国家和行业标准为依据，制定自己的原料采购标准和采购方法，对原料的质量、数量、规格（外观形态、重量、成熟度、体积等）、采购时间、供货商的确定做出合适的规定。对于一些大型企业，为了确保原料的质量和数量，还可以建立自己的原料生产基地，建立现代化的仓储和物流配送系统，从源头和配送的各个环节控制原料的质量、原料采购配送的成本和损耗。

2. 初加工标准

初加工标准应包括蔬菜类初加工、家畜类初加工及干货原料涨发等。蔬菜类原材料初加工标准应包括择、拣、削、洗工序内容及要求。家畜类和水产类原材料初加工标准应包括宰杀、煺毛、开膛、内脏整理等标准，即将毛料变成净料的工序内容及要求，或将需要腌制或霉变的原料加工到需要程度（如臭鳜鱼、毛豆腐）的方法内容。干货原料涨发标准应包括水发、油发、盐发和碱发等主要工序内容及要求。要保证菜品出品质量，需要对菜品加工的每个工序都设定严格的质量要求和操作标准，减少人为因素，保证出品质量的稳定统一。应制定原材料的毛料、净料和净料率标准，为原材料加工和管理提供科学依据。

3. 切配菜工艺标准

根据菜肴制作特点对初加工后的原材料进行精加工，并制定各种原材料的切配规格，如厚度、长度、宽度、重量。

切配菜工艺标准应体现营养学和美学原则，包括切割和配菜两部分内容。

（1）切割标准　原料切割要依据原料机理，以使切割后烧成的菜肴质嫩松软、方便进食和消化。烹饪原料的刀工成形标准应对片、丝、块、球、丁、粒、松、条、段、脯、件、蓉（泥）、花等常见形状进行标准化和量化。

（2）配菜标准　根据热菜配制、冷菜配制等的不同特点，区别和利用各种原料质地、营养、特征，来均衡调剂营养，其中冷菜配制过程中必须考虑去除人为的污染因素。标准应对数量、质地、色泽、口味、形状、营养成分的配合多个方面加以规定。食品雕刻工艺标准应根据雕刻的用途，对雕刻命题、定型、选料、布局、刀具及刀法等分别做出规定；还应该体现食品雕刻的适应性、观赏性、工艺性、及时性和卫生性。

4. 烹调方法标准

烹调方法标准应包括热菜的烹调方法、冷菜制作方法、特色菜的烹调方法、甜菜制作方法等多项内容，主要是对菜品成品过程中的所有技术环节，如上浆、挂糊、调味、勾芡，拌、炝、酱、熏、腌、冻、卤、氽、烩、炖、焖、煨、煮、烧、炸、炒、爆、熘、烹等工序内容和要求做出规定，对烹调技法、菜品出锅、食用时间、食品添加剂的种类和使用量也应做出相应规定。应制定油温与火候标准。除应给定准确的时间外，油温的“成”，火候中火力的模糊性等级如旺火、中火、小火及微火等应用热学计量单位的“℃”替代。调味标准应包括烹调工艺风味调料的类型、品种，调味与味型，调味方法等内容。

5. 盛装成型标准

盛装成型工艺标准应对菜品盛装的文化意义、实用意义、科学意义进行定量或定性的规定，使菜品与盛具能够相得益彰，风格统一，既能体现餐饮文化的传统特色，又有实际功能，分量合适。另外，装盘成型的美化或点缀也是标准的一项内容。

（三）烹调工艺管理标准

工艺管理标准是加强工艺科学管理的依据。它包括生产工艺准备管理标准、生产现场工艺管理标准、工艺研究与开发管理标准、工艺情报资料管理标准、工艺文件管理标准、工艺定额管理标准等。

第三节　烹调工艺标准化的难点与应对

一、烹调工艺标准化的难点分析

烹调工艺标准化是餐饮企业走向产业化、连锁经营和规模经营的必要条件。20世纪80年代末，随着世界上一些大型餐饮集团进入，我国餐饮业受到了前所未有的冲击和振荡，有识之士纷纷指出，我国烹调工艺标准化势在必行，否则，难有大的发展。如今，我国餐饮行业真正实行标准化生产的企业寥寥无几，企业规模小、市场本地化、生产经验化大大制约了我国餐饮业的发展。

（一）传统烹调工艺突出个性化，难以形成规范的作业程序

我国烹饪家族式经验化的传播方式已延续了几千年，这种封闭式的传授方式和个人能力、经验的差异，使得继承呈现出千姿百态的状态，制作过程千差万别。“良厨必亲自采

办”，为的是按自己的要求选择原材料。烹调技法更是“百种千名”，一道菜的调配，主料、辅料及调味品的数量和比例亦无规范的配伍方式和程序。中国烹饪可以说是“齐味万方”，极具个性特色，以至于发展到现在，中国烹饪仍然是以个人为主的分散独立的制作方式，要在这种情况下规范作业程序，适应社会化大生产的需要，难度极大。

（二）传统烹调技术的模糊化，难以形成指标化体系

《吕氏春秋·本味》说：“鼎中之变，精妙微纤，口弗能言，志不能喻。”我国传统烹调技术的特点是不确定性，无论是寻找历史烹调技术资料，还是现在的制作和创新，烹调技术术语都是以模糊的语言来表达的。比如，调味常以“少许”、“适量”等术语来表示，火分为大火、中火、小火、微火等，油温以冷油、温油或几成热来表示。这种模糊性的技术语言，虽然为我们创造了品味丰富的菜肴，却严重地阻碍了我国餐饮业的发展，形成了“千店千面”、“一菜一味”的格局。即使是同一餐饮企业，同一道菜也可能烹出不同的味道。这种技术的不确定性和环境条件的多样化，难以形成烹调工艺的指标化体系。

（三）菜品最终质量的复杂性，难以用准确的语言来评价

烹调工艺最终产品（菜肴）质量的评价带有很强的主观色彩，如色、香、味、形、触等方面的评价，因人的生理、爱好和体验而异，而且难以用仪器设备来测定，常用一些“地道”、“正宗”、“可口”等语言进行模糊评判，难以用统一的、精确的文字表示。

（四）烹调技术的私有性，难以形成人类或企业共享的财富

长期以来，烹调技术作为厨师们的谋生手段，具有很强的排他性。大多数餐饮业者（特别是厨师）一直把“烹饪手艺”作为一种“独门秘籍”，认为这才是中式餐饮的“魅力”所在。多年来在中式餐饮业所进行的一些现代化技术改革尝试都遇到了很大的阻力，许多关于中式烹饪技术的研究如量化、标准化都被许多传统的餐饮业者视为无稽之谈。而标准是人类（企业）共享的财富，具有公开性。在知识产权保护尚难涉及这种具有悠久历史的行业中和企业经营机制的局限性时期，餐饮行业制定标准就有了人为的障碍。既使企业有制定标准的计划，也成为无源之水、无本之木。现在一个餐饮企业的特色产品，往往就因为有某个人的存在，若此人一走，特色产品就会消失。因此，现在餐饮企业往往会在留住人才上下工夫，对标准的制定是心有余而力不足。

（五）高层次人才缺乏，经验上升为理论有一定难度

在很长一段时间里，我国餐饮业只是提供简单劳务的第三产业，作为一门技术来对待，忽视了系统教育和高层次教育，从业人员素质普遍较低。现在我国厨师中操作经验丰富的大有人在，而既懂操作又懂理论的高层次人才严重缺乏。而要形成烹调工艺标准，涉及的学科众多，必须要有能将经验上升为理论的高层次人才。

（六）市场本地化，企业规模小，标准化生产的作用弱化

在我国这个“烹饪王国”中要制定烹调工艺的国家标准和行业标准是不可想象的，这项任务应由企业承担。由于我国人群口味的地域变化大，企业往往注重个味产品的研究与开发，谋求个性市场的占有，而忽视群味产品和大规模市场的研究和开发，造成市场本地化，制约了企业的发展。由于企业规模小，个性市场变化大，缺乏大的目标市场，使得标

准化生产失去了现实的意义①。

由于历史和观念的原因，多年来在中式餐饮业所进行的一些现代化技术改革尝试都遇到了很大的阻力。虽然近年来中餐开始了对生产标准化的探索，但总体来看，中式餐饮的标准化工作依然处于起步阶段，依然是制约中式餐饮走向现代化的重要因素②。

二、烹调工艺标准化的可行性分析

烹调工艺要想实现标准化，除了观念的变革外，最为重要的是解决好烹调工艺理论研究和烹调工艺实践制作两大方面的难题。

（一）食品科学是烹调工艺标准化的理论基础

业内人士已经形成了共识，即中国烹饪是科学。烹调工艺中的变化许多已运用食品科学的原理得到了科学的解释，为烹调工艺的标准化奠定了理论基础。比如：淀粉糊化与老化与主食品质有关；淀粉糊化作用是原料上浆、勾芡的基本原理；热加工程度即烹调的火候对口感有重要影响，故需控制原料烹调的火力大小及时间；表面蛋白质凝固与动物原料焯水时的下锅水温要求有关；原料的码味、腌制、煲汤、卤制等过程中发生的渗透作用，最终使原料入味并形成汤汁；叶绿素因脱镁变化而发黄，因此需要控制绿色蔬菜的过水和烹制时间；味的相互作用与调味技术；面筋蛋白质的功能性质及面筋网络形成与面团调制的基本原理与工艺。

（二）烹调工艺标准化的理论研究取得初步成果

烹调工艺要想实现标准化，不仅要对其工艺过程进行系统的研究，而且还要对所涉及的内容或原理进行深入的研究与分析，为烹调工艺实现标准化提供理论基础，并通过理论来指导标准化生产。因此，在近30年里，一些专业人士对于烹调工艺实现标准化和机械化，在理论方面进行了深入的研究与探讨，如：原黑龙江商学院承担了原商业部首次为烹饪学科科研所列的重大科技攻关课题“烹调中主要操作环节最佳工艺条件的初步研究”（获原内贸部科技成果二等奖）；中式烹调主要工艺定性、定量标准化操作技术的研究与应用成果（通过部级鉴定）；《中国烹饪发展战略问题研究》（2001年3月第1版），有十多篇文章对中国烹饪实现标准化生产和机械化生产进行了研究。如：中式烹调主要工艺定性、定量标准化操作技术的研究与应用成果，该成果的先进性首先能改变中式烹调领域温度计量、测控传统以“成”计温和调味投料凭感官、非标准、模糊、混乱的状况，变为凭科学、能直观、有标准的测温和称重工具来掌握温度和调味品用量，实现了“烹”与“调”的标准化操作；并规范了烹饪工艺中原料选用切配过程等的定性、定量和标准化要求，实现了中式烹调工艺操作的标准化，又为原料加工、菜点制作工艺设计的定性、定量和标准化提供了手段、方法、要求，初步达到了中式烹调生产标准化、科学化、简单化和工程化。

再如模糊数学可以帮助和解决烹饪过程中许多界限难以确定的状态现象，如原料形状

① 钟志平．我国餐饮企业生产标准化的难点和对策．企业标准化，1999，（4）：2～3.

② 刘致良．中餐生产标准化体系设计．北京：中国轻工业出版社，2008.

的粗与细、原料搭配的多与少、糨糊的稠与稀、传热介质温度的高与低和成品质感的老与嫩，都难以用精确数字来描述和刻画或用传统的烹饪标准来衡量……模糊数学几乎能连续描述出所有的过渡状态现象，化生产能成为21世纪中国烹饪实现机械化、工业化、科学化生产的一种基石。

（三）烹调工艺标准化的实践探索已取得一定成效

烹调工艺要想实现标准化，除了理论方面的研究、探讨，更为重要的是把这些研究的成果逐步运用到实践中。经过30多年的努力，这些研究成果已逐步运用到标准化生产过程中或部分菜肴的制作中，如中式机械化快餐菜品的研制、中式快餐菜品的设计与营养分析试验研究。“北京同仁堂御膳”正在按这种模式进行标准化生产，工艺由御膳研究所负责设计，连锁的御膳厨房负责按标准化工艺生产。再如：刘家香辣馆专门成立了菜肴研究中心和物流配送中心，全国各地的新鲜美食通过前期的调研采风，经过研制中心的改良，调制出统一规范标准的“刘家香”配料，再通过配送中心分配到各地分店。在刘家香辣馆，只独门秘方，没有身怀绝技的高薪大厨。所有厨师严格按照研制中心的制作工艺进行生产，以确保所有分店的出品品质整齐划一、口味纯正。由此可见，标准化生产在烹饪实践中是完全可行的，它不仅可以保证菜品质量始终如一、赢得消费者欢迎和经济效益，而且也为企业的扩张打下了扎实的基础，是企业走向国内外发展的重要保证。事实证明，中式菜肴生产要想实现标准化生产是完全可行的。刘家香辣馆运用统一规范标准的“刘家香”配料，创造出辉煌的成就。一年里，他们就发展了36家加盟店，分店已经分布到了江苏省、福建省和上海市。加上2003年的12家以及杭州本地的10家，现在刘家香辣馆已成为一个拥有58家分店的庞大家族。从刘家香辣馆的发展我们可以看出，统一规范标准的“刘家香”配料，是刘家香辣馆最重要的发展基础。因此，标准化生产在烹饪实践中完全可行①。

此外，由四川烹饪高等专科学校肖崇俊教授首次提出的中式快餐标准化控制技术方案以及质量分析与标准化控制点体系，具有可操作性和实用性，已成功运用于国内快餐企业，对稳定、统一和提升产品质量起到了积极作用。

（四）烹调设备器具的开发与应用将促进烹调工艺标准化

近年来，食品机械逐渐渗入中餐行业（如原料加工、熟制等设备），一口锅、一把铲的落后情景在不少大型餐饮企业中已荡然无存。烹饪设备的开发与应用不仅为烹调工艺标准化提供了条件，而且也进一步提高了烹调工艺标准化的程度。

三、烹调工艺标准化的适宜范围

菜肴作为一种特殊产品，在不同领域、不同地区要制定标准，只能是制定地方标准或企业标准，也就是涉及标准制定的范围（一定范围内），这是制定标准的前提条件，也是谈标准的最重要条件；否则标准将难以制定，即便制定了也难以实施，因为我们不可能将全国各大菜系、各地方风味以统一的要求来制定标准，然后要求大家实施，即便在西方也不可能做到。一些人常以肯德基、麦当劳以点带面来认识西餐，认为所有西餐均像肯德

① 陈觉著．餐饮大批量定制系统设计：中餐标准化与个性化生产．沈阳：辽宁科学技术出版社，2005.

基、麦当劳中一样标准化。虽然麦当劳、肯德基在同一企业的连锁店中，实行了产品、管理以及概念（包括图形、符号、名称、术语等）等标准化，但是在西方餐饮中不同企业都有着不同的企业标准，不能一概而论。虽然西方餐饮中对标准化的意识要比中餐高得多，机械化操作程度高得多，但也不是一个标准定天下，全是一个模，也是因不同区域、环境、种族、菜系的不同而不同。所以说一定的范围是制定、实施标准的前提。

因此在一定区域或某企业及其分店（或连锁店）中，对于有限数量的菜肴烹调工艺可以制定出一个相对的标准，在菜肴制作过程中最大限度地实行标准化操作，有利于产品质量的稳定性，有利于企业成本的核算，有利于餐饮企业的管理，有利于树立企业的品牌，也有利于地方风味特色的保持和稳定①。

中餐的发展特别是连锁经营需要标准化，但不能照搬西式快餐的模式，或者片面强调中餐的标准化和工业化，而丢掉了中餐自身的特点。烹调工艺标准化需要借鉴现代西式快餐成功经验，以及总结某些中式快餐以及中餐行业在生产标准化方面卓有成效的经验，建立适用于中餐特点和现状、具有可操作性的标准化体系。适度标准化或相对标准化为烹调工艺标准化提供了一个合理的思路，如包含质量分析与关键控制点体系的烹调工艺标准化控制技术方案就为烹调工艺标准化提供了一个行之有效的模式。

刘致良教授在其所著的《中餐生产标准化体系设计》中提出了“适度标准化”（相对标准化）的概念，即中餐采用一种不完全标准化的生产方式。在这种方式中，传统手工加工被适当保留，如面食制作中的下剂、擀皮、包制、拉面等，炒菜中使用传统铁锅、锅铲的炒制方式等。许多制作程度的控制仍由经验判断，如馒头、包子饧发程度的判断，菜肴制作中火候的判断等。

标准化固然是工业化的特征，即工业化必然是标准化的生产。但标准化并非只有在工业化、机器设备制作的条件下才能实施，如服务操作中的标准化。某些非工业生产的行业亦可采取动作规范来实行标准化，如体操、跳水等运动项目中动作的标准化等。因此，餐饮制作中的手工操作可以通过动作的规范和训练来控制产品品质的一致。比如，西式快餐中的炸鸡裹粉是手工操作标准化最具有代表性的例子，为使鸡块裹粉均匀且达到一定厚度，首先将裹粉操作按程序依次分解为3个动作，即混粉、压粉和抖粉，然后又规定了动作重复的次数（见表11-1）。这为中餐手工操作部分的标准化提供了很好的借鉴。

表11-1　　炸鸡一次裹粉操作规程

动作	翻转	压粉	抖粉
次数	10	7	1
要领	双手插入裹粉，再将鸡块翻起	将鸡块翻起两手相叠，沿顺时针方向（如下图）按压鸡块 1→2→3 ↗ 7 ↓ 6←5←4	双手各执鸡块，手腕相碰
目的	粉与鸡块混匀	粉层附着于鸡块表面	抖落多余裹粉，并让粉层松弛

① 汪永海. 浅谈中餐菜肴标准化. 烹调知识，2012，（06）：52～55.

四、烹调工艺标准化与个性化相结合

（一）肯德基为何比麦当劳更受国人欢迎

曾以QSC&V标准化享誉全球的麦当劳，一度登上世界500强企业榜首，也让中国人为之感叹外国人的精致和责任感，感叹外国企业名至实归，感叹标准化的威力风靡全球。然而，多年过去，麦当劳却并未独霸中国快餐连锁市场，反而被肯德基超越。是肯德基比麦当劳做得更为标准精致？还是肯德基因地制宜，更符合中国人的口味？

麦当劳已经把标准化做到了极致。在全球，不论是美国还是欧洲，是非洲还是中国，麦当劳都严格近照标准化的装修、生产、产品、服务、环境来要求自己，树立了响当当的品牌。比如，在选择材上，严格要求牛肉原料必须挑选精瘦肉，牛肉由83%的肩肉和17%的上等五花肉精制而成，脂肪含量不得超过19%，绞碎后，一律按规定做成直径为98.5mm、厚为5.65 mm、重为47.32g的肉饼。食品要求标准化，无论国内国外，所有分店的食品质量和配料相同，并制定了各种操作规程和细节，如“煎汉堡包时必须翻动，切勿抛转”等。

再比如，在加工过程中，面包不圆、切口不平不能要；奶浆供应商提供的奶浆在送货时，温度如果超过4℃必须退货；每块牛肉饼从加工一开始就要经过40多道质量检查关，只要有一项不符合规定标准，就不能出售给顾客；凡是餐厅的一切原材料，都有严格的保质期和保存期，如生菜从冷藏库送到配料台，只有2h保鲜期限，一超过这个时间就必须处理掉；为了方便管理，所有的原材料、配料都按照生产日期和保质日期，先后摆放使用。

麦当劳对服务效率的要求极高，例如要在50s内制出一份牛肉饼、一份炸薯条及一杯饮料，烧好的牛肉饼出炉后10min、法式炸薯条炸好后7min内若卖不出去就必须扔掉。麦当劳的食品制作和销售坚持“该冷食的要冷透，该热食的要热透”的原则，这是其食品好吃的两个最基本条件。

像这种从选材到加工再到服务，都有严格的数据限制，而不是像多数中国企业和中国文件中只强调“尽快”、“高效”、“适当”，不只是中国企业难以企及，就算是肯德基，也很难说再做到更好了。这样的标准化，不仅标准化了流程、标准化了产品，更标准化了服务，让麦当劳的黄金双门形象深入人心，成为一种印记。

这样的标准化，肯德基从哪里超越？

肯德基没有超越，它只是做了和麦当劳差不多的标准化，也是全球一样的产品制作流程控制、全球一样的环境卫生要求、一样的肯德基式服务。所不同的是，它做了麦当劳所没有做的事情，那就是因地制宜。

标准化让人放心，让品牌享誉全球。然而，作为消费者，人们需要的不仅仅是一成不变。如果总是一样的食品，哪怕是海参鲍鱼、满汉全席，也有吃腻味的一天；如果总是一样的装潢，走到美国是这样，走到中国是这样，谁能区别你是在美国还是在中国？人们喜欢标准，也喜欢变化。

中国人早餐喜欢吃豆浆油条，肯德基推出了安心油条、霜糖油条和豆浆，大受中国消费者喜欢；中国人喜欢喝粥，而且喝出了花样，肯德基就推出了牛肉蛋花粥、皮蛋瘦肉粥和香菇瘦肉粥，迎来了无数早餐的顾客。

中国川菜风靡全国，受到无数爱吃辣的国人喜爱，于是肯德基推出了川香双层鸡腿堡、新川嫩牛五方。虽然前两种食品因为种种原因现在已经不再上市，而嫩牛五方却仍然活跃在各门店，受到中国消费者的追捧。

中国人喜欢喝汤，觉得汤饮更为健康，肯德基推出了芙蓉鲜蔬汤和芙蓉酸辣汤，受到众多重视养生和美容的女性客户欢迎。

更有巧手麻婆鸡肉饭、培根蘑菇鸡肉饭、新奥尔良烤鸡腿饭、黑椒嫩牛饭这些以大米为主食的产品供喜爱吃米饭的中国人享受，这些结合了中国饮食习惯、又引入了外国风味的食品也为肯德基带来了不少忠于中国美食的客户。更不要说像老北京鸡肉卷这种地道的中国美食，常常受到客户的追捧。

种种美食，出自肯德基，却是中国人自己的美食，符合国人的饮食习惯，迎合国人的口味偏好，既具有快餐的效率、服务和制作标准，又让快餐显得更亲切，更贴近国人的饮食生活，这种个性化、特色化的产品，针对中国人口味和习惯而进行的创新和尝试，已经被市场证明取得了巨大的成就，让肯德基这个在世界范围内并不比麦当劳出色的餐饮品牌，在中国闪耀出巨大的光辉，超越麦当劳，受到更多中国人的喜爱。在中国，肯德基在很大程度上实现了本土化的原材料采购，而不像麦当劳，有些原材料还是要从美国进口过来。

来到中国，融入中国，这是肯德基在中国经营的思路。在这种中国化的思想指导下，肯德基从原料到生产、从产品到服务、从装潢到音乐，里里外外都体现出浓郁的中国味道，让中国客户感觉到了亲切和熟悉，不只是口味，更是一种感觉。

麦当劳在全球市场的标准化和肯德基在中国市场的个性化、本地化，是现代管理和营销战略的两种主要思路和发展模式。个性化一定强于标准化吗？肯德基在全球范围内仍然处于下风。标准化一定强于个性化吗？麦当劳在中国市场却输给了肯德基①。

（二）标准化与个性化二者缺一不可

标准化，就是为在一定的范围内获得最佳秩序、对实际的或潜在的问题制定共同的和重复使用的规则的活动，包括制定、发布及实施标准的过程。个性化，是指非一般大众化的东西，在大众化的基础上增加独特、另类，拥有自己特质的需要，独具一格，打造一种与众不同的效果。

标准化，可以让产品生产更有效率，质量更有保障，品牌更有信誉。我们要想将企业做大做强，标准化必不可少。个性化可以增强品牌的个性化，进而创立品牌。个性化品牌极易赢得消费者的认同，消费者去购买产品，看到的并不仅仅是商品的本身，还有对某一类别的象征物。标准化是中国企业进入世界的必由之路。通过标准化，可以节约成本，提高成产效率，形成良好的口碑。个性化又是企业保持自身特色和品牌的经营策略。二者缺一不可，都从不同的方面为企业走向世界提供了必行的道路和方法。因此，只有把标准化和个性化结合起来，才会在未来快餐连锁企业发展中立于不败之地②。

① 骆尖. 肯德基为何比麦当劳更受国人欢迎——产品与管理的标准化与个性化. 上海经济，2011，(10)：26～31.

② 孙慧. 基于肯德基和麦当劳经营策略分析的管理标准化与个性化研究. 产业与科技论坛，2011，(24)：236～237.

由此可知，标准化是中国产品和企业进入世界、占领世界市场的必由之路，通过标准化，可以节约成本，提高生产效率，形成良好、统一的企业品牌和服务、口碑，为中国企业进入世界市场打开大门。同时，个性化是中国企业保持自身特色和中国特色、在国内和国际市场上树立别具一格的企业形象和品牌的经营策略。二者缺一不可，都从不同方面为中国企业走向世界、立足世界提供了可行也是必行的道路和方法。因此，只有将标准化生产和个性化服务结合起来，才是未来中国企业正确的发展方向，为中国带来更多更具规模、更具特色、引领世界潮流、占领世界市场的优秀企业。

第四节　烹调工艺的现代化

中国传统烹调工艺具有悠久的历史和丰富的文化内涵，随着中国餐饮业的飞速发展，中国传统烹调工艺的现代化步伐也在加快。

一、烹调工艺现代化的内涵

（一）什么是现代化

在20世纪30年代，“现代化”一词开始出现在我国报刊上。什么是现代化？何传启先生认为，“现代化”的基本词义：成为现代的、适合现代需要。现代化是人类文明发展的前沿，人类文明的发展是没有止境的，而且发展速度日益加快。所以，现代化不是直线的，现代化有阶段但没有尽头，现代化是加速的，同时现代化不会是一帆风顺的。

现代化既是进步，也是选择，更是淘汰。现代化是一个发展过程，包括出现新现象，选择先进的，淘汰落后的。创新—选择—淘汰，构成现代化的三个音符，它们不断组合，形成发展大合唱。这种发展性淘汰，就像生物进化，物竞天择，适者生存。①

（二）餐饮业现代化的内涵

杨铭铎教授认为，餐饮业现代化的内涵包括两个方面：一方面，餐饮业现代化是指餐饮业在现代观念、现代科学技术、现代经营管理方式等的冲击下，业已经历或正在进行的转变过程；另一方面，餐饮业现代化代表现代餐饮业的世界前沿，以及达到和保持世界前沿的过程和行为，也就是业已实现了现代化餐饮业，在经营观念、科学技术的应用、现代经营管理方式的应用等方面，都能够反映、满足和适应现代化国家和社会的要求的综合的状态②。

（三）烹调工艺现代化的意义

传统烹调工艺是中国千百年饮食习惯和文化的积淀，每种菜品都是几代人甚至几十代人的经验积累和智慧结晶，有着独特的加工手法和食品风味，但是由于其操作复杂、费工费时、无法批量生产和长时间存储，难以满足大规模的市场需求；再加上产品品质无法保持一致，常常是同一个品牌的不同餐厅，甚至同一家餐厅不同厨师做的产品口味都无法一

① 何传启．什么是现代化．中外科技信息，2001，（1）：13～18.
② 杨铭铎．面向现代化的中国餐饮业发展趋势研究．商业时代，2013，（3）：4～5.

致，这极大地制约了传统工艺的进一步发展。

烹调工艺现代化是指在制作菜肴时，采用了现代化的加工工艺和标准化的加工操作流程，不仅生产效率更高，产品口味的一致性也更好，而统一的原料采购、加工和物流配送也更好地保障了食品安全，被餐饮企业、特别是连锁餐饮企业大量运用。同时，新工艺、新技术的使用，使食物原料的利用率更高，而研究结果也表明现代工艺制作的食品的营养价值不比传统工艺制作的低。

随着国内餐饮需求的日益旺盛和食品技术的日益完善，现代餐饮企业的发展壮大必须要走连锁化、集团化路线；运用餐饮现代工艺进行产品的前期加工，将成为必须的选择。但是要延续中国餐饮文化的千年饮食习惯和传统，也不能放弃那些传统餐饮经营的“老字号”、“私房菜”，更不能否定传统烹调工艺在餐饮多样性和个性化方面的优势和特色。现代烹调工艺和传统烹调工艺对于中国餐饮业发展来说二者缺一不可。

中国许多传统菜肴历史源远流长、经久不衰，展示了中国饮食文化和艺术，在人们的日常生活中扮演着重要角色。目前一部分中餐菜肴如红烧肉、大盘鸡、梅菜扣肉、麻婆豆腐、鱼香肉丝、汤类等产品已经实现工业化生产，而大多数的中式传统菜肴还无法进行工业化生产。随着人们生活节奏的加快，对生活质量要求的提高，同时随着餐饮业逐步实现标准化、规范化管理，中餐菜肴工业化将是大势所趋，对中餐菜肴工业化的相关研究也相应开展起来。

中餐菜肴工业化是指在传统菜肴的加工中应用现代科学技术、先进生产手段、现代化管理，将其加工过程定量化、标准化、机械化、自动化、连续化，即在传统菜肴加工过程中，以定量代替模糊、以标准代替个性、以机械代替手工、以自动控制代替人工控制，以连续化的生产方式代替间歇的生产方式，即以工程化方式生产出感官状态符合人们审美习惯的烹饪产品。它不仅可以为餐馆、饭店、快餐店等提供半成品或成品，而且也可以为普通家庭供应半成品或成品菜肴，从而实现烹饪社会化和厨房工程的工业化，满足人们生活质量进一步提高的需求。

二、烹调工艺现代化的主要内容

中国烹调工艺现代化涉及许多方面，有许多工作要做。

（一）厨具改良

首先要向改善劳动环境和减轻体力劳动的方向努力，以维护厨房劳动者的身体健康，提高工作效率。目前肉类屠宰机械化和冷藏已在各大城市中实行，但远未普及；肉类按部位分等切割以及水产品、蔬菜分级包装鲜售仅有少量试行；面点坯料用机械大批量加工已开始，部分点心和工艺比较简单的菜肴已转入工业化生产。切割、洗涤、磨簿、搅拌传递机械更是越来越多地进入了厨房。许多原先认为不可能脱离手工制作的食品进入机械化生产已经和正在逐步成为现实，而且人们已认识到这方面的潜力还很大。

（二）传统烹调工艺科学化

传统烹调工艺基本属于艺术，使它科学化就是使它定量化、程序化、规范化。这样才能为保存传统烹调的艺术成就和把手工工艺转化为大批量生产工艺创造可靠条件，同时有利于扩大中国传统方便菜点的生产供应和更好地开发新技术新菜点，满足广大消费者的需求。这项工作应该和食品工业部门配合进行，以便于更易取得成效。厨具改良、原料保鲜、成品保鲜是和工艺科学化密切相关的工作。密封、速冻仅仅是保鲜方法的初步成果，还有利用现代科学技术继续开拓的广阔余地。当然，先进科技的利用，又离不开餐饮业经营管理的现代化。

（三）合理配膳和贯彻执行《中华人民共和国食品安全法》

社会不同群体如儿童、老年、各种重体力劳动者、脑力劳动者，各种病患者有不同的营养要求，一般人的营养合理调配也已远远不是“养、助、益、充”经验所能解决的，必须加强现代化营养学的研究与应用，以增进人民体质。另一方面，国家颁布的《中华人民共和国食品安全法》应该得到认真贯彻执行，这是烹调现代化和饮食文明的一个重要标志。事实上，遵守这项法令还没有成为普遍自觉的行动，全社会特别是直接提供食品的烹饪工作者必须在原料储存、加工和成品的制作、供应过程中一丝不苟地按国家法规办事，以保证食用者的健康。

三、烹调工艺现代化存在的主要问题

现如今中国传统食品的发展令人堪忧，除少部分传统食品形成了一定规模有所发展外，大部分发展艰难，特别是地方小企业和小作坊生存更为困难，甚至濒临倒闭，造成这种困境的原因主要表现在以下几个方面。

（一）对烹调工艺现代化的意义认识不到位

随着西风东渐，现在进入各个城市的洋品牌不断挤压着传统食品的生存空间。截至2013年年末，中国拥有4500多家肯德基餐馆，麦当劳在中国的门店总数已经超过2000家。而国外食品业在大举进军中国市场的同时也逐渐融入中国本土化，并将其作为重要的营销策略，大张旗鼓地把中国最传统的美食饮品摆上餐桌。相形之下我国却轻视自己正宗的百年传统品牌，传统小吃也成了散兵游勇。这主要是由于长期以来受传统观念的影响和外来文化的冲击，对丰富的中华食品文化缺乏了解，对中国传统食品的发展不够重视，以及对中国传统食品现代化的意义认识不到位造成的。

（二）烹调工艺现代化研发投入不足

长期以来，我国对传统烹调工艺的研究开发缺乏重视和投入。研发机构和相关人员的短缺成为滞碍行业发展和进步的主要因素，加之餐饮业中的大多数企业规模较小，中小企业是主体，在餐饮新产品和新工艺的开发上能力更为有限。所以，在当前的产业结构调整中，知识和技术创新将会占据主导地位。令人欣慰的是国家自然科学基金已经把食品科学作为一个独立的学科，并且正在努力促进中国传统食品现代化的研究。

中国烹饪在很长时期内都是一种技艺和经验相结合的生产操作，尤其是经验型烹饪一直都占据着主导地位，一些书籍和菜谱中出现较多的是“适量”、“少许”、“X成油温”等。尽管菜点风味流派和特色的多样化是体现中餐竞争力的长处，一些业内人士也提出了中国烹饪的“模糊优势”，但针对于某个固定品种的特点和口味难有准确的定性，显然会影响产品的推广和传播，产业化也只能处于一种低水平重复的状态。中国烹饪在文化性和艺术性等方面的积淀需要进一步发扬，但着眼于产品的市场化发展需要摈弃一些传统思维，尤其是当传统技艺在受到现代科技的影响和冲击时，如何更好地使二者相互融合、相互弥补，进而推动产业升级，这是中国烹饪产业化发展所要面临的新课题。打破一些现有的观念是当务之急，技术创新就是在观念创新的基础上，反映在新工艺、新产品的构思、设计及其后的生产制造直至销售、应用中的各个环节。产业化发展同样是一种创新，因而，符合产业化特点的尝试和做法要在行业内得到逐步推广，产品制作和生产工艺上的变革尤其如此，量化操作、菜肴制作标准化无论是烹饪研究还是行业实践都需要有选择、有步骤地进行。一些传统名菜点在市场中要保持其特色和个性，就必须要确保不同地域同一产品质量的稳定性和恒久性。实现这一可能的关键环节是确定菜点制作过程中的诸多不稳定因素，寻求连锁经营的企业一方面需要加强原料加工和半成品配送中心建设，另一方面要在市场和经营实体中强化统一的人才培养规格和流动机制。作为知识经济中的人力资本载体优化调整方式——猎头（人力资源中介代理）在餐饮业中还没有得到充分地认可和广泛地出现，这一点无疑将会桎梏烹饪标准化趋势中的产业化发展及产业升级的进程。

（三）传统烹调器具和设备落后

烹调器具和设备的发展与烹调工艺现代化息息相关。目前，一些传统菜肴实现了工业化、规模化生产，但还处于手工制作阶段，主要原因是传统烹调器具和设备整体水平落后，达不到工业化生产的规模，生产出来的产品达不到质量要求。中国烹饪科技含量和知识容量的单薄是众所周知的事实，以手工为主的操作方式一直难有明显改进。新式烹调器械和设备的研制推广无疑是影响烹调工艺现代化进程的一个瓶颈，尽管当前行业内已出现了诸如测温勺、切割机等提高厨房生产效率的设备，但如何在此基础上进一步加快技术改造，迎接更大范围内的市场竞争，需要切准产业特点进行有针对性的技术研发。同时，我国服务经济的特点决定了人为作用将会占据较大的比重，菜肴的量化会涉及许多的指标，在数量不大的情况下，各项指标都进行统一的话，很可能会变得更加烦琐，“效率优先”的原则很难显现。西式餐饮在这一点上已做出了成功的范例，先进的器械设备保证了餐饮产品的质量的一致性和制作上的高效率。中餐的产品生产要逐步开发和运用一系列能够提高菜点制作和生产效率的工具和手段，以此来减少单位产品的制作成本，使产业成本处于最优化水平。

（四）餐饮消费食品安全问题

餐饮服务食品安全作为食品消费的终端环节，事关民生福祉、经济发展和社会和谐，近年来已成为各级政府及人民群众关注的焦点和热点。随着经济的快速发展，餐饮服务行业也呈现出较快的发展势头。与此同时，餐饮服务行业存在的安全问题也越来越引起人们的关注，餐饮消费安全事件仍时有发生，食品安全风险隐患短期内还难以实现全面有效控制。中国餐饮业小型饭店、小吃店居多，由于生产条件简陋、没有规范化的操作流程和工艺标准、食品加工销售环境差及从业人员欠缺必要的食品安全法律法规知识，安全意识差，责任心不强，没有有效实施餐饮管理制度，卫生管理混乱，存在极大的安全隐患。

（五）烹调工艺现代化中的科学化问题

我国餐饮业长期处于手工发展阶段，生产往往采用手工操作的方式。质量主要靠经验和感觉，原料配比无定量，生产操作随意性强，科技含量不高，做出来的产品质量因地、因时、因人而异，品质不稳定，严重地影响了中国餐饮走向世界市场。因此要实现烹调工艺的现代化就必须对传统食品的原料特性、专用食品添加剂及配料、工艺与配方进行系统的科学研究，将先进的食品加工技术应用于传统食品生产中。

四、烹调工艺现代化的主要任务

中式传统菜肴最大的特点是复杂多变，每一道菜都是由不同的原料搭配而成。中式菜肴的烹调方法种类繁多，煎、炸、爆、炒、蒸、煮、烧、烤、焖、烩、炖、煲、氽、滚、熏、燎等，各有其特点。中国烹调工艺长期以来是一种技艺型和经验型相结合的生产操作，缺乏标准化，导致烹制的菜肴缺乏稳定性，质量得不到保障，越来越不适应市场发展的需求。随着餐饮业的连锁式或加盟店式的快速发展，餐饮业逐步实现标准化、规范化管理，传统菜肴烹调工艺的现代化在保证连锁餐饮店的经营规范化中起着越来越重要的作用。烹调工艺的现代化需要重点研究开发适用于中国式快餐厅的智能化烹调装备，按照程序自动进行投料、加热、调温、翻炒、添加流体配料、出锅装盘等操作，实现生产过程的自动化；强化烹调工艺过程中的质量控制；实行统一的配方和原料采购；统一的工艺标准和生产条件；统一生产质量管理体系；统一产品的色、香、味等，减少烹调过程中原料处理、加工工艺等方面的随意性。另外，还需要对中国烹调工艺学进行系统深入的研究，用科学的理论和数据提升烹调工艺水平，用科学技术发展中国烹调工艺，促进中国传统菜肴的现代化生产。

烹调工艺的现代化是中国餐饮业发展的大趋势，是弘扬中国传统饮食文化和振兴我国餐饮业的必然要求。中国烹调工艺现代化的主要任务是要“传古风、留精华、标准化”。传承和发展我国的传统烹调工艺是我们义不容辞的责任[①]。

关键术语

（1）标准（2）标准化（3）标准体系（4）烹调工艺标准化（5）个性化（6）现代化（7）烹调工艺现代化

问题与讨论

1. 餐饮企业实施烹调工艺标准化的意义是有什么作用?
2. 烹调工艺标准化的内容包括哪些方面?
3. 烹调工艺标准化的难点是什么？如何应对?
4. 烹调工艺现代化的主要内容是什么?
5. 目前烹调工艺现代化存在的主要问题有哪些?

实训项目

1. 以小组为单位，选某一道菜对其烹调工艺进行标准化研究
2. 以小组为单位调查某一大中型餐饮企业公司实施标准化的情况
3. 以小组为单位调查我国各地餐饮标准化的现状

① 孙宝国. 中国传统食品现代化. 中国工程科学，2013，(4)：4～8.

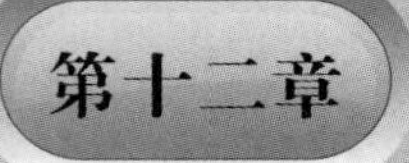

烹调工艺的改革创新

教学目标

知识目标：

（1）了解烹调工艺改革创新的意义和原则

（2）掌握烹调工艺改革创新的内容和途径

（3）掌握烹调工艺改革创新的方向

能力目标：

学会利用创造性思维对烹调工艺改革创新，并在实践中提高创新能力

情感目标：

（1）激发创造性思维，培养创新精神

（2）培养团队合作精神

教学内容

（1）烹调工艺改革创新的意义和原则

（2）烹调工艺改革创新的内容和途径

（3）烹调工艺改革创新的方向

案例导读

要继承，更要创新——祝第二届全国烹饪技术比赛在京举行

回顾1983年全国首次烹饪技术表演鉴定会以来，我国烹饪事业有了迅速发展。烹饪是科学、是文化、是艺术的观点为越来越多的人所接受，鄙薄烹饪的旧观念正在逐渐消除，新型烹饪人才逐年增加。这次经过严格选拔的烹饪技术比赛的选手中，50岁以下的占95％以上，这表明厨师年龄结构偏高的状况有了改变，享誉国内外的厨师人才辈出，后继有人，令人欣慰。

“继承、发扬、开拓、创新”，这是发展我国烹饪事业的指导思想。继承、发扬不是复古，恰恰是为了开拓、创新。近几年来，烹饪业努力发掘整理和总结我国优良的传统烹饪技艺，推陈出新，精益求精，并向不少国家派出名厨，向国外展示我国精湛、高超的烹饪技艺，受到了普遍赞誉，为国家争得了荣誉，并取得了可观的经济效益。随着国际交往和旅游事业的发展，这方面的工作还应该继续加强，而不能削弱。

当前我们更要认识到，烹饪事业必须适应社会主义初级阶段人民消费结构属于资源节约型的特点，去努力满足不同层次、不同对象饮食消费的需要。我国传统的以植物性原料为主的饮食结构，是符合科学、适应国情和民族要求的饮食结构。烹饪业应该在这个前提下去努力开拓、创新，既要发展高档次的，同时也要注意发展中、低档次的。例如，近几年广大消费者对快餐的需求增长很快，如何适应这一需求，很值得研究、探讨。例如，如何把包子、饺子、炒饭、面条等传统的中式快餐在制作、加工、包装上加以改进、提高，让消费者随时能吃到多种多样的，方便、物美和较为便宜的快餐，就是烹饪业开拓、创新不可忽视的一个方面。把开拓、创新理解为仅仅是为了发展高级宴席，这种认识是不全面的。我们不仅要通过交流烹饪经验和技术比赛把高级宾馆、旅游饭店、社会餐馆的烹饪技术提高一步，为不同层次的消费者服务，而且还应当努力促进机关、企业、学校、部队、医院等单位的食堂和千百万家庭提高烹饪技艺，为改善和丰富人民生活做出努力。

烹饪是一门科学，要继承、发扬、开拓、创新，就必须重视中国烹饪的科学研究。中国的传统烹饪蕴涵着很多科学技术道理。可惜的是，以前很少用现代化科学技术的观点去分析、研究，至今仍然是个薄弱环节。例如，中国的烹饪为什么会形成“一菜一格、百菜百味”，肴馔的营养组成是否恰当，这些自然科学机制，至今我们仍然知之甚少。揭示这些科学之谜，不仅对提高人民的健康水平关系甚大，对于中国烹饪由手工操作过渡到半机械化、机械化生产，

对变劳务输出为技术、产品输出，对烹饪工具的改革，都具有重要意义。改革开放的客观形势要求加强烹饪的科研工作，并继续办好烹饪教育，尤其是办好烹饪高等教育。要对在职中青年厨师轮流进修培训，不断提高烹饪队伍的科学文化、技术和思想素质，从而为建立具有中国特色的食物消费结构，为促进改革开放和现代化事业的顺利发展贡献力量。

资料来源：本报评论员.人民日报，1988—05—11.

创新是一个民族的灵魂，是一个国家兴旺发达的不竭动力。中国烹调工艺要想跟上时代的步伐，在21世纪立于不败之地，就需要不断地去改革创新。烹调工艺的改革创新，不仅需要有创新的欲望和勇气，还需要有扎实过硬的烹调技艺和丰富宽厚的文化修养，更需要具有创新的知识和能力。

第一节　烹调工艺改革创新的意义和原则

一、烹调工艺改革创新的意义

烹调工艺改革创新是餐饮企业在激烈竞争中赖以生存和发展的命脉，对企业产品发展方向、产品优势、开拓新市场、提高经济效益等方面都起着决定性的作用。

（一）烹调工艺改革创新是餐饮企业保持旺盛生命力的源泉

在市场上，餐饮企业保持旺盛生命力的关键就在于不断改革创新烹调工艺，从而开发出新菜品。餐饮企业生存和发展是建立在有生命力的主导产品上的，主导产品则是以企业的核心技术为基石的。企业发展的历史，实际上就是核心技术发展的历史。例如，肯德基创始人桑德斯上校亲手写下炸鸡配料秘方，肯德基才得以用“原味鸡”这道主打菜点征服了世界各地食客的胃口。

（二）烹调工艺改革创新是餐饮企业增强竞争力的重要手段

竞争是市场经济的绝对法则，餐饮企业要在竞争中生存，首先要靠有竞争力的产品，而有竞争力的产品则是以优势技术为条件的。企业通过对烹调工艺改革创新，可以开发出优质产品，开辟新市场，占领或扩大已有市场；可通过研发独特的工艺以保证产品质量，降低生产成本。大量事实证明，谁生产的产品适应市场的需要，谁就能赢得市场，谁就具有较强的市场竞争力。

（三）烹调工艺改革创新是提高企业经济效益的有效途径

提高经济效益是市场经济条件下企业追求的目标，也是企业进行生产经营活动的目的所在。企业财富的来源是利润，它既可以通过满足消费者或市场的需要，又需要通过创造新的市场需求来获得。因此，企业的生存发展只能寄希望于两个方面：一是通过向社会提供质量更好的产品，争取现有的优先需求空间；二是开发新的产品和消费理念，开辟和占领新的需求空间。谁在这方面先行一步，谁就可能在激烈的竞争中获胜，否则就难逃失败破产的命运。这两方面的行为，正属于研发行为。只有在研发方面有所作为，企业才有生存发展和创造财富的空间。

（四）烹调工艺创新促进餐饮企业技术能力的积累

餐饮企业技术能力的积累是一个长期的、具有路径依赖性的过程，它主要靠技术实践培育。尽管人才可以招募，但创新所需的方法、诀窍、经验主要从实践中获得。具有各种才能、具备各种专业知识的人才之间的配合、合作也将要长期的“磨合”，作风、传统、精神等更是要在长期磨练中养成。因而，创新活动对技术能力的提高具有不可替代的作用，因为技术知识具有环境依赖性，企业放弃创新活动，意味着失去新知识产生的环境，严重损坏企业的创新能力。因此，通过创新活动来优化和扩展企业的技术知识存量，是提高技术能力的重要途径①。

二、烹调工艺改革创新的原则

（一）满足市场需要，顺应时代潮流

烹调工艺改革创新必须要以市场中的现实需求和潜在需求为主要依据。没有需求的菜点，开发出来也不可能在市场中立足，更不能给企业带来任何益处。消费者的需求是多种多样的，他们对菜点的要求也是各不相同的，不同的消费者对于菜点中各组成部分的关注程度也有一定的差异。因此，餐饮企业在烹调工艺创新时，一定要关注餐饮业的发展趋势，了解消费者的需求，研究消费者的价值取向，认真分析消费态势，根据需求和市场中的菜点供给情况从事自身的菜点开发活动。只有这样，餐饮企业推出的新菜点才会受顾客欢迎，才会拥有自己的市场，烹调工艺创新活动才能取得良好的成效，餐饮企业才能借此达到开拓市场、提高效益、促进交流等目的。

现代社会，健康、安全、环保是餐饮消费的三大主题，保健菜肴（减肥、降压、降血脂、营养）、“五轻”菜肴（轻盐、轻油、轻脂肪、轻糖、轻调味品）越来越成为消费者所爱。烹调工艺创新必须考虑到人们这些新的需求的满足，尽量做到膳食平衡和健康保健，更多地推出纯天然食品，无公害、无污染食品，药膳菜点，美容食品，粗粮，野菜食品等。烹调工艺创新应顺应时代发展的需要，要具有强烈的时代感，以满足消费者日新月异的新需求、新变化。

（二）面向大众百姓，研究消费心理

烹调工艺改革创新要坚持面向大众的原则，以大众原料为基础，以家常口味为思路，以营养保健为特色，以个性化消费为导向。一道美味佳肴，只有为大多数人所接受，才有生命力。因此，烹调工艺创新应在家常菜点、大众菜点上广开思路，多使用百姓日常食用的普通原料，并在此基础上开发出别样的特色菜点。过于高档的原料，由于曲高和寡，势必影响推广。国画大师徐悲鸿曾说过，“一个厨师能把山珍海味做好并不难，要是能把青

① 宋建元. 解读研发企业研发模式精要·实证分析. 北京：机械工业出版社，2003.

菜、萝卜做得好吃，那才是有真本领的厨师”。烹调工艺创新要走出凡创新必使用高档原料、精雕细刻的误区，应该清楚地认识到创新重在内容、轻在形式，以食用价值为主、观赏价值为辅。创新菜不一定是大菜或工艺菜、造型菜，未必菜菜都要在工艺上创新，可走多元化的创新之路。当今，随着人们生活节奏的加快，消费者越来越没有耐心在就餐时长时间等待，简单易做的菜肴不仅可以节省客人时间，也可以减轻厨房的压力。所以，使用普通原料采用简单便捷的加工方法创新出的菜点才有更为长久的生命力①。

现今在餐饮经营上，食客普遍喜新厌旧。因此，为了更好地吸引消费者，餐饮企业的经营者要不断研究顾客的消费心理，研究创新。餐饮经营者要了解不同层次消费者的消费心理，分析自身的经营优势，研究消费者的消费水平，以确定相应的服务受众的对象。结合本地区的情况，推出有特色风格的新菜点，吸引顾客。

（三）讲求创新速度，注重研发效益

速度就是市场上的先机，没有速度就会错失销售良机，就会失去企业和产品在市场上的领先地位，就会在经营方面陷于被动的局面。因此，餐饮企业在进行烹调工艺创新时，一定要重视开发的速度，抢在他人之前率先推出市场上鲜见的新菜点。当然，这并不意味着餐饮企业可以不切实际地推出任何新品。在创新菜点的应用上，也要遵循循序渐进的原则。有人提出菜点“四用法”，即传统菜点反复用、特色菜点保持用、时令菜点及时用、创新菜点间隔用。传统菜点经过千锤百炼，在客人中享有较高的声誉，饭店应保证质量，不能砸牌，并反复使用；特色菜点是饭店的主要卖点，往往是饭店特色所在，因此要保持特色；时令菜点则可满足客人尝鲜的基本需求，因此应早早使用；而客人接受创新菜点需要有一个过程，创新菜点本身也有一个从成长到成熟的发展期，因此，应间隔使用②。

餐饮企业作为一个经济组织，必须讲究投入和产出。菜点开发创新既要注意菜点的实际成本，又要注意客人的感觉成本，尽量降低菜点的实际成本，如原料成本、工时耗费。同时，又要想法增加客人的感觉成本。所以，除了要考虑市场需求外，在研发新菜点时，还应注意研发效益，要衡量比较菜点开发时的成本与可能收益，得不偿失的菜不值得企业投入过多的财力与精力去进行开发。为了提高产品开发可能的效益，企业要做好菜点市场的论证和分析，提高开发的预见性，减少盲目开发，尽可能地降低开发过程中的失误和风险；同时要强化新菜点的生产过程，强化新菜点的管理，做好创新菜点的保护工作，提高新菜点的经济效益和社会效益。

（四）提高技术水平，发挥技术优势

现代电器烹饪设备使烹饪方式更加多样化，使烹饪过程更加科学卫生，同时还有利于精确控制烹饪时间，若能充分认识利用现代厨房新技术设备的功能，将加快菜点的革新。在菜点的开发与创新时，提高产品生产的技术水平，发挥技术优势，企业就可在竞争过程中建立基于技术的竞争优势，使开发的新菜点在竞争中立于不败之地。

---

① 李虹，等．餐饮管理．北京：中国旅游出版社，2009.
② 邹益民，黄浏英．现代饭店餐饮管理艺术．广州：广东旅游出版社，2001.

（五）综合全面创新，营造餐饮文化特色

烹调工艺改革创新不能仅仅局限于有形的菜点，而应当遵循综合全面的创新模式；不仅考虑菜点实体产品的创新，同时还考虑其他硬件设施以及无形服务的创新；既可实行小范围的改良式的创新，也可进行脱胎换骨式的全面革新；在寻求创新时不仅仅要依靠企业内的专业生产人员和服务人员，同时还应注意寻求缘于消费者的创新思路。菜点综合创新的终极目的是营造一种良好的饮食文化特色。

第二节　烹调工艺改革创新的内容和途径

一、烹调工艺改革创新的内容

烹调工艺改革创新的内容非常广泛，改变烹调工艺流程或对其中的某些工序改进（见图12-1），可使菜品形成变化万端的风格特色。

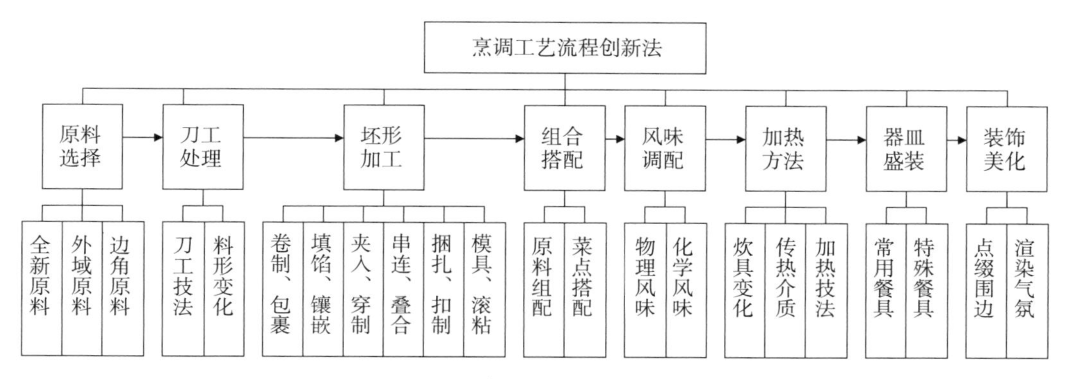

图12-1　烹调工艺的流程创新

（一）原料创新

利用原料创新就是从原料选择的品种上加以突破，如采用各种引进的外域原料品种、新培育的原料品种、人工合成的新品种、时令原料、特产原料、特色原料和一些不常用的原料，采取科学的加工手法，制作出新菜品。

（二）刀工处理创新

菜肴原料的形态有自然形态、一般加工形态和艺术形态。任何一种形态的变化都可以创造出新菜，将某些原料整料去骨，通过变换馅料，或改变烹调方法，也能获得全新的菜肴。

（三）坯形加工创新

菜肴的坯形加工是指将菜肴所用的各种原料按照菜肴的要求，通过各种方法加工形成菜肴生坯，使主料和辅料有机地结合在一起，菜肴的形状基本确定。常用的坯形加工方法有卷入法、包裹法、填馅法、镶嵌法、夹入法、穿制法、串连法、叠合法、捆扎法、扣制法、模具法、滚粘法、挤捏法和复合技法等。通过这些方法的运用和变化，有助于创新。

（四）组合搭配创新

原料组配形式和方法的变化，必然会导致菜肴的风味、形态等方面的改变，并使烹调方法与这种改变相适应。一鸡之可以九吃，一鱼之可以变幻百菜，全在于组配工艺有不同的变化。

（五）风味调配创新

构成菜肴风味的指标很多，改变其中的任何一个风味指标，都可产生新菜肴。如传统菜肴中味型和调味品的种类是约定的，若变换一下味型或更换个别味料，就会产生一种风格与众不同的菜品。

（六）加热方法创新

加热方法的革新主要在工具和能源方面。20世纪以来，许多新炊具不断涌现。比如，电冰箱、燃气灶具、电灶具、远红外技术、电磁感应技术、微波技术在家庭和餐饮行业陆续普及，许多小型的炊事机械也纷纷走向市场。高压锅的出现，可加速炖、煮、焖的速度，并可使不容易成熟的原料很快熟透、软烂；电饭锅、焖烧锅、不粘锅为烹调烧煮提供了许多便利；有“划时代的烹饪器”桂冠的微波炉，是人类发明取火方法以来出现的一项全新的烹饪技术。

（七）盛装器皿创新

从菜品器具的变化中探讨创新的思路，打破传统的器、食配置方法，同样能够产生新品菜肴。比如，“大盆炖品制成的小品炖盅”就是一个典型的例子，这种器具的变换产生出了一类独特的“盅”类餐具，在造型上有南瓜形汤盅、花生形汤盅、橘子形汤盅等，在特质上有汽锅汤盅、竹筒汤盅、椰壳汤盅、瓷质汤盅、砂陶汤盅等。在炖盅菜品的基础上，近年来有心的厨师结合小型炉的造型，创制了“烛光炖盅”。从传统火锅到清汤红汤双味“鸳鸯火锅”，由“砂锅”到“煲”类再到“铁煲”，随着时代的发展，食用的器具也在不断地变化，这些器具的合理运用，丰富了人们的饮食生活，给人们带来了许多饮食的乐趣。此外，可利用特异的象形餐具创新，可利用原壳盛装原味菜品，如一些贝壳类和甲壳类的软体动物原料（如鲍鱼、鲜贝、赤贝、海螺、螃蟹等）经特殊加工、烹制后，以其外壳作为造型盛器的整体而一起上桌；也可自行加工象形器物盛装菜肴，如用土豆丝、粉丝、面条等制成大小不同的雀巢，将成菜装入巢壳中，再置放于菜盘中，大巢可一盘一巢，供多人食用；小巢可每人一巢，一盘多巢；还可利用竹木材料制作象形器物盛装菜肴，或利用水果、蔬菜制作象形器物盛装菜肴。

（八）装饰美化创新

利用与众不同、精巧美观、惟妙惟肖的盘饰包装，也是创新的一个不容忽视的途径。如“鱼网”本与菜肴毫无联系，但烹调师取用胡萝卜来雕刻成一张鱼网，覆盖在鱼肴上或垫入菜肴底部，似“鱼满舱”般的造型，整盘菜品的构思独具匠心。利用一些点缀围边来美化菜肴，可使一些普通的菜品增添新的风貌，达到出奇制胜的艺术效果。

二、烹调工艺改革创新的途径

学习古今中外的烹调技术，通过借鉴他山之石，从学习模仿、变化改良中可使烹调工艺出新。

（一）吸取民间精华，发掘乡土素材

民间有异彩纷呈的风格特色，有用之不竭的烹饪素材，历代厨师在民间饮食的土壤中吸取其精华，创造了无数脍炙人口的佳肴。“麻婆豆腐”、“西湖醋鱼”、“水煮牛肉”、“水晶肴蹄”、“夫妻肺片”、“干菜焖肉”、“荷包鲫鱼”等名菜，无一不是源于民间，经厨师的不断改进提高，才登上大雅之堂。民间乡土菜虽然也讲究菜肴的造型、装盘，但并不执著地追求表面的华彩，更重视朴实无华、实实在在。

（二）借鉴外来工艺，打开创新之路

随着国际交往与国内经济的发展，厨师们走出国门以及外国厨师进入中国的机会越来越多，中外烹饪相互借鉴，不断发展，如西方咖喱、黄油的运用；东南亚沙嗲、串烧的引进；日本的刺身、鲜蚱的借鉴等，这些原料已经进入到我们的菜肴制作之中；烧烤、煎扒等西方之法大量地引用；“酥皮焗海味”借用法国“酥皮焗”之法，改用中式原料与调味法；色拉菜、水果酱、裱花技术的引用与再创；面包屑的大量使用；各种西式调味汁的广泛引进等，大大丰富了中餐菜肴的品种、花式与风格，为中国传统烹调工艺的发展开创了新局面。无疑借鉴外来的长处为我所用，是一条无限广阔的烹调创新之路。应用此法的关键不是照搬，而在于立足于传统，借鉴后通过消化推出新品。

（三）挖掘文化遗产，推陈出新

中国烹饪有着悠久的历史文化，几千年的饮食生活史料浩如烟海，各种经史、方志、笔记、农书、医籍、诗词、歌赋、食经以及小说名著中，都涉及饮食、烹饪之事。只要我们下工夫，深入挖掘古代烹饪遗产的文化内涵，借助现代科学技术的力量，使传统的烹调法、菜肴品种、风味特色通过改良为我所用，就可以古为今用，推陈出新。

（四）借鉴艺术形式，打造意境菜点

近年来，创新菜肴有了升级版，业界人士称它为“意境菜”，它可以用一只漂亮的盘子做画布，用巧克力糖浆进行涂鸦，再与蔬果一起勾勒出西餐的感觉，抑或将传统的凉皮与日式三文鱼结合，盘中搭配西式红酒，利用万国味道勾勒出一种诗意的境界。

意境菜的研发借鉴了文学、陶瓷、绘画、音乐等艺术形式。许多的意境菜的装盘适用大面积的空白，多视角领域的构图处理，给食客一个思想遐想空间，其菜品的装盘艺术也有许多线条、圆点的元素。意境菜很重要的一点就是造型更加灵动、富有变化，巧妙地处理空白、疏密之间的关系。通过创新和想象提高菜品的品味，从而把菜做得有生命，满足食客的品味需求。意境菜中可包容日式餐饮的精美，也有西式餐饮的优雅，还有中餐的好口味，有一种万国味道，能够容纳百川，其本质上就是创造的艺术。意境菜可以彰显出一种浪漫、淡然、温润的感觉，食客的心境会被那菜肴浸润得更加丰韵。当然，意境菜并不只在味觉上的惊艳，还将更暖食客的胃与心。通过传统的厨艺方法与料理的形貌予以解构或重组，创造出全新的味觉、口感与享乐体验。

（五）利用现代科技，引领时尚潮流

餐饮业的发展，离不开科学技术的现代化。从烹饪原料选用到厨房装备水平的提高，从烹饪技法创新到餐厅服务设施改善，从餐厅经营管理的信息化到企业核心竞争力的培育，到处都离不开现代科学技术的强力支撑。利用现代科技有助于实现烹饪工艺的标准化，有助于老产品的改造和新产品的创新以及加工工序的重新设计、新型调味品的开发和应用、现代化加工设备的开发和使用、温控时控量控功能的设备应用等。

（六）博采众家之长，借鉴移植创新

广东菜的特色之一就是“兼容善变”，集技术于南北，博采众长，自成一格。在粤菜的品种里，既可以看见江苏菜的痕迹，如叉烤乳猪、金陵片皮大鸭、冬瓜盅、松子鱼等；也可以看见鲁菜的影子，如扒、烧等技法。正是这种品种兼容、原料兼容、制法兼容、调味兼容使广东烹饪“变”出了风格。需要说明的是，直接移植引进不是创新，如四川的麻婆豆腐、鱼香肉丝，各地互相引进制作，这只能是模仿学习，它还是四川菜，不是自己创造的。若运用四川菜的技法制作过去没有的菜，它就是一种移植、一种创意。如干烧海蟹、干烧蜗牛、干烧象拔蚌等，因此在借鉴移植中需要开拓创新。

第三节　烹调工艺改革创新的方向

中国菜品传承文化、顺应时代的饮食内涵为其不断发展、创新提供了更大的空间。从烹饪、菜品文化或人们饮食观念的角度来说，未来烹调工艺创新的方向大致有以下几个特征。

一、营养健康

菜点最重要的功用即是提供维持生命所必需的营养物质，其次是提供美味享受，第三是对生命活动的调节。近年来随着生活水平的提高，各种“富贵病”成了现代人的一大隐患，如何在饮食上做到更科学合理就显得更加重要。这种更多考虑健康原则的饮食倾向，必然对烹调工艺的改革创新带来新的发展思路。例如，各地素食餐馆的发展很快就是出于健康的目的。素食餐馆不同于佛教素斋，以蔬菜、瓜果为主要原料，豆制品、菌类为辅，信仰佛教、道教的消费者，注重养身健康的消费者，有某些慢性疾病的消费者，年轻人中要求减肥的消费者都喜爱素食，使素食风在全球盛行。在烹饪中注重健康的合理搭配有时比口味更为人们所重视，低盐、低糖的食物受到普遍的欢迎，以及强调宴席的改革等，都是基于健康的目的。另外，人们对滥用化肥、农药的农产品对身体健康的危害越来越重视，“无污染、安全、优质、具有营养价值”成为人们选购食品首要标准。因此，允许使用高效低毒农药和化学肥料的无公害食品，允许限量、限品种和限时间的使用安全的农药、化肥、兽药和食品添加剂化学合成物质的绿色食品，以及强调从种植、养殖到贮藏、加工、运输和销售各个环节中都不使用农药、化肥、生长激素、化学添加剂、化学色素和防腐剂等化学物质，不使用基因工程技术的有机食品受到人们的青睐。

二、返璞归真

所谓返璞归真的菜品，即是崇尚自然，回归自然，利用无污染、无公害的绿色食品原料而制作的菜肴。由于现代都市生活的紧张、快节奏和喧嚣，加之社会大工业的发展，受抗拒污染及保健潮风行的影响，越来越多的人对都市生活产生了厌烦和不安，渴望回到大自然，追求恬静的田园生活。反映到饮食上，各种清新、朴实、自然、营养、味美的粗粮系列菜、田园菜、山野菜、森林菜、海洋菜等系列菜品日益受到人们的喜爱。因此，菜点返璞归真既充分利用资源，又保护生态环境和有益于顾客身体健康，是烹调工艺改革创新的重要趋势之一。

三、适应大众

随着社会经济的发展和人民生活水平的提高，餐饮业经营服务领域拓宽，广大居民对餐饮市场的需求越来越大，家庭劳动不断走向社会化。特别是"双休日"的实行与节假日的增多，居民外出就餐的次数增多，消费增加，普通百姓自掏腰包进餐厅的越来越多，大众化菜品成为目前我国餐饮市场的主流，如时令菜、家常菜、乡土菜等，加之节假日推销与新菜展示等活动，以及粗粮细做、荤菜素做、下脚料精做等，为大众菜品的推广与发展起到了积极的作用。

四、追求时尚

饮食时尚的风向标一直是烹调工艺改革创新的导航仪。根据现代餐饮消费者的饮食需求，菜点时尚化的内涵主要又有以下几个特点：一是简洁。现代人生活节奏加快，在烹饪上要求简洁，对菜点的追求同样要求简洁明快，反对复杂烦琐。二是富有个性。在过于共性化的生存环境中，人们特别欣赏带有个性色彩的审美对象。对于日常的饮食，那些有着鲜明个性的菜肴点心和就餐方式总是更受欢迎。三是崇尚自由。人类的饮食活动现在已经从往昔固定的模式中走出来，追求一种自由的方式。自助餐方式的受人欢迎，就是人们追求饮食自由的具体反映，这也是时代的产物、时代的特点。

五、多元融合

饮食口味既有共同性的一面，又有差异性的一面，这就决定了烹调工艺改革创新趋向的多元化。现代社会的高速发展，导致了国际交往的频繁和扩大，广大烹调师走出国门的机会增多，外国客人不断走进我们的餐饮市场，中外烹饪的交流越来越深入。由此带来餐饮经营多元化局面，对烹调技艺相互模仿、学习、扩散，各地区与国家之间在技艺和款式上取长补短，不断借鉴与融合的菜品制作风格将更加明显。其次，多元化还表现在烹饪原料的选择上。从发展趋势来看，以下的原料将成为今后的方向：可食性野生植物、藻类植物、人造烹饪原料、在国家法律允许范围内的由人工繁殖饲养的部分优质野生动物以及昆虫等。另外，还表现在烹饪设备的多样化、就餐形式的多样化、口味的多样化等[①]。

① 杨铭铎．餐饮产品创新系统构建．扬州大学烹饪学报，2007，04：41.

关键术语

（1）改革创新（2）大众化（3）多元融合（4）创造性思维

问题与讨论

1. 为什么要对烹调工艺改革创新？
2. 对烹调工艺的改革创新应把握哪些原则？
3. 烹调工艺改革创新的内容有哪些？有哪些途径？
4. 烹调工艺改革创新的方向是什么？

实训项目

1. 扩散思维在烹调工艺创新中的应用实训
2. 联想思维烹调工艺创新中的应用实训
3. 逆向思维烹调工艺创新中的应用实训
4. 组合思维烹调工艺创新中的应用实训
5. 质疑思维烹调工艺创新中的应用实训

参考文献

[1] 邵万宽. 烹调工艺学 [M]. 北京：旅游教育出版社，2013.

[2] 荣明. 烹调工艺实训教程 [M]. 北京：中国财富出版社，2013.

[3] 孙宝国. 中国传统食品现代化 [J]. 中国工程科学，2013，(4)：4~8.

[4] 杨铭铎. 面向现代化的中国餐饮业发展趋势研究 [J]. 商业时代，2013，(3)：4~5

[5] 麦绿波. 标准化的地位和作用 [J]. 标准科学，2013，(3)：24~26.

[6] 张鹏. 那远去的烹调方法 [J]. 饭店世界. 2013，(3).

[7] 郑昌江. 烹饪工艺 [M]. 南京：江苏教育出版社，2012.

[8] 黄明超. 中式烹饪工艺 [M]. 北京：中国劳动社会保障出版社，2012.

[9] 高行恩. 烹调工艺基础 [M]. 北京：化学工业出版社，2012.

[10] 牛国平，牛翔. 烹饪刀工技巧图解 [M]. 长沙：湖南科学技术出版社，2012.

[11] 汪永海. 浅谈中餐菜肴标准化 [J]. 烹调知识，2012，(06)：52~55.

[12] 朱淇齐. 身手不凡的"冷菜公主" [N]. 东南早报，2012-06-08.

[13] 曲绍卿. 巩显芳. 中式烹调工艺 [M]. 北京：中国轻工业出版社，2011.

[14] 郑昌江，张传军，杜险峰. 中式烹调工艺 [M]. 北京：科学出版社，2011.

[15] 贾岷江著. 餐饮经济学 [M]. 成都：西南财经大学出版社，2011.

[16] 李保定. 烹调工艺 [M]，北京：机械工业出版社，2011.

[17] 李顺发，朱长征. 烹饪工艺 [M]. 北京：中国轻工业出版社，2011.

[18] 周世中. 烹饪工艺 [M]. 成都：西南交通大学出版社，2011.

[19] 谭小敏. 中式烹饪工艺实训 [M]. 北京：中国劳动社会保障出版社，2011.

[20] 孙慧. 基于肯德基和麦当劳经营策略分析的管理标准化与个性化研究 [J]. 产业与科技论坛，2011，(24)：236~237.

[21] 骆尖. 肯德基为何比麦当劳更受国人欢迎：产品与管理的标准化与个性化 [J]. 上海经济，2011，(10)：26~31.

[22] 汪幸生. 刀工教程图解 [M]. 广州：广东人民出版社，2010.

[23] 牛铁柱. 新烹调工艺学 [M]. 北京：机械工业出版社，2010.

[24] 李里特，江正强. 焙烤食品工艺学（第2版）[M]. 北京：中国轻工业出版社，2010.

[25] 毛汉发. 新烹调工艺学 [M]. 北京：机械工业出版社，2010.

[26] 袁枚. 随园食单 [M]. 北京：中华书局，2010.

[27] 余广宇，鲍兴. 徽菜标准化研究 [J]. 扬州大学烹饪学报，2010，(3)：44~46.

[28] 赵国兴，王琦，唐永远. 中式烹调工艺 [M]. 银川：宁夏人民出版社，2009.

[29] 陈运生，唐丽. 中式烹调工艺实训 [M]. 北京：高等教育出版社，2009.

[30] 刘致良. 中餐生产标准化体系设计 [M]. 北京：中国轻工业出版社，2008.

[31] 刘自华，解丽娟. 厨房·厨师·厨师长 [M]. 郑州：中原农民出版社，2008.

[32] 单守庆. 厨行天下：烹饪刀工 [M]. 北京：中国商业出版社，2007.

［33］陈觉著．餐饮大批量定制系统设计：中餐标准化与个性化生产［M］．沈阳：辽宁科学技术出版社，2005．
［34］何传启．什么是现代化［J］．中外科技信息，2001，（1）：13~18．
［35］任百尊．中国食经［M］．上海：上海文化出版社，1999．
［36］钟志平．我国餐饮企业生产标准化的难点和对策［J］．企业标准化，1999，（4）：2~3．
［37］本报评论员．要继承，更要创新［N］．人民日报，1988-5-11．
［38］何荣显．要探索中国烹调规律［J］．中国烹饪，1985，（4）：13~14．